"十二五"职业教育国家规划教材
经全国职业教育教材审定委员会审定
北京市高等教育精品教材立项项目

农业机械应用技术

主　编　胡　霞
副主编　吕亚州
参　编　屈殿银　赵江苏　吴　松　张俊雄
主　审　汪金营

机械工业出版社

为适应高等职业教育的需要，提高农业从业者对农业机械的使用与管理水平，我们编写了《农业机械应用技术》一书。本书分为七个学习单元，分别介绍了耕整地机械、播种与栽植机械、植保机械、排灌机械、谷物收获机械、谷物清选与干燥机械和设施农业机械的类型、结构组成、工作过程以及调整、使用、维护、常见故障的分析与排除等内容。本书在编写中注重介绍农业生产中广泛使用的机械，突出了对机具的使用方法、调整、维护以及常见故障的分析排除内容的介绍，可以使读者在了解常用农业机械的结构与工作的基础上，学会使用和维护农业机械，并能对常见故障进行分析与排除。

本书所涉及的农业机械面广，机型多，内容充实，图文并茂，通俗易懂，能够很好地指导读者掌握当前我国各地广泛应用的典型农业机械的结构与使用技术，提高读者的应用能力。

本书配有电子课件，凡使用本书作为教材的教师可登录机械工业出版社教材服务网 www.cmpedu.com 注册后下载。咨询邮箱：cmpgaozhi@sina.com。咨询电话：010-88379375。

本书可作为高职高专、应用本科类农业专业学生的教材，也可为广大农业机械使用与管理人员提供有效的使用信息。

图书在版编目（CIP）数据

农业机械应用技术/胡霞主编.—北京：机械工业出版社，2012.9（2025.8 重印）
北京市高等教育精品教材立项项目
ISBN 978-7-111-34581-7

Ⅰ.①农… Ⅱ.①胡… Ⅲ.①农业机械—应用—高等职业教育—教材 Ⅳ.①S232

中国版本图书馆 CIP 数据核字（2012）第 102155 号

机械工业出版社（北京市百万庄大街 22 号　邮政编码 100037）
策划编辑：蓝伙金　葛晓慧　责任编辑：葛晓慧
版式设计：刘怡丹　责任校对：刘秀芝
封面设计：赵颖喆　责任印制：张　博
北京机工印刷厂有限公司印刷
2025 年 8 月第 1 版第 15 次印刷
184mm×260mm·17 印张·420 千字
标准书号：ISBN 978-7-111-34581-7
定价：44.80 元

电话服务　　　　　　　　　网络服务
客服电话：010-88361066　　 机　工　官　网：www.cmpbook.com
　　　　　010-88379833　　 机　工　官　博：weibo.com/cmp1952
　　　　　010-68326294　　 金　书　　　网：www.golden-book.com
封底无防伪标均为盗版　　　 机工教育服务网：www.cmpedu.com

前　言

农业机械化是农业现代化的重要组成部分,是优质、高效、可持续进行农业生产的有力保障。为适应 21 世纪我国农业向现代化急速迈进的步伐,满足高等职业教育的需要,我们在深入调研农业机械化发展现状与趋势的前提下,结合农业生产对高职人才的要求,编写了这本职业教育教材。

本教材具有以下特点:

1) 在取材上,充分考虑到我国各地自然条件及经济发展水平的差异,以农业生产中广泛使用的基本机型为依据。

2) 在编写顺序上,注意了农业生产过程的衔接,可为学习者提供较为系统、全面、实用的农业机械应用知识。

3) 在编写内容上,根据职业技术教育的特点,理论知识以"必需"和"够用"为尺度,突出了对机具的调整、操作、维护和常见故障分析与排除等应用技术的阐述,增加了农业生产中的新技术和新机具内容,如保护性耕作技术、节水灌溉技术、精少量播种技术、工厂化育秧技术、谷物干燥技术、农业设施技术等。

4) 在编写方法上,采用了深入浅出、图文并茂的手法,便于读者理解和掌握。

本教材包含七个单元,分别为耕整地机械、播种与栽植机械、植保机械、排灌机械、谷物收获机械、谷物清选与干燥机械、设施农业机械。

本教材由北京农业职业学院胡霞策划并担任主编,吕亚州担任副主编,北京农业职业学院屈殿银、赵江苏,北京京鹏润和农业科技有限公司吴松,中国农业大学张俊雄分别参与了耕整地机械、栽植机械、温室自动控制、黄瓜采摘机器人内容的编写。在编写过程中编者走访调研了许多部门,参阅了大量资料,同时得到编者所在单位的大力支持与帮助,在此一并表示诚挚的谢意。

本教材由北京农业职业学院汪金营担任主审。

由于农业机械种类繁多,发展速度快,尽管我们做了很大努力,但因时间紧促和编者水平有限,书中难免存在不足之处,恳请读者批评指正,以臻完善。

编　者

目 录

前言
绪论 ··· 1
学习单元一　耕整地机械 ······································· 4
　第一节　概述 ··· 4
　第二节　耕整地机械的结构与工作 ······················· 9
　第三节　耕整地机械的使用 ································ 23
学习单元二　播种与栽植机械 ································ 32
　第一节　概述 ·· 32
　第二节　播种机的结构与工作 ····························· 33
　第三节　栽植机械结构与工作 ····························· 58
　第四节　播种机与抛秧机的使用 ························· 64
学习单元三　植保机械 ··· 73
　第一节　概述 ·· 73
　第二节　喷雾机的结构与工作 ····························· 74
　第三节　多用机的结构与工作 ····························· 86
　第四节　静电喷雾机的结构与工作 ······················· 91
　第五节　植保机械的使用 ··································· 93
学习单元四　排灌机械 ······································· 103
　第一节　概述 ·· 103
　第二节　农用水泵的构造与工作 ······················· 106
　第三节　水泵的选型 ······································· 114
　第四节　水泵机组安装 ···································· 122
　第五节　喷灌与微灌技术 ································ 126
　第六节　水泵的使用 ······································· 135
学习单元五　谷物收获机械 ································ 143
　第一节　概述 ·· 143
　第二节　谷物收割机的结构与工作 ····················· 145
　第三节　脱粒机的结构与工作 ··························· 152
　第四节　谷物联合收获机的结构与工作 ··············· 160
　第五节　玉米收获机的结构与工作 ····················· 168
　第六节　收获机械的使用 ································· 173
学习单元六　谷物清选与干燥机械 ······················· 191
　第一节　概述 ·· 191
　第二节　常用清选机的结构与工作 ····················· 194
　第三节　谷物干燥机的结构与工作 ····················· 202
　第四节　谷物清选与干燥设备的使用 ·················· 208
学习单元七　设施农业机械 ································ 211
　第一节　概述 ·· 211
　第二节　多功能田园耕整机 ······························ 214
　第三节　碎土与土肥搅拌机械 ··························· 224
　第四节　蔬菜播种、育苗、嫁接与采摘
　　　　　机械 ·· 224
　第五节　无土栽培设备 ···································· 244
　第六节　温室环境控制 ···································· 245
附录 ··· 260
　附录A　农用水泵新旧型号对照表 ···················· 260
　附录B　常用离心泵性能参数表 ························ 262
　附录C　常用轴流泵性能参数表 ························ 262
　附录D　常用混流泵性能参数表 ························ 263
　附录E　常用潜水电泵性能参数表 ···················· 264
　附录F　常用长轴井泵性能参数表 ···················· 264
参考文献 ··· 267

绪 论

一、农业机械的概念与作用

现代农业生产包含种植、养殖和加工等多个领域，以及产前、产中、产后等多个环节。从广义上说，用于农业生产的机械设备都可称为农业机械，它包括动力机械与作业机械两个方面。动力机械（如内燃机、拖拉机、电动机等）为作业机械提供动力，作业机械（如铧式犁、旋耕机、圆盘耙、播种机等）则直接完成农业生产中的各项作业。有些作业机械需与动力机械以一定的方式挂接起来，形成作业机组，进行移动性作业，如耕地机组、整地机组、播种机组等；有些作业机械与动力机械以一定方式连接，进行固定性作业，如水泵机组、脱粒机组等；还有些作业机械与动力机械设计制造成一个整体，如自走式联合收割机等。狭义的农业机械概念，只包括作业机械和制成整体的联合作业机，不包括单独的动力机械。本书中所指的农业机械即采用狭义农业机械的概念，不介绍单独的动力机械。

农业机械化是指用机械设备代替人、畜力进行农业生产的各项作业，实现"优质、高效、安全"的农业生产。农业机械化既是农业现代化的重要组成部分，也是农业现代化的基础，其具体作用如下。

1. 农业机械是农业生物措施顺利实现的保证

在农业生产中，任何先进的生物技术措施，都需要一定的生产工具来实现。农业机械就是实现各种生物措施的工具，特别是在现代农业生物技术措施的要求中，许多已发展到远非人体功能所能完成的地步，不借助机械就不可能实现。例如，精密播种、精准施肥和植物保护等，都是能获得高产和稳产的生物技术措施。优良的种子必须经过清选机、拌种机加以清选和处理，然后用精密播种机播种，才能发挥其效益；高效复合肥要制成颗粒，施到与作物根系保持一定距离的土壤中，这就需要制粒机和施肥机；高效能的农药必须用喷洒精确的植保机械才能发挥作用；大面积的地膜覆盖栽培，用铺膜机和收膜机才能省料、省工，获得较高的经济效益。

生物技术措施和机械化是提高农业产品效益不可分割的两个方面。这一方面要求在对农业机械进行设计、选择和运用时，要服从农业生产技术的要求；另一方面在进行耕作制度、轮作制度、施肥制度和栽培制度等方面的改革时，也要考虑使其适应机械化作业，使生物技术措施通过机械得以保证。

2. 抢种抢收不误农时

采用农业机械进行耕整地、播种、插秧、收割和脱粒等作业，能及时完成作业，又可保证作业质量。

3. 提高抗御自然灾害的能力

农业生产中经常会遇到旱、涝、病、虫、草等自然灾害，利用排灌设备可进行排水和灌溉；利用植保机械喷施农药可防止病、虫、草害；利用烘干设备可防止农产品发霉变质。

4. 减轻劳动强度、改善劳动条件

将繁重艰苦的农业劳动用机械代替，如用水稻插秧机插秧、用联合收获机进行收获，可大大减轻农业劳动强度，改善劳动条件。

5. 提高劳动生产率，促进农村经济全面发展

利用农业机械进行生产，其生产率要比人、畜力高出几倍甚至几十倍，可解放出更多的人力从事其他生产，促进农村经济的全面发展，提高农民的收入水平。

二、农业机械的特点

1. 作业对象种类繁多

农业机械的作业对象有土壤、肥料、种子、农药、作物等，因此要求农业机械能适应相应物料的特性，以满足各项作业的农业技术要求，保证农业增产增收。

2. 多样性和区域性

由于农业生产过程包括许多不同的作业环节，同时各地自然条件、作物种类和种植制度等又有较大的差异，这就决定了农业机械具有多样性和区域性的特点。因此，在选择和使用农业机械时，必须以能满足当地的农业生产要求为依据。

3. 作业有季节性

大多数农业机械如耕整地机械、播种机械、收获机械等作业时间受季节限制，必须在农时限定的时间内完成相应作业。因此，要求农业机械有可靠的工作性能和高的生产效率，并能适应作业季节的气候条件。

4. 工作环境差

多数农业机械为露天作业，因此要求农业机械应具有较高的强度和刚度，有较好的耐磨、耐蚀、抗振等性能，有良好的操纵性能，有必要的安全防护设施。

三、农业机械的种类和型号

根据机械行业标准 JB/T 8574—1997 的规定，农业机械共分为 10 类，见表 0-1。

表 0-1 农业机械分类

分类号	机具类别名称	示 例
1	耕耘整地机械	例如：1L—表示犁，1B—表示耙，1P—表示平地机
2	种植施肥机械	例如：2B—表示播种机，2F—表示施肥机，2Z—表示栽植机
3	植护机械	例如：3W—表示喷雾机（器）
4	收获机械	例如：4Y—表示玉米收获机，4LZ—表示自走式联合收获机，4G—表示收割机，4LD—表示单动力悬挂式联合收获机，4LS—表示双动力悬挂式联合收获机
5	脱粒清选及烘干机械	例如：5X—表示清选机，5H—表示烘干机，5T—表示脱粒机
6	农副产品加工机械	例如：6N—表示碾米机，6Y—表示榨油机
7	运输机械	例如：7G—表示挂车，7Y—表示农用运输车
8	排灌机械	例如：8J—表示打井机
9	畜牧机械	例如：9Y—表示压捆机，9G—表示割草机，9F—表示粉碎机

不属于上述机械范围内的作业机械列入其他农业机械，归为"0"类，但编号时不将"0"写出。

该标准规定，农机具的型号依次由下述 5 部分组成：

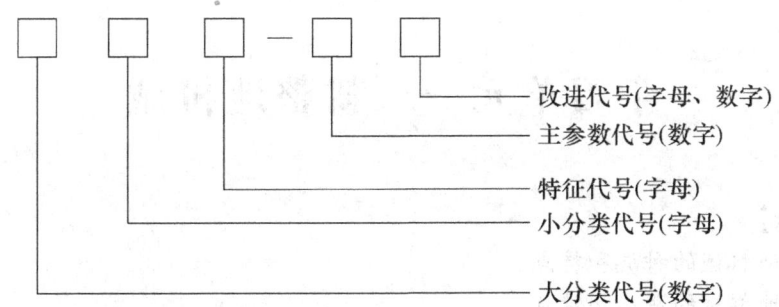

(1) 大分类别代号　用数字表示，即上述表0-1中第一列的阿拉伯数字，如耕整地机械属于第1类，播种施肥机械属于第2类，依此类推。

(2) 小分类代号　用字母表示，即农具基本名称的汉语拼音第一个字母表示。若有重复，可选汉语拼音的第二个或其后面的字母表示。

(3) 特征代号　用字母表示，即由农具的主要特征（用途、结构、动力型式等）的汉语拼音第一个字母表示。若有重复，可选汉语拼音的第二个或其后面的字母表示。

(4) 主参数　用数字表示，用以反映农具主要技术特性或主要结构的参数。如：犁用犁体数×单铧幅宽（cm），耙用幅宽（m），播种机用播种行数，联合收获机用每秒喂入量（kg/s），收割机一般用割幅的米数，脱粒机一般用滚筒长度的厘米数来表示等。

(5) 改进代号　改进产品的型号在原型号后加注字母"A"表示，进行了几次改进，则在字母"A"后加注数字。例如2B—16A1，表示进行了第一次改进的16行播种机。

编制联合作业机具或多用途作业机具的型号时，应将其中主要作业机具的类别代号列于首位，其他作业机具的代号作为特征代号列于其后，如播种施肥机型号为2BF—24（B—播种，F—施肥，24—播种和施肥的行数）。

该标准规定，一个农具的全称应包括产品牌号、产品型号和产品名称三部分，如农哈哈牌2B—12谷物播种机。产品牌号主要用于识别产品的生产单位，产品牌号可用地名、物名或其他有意义的名词命名。产品名称一般应由基本名称和附加名称两部分组成：基本名称表示产品的类别，如犁、耙、播种机、碾米机、收获机等；附加名称用来区别相同类别的不同产品，应列于基本名称之前，如圆盘耙、钉齿耙、背负式喷雾器等。

农业机械的小分类代号的选用、特征代号、主参数等具体内容可查阅JB/T 8574—1997。

四、教学建议

我国地域辽阔，各地的自然条件及经济发展水平有很大差异，导致农业机械种类繁多，各地差异很大。因此，在确定教学内容时，要结合当地生产实际情况，合理取舍并补充有关内容。

本课程是一门应用技术课程，在教学过程中，要将现场实物教学、多媒体教学和实训等教学环节紧密结合，特别是要创造必要的条件，加强实践性教学环节，注重培养学生观察、分析、操作和解决实际问题的能力。

学习单元一　耕整地机械

【学习目标】
1. 了解耕地机械的种类和特点。
2. 了解整地机械的种类和特点。
3. 掌握本地常用耕地机械的结构、使用与维护方法。
4. 掌握本地常用整地机械的结构、使用与维护方法。
5. 掌握本地常用耕地机械的常见故障排除方法。
6. 掌握本地常用整地机械的常见故障排除方法。

第一节　概　　述

耕地是农业种植生产中的一个基本环节，耕地的目的是：对土壤进行翻转和疏松，以恢复土壤的团粒结构，增强土壤的吸水及透气能力，覆盖杂草和肥料，防除病虫害，为作物的生长发育创造良好的土壤条件。土壤耕作属重负荷作业，要消耗大量能源，因此耕作机械化新技术一直受到世界各国的重视。

用铧式犁耕翻土壤后，土块较大，地面不平，因此，还需通过整地才能达到播种的要求。整地的主要目的是松碎土壤、压实表土，以便为后续的播种、插秧准备良好的土壤条件。

对土壤耕翻后，加大了土壤水分的蒸发，在北方旱作地区，会使土层风蚀加剧，破坏土质结构，这是形成沙尘天气的主要原因。因此，少耕、免耕法的研究正在广泛深入进行。少耕、免耕法是指在作物种植的整个过程中，不进行或尽量少进行全面翻土，只进行地表浅层或深层松土，或只在种子和苗株附近松土的一种耕作方法。这种方法能减少土壤耕作次数，并有利于保持土壤水分、改善土壤结构和抵抗风雨的侵蚀。实践表明，在土壤干旱和水土流失严重的丘陵地区，用免耕法可以提高产量，而在湿度大、排水不良的黏性土壤上则会导致产量减少。

近年来保护性耕作在我国北方旱作地区得到推广，这是相对于传统翻耕的一种新型耕作技术。保护性耕作是用大量秸秆残茬覆盖地表，将土壤耕作减少到只要保证种子发芽即可，并主要用农药来控制杂草和病虫害的一种耕作技术。由于它有利于保水保土，所以称之为保护性耕作。保护性耕作的基本要点可以概括为：秸秆覆盖、免耕播种、以松代翻、化学除草。采取保护性耕作可以不烧秸秆，减少大气污染，增加土壤肥力，改善土壤结构，减少作业程序，降低作业成本，从而获得较好的社会效益、生态效益和经济效益。

一、耕地机械

（一）耕地的农业技术要求

农业技术对耕地机械作业质量的要求，主要有以下方面：

1）适时耕翻。

2）耕地深度符合要求，且耕深一致，沟底平整。

3）耕生地应有良好的翻垡覆盖性能；耕熟地应有良好的碎土性能；耕水田后土垡应架空，以利通风晒垡。

4）不得有漏耕、重耕，耕后地表平整。

耕地机械的种类和形式很多，其中以铧式犁应用最为广泛。

（二）铧式犁的种类和特点

以犁铧为主要耕作部件的犁称为铧式犁。按动力可分为畜力犁和机力犁；按与拖拉机挂结的形式可分为牵引犁、悬挂犁和半悬挂犁；按重量可分为轻型犁和重型犁；按用途可分为旱地犁、水田犁、果园犁、灌木－沼泽地犁等。

1. 牵引犁

牵引犁（见图1-1）与拖拉机之间采用单点挂结，拖拉机的挂结装置对犁只起牵引作用，在工作和运输时，其重量均由犁本身具有的三个轮子承受。牵引犁由牵引杆、犁架、犁体、机械或液压升降机构、调节机构、行走轮、安全装置等部件组成。耕地时，借助机械或液压机构来控制地轮相对犁体的高度，从而达到控制耕深及水平的目的。

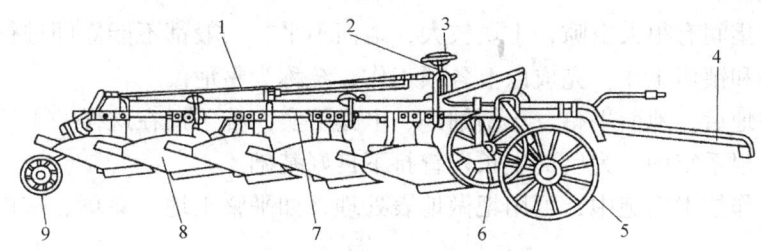

图1-1 牵引犁

1—尾轮拉杆 2—水平调节手轮 3—深浅调节手轮 4—牵引杆 5—沟轮
6—地轮 7—犁架 8—犁体 9—尾轮

牵引犁工作稳定，作业质量较好，但结构复杂，重量大，机组转弯半径大，机动性较差，多用于大型、多铧、宽幅的条件，适用于大地块作业。

2. 悬挂犁

悬挂犁（见图1-2）是通过悬挂架与拖拉机的悬挂装置连接，靠拖拉机的液压机构升降。运输和地头转弯时，悬挂犁离开地面，其重量由拖拉机承受。悬挂犁由犁体、犁架、悬挂装置和限深轮等组成。当拖拉机液压悬挂机构采用高度调节耕作时，限深轮用来控制耕深。

悬挂犁具有结构简单、重量小、操作灵活、机动性好的优点，但运输时整个机组的纵向稳定性较差，因而大型悬挂犁的发展受到限制，适用于中小地块作业。

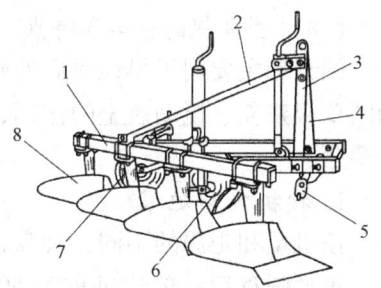

图1-2 悬挂犁

1—犁架 2—中央支杆 3—右支杆
4—左支杆 5—悬挂轴 6—限深轮
7—犁刀 8—犁体

3. 半悬挂犁

半悬挂犁（见图1-3）是在悬挂犁的基础上发展起来的。它所配的犁体较宽，纵向长度大，解决了悬挂犁纵向操作不稳定的问题。半悬挂犁的前部像悬挂犁，但本身还具有轮子，以便在运输和地头转弯时承受机具的部分重量，减轻拖拉机悬挂装置所需的提升力。半悬挂犁的优点介于牵引犁与悬挂犁之间，它比牵引犁机动灵活、转弯半径小，比悬挂犁能配置更多犁体，稳定性、操控性好。

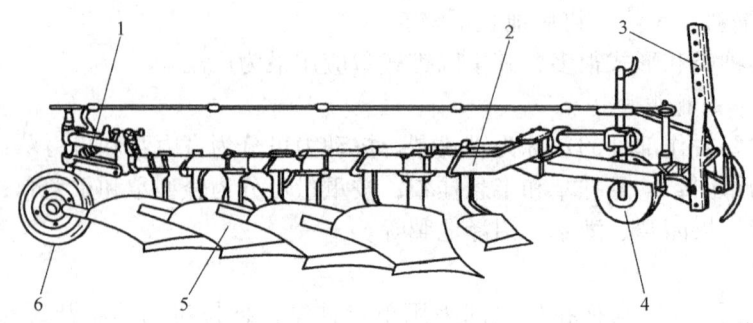

图 1-3　半悬挂犁
1—液压缸　2—犁架　3—悬挂装置　4—地轮　5—犁体　6—限深尾轮

二、整地机械

耕地后，土垡间有很大空隙，土块较大，地面不平，一般都不能立即进行播种，还必须进行碎土、平整和镇压工作。完成以上各项工作，统称为整地。

表土经过整地后，地面平整、土壤细碎、上松下实，种子播在这样的土壤里才能顺利发芽、出苗一致、根系牢固，为后期生长发育打下良好基础。

在保护性耕作技术实施中，可用耙做地表处理，如平整土地、除草、疏松表土、提高地温等。

（一）整地的农业技术要求

1）整地要及时，以利防旱保墒。

2）切碎土垡，地表平整，没有凹凸和沟垡。

3）不漏不重，深度适宜一致。

整地机械有旱田耙（圆盘耙和钉齿耙）、水田耙、旋耕机和镇压器等。

（二）圆盘耙的种类和特点

圆盘耙主要用于旱地耕后的碎土以及播种前的松土、除草作业。此外，由于圆盘耙具有切断草根残茬、搅动表土的作用，也可以用于收获后的浅耕灭茬作业，撒播肥料后可用它进行覆盖。

1. 按机重和耙深

按机重和耙深的不同，圆盘耙可分为重型、中型和轻型 3 种。

重型圆盘耙：单片机重为 50~65kg，耙片直径为 660mm，耙深为 18cm。适用于开荒地、沼泽地等黏重土壤的耕后碎土或以耙代耕的灭茬作业。

中型圆盘耙：单片机重为 20~45 kg，耙片直径为 560 mm，耙深为 14cm。适用于黏性土壤的耕后碎土和一般土壤的灭茬耙地。

轻型圆盘耙：单片机重为 15~25 kg，耙片直径为 460mm，耙深为 10cm。适用于一般土壤的耕后碎土和灭茬作业。

由于保护性耕作是在免耕条件下进行耙地，故多用中型和重型圆盘耙。

2. 按机组挂接方式

按机组挂接方式的不同，圆盘耙可分为牵引式、悬挂式和半悬挂式3种。

牵引式圆盘耙：由于重型圆盘耙机体结构庞大而笨重，悬挂困难，故多为牵引式。中型与轻型圆盘耙也有牵引式的。牵引式圆盘耙地头转弯半径大，运输不方便，只适用于大地块作业。

悬挂式圆盘耙：多为中型和轻型圆盘耙，机组配置紧凑，操作方便，运输灵活，在各种地块上作业均可。

半悬挂式圆盘耙：兼有牵引式和悬挂式两种类型的优点，是我国圆盘耙系列中的一种新产品。

3. 按耙组的配置方式

按耙组的配置方式的不同，圆盘耙可分为对置式和偏置式两种，如图1-4所示。

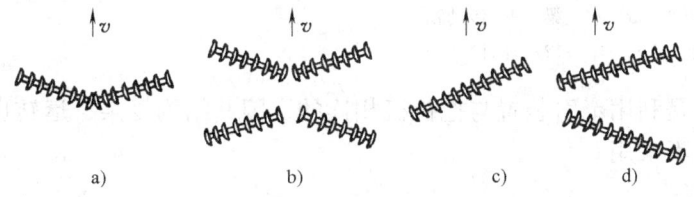

图1-4 耙组的配置方式
a) 单列对置式 b) 双列对置式 c) 单列偏置式 d) 双列偏置式

对置式圆盘耙：耙组对称地配置在拖拉机中心线后两侧，可使左右耙组的侧向力互相平衡。

偏置式圆盘耙：耙组偏置于拖拉机中心线的左侧或右侧，由于偏置，其侧向力不易平衡，调整比较困难，作业中只宜单向转弯。

随着拖拉机功率的加大，耙和其他农具一样，也有向大型发展的趋势，并采用折叠翼结构。

（三）旋耕机的种类和特点

旋耕机是一种由动力驱动的旋转式耕作机具，主要用于水田、菜园、黏重土壤和季节性强的浅耕灭茬，在播前整地作业中得到广泛的应用。其切土、碎土能力强，耕后地表平整、松软，但覆盖质量差。在我国南方地区多用于秋耕稻田种麦、水稻插秧前的水耕水耙。它对土壤湿度的适应范围较大，凡拖拉机能进入的水田都可以耕作。在我国北方地区大量用于铲茬还田、破碎土壤的作业。另外，还适应于盐碱地的浅层耕作、荒地灭茬除草、牧场草地浅耕再生等作业。

旋耕机的分类方法很多，一般按与拖拉机的连接方式、传动位置及传动方式分类。

1. 按与拖拉机的连接方式

按与拖拉机连接方式的不同，旋耕机可分为三点悬挂式、直接连接式和牵引式三种。

三点悬挂式旋耕机的连接方式与悬挂犁相同，如图1-5所示，动力通过万向节轴传来，经过传动装置带动刀轴旋转。其优点是连接方便，能与多种拖拉机配套，但应注意升起高度不宜过大，否则会使万向节轴因倾角过大而提早损坏。

直接连接式旋耕机如图1-6所示，其结构是将中间传动的外壳用螺钉直接固定在拖拉机的后桥壳上。升降时中间齿轮箱和主梁不动，仅工作部件绕主梁转动而升降，它的纵向尺寸较紧凑，省去了万向节，操作不受万向节倾角的限制，但只能与某种拖拉机配套，挂接也不方便。

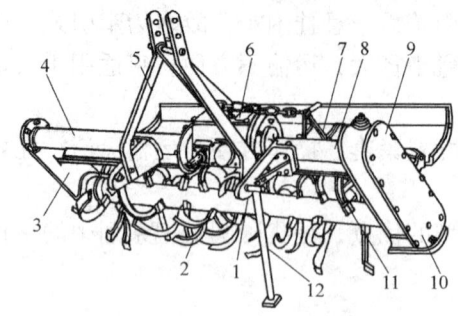 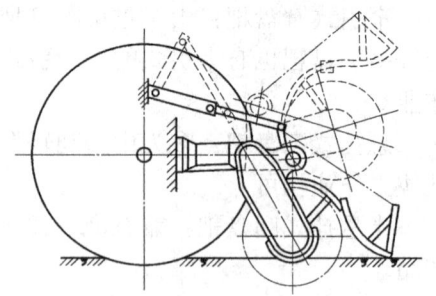

图 1-5　三点悬挂式旋耕机　　　　图 1-6　直接连接式旋耕机示意图

1—刀轴　2—刀片　3—右支臂　4—右主梁　5—悬挂架
6—齿轮箱　7—罩壳　8—左主梁　9—传动箱
10—防磨板　11—刀座　12—撑杆

牵引式旋耕机是利用牵引装置与拖拉机相连的，因此结构复杂，运转也不灵活，故目前的旋耕机系列中已不采用。

2. 按传动位置

按传动位置的不同，旋耕机可分为中间传动和侧边传动两种，如图 1-7 所示。

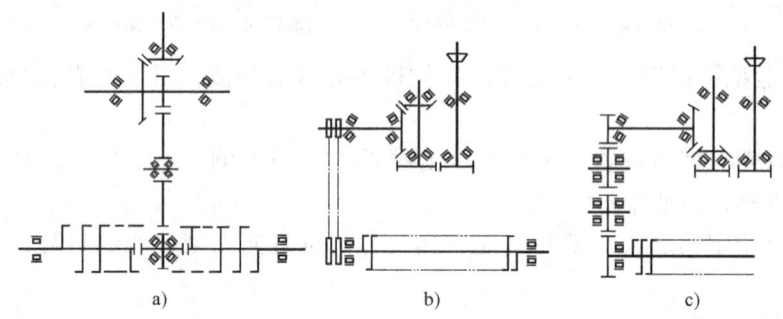

图 1-7　旋耕机传动示意图
a) 中间齿轮传动　b) 侧边链传动　c) 侧边齿轮传动

中间传动式旋耕机的刀轴所需动力由中间传来，因此刀轴左右受力均匀，但刀轴结构复杂，中间还应设一刀体补漏（如 1GN—200 型旋耕机）。

侧边传动式旋耕机的刀轴所需动力由左侧传来，它除刀轴受力和整机质量分布稍不均匀外，其余都比中间传动式好，故定为基本形式（型号中没有 N，如 1G—150 型旋耕机）。

3. 按传动装置的类型

按传动装置类型的不同，旋耕机可分为齿轮传动和链条-齿轮传动两种，如图 1-7 所示。

齿轮传动：虽零件多、结构复杂，但传动可靠，故采用较多，定为基本形式（如 1G—150 型旋耕机）。

链条-齿轮传动：刀轴与中间齿轮箱间采用链传动，可省去 2 个中间齿轮和轴承，因此结构简单，但制造和使用不当时，故障较多，如 1GL—150 型。

第二节 耕整地机械的结构与工作

一、保护性耕作机械

实行少耕、免耕和保护性耕作的耕作机械主要有松土机和灭茬机等。

(一) 深松机

深松作业是解决铧式犁耕翻土壤存在的功耗高，不利于水土保持的问题而采取的一项耕作技术。深松机在不翻转土层的前提下，可以打破多年犁耕形成的坚硬犁底层，保证松土而不粉碎土壤，以改善土壤的蓄水和通透能力。在开始实施免少耕、保护性耕作的地块，可首先进行一次深松作业，以后根据土壤坚实度确定深松作业周期，一般2～4年深松一次即可。深松深度根据作物生长需要而定，小麦等密植作物的深松深度为20～30cm，深松间隔为30～50cm；玉米等宽行作物深松深度为25～35cm，深松间隔为40～70cm。

深松机具种类较多，有深松犁、深松联合作业机及全方位深松机等。

1. 深松犁

深松犁一般采用悬挂式，结构如图1-8所示。主要工作部件是装在机架后横梁上的凿形松土铲。连接处备有安全销，以防碰到大石头等障碍时，剪断安全销，保护深松铲。限深轮装于机架两侧，用来调整和控制耕作深度。有些小型深松犁没有限深轮，靠拖拉机液压悬挂装置控制耕深。

深松铲是深松机的主要工作部件，由铲头和立柱两部分组成，深松铲铲头的形状有多种，如图1-9所示。

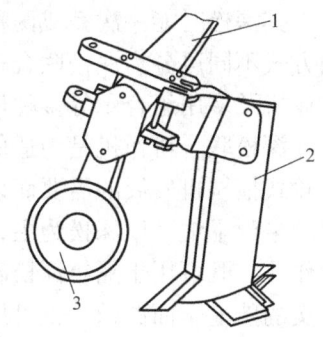

图1-8 深松犁
1—机架 2—深松铲 3—限深轮

铲头是深松铲的关键部件，最常用的是凿形铲，它的宽度较窄，和铲柱宽度相近，形状有平面形（见图1-9a），也有圆脊形（见图1-9b）。圆脊形深松铲碎土性能较好，且有一定翻土作用；平面形深松铲工作阻力较小，结构简单，强度高，制作方便，磨损后更换方便，行间深松、全面深松均可适用，应用最广。在它后面配上打洞器（见图1-9c），还可成为鼠道犁，在田间可开出深层排水沟；若作全面深松或较宽的行间深松，还可以在两侧配上翼板（见图1-9d），增大松土效果。铲头较大的鸭掌深松铲和双翼深松铲主要用于行间深松或分层深松时松表层土壤。

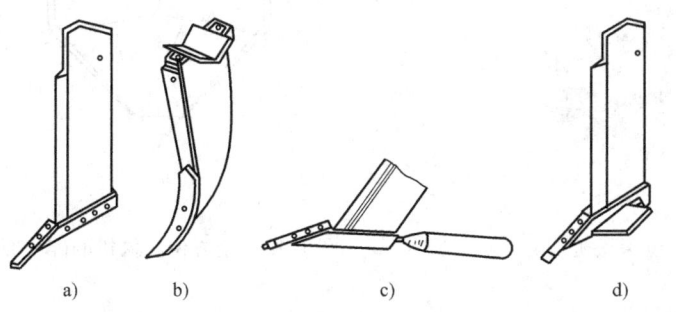
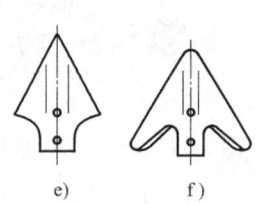

图1-9 深松铲
a) 平面凿形深松铲 b) 圆脊形深松铲 c) 带打洞器深松铲 d) 带翼深松铲 e) 鸭掌深松铲 f) 双翼深松铲

可调翼式深松铲由铲柄和两个翼铲组成，如图1-10所示，翼铲对称地安装在铲柄两侧。为了便于调节安装翼铲，将铲柄主体设计为垂直而且带有多个等距安装孔的立柱；为了保证深松铲入土后，翼铲仍然具有一定的入土趋势，将翼铲固有入土角 α 设计为 $17°$。

带可调翼铲的深松机在土壤表层可以像全方位深松机一样全面疏松土壤，且保持较为平整的地表，在深层，可以像单柱凿铲一样疏松土壤。

深松铲柱最常用的断面呈矩形，结构非常简单，入土部分前面加工成尖棱形，以减少阻力。由于深松铲侧面阻力一般很小，故这种铲柱强度是足够的。有的铲柱采用薄壳结构，重量较轻，但结构较复杂。

2. 深松联合作业机

其深松时能一次完成两种以上的作业项目。按联合作业的方式不同可分为深松联合耕作机，深松与旋耕、起垄联合作业机及多用组合犁等多种形式。

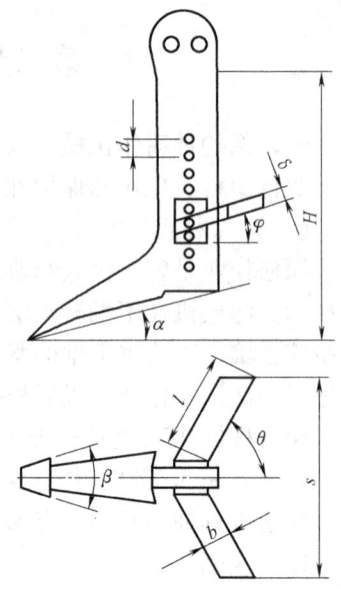

图1-10 可调翼铲示意图
α—翼铲固有入土角　β—铲尖角
θ—翼板后倾角　φ—翼板上倾角
δ—翼板厚度　H—铲高
b—翼板宽度　d—铲柱上的孔距
l—翼板长度　s—两翼板外缘距离

深松联合耕作机是为适应机械深松少耕法的推广和大功率轮式拖拉机发展的需要而设计的，主要适用于我国北方干旱、半干旱地区以深松为主，兼顾表土松碎、松耙结合的联合作业，既可用于隔年深松破除犁底层，又可用于形成上松下实的熟地全面深松，也可用于草原牧草更新、荒地开垦等其他作业。

3. 全方位深松机

图1-11所示为1SQ—250型全方位深松机，图1-12为全方位深松机的碎土原理。

全方位深松机是一种新型的土壤深松机具，它是利用V形深松器对土壤进行深松。它不仅能使50cm深度内的土层得到松碎，显著改善黏重土壤的透水能力，而且能在底部形成鼠道，但其深松比阻却小于犁耕比阻。作为新一代的深松机具对我国干旱、半干旱土壤的蓄水保墒、渍涝地排水、盐碱地和黏重土壤的改良，以及草原更新均有良好的应用前景。

图1-11 1SQ—250型全方位深松机

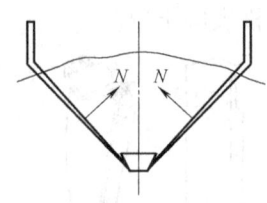

图1-12 全方位深松机的碎土原理

（二）浅松机

浅松是保护性耕作表土处理技术之一。前茬作物为麦类、豆类及根茎较细的作物，可以进行全面浅松；前茬为玉米等根茎粗大的作物可实施间隔浅松，即行间浅松。浅松作业时期为作物收割后至播前的休闲期。

图 1-13 为 1QJ—120 浅松机结构示意图，该机可与 11~13.2kW 的小型拖拉机采用悬挂联接，适用于旱地保护性耕作播前作业，能够达到疏松表层土壤、改善种床地表不平度、除草等目的，更换浅松铲后也可以用于中耕除草作业。

浅松铲采用双翼型，是一个被切割的三棱楔，如图 1-14 所示。其特点是疏松土壤且不乱土层，使土壤底层平整均匀。双翼浅松铲的技术参数有：翼张角 2γ、刃角 i、隙角 ε、切土角 β_0、碎土角 β、入土角 α、幅宽 B、铲翼宽 b 等。

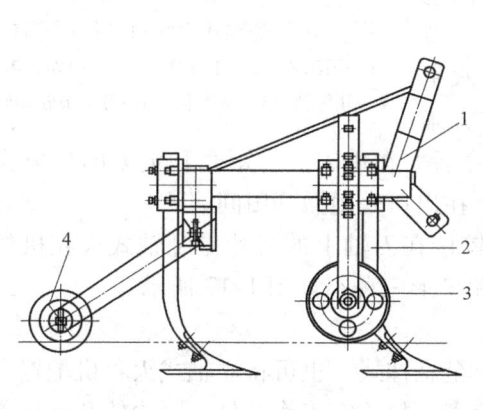

图 1-13　1QJ—120 浅松机结构示意图
1—机架　2—浅松铲　3—限深轮　4—镇压轮

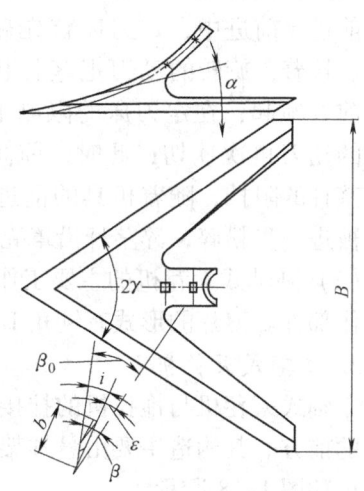

图 1-14　双翼型浅松铲

耕深可通过限深轮连接板上的螺孔来调节。

镇压轮结构采用圆柱纵齿式，并配装刮土板，如图 1-15 所示。圆柱可以平整疏松地表，纵齿可以破碎地表土块，刮土板可以防止土块阻塞镇压轮。

（三）灭茬机

主要用于田间直立或铺放秸秆的粉碎，可对小麦、玉米、高粱、水稻、棉花等作物秸秆、根系及蔬菜茎蔓进行粉碎，粉碎后的秸秆均匀散布在田里。为减少机器进地次数和节省能耗，灭茬作业多采用复式作业机组，如与旋耕作业一起完成、与播种作业联合等。

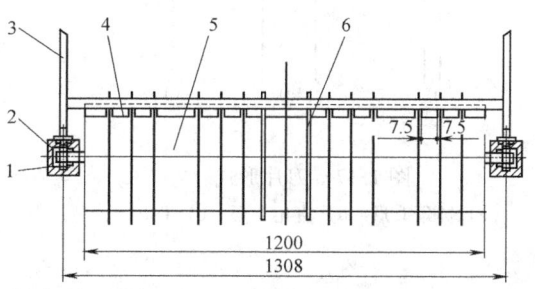

图 1-15　圆柱纵齿式镇压轮
1—轴承　2—轴承座　3—连接板
4—刮土板　5—镇压轮　6—纵齿

灭茬机按结构不同，分为卧轴式和立轴式两种。

1. 卧轴式灭茬机

主要由传动机构、粉碎室及辅助部件组成，如图 1-16 所示。

传动机构将拖拉机的动力传给工作部件进行粉碎作业，它由万向节、传动轴、齿轮箱和带传动装置组成。粉碎室由罩壳、刀轴和铰接在刀轴上的刀片（也称动刀或甩刀）组成，用于粉碎、抛送和撒布碎秸秆。

辅助部件包括悬挂架和限深轮等。通过调整限深轮的高度，可调节刀片的离地间隙即留茬高度，灭茬刀片一般不打入土中，否则会造成动力负荷过大，刀片过早磨损。

(1) 卧轴式灭茬机的工作过程　机组作业时拖拉机通过动力输出轴、万向节等传动机构驱动刀轴转动。在刀轴上铰接的甩刀一方面绕刀轴转动，另一方面随机组前进，前进中，定刀床首先碰到茎秆，使其向前倾倒。接着，旋转的动刀把茎秆从根部砍断，并将茎秆向前方抛起；在定刀床的限制下，茎秆被转向水平位置的动刀再次砍切；此时，前倾的茎秆受到前方未收割茎秆的阻挡，随着机具的前进，茎秆进入罩壳后，在甩刀片、罩壳和定刀的反复作用下，被进一步粉碎，碎茎秆沿罩壳内壁滑到尾部，在出口处抛撒到田间。

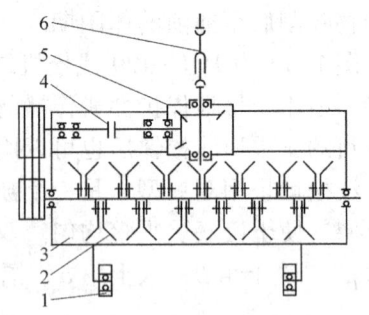

图 1-16　卧轴式灭茬机结构示意图
1—限深轮　2—工作部件　3—粉碎壳体
4—联轴器　5—变速箱　6—万向节转动轴

(2) 卧轴式灭茬机的主要工作部件　刀轴及铰接在刀轴上的刀片是卧轴式灭茬机的主要工作部件。刀片的形式有钝角 L 形、直角 L 形和 T 形三种，如图 1-17 所示。

2. 立轴式灭茬机

立轴式灭茬机与拖拉机的挂接可采用后置三点全悬挂式，也可将立轴式灭茬机配置在拖拉机的前方。其构造主要由悬挂架、齿轮箱、大罩壳、粉碎室工作部件、限深轮和前护罩等组成，如图 1-18 所示。

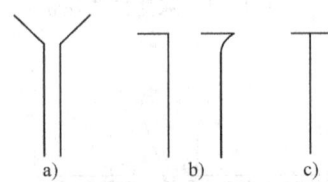

图 1-17　刀片形式
a) 钝角 L 形　b) 直角 L 形　c) T 形

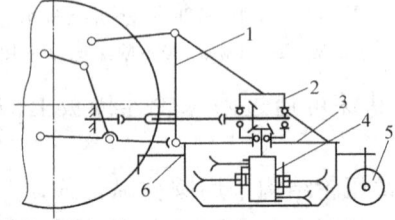

图 1-18　立轴式灭茬机结构示意图
1—悬挂架　2—锥齿轮箱　3—大罩壳
4—工作部件　5—限深轮　6—前护罩总成

工作时，由灭茬机前方喂入端的导向装置将两侧的秸秆向中间聚集，甩刀对秸秆多次数层切割后通过大罩壳后方排出端导向排出，均匀地将碎茎秆铺撒在田间。

二、传统耕作机械

传统耕作机械主要是铧式犁，铧式犁的工作部件主要是主犁体和犁刀等。

(一) 主犁体

其结构如图 1-19 所示，由犁铧、犁壁、犁侧板和犁柱等组成。
犁铧和犁壁组成犁体工作曲面。犁铧底部的边缘是水平工作刃，称为底刃；犁铧和犁壁前侧方的边缘是垂直工作刃，称为胫刃；犁铧首末两端和犁侧板的末端构成犁体的 3 个支承点。

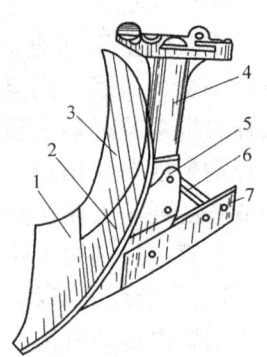

图 1-19　主犁体
1—犁铧　2—前犁壁　3—后犁壁　4—犁柱　5—犁托
6—撑杆　7—犁侧板

工作时,犁体按一定的深度和宽度切开土层,将土垡沿曲面升起、侧推和翻转,并在此过程中不断破碎土壤,达到耕地的基本要求。

1. 犁铧

犁铧用来切入土壤,切开和抬起土垡,并将其送往犁壁。犁铧主要有梯形铧、凿形铧和三角形铧3种形式,如图1-20所示。

凿形铧用得较多,因凿形铧有较强的入土能力和较好的工作稳定性,且强度较高,使用寿命较长。

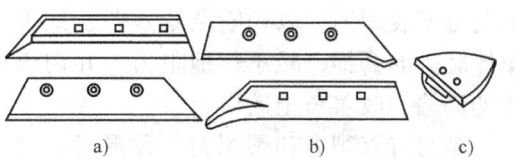

图1-20 犁铧的形式
a) 梯形铧 b) 凿形铧 c) 三角形铧

犁铧一般用锰钢或65稀土硅锰钢制造,刃口磨锐。磨刃的方法有上磨刃和下磨刃两种,一般采用上磨刃,刃角为25°~30°,刃口厚度为0.5~1mm。刀刃磨钝后,入土能力减弱,耕深稳定性降低,工作阻力急剧增加,因此使用中应及时磨锐。

2. 犁壁

犁壁的表面是一个复杂的曲面,其前部为犁胸,后部为犁翼。犁胸起碎土作用,犁翼起翻土作用。因此,犁曲面的形状对犁的碎土和翻土性能有很大影响。

犁壁的结构形式如图1-21所示,主要有整体式、组合式和栅条式3种。

整体式犁壁制成一个整体,结构简单,安装方便,但局部磨损后需整体更换,不够经济。组合式犁壁的胸部和翼部分开,工作中胫刃和胸部磨损较快,可单独更换。栅条形犁壁减少了土壤和犁壁的接触表面,有利于脱土和降低阻力,适用于水田等土壤湿黏度大的犁耕。

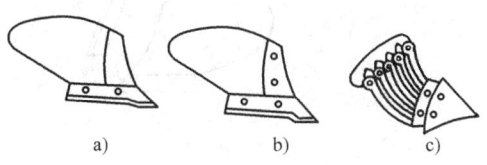

图1-21 犁壁的形式
a) 整体式 b) 组合式 c) 栅条式

犁壁要求坚韧耐磨,能抗冲击。因此,犁壁材料常用三层复合钢板制成,中间软层为低碳钢,表面和背面用45钢或低合金钢,也有的用低碳钢板经渗碳、淬火制成。

3. 犁侧板

如图1-22所示,犁侧板是犁体的侧向支承表面,主要承受犁体工作中的侧压力,保证犁体工作中的横向稳定性。犁侧板多用扁钢制成,断面为矩形,也有倒T形和L形等形式。多铧犁最后一个犁体的犁侧板较长,以增强平衡侧压力的能力,且末端常装有位置可调的犁踵(见图1-22b)。犁踵多用白口铸铁或灰铸铁铸成,以提高耐磨性能,下端磨损后可向下做调整,磨损严重时可单独更换犁踵。

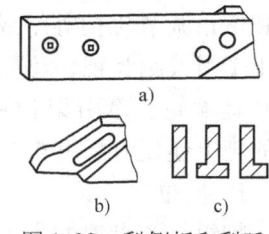

图1-22 犁侧板和犁踵
a) 犁侧板 b) 犁踵
c) 犁侧板断面形式

4. 犁托和犁柱

犁托和犁柱如图1-23所示。犁托是犁铧、犁壁和犁侧板的连接支承件,犁托的表面应与犁铧、犁壁的背面紧贴,其曲面形状和安装孔位的精度直接关系到犁曲面的形状和工作性能。犁托常用钢板冲压,也有的用铸钢或球墨铸铁铸成。

犁柱既是连接件,又是传力件,其下端固定犁托,上端用螺栓和犁架相连。犁柱有钩形犁柱和直形犁柱两种形式,也有的犁柱和犁托制成一个整体,称为高犁柱。

（二）犁刀

当耕翻杂草残茬多的土壤时，可在主犁体前方安装犁刀，以切断杂草残茬，减少主犁体胫刃的磨损，减小耕地阻力，并切出整齐的沟墙，改善覆土效果。

犁刀有直犁刀和圆犁刀两种形式，如图1-24所示。

直犁刀结构简单，坚固耐用，不易损坏，但工作阻力较大，用于深耕和工作条件恶劣的特种犁，如深耕犁和灌木犁等。

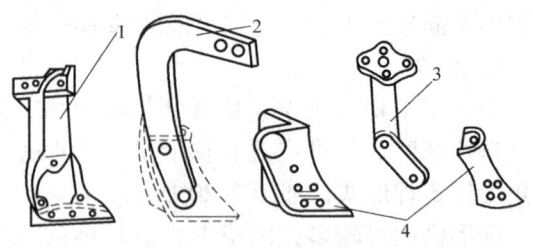

图1-23　犁托和犁柱
1—高犁柱　2—钩形犁柱　3—直犁柱　4—犁托

圆犁刀滚动切土，阻力较小，工作质量好，不易挂草和堵塞，在机力犁上得到普遍的应用。圆犁刀的刀盘有普通刀盘、波纹刀盘和缺口刀盘等形式。普通刀盘为平面圆盘，容易制造，应用最广，波纹刀盘和缺口刀盘切草能力强，适用于黏重多草的土壤。

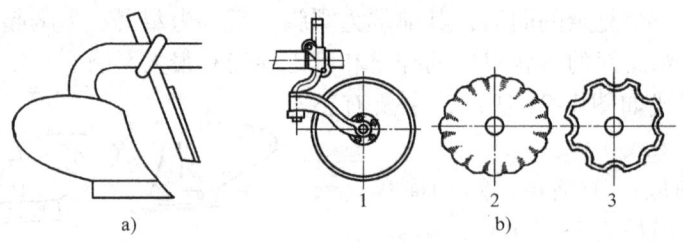

图1-24　直犁刀和圆犁刀
a）直犁刀　b）圆犁刀
1—普通刀盘　2—波纹刀盘　3—缺口刀盘

三、整地机械

（一）圆盘耙

悬挂式圆盘耙一般由耙组、耙架、悬挂架和偏角调节机构等组成，如图1-25所示。对于牵引式圆盘耙，还配有液压式（或机械式）运输轮、牵引架和牵引器限位机构等，有的耙上还设有配重箱，如图1-26所示。

1. 耙组

耙组是圆盘耙的主要工作部件，各种圆盘耙的结构大体相同。但各种耙的耙组数、配置方案、单列耙组的耙片直径和数量，以及某些具体结构有所不同。耙组由5～10片圆盘耙片穿在一根方轴上，耙片之间用间管隔开，保持一定间距，最后用螺母拧紧、锁住而成，如图1-27所示。

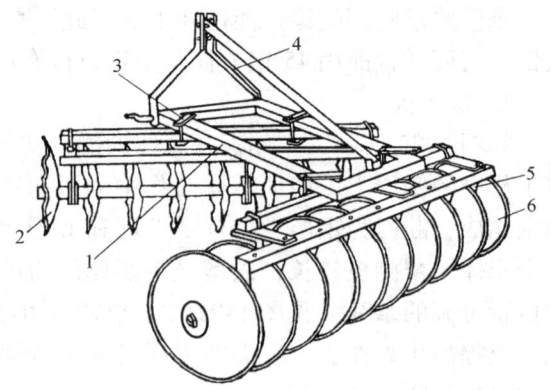

图1-25　悬挂式圆盘耙
1—耙架　2—缺口耙组　3—压板式角度调节器
4—悬挂架　5—刮土器　6—圆盘耙组

耙组通过轴承及其支座与梁架相连接，工作时，所有耙片都随耙组整体转动。每个耙片的凹面一侧都有一个刮土板，安装在刮土板横梁上，用以清除耙片上的泥土，刮土板与耙

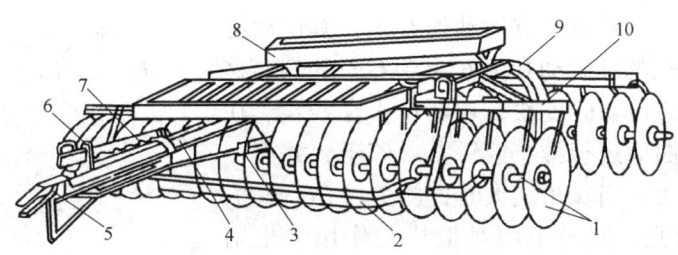

图 1-26 牵引式圆盘耙
1—耙组 2—前列拉杆 3—后列拉杆 4—主梁 5—牵引器 6—卡子
7—齿板式偏角调节器 8—配重箱 9—耙架 10—刮土器梁

片之间的间隙应保持 1～3 mm，并可以调节。

耙片是一个球面圆盘，其凸面一侧的边缘磨成刃口，以增强入土和切土能力。耙片可分为全缘和缺口两种形式，如图 1-28 所示。缺口耙片的外缘有三角形、梯形或半圆形，除凸面周边磨刃外，缺口部分也磨刃。因此，缺口耙片有较强的切土、碎土和切断残茬的能力，适用于新开垦土地和黏重土壤。圆盘耙片的凹面一般为球面，也有锥面，耙片的中心孔一般为方孔。

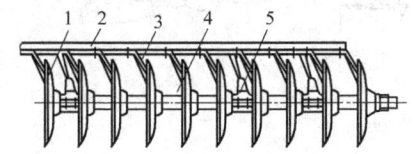

图 1-27 耙组
1—耙片 2—横梁 3—刮土板 4—间管 5—轴承

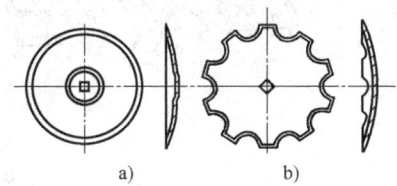

图 1-28 耙片
a）全缘耙片 b）缺口耙片

耙架是用两端封口的矩形钢管制成的整体刚性架，具有良好的强度和刚度。

偏角调节机构用于调节圆盘耙的偏角，以适应不同耙深的要求。偏角调节机构的形式有齿板式、插销式、压板式、丝杆式、液压式等多种。图 1-29 为齿板式偏角调节机构的示意图。它由上下滑板、齿板、托架等零件组成。托架固定在牵引主梁上，上、下滑板与牵引架固定在一起，并能沿主梁移动，移动范围受齿板末端的托架限制。利用手杆可把齿板上任一缺口卡在托架上，通过一系列连杆机构使耙组绕铰接点摆动，从而得到不同的偏角。

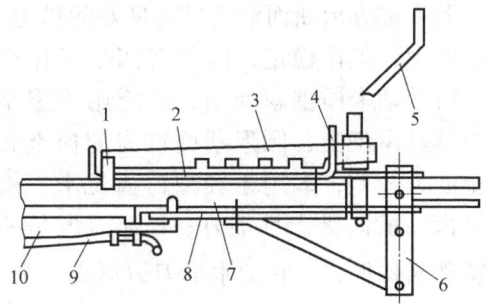

图 1-29 齿板式偏角调节机构
1—托板 2—上滑板 3—齿板 4—托架
5—手杆 6—牵引架 7—主梁 8—下滑板
9—后拉杆 10—前拉杆

2. 圆盘耙的工作过程

圆盘耙片为一球面圆盘，工作时其回转面与地面垂直，并与机器前进方向有一偏角，滚动前进，在重力和土壤阻力作用下切入土中，达到一定深度。耙片工作时的运动情况如图 1-30 所示。

耙片回转一周，位置由 A 点运动到 C 点，其运动可分解为由 A 点到 B 点的纯滚动和由 B 点到 C 点的侧向移动。在滚动中耙片刃口切碎土块、切断草根和残茬。在推移中耙片刃口和曲面进行推土、铲草、碎土，并有一定的翻土和覆盖作用。当 α 角增大时，侧移段 BC 增大，对土壤的作用力增强，同时土壤对耙片的作用力也增大，使耙深增加。因此，圆盘耙普遍采用改变偏角的方法来调节耙深。

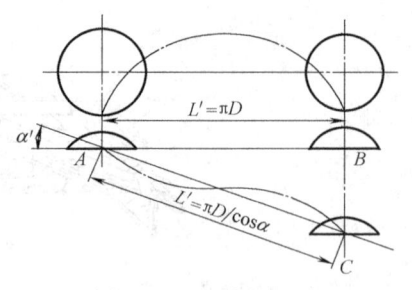

图 1-30　耙片的运动

（二）钉齿耙

用于耕后或播种前松碎土壤，破碎雨后地表结成的硬壳，减少水分蒸发，平整地面，苗期除草等。

钉齿耙的类型很多，按其结构特点可分为固定式、振动式、可调式和网状式等，如图 1-31 所示。

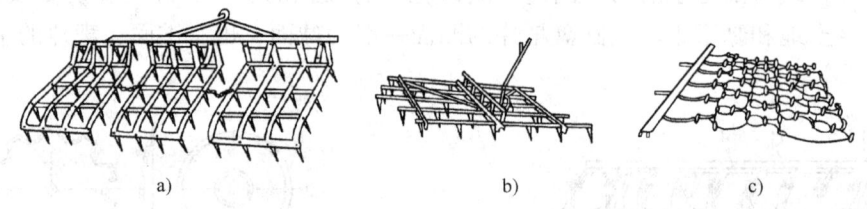

图 1-31　钉齿耙的类型
a) 固定式　b) 可调式　c) 网状式

钉齿耙主要工作部件是钉齿，按钉齿适应土质的性质和深度大小可分为轻型、中型和重型三种；按结构形状可分为菱形、方形、圆形、L 形等多种形式，如图 1-32 所示。

菱形或方形断面钉齿具有良好的松土、碎土能力，工作稳定，因其有四个工作刃口，可转动半周重新使用，广泛用于重型和中型钉齿耙上；圆形断面钉齿的松土和碎土能力较差，多用于轻型钉齿耙上；箭形钉齿的横向破土性能好；L 形刀齿是一种特殊结构形式，它的水平刀刃形成一个平面，使耕作层不生硬。

图 1-32　钉齿的类型

1. 固定式钉齿耙

由钉齿、耙架、牵引机构或悬挂机构等组成。钉齿固定安装在耙架的齿杆上，耙的入土深度取决于耙的重量，钉齿耙的纵杆呈 Z 形，横杆与纵杆交点处配置耙齿，每 3~4 根 Z 形纵杆用 3~5 个横杆结合起来，作为一节。再用刚性牵引架把数节连接起来，各节可单独摆动，因而工作较平衡，仿形效果好。

2. 可调式钉齿耙

与固定式钉齿耙结构相比增加了钉齿角调节机构，用于调整钉齿的倾角，耙架用 5 根横梁连接而成，每根横梁上装有 5~7 根钉齿，每个耙组上的钉齿数为 25~35 根，通过悬挂架或牵引架把 2~4 个耙组连接起来。在运输状态时，左右耙组可以折叠。

3. 网状式钉齿耙

其特点是耙架为柔性，像网状一样，能紧贴地面工作，仿形性能好，耙深比较稳定，有较强的平土性能。

（三）弹齿耙

弹齿耙的耙齿由弹簧钢制成（见图 1-33），有一定的弹性，遇到石砾时不易损坏，弹齿的颤动能增强碎土能力，松土效果也较好。适合于凹凸不平或多石的地面作业，也可用于牧草、果园的整地和中耕。

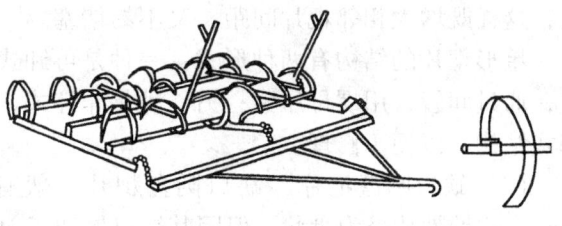

图 1-33 弹齿耙

（四）水田耙

水田耙主要用于春耕与夏耕后碎土整地和双季稻地区早稻茬地的以耙代耕。在水田作业时，能使泥土搅混起浆，以利插秧；在旱田作业时，可起疏松表土、压实下层的作用。

我国南方地区使用的水田耙的种类很多，按工作部件不同，可分为简易水田耙（工作部件形式是单一的）和复式水田耙（同一耙上装有不同形式的工作部件）。按耙的结构形式分为星形耙和缺口耙，如图 1-34 所示。水田耙均采用悬挂式，以便能在水田内灵活运转。

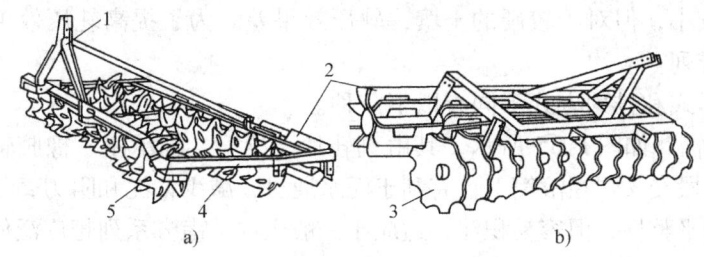

图 1-34 水田耙
a) 水田星形耙　b) 水田缺口耙
1—悬挂架　2—轧辊　3—缺口圆盘耙组　4—耙架　5—星形耙组

1. 水田耙的工作部件

无论简易水田耙或复式水田耙，其使用的工作部件目前主要有：星形耙片、圆盘耙片、钉齿和轧辊等。

（1）星形耙片　星形耙片为平顶球面圆盘。在盘的外缘有 6 个弯齿，弯齿形状是根据滑切作用好、切割阻力小、作业性能好来设计的。弯齿刀刃较长，一边磨有弧形刃口，故有纵横切土的作用，且切土和碎土能力较强，还有一定的翻土灭茬作用，因此使用普遍，是水田整地部件中碎土性能最好的一种。

工作时，星形耙片一边前进，一边滚动，在滚动和侧向推移作用下，泥土和水搅拌而形成泥浆。

星形耙组结构已列为南方水田耙系列的标准部件，并已作为主要部件采用。直径采用 400mm（一般水田地区的星形耙片）和 450mm（土壤黏重地区的星形耙片）。曲率半径是 210mm。耙片的直径一般是根据工作深度及作业要求来确定的。耙片直径的大小对耙的工作质量也有影响，直径越大，耙后的沟底不平度越小，但会增加耙组重量。耙片的曲率半径能影响翻土和碎土性能，曲率半径增大，翻土和碎土性能差。

耙片间距会影响耙后沟底不平度。间距小，耙后沟底较平坦，但作业时容易堵塞。为了解决这一矛盾，耙片排成前后列，并使前后列耙片交错排列，前后列耙片的凹面布置要相反，这样既增大相邻耙片间距，又不易堵塞。

星形耙片的结构有两种形式：一种是可卸式，即耙片的安装孔为方孔，装配时套在方轴上，通过间管，用螺母压紧；另一种是非卸式，耙片用焊接或铆接固定。南方系列耙采用可卸式结构，以便于修理。

(2) 缺口圆盘耙片　缺口圆盘耙片一般有8个缺口，边缘磨刃，刃口厚度为0.5～1mm。这种耙片虽为盘状，但因其缺口增加了刀刃长度，增加了单位面积压力，故具有较强的切土、翻土作用，对较硬或脱过水的稻茬田适应性较强，且具有一定的浅耕灭茬作用。但其碎土起浆作用不及星形耙片，阻力也较大。

缺口耙片直径一般有400mm、420mm和510mm三种。而系列耙的缺口圆盘耙片直径为450mm，曲率半径为600mm，偏角调节范围最大为10°。

(3) 钉齿　钉齿有碎土和平土的作用，适用于杂草少、土壤易碎的沙壤土。钉齿耙结构简单，制造容易，成本低，但其碎土起浆能力弱，在多草黏土田易挂草和壅土。

(4) 轧辊　轧辊具有较强的灭茬、起浆能力，并兼有碎土、平整田面和混合土肥的作用，牵引阻力也较小，但对于较硬的土壤，轧压效果差。为了提高轧压效果，常使轧片均匀错开，或呈螺线排列。

轧辊因轧片形式和排列方式不同有以下几种。

1) 实心直轧辊。如图1-35所示，其由直轧片、滚筒、轴承座、橡胶轴承等组成。具有出水孔的轧片，分段交叉焊在滚筒上，有利于泥水通过，减少粘泥和阻力，工作较稳定，并增强了灭茬、起浆和平整性，但容易积泥，适应于一般土壤。南方系列耙广泛使用这种轧辊。

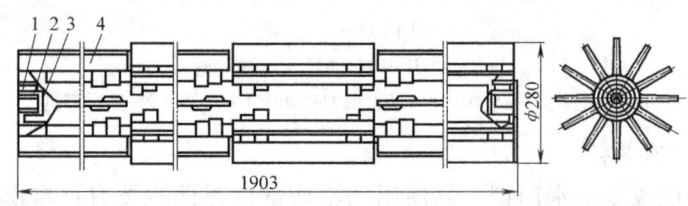

图1-35　实心直轧辊

1—滚筒　2—橡胶轴承　3—轴承座　4—直轧片

2) 空心直轧辊。如图1-36所示，其由心轴、轧片、轧片支承板和橡胶轴承等组成。因为轧辊焊接在压片支承板上，所以造成空间间隙较大，不易堵塞泥土。这种轧辊轧深大，阻力也大，田地平整性稍差，适用于黏重土壤。系列耙1BS—222型、1BS—230型均采用这种轧辊。

3) 百叶浆轧辊。如图1-37所示，其主要由短小轧片以单螺旋排列，焊接在滚筒上

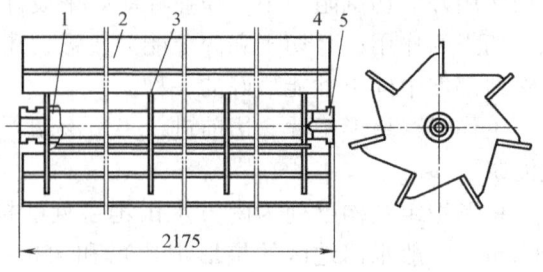

图1-36　空心直轧辊

1—心轴　2—轧片　3—轧片支承板
4—轴承座　5—橡胶轴承

组成。这种轧辊,在粘土中工作时不易夹泥粘土,但其碎土、灭茬、起浆性能均较前两种轧辊差。系列耙1BSN—325型采用这种轧辊。

4)螺旋轧辊。如图1-38所示,主要由轧片以一定的螺旋导角焊接在滚筒上组成。这种轧辊因轧片为螺旋,故受力均匀,工作平稳,但因有侧移土壤的作用,故平整性差,起浆灭茬能力也较实心轧辊差,制造工艺较复杂。

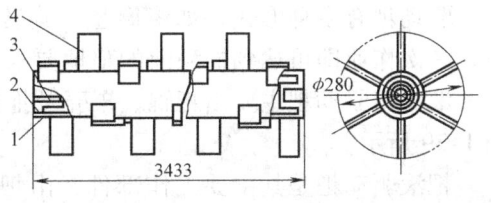

图1-37 百叶浆轧辊
1—滚筒 2—轴承座 3—橡胶轴承 4—短小轧片

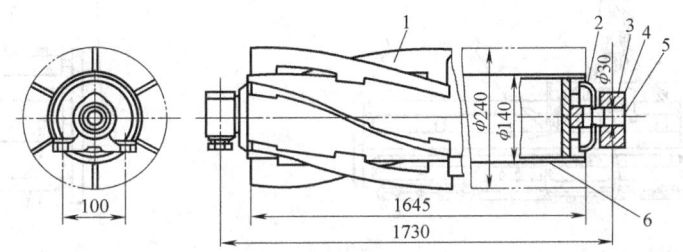

图1-38 螺旋轧辊
1—螺旋轧片 2—罩盖 3—橡胶轴承 4—轴承座 5—短轴 6—滚筒

轧辊直径一般根据留茬高度和轧深来确定。系列耙二列式的轧辊为增强耙的碎土、起浆、灭茬性能,轧辊直径较大(360mm);三列式的轧辊主要是为了起浆、平整等作用,故轧辊直径较小(280mm)。

轧片的高度影响耙深和平整性,在轧辊直径确定后,轧片越高,里面滚筒越小,耙的平整性变差。因此,在满足轧深的前提下,轧片不宜过高。系列耙的三列耙轧片高度为90mm,二列耙轧片高度为120mm。

轧片上开出的出水孔,以轧片有足够的强度、利于泥水通过、起浆性能好为宜。二列耙出水孔高度为60mm,三列耙出水孔高度为40mm。

轧片数目越多,灭茬性能越好,但轧片过多,使轧片间距过小,易引起堵泥。系列耙二列式的轧片为8片,三列式的轧片为6片。

由于耙田要求具有碎土、起浆、灭茬、平整田面和混合土肥的多种作用,上述单一的工作部件难以满足。所以,现在的水田耙均采用不同部件组合形成复式耙。

2. 水田系列耙

南方水田耙已设计为系列产品(简称系列耙),可以和以下5个功率级拖拉机配套,即15kW、22kW、30kW、37kW、44kW。配套的系列耙的名义幅宽分别为1.6m、1.9m、2.2m、2.5m和3.0m五级。系列耙的每一级又分为三列(两列耙组、一列轧辊)和两列(一列耙组、一列轧辊)两种形式(2.5m级的只有三列一种)。南方水田耙系列共有10种基本机型。

(五)驱动耙

驱动耙是一种由拖拉机驱动的整地机械,作业时工作部件在拖拉机动力输出轴的驱动下进行碎土、搅土。其特点是碎土灭茬性能好,工作质量高,作业后地表平整,土质松软,能满足农业技术要求。

驱动耙有多种形式,如滚筒型、旋转型、往复型等。过去这种驱动耙主要用于水田整地,一次作业即可达到插秧前的整地要求,近年来在旱地上也有所应用。

滚筒型驱动耙主要由耙辊、罩壳及拖板、平土板、传动机构、耙架和悬挂架等组成,如图1-39所示。

耙滚驱动耙是其主要工作部件,由耙辊轴、耙齿板、耙齿、支承盘等组成,如图1-40所示。耙齿焊在耙齿板上,耙齿板用螺钉固定在支承板上。在整个耙幅宽度上有若干个耙齿组,各耙齿组上的全部耙齿按螺旋线排列,左右交错配置,使负荷均匀,碎土一致。

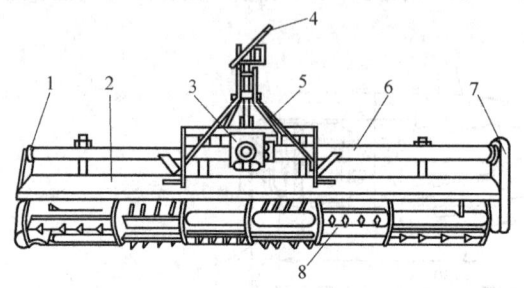

图1-39 滚筒型驱动耙
1—侧板 2—罩壳 3—齿轮箱 4—平土板操纵杆
5—悬挂架 6—主梁 7—侧边传动箱 8—耙辊

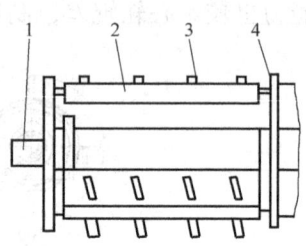

图1-40 耙辊
1—耙辊轴 2—耙齿板
3—耙齿 4—支承盘

罩壳固定在耙滚的上方,拖板连接在罩壳的后下方,起安全防护及增强碎土的作用。平土板铰接在拖板后面,并通过连杆与机架连接,可进一步平整田面。将平土板操纵杆向后拉,使连杆与机架处于刚性连接状态,这样平土板可以起刮高填低、整平田面的作用,但此时必须切断动力,否则耙辊易受阻而堵塞。若将平土板操纵杆向前推,使锁定机构分离,则平土板的尾部就不被压死而处于浮动状态,这样平土板只能靠其自身的重量拖平地面。平土板上方装有弹簧,可以调节对地面的压力。

旋转型驱动耙的工作部件是由2~4个钉齿构成的立式转子,多个转子横向排列成一排,如图1-41所示。转子随直立的转子轴在水平面内旋转,转速可以改变,相邻转子的旋转方向相反,转动范围有一定重叠,以防漏耙,钉齿间相互错开,互不干扰。钉齿的圆周速度比机器前进的速度要大得多。播种前整地时用尖形钉齿,灭茬时可用刀形齿。这种驱动耙有较好的碎土效果,自净性能良好。

往复型驱动耙的工作部件是两排或四排钉齿,通过偏心摆叉把拖拉机动力输出轴的旋转运动转变为钉齿的横向往复运动,其结构如图1-42所示。钉齿的运动轨迹是往复运动和机

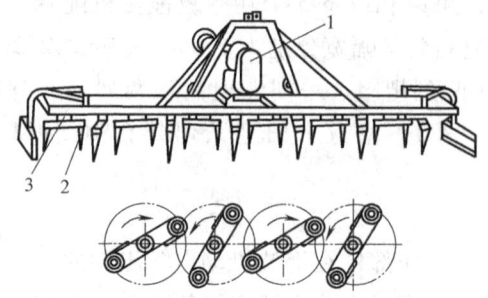

图1-41 旋转型驱动耙
1—齿轮箱 2—转子 3—转子轴

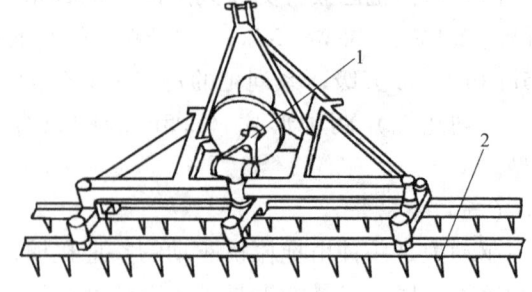

图1-42 往复型驱动耙
1—偏心摆叉 2—钉齿

器前进运动的合成,前后排钉齿的运动方向相反,轨迹相互交错。钉齿往复运动的频率不变,通过改变拖拉机前进速度来调节碎土程度。这种驱动耙碎土能力强,钉齿往复运动产生的振动有助于破碎坚实土块,同时机器也会受到振动,因此在耙的连接处通常都有减振装置。

旋转型和往复型驱动耙能够保持土壤结构,不搅乱土层,在土壤表面留下一层风化的干土,有利于保持下层土壤的水分。

(六) 旋耕机

悬挂式旋耕机的一般构造如图1-5所示。它主要由工作部件、传动部件和辅助部件3部分组成。

1. 工作部件

旋耕机的工作部件也叫刀轴部件,主要由刀片、刀轴和螺钉、螺母等组成,如图1-43所示。刀轴又由轴管、轴头和刀座3部分组成。轴管用无缝钢管制成,可减轻重量,上面按螺旋线排列形式焊有刀座,两端分别装有花键轴头和光轴头各一个。

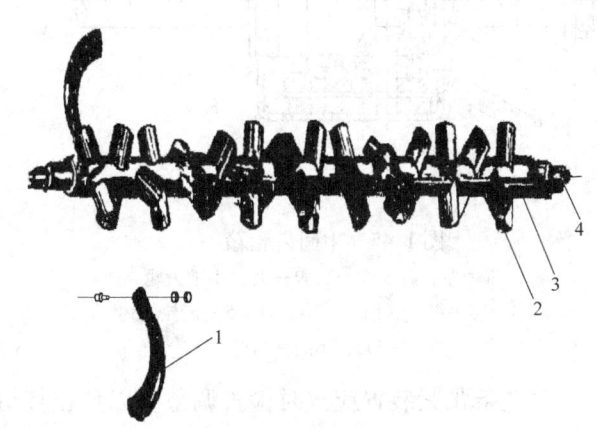

图1-43 刀轴
1—刀片 2—刀座 3—轴管 4—轴头

2. 传动部件

传动部件由万向节总成、中间齿轮箱和左侧链轮箱3部分组成。它的作用是将拖拉机动力输出轴传来的动力降低转速、改变方向后传给刀轴。

(1) 万向节总成 万向节总成主要由活节夹叉、方轴夹叉、方套夹叉、十字节和方轴等组成,如图1-44所示。十字节两端有孔,用弹性挡圈防止十字节滑出,十字节中部装有黄油嘴,内注润滑脂,供针形轴承润滑。方轴和方套为滑动配合,因为在旋耕机升降或左右摆动时,方轴需在方套内伸缩,因此在套入前,应涂油润滑,以防卡死。

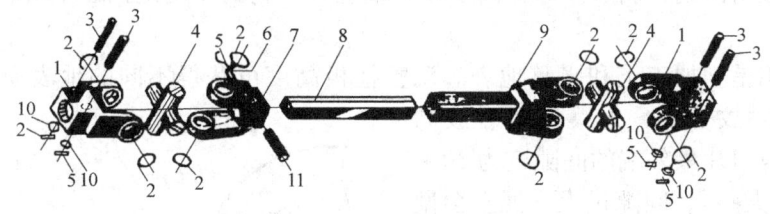

图1-44 万向节总成
1—夹叉 2—孔用弹性挡圈 3—插销 4—十字节 5—开口销 6、10—垫圈
7—方轴夹叉 8—方轴 9—方轴夹叉焊合 11—方轴插销

(2) 中间齿轮箱 它由两级减速体、箱盖、主动轴、中间轴、被动轴、轴承和齿轮等组成,如图1-45所示。

圆柱齿轮共有两对,可成对更换或相互调换来改变速比,以适应不同机型和耕地。它的齿数分别为16、25和19、21,这是第一级减速;锥齿轮是第二级减速,有大、小锥齿轮各1个,齿轮的装配和调整方法应按旋耕机说明书的规定进行,以免造成不必要的损坏。

（3）链轮箱　它由链轮箱、箱盖、大小链轮、链条和张紧装置等组成。安装链轮时，要求上下两链轮平面在同一平面内，偏差不大于 0.5mm。链条张紧装置是利用弹簧弹力，通过套筒和张紧滑板使链条张紧，如图 1-46 所示。

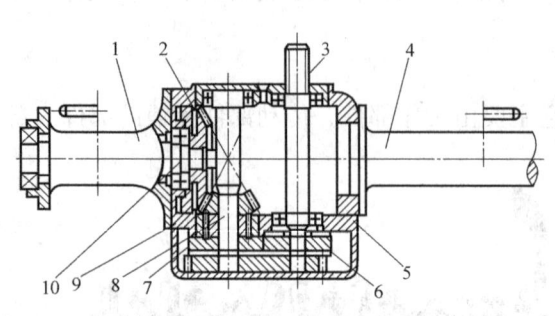
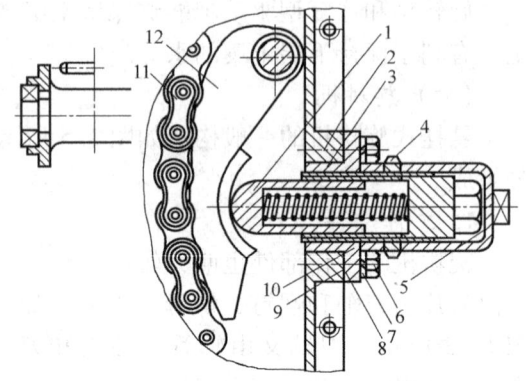

图 1-45　中间齿轮箱
1、4—左、右主梁　2、9—大、小锥齿轮
3、8、10—第一、第二、第三轴　5—齿轮箱体
6、7—大、小圆柱齿轮

图 1-46　链条张紧装置
1—套筒　2—弹簧　3—外套筒　4—圆螺母
5—防泥帽　6—螺钉　7—垫圈　8—套筒座
9—纸垫　10—套筒座垫圈　11—链条　12—张紧滑板

对链条张紧装置应按时检查调整，以免损坏链条或其他机件。链条的张紧力可用手按压检查：如用一手之力，能按动紧边链条时，则调整适当；若按不动，则表示太紧；反之，轻轻一按，链条就动，则表示太松。

3. 辅助部件

旋耕机的辅助部件包括悬挂架、机架、罩壳、拖板和支承杆等。

悬挂架的结构基本与悬挂犁上的相似，但下悬挂点为两悬挂销轴（见图 1-5）。

机架的右侧与侧板相连，左侧与链轮箱相连。左右梁的前端都有一块悬挂撑板，用来安装悬挂架的支板和销轴。悬挂架的斜撑板固定在齿轮箱的上盖板上。

罩壳和拖板由薄钢板制成。罩壳固定在刀轴上方，它的作用是挡住土块和促使土块进一步撞碎。

拖板的作用是增加碎土和平整地表。调整拖板高度可获得不同的地表质量，一般情况下，土壤干燥时放低些，土壤潮湿时放高些。罩壳前端与刀片最外端的间隙应为 30～50mm（后端可大些），间隙过大，泥土会抛到刀轴前方被再次旋耕，浪费动力；间隙过小，易产生堵塞。因此，在安装和修复罩壳时应加以注意。

4. 旋耕机的工作原理

旋耕机的刀片在工作时具有自身的回转运动以及和拖拉机一起向前的前进运动，刀片就是在上述两种运动同时存在的条件下完成切削土壤工作的，如图 1-47 所示。

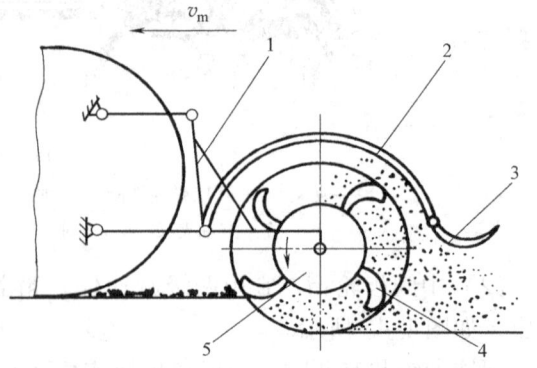

图 1-47　旋耕机的工作原理
1—悬挂架　2—罩壳　3—拖板　4—刀片　5—刀轴

刀片在切土过程中，首先将土垡切下，随即向后抛出。土垡撞击到罩壳与拖板而破碎，然后再落到地表上。由于机组不断前进，刀片就连续不断地对未耕地进行松碎。

（七）镇压器

镇压器主要用于播种前后的整地作业。播种前镇压可碎土保墒，使土壤紧密平坦、具有稳定的耕作层，以利播种。播种后镇压可使种子与土壤紧密接触，促进下层土壤水分上升，有利于种子发芽和作物生长。对地表板结的土块也可用它压碎地壳，以利幼苗出土。

镇压器按形状不同，有圆筒形、V形、网形等，如图1-48所示。

镇压器的重量和镇压轮的直径是影响工作质量的主要因素。当重量和工作幅相等时，镇压轮直径小的接地压力较大，压入土壤中的深度也大，而直径大的镇压轮所需的牵引力较小。镇压器的工作幅不能过宽，否则受地面不平的影响就大，凹处压不到，压力也不均匀。

圆筒形镇压器是用石磙或铸铁制成圆筒状，外表面光滑。其特点是结构简单，接地面积大，压强小，对表土镇压作用强，而对心土镇压作用弱。

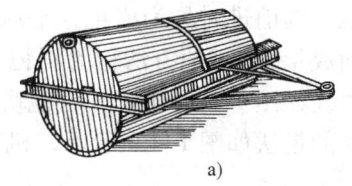
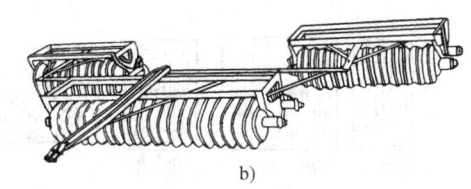
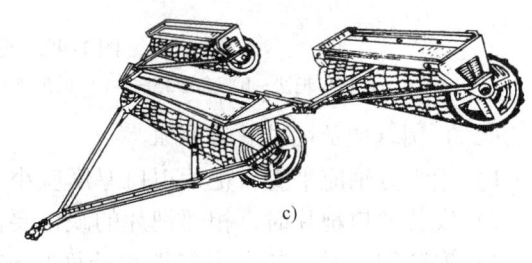

图1-48 镇压器
a）圆筒形 b）V形 c）网形

V形镇压器由若干个具有V形边缘的铸铁镇压轮穿在一根轴上组成。一般由三组镇压轮排列成"品"字形，每组有前后两列、每列又有若干个V形环套在轴上。每组前后两列相互错开，一般前列镇压轮的直径大于后列，有利于压碎大土块，并减少滚动阻力。每个V形环中心孔径比轴径大，虽穿在同一轴上相互紧靠，但可分别转动，这样可以加强碎土和自动脱土作用。镇压后在地面留有V形沟，可减少土壤的风蚀。

网形镇压器的镇压环表面交错突起成网状，三组为一台，每组只有一列，前列直径比后两组稍大，各环松动地装在轴上，以增加敲击碎土作用。这种镇压器的工作特点是镇压后表土疏松，下面土层受到较大镇压作用，能阻碍土壤水分蒸发，有较好的保墒效果，特别适用于黏重土壤的压实。

第三节　耕整地机械的使用

一、圆盘耙的使用

（一）耙地作业方法

耙地作业一般有顺耙、横耙和斜耙三种基本方法。

顺耙的耙地方向与犁耕的方向平行，其工作阻力小，但碎土作用差，适宜于在轻、松土壤中进行工作，有梭形、套形、回形走法，如图1-49a、b、c所示。套形耙法与梭形耙法相似，主要是避免转小弯，以提高工作效率，适用于较大地块的作业。回形耙法适用于较小地块，以免因转弯过小而耽误工时。

垂直于耕地垄沟前进时称为横耙，平地和碎土作用均强，但机具颠簸大。

与犁耕方向成45°的耙地方法称为斜耙或对角耙法，平地及碎土作用都较强。若地块为正方形，行走路线如图1-49d所示；若地块为长方形，行走路线如图1-49e所示。

三角形地块的耙法如图1-49f所示，机组可从三角形地块的一角向地块中心行进。

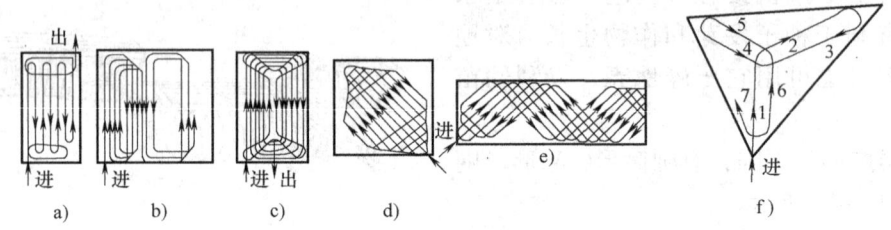

图1-49 耙地作业方法

a) 梭形耙法 b) 套形耙法 c) 回形耙法 d)、e) 斜耙法 f) 三角形地块的耙法

（二）圆盘耙的安装技术要求

1) 耙组方轴应平直，耙片刃口厚度应小于0.5mm，刃口缺损不超过3处。

2) 安装缺口耙片时，相邻耙片的缺口要错开，以免耙组受力不均匀。

3) 安装间管时，其大头与耙片凸面相靠，小头与耙片凹面相靠。耙片的间距应相等，其偏差不大于8mm。

4) 方轴一端的螺母必须拧紧并锁牢，耙片不得有任何晃动，否则耙片内孔会把方轴磨损。

5) 刮土板与耙片凹面应保持3~6mm的间隙，以免阻碍耙片转动。

6) 耙架不得变形或开焊，各联接螺栓应紧固，装好后的耙组应转动灵活。

（三）圆盘耙的调整

1. 耙组偏角调整

齿板式角度调节装置与调节方法如前述。在保证碎土能力的条件下，耙组角度不宜过大，否则将使牵引阻力增加。

2. 配重调整

通过增减耙组配重盘上的配重，可调整耙深。

3. 刮土铲调整

刮土板与耙片凹面应保持3~6mm的间隙，与耙片外缘距离应为20~25mm，如不符合规定，可通过改变刮土板在耙架上的位置予以调整。

（四）圆盘耙的使用与维护

1. 使用注意事项

1) 根据作业要求，可用调节耙组偏角和增加配重的方法调整耙深。

2) 作业中不允许对耙进行修理、检查，只能停车进行。

3) 拖拉机带耙作业时不许急转弯，牵引耙不许倒车，悬挂耙转弯和倒车时应将耙升起后进行。

2. 维护

（1）班次维护　每班作业结束后，应清除耙片及耙架上的污物；检查并紧固各联接螺母；各转动部件加注润滑油。

（2）入库维护　作业季节结束后，机具要存放较长的时间，为保存好机具，延长使用寿命，应做好以下工作：清除耙片及耙架上的污物；在耙片上涂机油，以防锈蚀；检查轴承间隙，磨损过大时应更换，并更换轴承内的润滑脂，各转动部件加注润滑油；用木板将耙组垫离地面；存放于干燥通风的库房内。

（五）圆盘耙的常见故障及排除方法

圆盘耙的常见故障及排除方法见表1-1。

表1-1　圆盘耙的常见故障及排除方法

故障现象	故障原因	排除方法
耙片不入土	1. 耙组偏角太小 2. 附加重量不够 3. 耙片磨损 4. 耙片堵塞	1. 调大偏角 2. 增加附加重量 3. 重新磨刃或更换 4. 清除堵塞物
耙后地表不平	1. 前后耙组偏角不一致 2. 附加重量不一致 3. 耙架纵向不平 4. 牵引式偏置圆盘耙作业时耙组偏转，造成前后耙组偏角不一致 5. 个别耙组不转动或堵塞	1. 调整偏角 2. 调整附加重量 3. 调整牵引点高低位置 4. 调整纵拉杆在横拉杆上的位置 5. 清除污泥或堵塞物使耙组转动
耙片堵塞	1. 土壤太黏太湿 2. 杂草太多刮泥板不起作用 3. 耙组偏角太大 4. 前进速度太慢	1. 等水分适宜时耙地 2. 调整刮泥板的位置和间隙 3. 调小偏角 4. 加快前进速度
阻力太大	1. 耙组偏角太大 2. 附加重物太重 3. 刮泥板卡耙片	1. 调小偏角 2. 减轻附加重物 3. 调整刮泥板与耙片的间隙
耙片脱落	方轴螺母松脱	重新拧紧或换修

二、水田耙的使用

（一）安装检查与调整

1. 安装检查

水田耙系列作业前应进行安装检查，使机具技术状态完好。一般检查内容为：

1）各工作部件的技术状态应完好，损坏变形的零件应修理或更换。

2）耙组在耙架上的安装应正确，耙片在方轴上应无晃动，轧辊无脱焊。

3）轴承严重磨损时应更换，耙架变形严重应校正，各紧固件应牢靠，转动件应灵活。

经过上述检查确认机具正常后，方可投入田间作业。

2. 调整

经过安装检查后投入田间作业的水田耙系列,可以通过试耙进行必要的调整。

(1)耙深的调整 可用改变耙组偏角和拖拉机液压机构的操作手柄位置来调节。土壤黏重,覆盖、碎土要求高时,可以调大偏角。调整方法是:将耙升起,拧松耙组外端的紧固螺母,将轴端沿弧形板推移到需要位置,再将紧固螺母拧紧,左右耙组调成一致。

(2)耙的水平调整 工作时,耙架的前后和左右应水平,可分别用拖拉机悬挂机构的上拉杆和左(或右)提升杆来调平。

(二)水田耙的使用及常见故障

1. 使用注意事项

1)耙田质量与水深关系很大,水过深看不清地面,不易耙平;水太浅易拖堆,形成泥浆差,同时橡胶轴承在缺水的情况下工作易损坏。一般水深以淹至耙片一半为宜。

2)耙地时,相邻行间应有20~40cm的重叠量,这样地面容易耙平,避免漏耙。

3)在地头转弯和倒车时应将耙升起,并避免耙与田埂相碰,以免损坏机件。

4)作业时,严禁耙上站人或搁置重物,严禁对耙进行故障排除,以免发生人身事故。

5)根据地块和块形采用不同的耙地方法,以提高耙地质量,减少机组空行,提高效率。

2. 常见故障

水田耙常见故障及排除方法见表1-2。

表1-2 水田耙常见故障及排除方法

故障现象	故障原因	排除方法
拖堆积泥无法正常工作	1. 田中水深不够 2. 耙架不平前低后高,偏角太大 3. 田地浸水时间短,土垡干硬 4. 犁耕质量差,耕深过大等	1. 增加淹水量 2. 调平耙架,减小偏角 3. 增加浸水时间 4. 保证耕地质量
耙不平	耙架左右前后不平,偏角太大等	调平耙架,调整偏角
耙不深	1. 偏角太小 2. 土垡太硬 3. 耙片磨钝或黏土太多	1. 增大偏角 2. 水浸泡土垡时间延长 3. 磨刃、清除黏土
耙组不转动	1. 轴承损坏 2. 耙组轴变形 3. 被泥草堵塞	1. 更换 2. 校直或更换 3. 清理杂草
夏耙稻草田,稻草不翻转	前列耙组偏角太小,耙架前部上抬	调整

三、旋耕机的使用

(一)旋耕机的选购

旋耕机是和拖拉机配套作业的机具,产品型号的选择要因地制宜,根据已拥有的拖拉机和当地的自然条件来确定机型。选购旋耕机时,用户应查看产品是否检验"合格",拒绝无产地、无商标、无产品检验合格证的产品。看产品外观质量,油漆有无脱落,毛刺是否清除干净。有条件的最好空转几分钟，听声音是否正常，摸轴承部位是否过热，试验操作是否灵活到位。

（二）旋耕机刀片的安装

根据不同的农业技术要求，旋耕机刀片可采用不同的安装方法。安装时，刀片的弯曲方向不同，地表就有不同的形状，一般有交错安装、向外安装和向内安装三种安装方法，如图 1-50 所示。

（1）交错安装　左右弯刀在刀轴上交错排列安装。耕后地表平整，适于耕后耙地或播前耕地，是常用的一种安装方法。

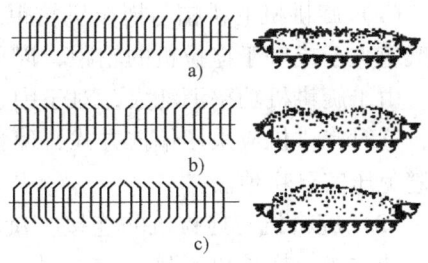

图 1-50　旋耕机刀片安装方法
a）交错安装　b）向外安装　c）向内安装

（2）向外安装　刀轴左边装左弯刀片，右边则装右弯刀片，耕后中间有浅沟，适于拆畦或开沟作业。

（3）向内安装　刀轴左侧全部安装右弯刀片，右侧则全部安装左弯刀片，耕后中间有隆起，适于筑畦或中间有沟的地方作业。

安装时，应注意使刀轴的旋转方向和刀片刃口方向相一致，并进行全面检查，特别是螺钉要固紧，严防旋耕刀飞出伤人。

（三）旋耕作业方法

旋耕机的构造特点决定了其旋耕方法不同于犁耕法，而近似于耙地方法。一般常见旋耕作业方法有回形法、梭形法和套耕法。具体方法如图 1-49 所示。

（四）旋耕机使用前的技术状态检查

1）刀片的刃口厚度应为 0.5~1.5mm，刃口曲线过渡应平滑，若刃口有残缺，其深度要小于 2mm，且每把刀的残缺不能多于两处。

2）刀片在刀座上必须安装牢固，应有锁紧措施，防止松脱而造成人身事故或机具损坏。

3）刀滚装到旋耕机之后，刀片顶端与罩壳的间隙以 30~45mm 为宜，间隙过大时，堡块易反抛到刀轴前方被再次切削，浪费动力；间隙过小时，易造成堵塞。若此间隙小于 28mm，就需要重新装修罩壳。

4）刀滚装到旋耕机上后，应进行空转检查。把旋耕机稍离地面，接合动力输出轴，旋耕机低速旋转，观察其各部件是否运转正常，如整个刀滚运转是否平稳、有无碰擦等异常情况。

5）在拖拉机和旋耕机之间安装万向节总成时，必须使方轴和方轴套的夹叉处于同一平面，以保证所传递的转速平稳。要求轴和方轴套之间的配合长度要适当，它们之间的配合长度在工作时要求不小于 150mm，在升起时要求不小于 40mm，防止提升时因配合长度不够而脱出或损坏，但也要防止工作时因配合长度太长而顶死。

万向节总成两端的活动夹叉与拖拉机动力输出轴轴头和中间齿轮传动箱轴头连接时，必须推到位，使插销能插入花键的凹槽内，最后还应用开口销把插销锁好，以防止夹叉甩出造成事故。

6）传动装置在每个耕季结束后都要检查一次，以保持其经常处于完好的技术状态。检查方法是：先放出传动箱的齿轮油并清洗内部，然后检查调节，再加入新齿轮油。若检查时发现问题，要及时进行拆装和修理。

（五）旋耕机的挂接

（1）旋耕机的耕幅与拖拉机轮距的配套　旋耕机的工作幅宽应与拖拉机的轮距相适应，一般应大于或等于拖拉机的轮距，以免工作时拖拉机轮胎压实已耕地。

由于旋耕机功率消耗大，对于中、小型拖拉机，旋耕机的耕幅往往小于拖拉机的最小轮距，这时旋耕机应采用偏挂方式，偏置于拖拉机一侧，并在工作中采取合适的行走方法，尽量避免压实已耕地。

（2）旋耕机与拖拉机的连接　旋耕机一般用三点悬挂方式与拖拉机连接，并通过万向节传动轴与输出轴相连。安装万向节轴时，伸缩方轴的长度要与拖拉机型号相适应，保证工作或升起时方轴与方轴套不致顶死，降落时也不致脱出。万向节安装时，应注意使中间的夹叉方位相同，保证刀轴旋转均匀，安装方法如图1-51所示。

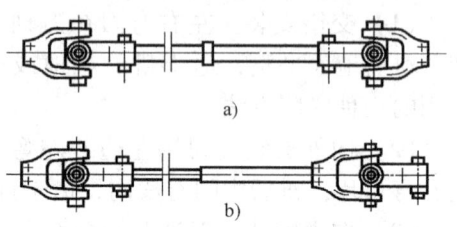

图1-51　万向节的安装
a）正确　b）错误

（六）旋耕机的使用

1. 旋耕机的调整

（1）旋耕前的调整

1）左右水平调整。将旋耕机降低，检查左右两端的刀尖离地高度，若不一致，可通过右提升杆摇把进行调整，使左右耕深一致。

2）前后水平调整。此调整的目的是使旋耕机下降到要求的耕深时，齿轮箱上的花键轴与动力输出轴相平行（即处于水平），使万向节及机组在有利条件下工作，调节方法是改变上拉杆的长度，使齿轮箱达到水平即可。

3）提升高度的调整。万向节倾斜角度变大时，本身消耗的功率就会很快增多，而且万向节容易损坏。因此，要求万向节在升起时的倾角不超过30°，一般只需刀尖离开地面20cm左右即可转弯空行。为了操作方便，应将最高提升位置加以限制，即将拖拉机位调节扇形板上的限位螺钉固定在适当的位置上，使每次提升的高度保持不变。

（2）升降和深浅的调整　由于拖拉机液压机构的不同，旋耕机的升降和深浅的调节也不同，现将它们的调节方法和注意事项介绍如下。

1）与具有力调节、位调节液压系统的拖拉机配套时，应用位调节，禁止使用力调节，以免损坏旋耕机。当旋耕机达到需要耕深后，应用限位螺钉（手轮）将位调节手柄挡住，使每次耕深一致。

2）与具有分置式液压系统的拖拉机配套时，分配器手柄应放在浮动位置上，旋耕机耕深的深浅用固定在液压缸活塞杆上的定位卡箍来调节。下降或提升旋耕机时，手柄应迅速扳到"浮动"或"提升"位置上，不可在"压降"或"中立"位置上停留，以免损坏旋耕机。

（3）碎土能力的调整　碎土能力与拖拉机前进速度及刀轴转速有关，一般情况下，应改变前进速度来调整碎土能力。如果中间传动箱的速比可以调整，也可以用改变传动箱速比的方法来适应不同的土质和不同型号的拖拉机。

在一般情况下，旱耕作业的前进速度选用2～3km/h；水耕或耙地作业选用3～5km/h。

2. 旋耕机的使用注意事项

（1）田间转移　旋耕机田间作业转移地块时，拖拉机应用低档行驶，犁刀要离开地面。越过田埂、沟渠时，需将旋耕机动力置于分离位置，并将尾轮抬起，以免碰撞尾轮造成内管弯曲。

（2）开始作业　旋耕机开始作业时应先接合动力，使犁刀轴旋转，并使犁刀缓慢入土，以免产生冲击，损坏犁刀。

（3）作业　旋耕机作业时应根据地块大小、土壤性质、作业要求及驾驶员的操作熟练程度来选择拖拉机速度，既要充分利用拖拉机的功率，又不能长期超负荷。

严禁用高档和倒档进行作业。清除犁刀上的缠草时，应切断动力或停车。地头转弯时，应先减油门，提升旋耕机，使犁刀出土后，拖拉机再转弯。

（4）平时维护　平时应注意旋耕机各部分工作情况，经常检查犁刀及其他部分是否松动或变形，必要时及时紧固或校正。此外，石块、树根、杂草多的地块，不宜用旋耕机进行作业。

（七）旋耕机工作中的常见故障及排除方法

旋耕机在作业时常见的故障及排除方法见表1-3。

表1-3　旋耕机常见故障及排除方法

故障现象	故障原因	排除方法
旋耕机工作时跳动	1. 土壤坚硬 2. 犁刀安装不正确	1. 降低拖拉机的档位及犁刀轴转速 2. 按规定重新安装犁刀
工作负荷过大	1. 耕幅过宽及耕得过深 2. 土壤黏重、干硬、比阻过大	1. 减少耕幅或耕深 2. 拖拉机选用低档，降低犁刀轴旋转速度
工作时有金属敲击声	1. 犁刀固定螺钉松动 2. 犁刀轴两端的犁刀变形后撞侧板 3. 传动链条过松	1. 紧固犁刀固定螺钉 2. 校正或更换犁刀 3. 调整链条松紧度
齿轮箱有杂音	1. 轴承损坏 2. 齿轮轮齿损坏 3. 箱内有异物落入 4. 锥齿轮侧间隙过大	1. 更换新轴承 2. 更换或修复齿轮 3. 清理齿轮箱取出异物 4. 调整锥齿轮的侧间隙
旋耕机向后间断抛出大块土	犁刀弯曲变形，断裂或丢失	校正、更换或补装犁刀
耕后地表起伏不平	1. 旋耕机左右不水平 2. 刀片安装不对 3. 拖板调节不当	1. 旋耕机左右调整水平 2. 重新正确安装刀片 3. 正确调整拖板
犁刀轴转不动	1. 齿轮卡死，轴承损坏 2. 刀轴及侧板变形 3. 犁刀间被泥土堵死	1. 修理或更换齿轮和轴承 2. 修复刀轴或侧板 3. 清除泥土
刀座脱焊断裂	1. 犁刀碰到坚硬物时受力过大 2. 焊接质量差 3. 犁刀装反，阻力过大 4. 降落时太猛，冲击力过大	1. 重新焊接 2. 重新焊接 3. 正确安装犁刀 4. 工作时旋耕机要缓慢降落

（续）

故障现象	故障原因	排除方法
漏油	1. 油封或纸垫损坏 2. 箱体有裂纹	1. 更换油封或纸垫 2. 修复箱体
链条断开	1. 旋耕机落地过猛 2. 链条质量差 3. 链条卡住 4. 机组遇到较大阻力时，油门加得过大	1. 缓慢降落旋耕机 2. 更换高质量的链条 3. 停车检查并排除故障 4. 停车检查，找出原因，排除后再继续作业
犁刀变形或折断	1. 石块、树根或其他坚硬物体碰撞所致 2. 地头转弯时，犁刀没出土 3. 热处理质量没有达到要求	1. 清除石块、树根及坚硬物体 2. 转弯时要将旋耕机升起 3. 提高制造质量
万向节飞出	1. 十字节损坏 2. 方轴插销脱落 3. 孔用弹性挡圈损坏	1. 修复或更换十字节 2. 装上插销 3. 更换挡圈
轴承过热	1. 润滑油不足 2. 轴承间隙过小 3. 轴承损坏	1. 定期检查油面 2. 调整间隙到规定值 3. 更换轴承
动力输出轴损坏	1. 万向节轴倾角过大 2. 猛降入土，负荷过大 3. 方轴脱套，夹叉继续转动	1. 换新轴，限制提升高度 2. 换新轴，缓慢下降 3. 换新轴，查出脱套原因

（八）旋耕机的维护

"防重于治、养重于修"是农业机械使用维护的原则，旋耕机的维护分为班维护和季度维护。

一般情况下，每班作业后应进行班维护，内容包括：

1）检查拧紧联接螺栓。

2）检查插销、开口销等易损件有无缺损，必要时更换。

3）检查传动箱、十字节和轴承是否缺油，必要时立即补充。

每个作业季度完成后应进行季度维护，内容包括：

1）彻底清除机具上的泥尘、油污。

2）彻底更换润滑油、润滑脂。

3）检查刀片是否过度磨损，必要时换新。

4）检查机罩、拖板等有无变形，恢复其原形或换新。

5）全面检查机具的外观，补刷油漆，弯刀、花键轴上涂油防锈。

6）长期不使用时，轮式拖拉机配套旋耕机应置于水平地面，不得悬挂在拖拉机上。要将机具支起放平，使刀片离地。

思 考 题

1. 调查当地耕整地机械的类型。

2. 说明常用耕地机械的结构与工作。
3. 说明常用整地机械的结构与工作。
4. 当地常用的耕地机械的正确使用方法和调整项目是什么?
5. 当地常用的整地机械的正确使用方法和调整项目是什么?
6. 耕地机械的维护与常见故障排除方法是什么?
7. 整地机械的维护与常见故障排除方法是什么?

学习单元二　播种与栽植机械

【学习目标】
1. 了解播种机械的种类和特点。
2. 了解栽植机械的种类和特点。
3. 掌握本地常用播种机械的使用与维护方法。
4. 掌握本地常用栽植机械的使用与维护方法。
5. 掌握播种机械的常见故障排除方法。
6. 掌握栽植机械的常见故障排除方法。

第一节　概　　述

播种是作物栽培过程重要的环节之一，良好的播种质量是保证苗齐和苗壮的基础。用机械播种能够保证作业质量和提高工作效率，因此播种机的使用得到大力推广。

一、播种的农业技术要求
1）适时播种，不误农时。
2）播种量符合要求，排种器不损伤种子，且排种均匀。
3）播种深度符合要求，并均匀一致。
4）播种行距一致，无重播和漏播。
5）播种的同时尽量能进行施肥、打药、镇压等联合作业。

二、播种机的分类
按不同的标志，可将播种机分为以下类型。

1. 按播种方式

按播种方式播种机可分为撒播机、条播机和点（穴）播机。撒播是将种子漫撒于田间，种子分布得不均匀，多用于牧草播种；条播是将种子播成条行，小麦、谷子等多用此法播种；点（穴）播是将单粒或多粒种子点播成穴，常用于玉米、棉花、大豆等作物的播种。

近年来，精密播种技术得到了推广和应用，与之配套的有小麦精密播种机和玉米精密播种机等。精密播种是与普通播种的粗放性相比较而言的，在播种量、行距、株距、播深等方面都比较精确；比普通播种的播种量少，在保证个体发育的田间光照及养料充足的前提下，实现个体的健壮成长，使得成穗足且大、果穗粒多而重，从而实现高产。精密播种可实现将精确的种子数准确地分配在行中，并保证播深一致，但对种子和土壤条件要求都很高，例如种子需进行精选分级和处理，以保证发芽率和出苗能力，土壤需肥水充足，并能有效防止病虫害的发生。

2. 按与拖拉机连接方式

按与拖拉机连接方式播种机可分为牵引式、悬挂式和半悬挂式。

3. 按作业模式

按作业模式播种机可分为施肥播种机、旋耕播种机、免耕播种机和铺膜播种机等。

4. 按排种原理

按排种原理播种机可分为机械式、气力式和离心式等。

5. 按作物品种类型

按作物品种类型播种机可分为谷物播种机、棉花播种机、牧草播种机和蔬菜播种机等。

三、栽植机械

水稻种植方式有移栽和直播两种，所以就形成了移栽体系和直播体系。育苗移栽对气候有补偿作用，能充分利用光热资源，可缓解我国人口多与耕地资源少的矛盾，有明显的经济效益和社会效益，因此我国水稻种植普遍采用育苗移栽体系。水稻移栽主要包括育秧和插秧两个工序。

1. 插秧机

插秧是我国水稻生产的传统技术，有多年的实践经验。用机械代替人力插秧，可以使插秧劳动强度大为降低，工效大幅度提高，因而很受农民的欢迎。

按用途分，有大苗插秧机、小苗插秧机和大小苗两用插秧机。

按取秧器分，有钳夹式和梳齿式。

按分插原理分，有横分直插式和纵分直插式。

2. 抛秧机

抛秧技术是我国近年水稻生产的一项重大改革，抛秧机与插秧机相比，机具简单、作业效率高、作业质量高，是目前较为理想的水稻栽植机械。

抛秧机按结构分有离心式和扬场式两类，其中离心式应用较多。

第二节 播种机的结构与工作

一、谷物条播机的结构与工作

（一）一般结构与工作

播种机一般由工作部件和辅助部件两大部分组成，图 2-1 为谷物条播机的结构示意图。该机主要用于条播麦类、高粱、谷子等谷物，在播种的同时能施颗粒或干粉状化肥。它由机架、种肥箱、排种器、排肥器、输种（肥）管、开沟器、覆土器、行走轮、传动装置、牵引或悬挂装置、起落机构和深浅调节机构等组成。

工作时，播种机随拖拉机行进，开沟器开出种沟，行走轮通过传动装置，带动排种装置和排肥装置工作，将种、肥排出，经输种（肥）管落入种沟，随后由覆土器覆土盖种。

悬挂式播种机的升降由拖拉机液压机构控制。牵引式条播机装有开沟器起落机构和传动离合器（如内闸轮式升降器），用以操纵开沟器的升降和动力离合：运输时开沟器升起，离合

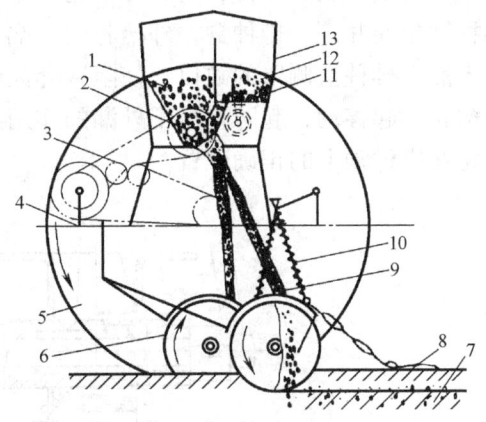

图 2-1 谷物条播机结构示意图
1—种子 2—排种器 3—传动机构 4—机架
5—行走轮 6—开沟器 7—播下的种子
8—覆土器 9—输种（肥）管 10—提升拉杆
11—排肥器 12—肥料 13—种肥箱

器分离，停止排种和排肥；工作时开沟器降落，离合器结合，排种器和排肥器进行工作。

谷物条播机常用行走轮驱动排种器，这样可使排种器排出的种子量与行走轮所走的距离保持一定的比例，以保证单位面积上的播种量均匀一致。

谷物条播机的行走轮直径较大，这是由于谷物条播的行距较窄，在一台播种机进行多行播种时，排种器常采用通轴传动，需要较大的传动力矩；同时，直径较大的轮子可以减少转动时的滑移现象，使排种均匀性好，以保证种子在行内分布均匀一致。

（二）主要部件的结构与工作

播种机的主要部件包括种子箱、排种器、排肥器、输种（肥）管、开沟器和覆土镇压器等。

1. 种子箱

种子箱装在机架上，位于排种器的上方，它的断面形状一般为梯形。为了能使种子顺利地流向排种器，确保种子不致残留在箱内，一般箱壁的倾角为60°~70°。

为了满足播种作业在地头一端加种的要求，种子箱要有足够的容积，但也不宜过大，否则将增加播种机的质量和阻力。在种子箱的底板上，开有与排种器数量相等的圆孔或方孔，孔的边缘制成斜面，以便种子顺利地流入排种器内。种子箱上配有箱盖，防止种子因播种机行走时颠动而跃出。

2. 排种器

排种装置俗称排种器，是播种机的核心部件，是决定播种机质量的主要因素。为此，要求排种器排种均匀，播量稳定，通用性好，种子损伤率低，结构简单，工作可靠，调整方便。

排种器按照排种原理，主要可分为机械式和气力式两大类，小麦播种机上常用的排种器多为机械式，下面介绍两种形式的机械式排种器。

1）外槽轮式排种器构造及工作原理。外槽轮式排种器主要用于谷物的条播，其构造如图2-2所示，主要由排种盒、外槽轮、阻塞套、排种轴和排种舌等组成。外槽轮通过轴销与排种轴相连并穿入排种盒，外槽轮的一端与阻塞套套接，另一端伸入内齿形挡圈。阻塞套的突齿嵌入排种盒侧壁的缺口，使阻塞套只能在排种轴上移动而不能转动，内齿形挡圈则可与外槽轮一起移动，起防止种子外漏的作用。排种器两端的卡箍夹紧在排种轴上，用以保证外槽轮在排种轴上的正确位置。

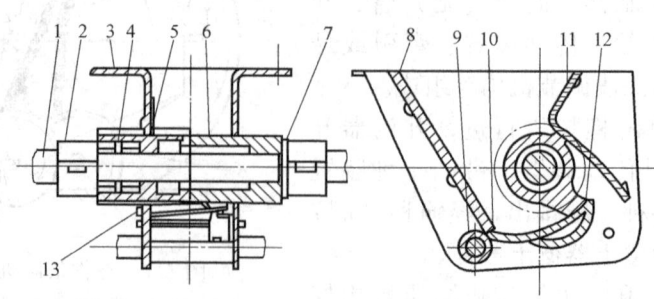

图2-2 外槽轮式排种器

1—排种轴 2—卡箍 3—排种盒 4—轴销 5—排种轮（外槽轮） 6—阻塞套 7—垫圈
8—前挡板 9—排种舌轴 10—排种舌 11—后挡板 12—开口销 13—内齿形挡圈

外槽轮式排种器的工作原理如图2-3所示。工作时，种箱内的种子在重力的作用下，经箱底孔眼不断充满排种盒和外槽轮的凹槽。外槽轮转动时，槽内的种子被强制排出，此层种子称为追动层；外槽轮外缘的一层种子，受外槽轮齿尖的拨动和种子间摩擦力的作用而被带动，以较低的速度排出，此层种子称为带动层。带动层内的种子，越靠外其运动速度越小，速度为零的外层种子称为静止层。外槽轮式排种器的排种量，等于追动层和带动层两部分种子之和，但以追动层为主，故排种量较稳定。

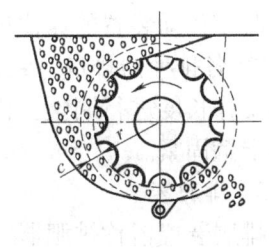

图2-3 外槽轮式排种器的工作原理

r—外槽轮半径　c—带动层厚度

2）性能特点。外槽轮式排种器结构简单，调整方便，通用性好。由于以强制排种为主，故排种量比较稳定，但排出的种子流有一定的脉动性，种子在行上的分布不均匀。

为了减轻外槽轮排种器排种的脉动性，有的播种机将排种舌出口边缘制成斜线，使外槽轮同一凹槽排出的种子，先后陆续落入输种管。也有的播种机，采用斜槽式外槽轮（或称螺旋式外槽轮），使相邻凹槽的排种衔接不断，排种均匀性有所改善。

3）主要调整。有以下3个项目的调整。

① 种子适应性调整。外槽轮排种器有下排式和上排式两种形式，如图2-4所示。国产谷物条播机大多采用下排式。

下排式排种器，种子只能从槽轮的下方排出，为了适应大小不同的种子，排种盒侧壁上有3个凹槽，可将排种舌固定在3个不同高度的位置，以调整排种间隙，如图2-5所示。最上面的位置排种间隙最小，用来播谷子、菜籽等小粒种子；中间位置用来播小麦、高粱等中粒种子；最下面的位置排种间隙最大，用来播玉米、大豆等大粒种子。

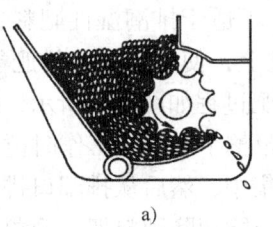 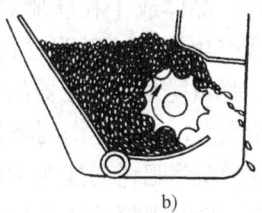

图2-4 外槽轮排种器的排种方式

a）下排式　b）上排式

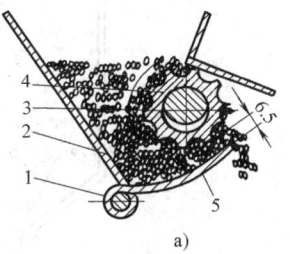 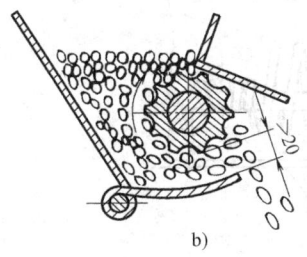

图2-5 下排式外槽轮排种器的排种舌调整

a）播小粒种子　b）播大粒种子

1—排种舌轴　2—排种盒　3—排种轴　4—槽轮　5—排种舌

② 排种量的调整。外槽轮排种器的排种量主要取决于槽轮的有效工作长度和转速。槽轮的工作长度可通过调节手柄，横向移动排种轴来调整。右移排种轴，外槽轮伸入排种盒部分的工作长度增加，排种量增大；左移排种轴，工作长度减小，排种量减少。转速的调整可

通过改变传动装置的速比进行。

③ 各排种器排量一致性的调整。一台播种机上各排种器排量不一致时，可对单个排种器的工作长度进行调整：松开排种器两侧的卡箍，即可移动外槽轮和阻塞套，调到所需位置再将卡箍固紧。

3. 排肥器

排肥装置俗称排肥器。目前播种机上一般都带有排肥器，以便在播种的同时施用肥料。常用的排肥器有以下形式。

（1）外槽轮式排肥器　与上述外槽轮式排种器结构相同，适用于排施松散性好的颗粒肥。

（2）搅龙式排肥器　搅龙式排肥器的搅龙有螺旋叶片式和弹簧式两种。双向搅龙式排肥器的结构如图2-6所示。双向搅龙由两个焊在同一轴上的左右螺旋叶片组成，肥料箱下部为圆锥形。工作时，由链轮带动双向搅龙转动，双向螺旋叶片将肥料推向搅龙中间集中，经排肥口进入输肥管，排出肥料。改变活门的开度大小可调节排肥量。这种排肥器只适于排施农家细肥、晶体或干粉状肥料，不适于排潮湿性肥料，因潮湿性肥料易产生架空或粘附在搅龙上，使搅龙失去排肥能力。

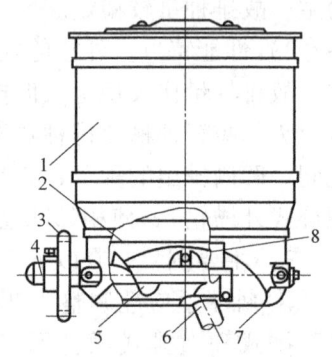

图2-6　双向搅龙式排肥器的结构

1—肥箱　2—盖板　3—链轮
4—排肥轴　5—搅龙　6—输肥管
7—肥箱底　8—活门

弹簧搅龙式排肥器的排肥过程如图2-7所示，螺旋弹簧的直径相当大，几乎作用到肥料箱整个空间，工作时搅龙转动，左右螺旋弹簧将肥料向搅龙中间集中，然后从排肥口排出。这种排肥器排施潮湿肥料的能力较强，能消除肥料架空现象。但在小排量或肥料满箱时，阻力相当大，对晶体化肥的粉碎作用也增大。

（3）振动式排肥器　振动式排肥器如图2-8所示。工作时，振动凸轮转动，使振动板产生振动，位于板上的肥料也随之振动，在重力作用下，肥料沿振动板下滑，然后从排肥口排出，排肥量的调节是靠改变振幅和开口大小来实现的。

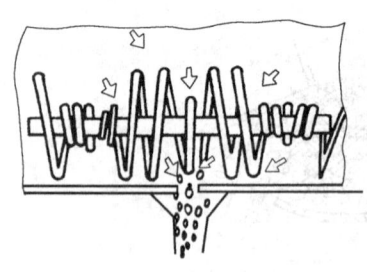

图2-7　弹簧搅龙式排肥器示意图

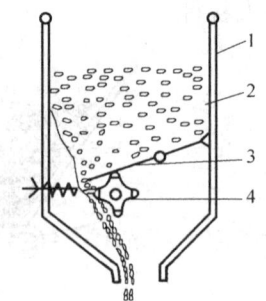

图2-8　振动式排肥器示意图

1—肥箱　2—调节板　3—振动板　4—振动凸轮

振动式排肥器可消除肥料在箱内的架空现象，但由于靠重力作用自流排肥，因此受到箱内肥料密度、粘结力及内摩擦力的影响，使其排肥的均匀性和稳定性较差。

4. 输种管和排肥管

输种管和排肥管的作用是将排种器和排肥器排出的种子、肥料引到开沟器所开的沟内，其上端与排种器、排肥器连接，下端插入开沟器中。由于开沟器在工作中需经常升起和降落，因此要求输种（肥）管能自由弯曲和伸缩，下部能前后摆动，并有足够大的截面积，以保证输种（肥）畅通无阻。

常用的输种（肥）管有漏斗管、卷片管、波纹管和直胶管 4 种，如图 2-9 所示。

漏斗管是由一些金属漏斗用链条连接而成的，结构复杂，但伸缩性能好，工作时各漏斗间可相对摆动，不易堵塞，主要用作输肥管。

卷片管用弹簧钢带卷辗而成，结构简单，重量轻，弯曲和伸缩性能好，但造价较高，过度拉伸后难以恢复，会形成局部的漏缝。

直胶管结构简单，多用橡胶制作，成本较低，内壁光滑，但伸缩性较差，弯曲时容易折扁。

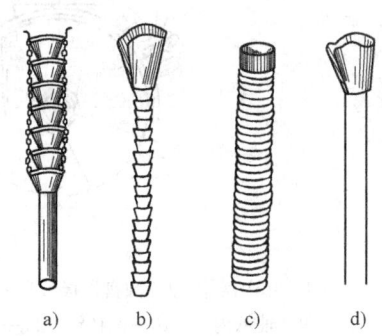

图 2-9 输种管和排肥管
a) 漏斗管 b) 卷片管
c) 波纹管 d) 直胶管

波纹管是在两层橡胶或两层塑料之间夹有螺旋性弹簧钢丝，其伸缩性和弯曲性都较好，排种可靠，但造价高。

在有些播种机上，由于排种器位置低，直接装在开沟器的上方，故没有单独的输种管。

5. 开沟器

开沟器的作用是完成开沟、导种和覆土 3 个任务。对开沟器的主要要求是：开沟的深度和宽度应符合农业技术要求，并具有一定的覆土作用，以利种子发芽；土层翻转少，保证种子落在沟底湿土上；开沟深浅应能调节，并能随地面仿形，确保开沟深度稳定；入土性能好，工作可靠，不易被杂草湿土堵塞。

开沟器按其运动形式可分为滚动式和移动式两类。滚动式常用的有双圆盘式和单圆盘式两种；移动式常用的有锄铲式、芯铧式和滑刀式等。

（1）单圆盘式开沟器 单圆盘式开沟器的构造如图 2-10 所示，它主要由单圆盘、刮土板等组成。

单圆盘为一凹面圆盘，凹面偏向前进方向，与前进方向成 3°~8°偏角，输种管紧靠圆盘凸面。工作时，由于单圆盘斜着向前滚动，一面以锐边切开土壤，一面又使土壤沿凹面上升，并被抛向一侧，其中一部分土壤沿圆盘下滑落入种沟覆盖种子。

单圆盘式开沟器质量轻，结构简单，开沟阻力小，入土和切土能力强，不壅土挂草，适应性好。但沟底不平，且单圆盘有翻土作用，使干湿土相混，有干土覆盖种子现象，不利于种子发芽，只适于在水浇地和墒情较好的条件下使用。

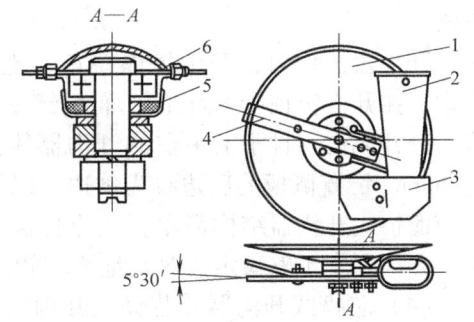

图 2-10 单圆盘式开沟器
1—单圆盘 2—输种管 3—刮土板
4—拉杆 5—防尘圈 6—轴承

（2）双圆盘式开沟器 双圆盘式开沟器的构造如图 2-11 所示。它主要由一对圆盘、开沟器体、圆盘轴和导种板等组成。

双圆盘式开沟器的开沟工作是由两个倾斜圆盘完成的，两个圆盘互相以一定夹角 φ 于前下方相交，交点称为聚点。工作时，圆盘受土壤阻力作用，滚动前进，切开土壤，并将土

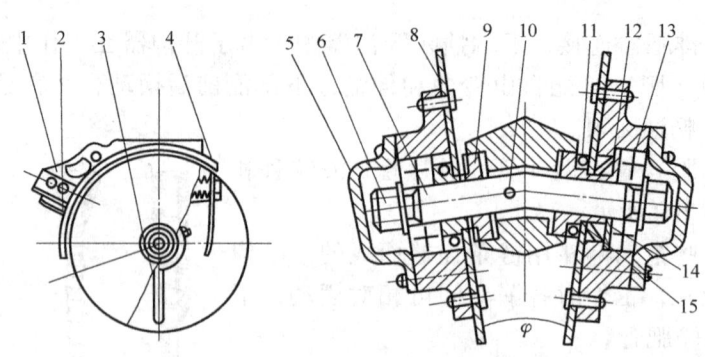

图 2-11 双圆盘式开沟器

1—开沟器体 2—圆盘护板 3—分土板 4—导种板 5—圆盘盖 6—螺母 7—圆盘轴 8—圆盘
9—轴承内挡 10—圆柱销 11—防尘圈 12—密封圈 13—轴承 14—防尘圈座 15—轴承垫圈

壤推向两侧，形成种沟，圆盘过去后两侧湿土流入沟底，覆盖种子。圆盘直径一般为350mm，过小易产生转动不灵和壅土现象。两圆盘夹角 φ 的大小将影响开沟的宽度，过大时沟底将形成 W 形凸尖，夹角 φ 常取 9°~14°。聚点位置过高或过低影响开沟质量，一般以等于开沟器的最大开沟深度为宜。

双圆盘式开沟器结构复杂，质量大，入土性能差，造价高。但由于开沟阻力小、不挂草、不易堵塞、对整地质量要求不高、适应性较强、且利于高速作业，因此机引播种机上多采用它。

（3）锄铲式开沟器 锄铲式开沟器的构造如图2-12所示。它主要由拉杆、开沟器体、开沟铲和反射板等组成。

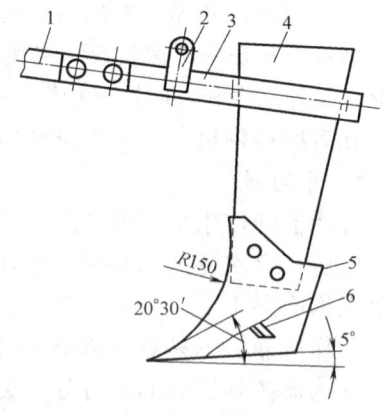

图 2-12 锄铲式开沟器

1—拉杆 2—压杆座 3—夹板
4—开沟器体 5—开沟铲 6—反射板

开沟器工作时，开沟铲以锐角入土，先将土壤向前推壅，在开沟铲前形成土丘，而后铲壁将土丘向两侧推挤，分开成沟。种子沿中空的开沟器体落下，由反射板导种向两侧分散，可使苗幅宽度达5~6cm。铲翼侧板的后边线为斜边，以保证湿土先落入种沟覆盖种子。

锄铲式开沟器结构简单，入土性能强，开沟阻力小，苗幅较宽。但工作中容易挂草粘土，开沟深度不够稳定，对整地要求较高，不宜高速作业。

（4）芯铧式开沟器 芯铧式开沟器是在东北垄作地区机引播种机上广泛采用的一种开沟器，如图2-13所示。工作时，芯铧前部刃口水平切开土壤，土壤沿铧面上升，然后沿侧板两侧分开而形成沟，种子在两侧板之间落入沟内，侧板过后，土壤塌落回沟内盖种。开沟器侧板的长度和形状用来控制回土的早晚。侧板上部内倾，为的是增加覆土量和保持垄形。侧板末端的下方切去一角，是为了使湿土先覆盖种子。

图 2-13 芯铧式开沟器

芯铧式开沟器具有入土性能好，开沟较宽，沟底平整，能把表层干土和土块推向两侧，使种子播在湿土上，适于垄作播种。其缺点是阻力大，覆土比较困难。

(5) 滑刀式开沟器 滑刀式开沟器的构造如图 2-14 所示。它主要由滑刀、侧板、限深板、限深调节螺钉等组成，有的还装有推开干土和土块的推土板。

滑刀式开沟器开沟部分为一滑刀。滑刀前端为刀刃，后部为两块侧板，形成较大的开幅。工作时，滑刀以钝角入土，切开土壤，刀后的侧板向两侧挤压土壤，形成种沟，种子从两侧板之间落入沟底。侧板的后下方切去一角成斜边，以使湿土先落在沟底种子上。这种开沟器是靠本身重量入土，有的装有可调节的限深滑板，通过改变限深滑板位置可调节开沟深度。有的在滑刀下部装有底托，用以压密沟底，使播深一致。

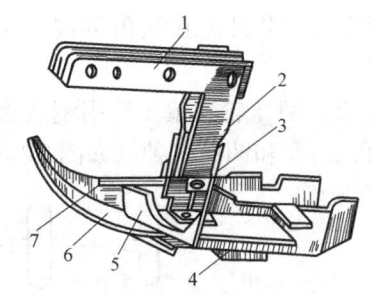

图 2-14 滑刀式开沟器
1—拉杆 2—调节齿板 3—调节螺钉
4—底托 5—推土板 6—限深板 7—滑刀

滑刀式开沟器开沟质量好，沟形整洁，不乱土层，适于在整地良好和土壤松软的田间工作。但开沟较窄，沟底较硬，自动覆土作用差，因此后面还需装有覆土和镇压部件。这种开沟器一般常用于中耕作物播种机和棉花播种机上。

6. 覆土、镇压装置

覆土、镇压装置的功用是对播种后的种沟进行覆土，平整地面，压密土壤以保持土壤水分，利于种子发芽生长。

(1) 覆土器 在条播机上常用链环式、拖板式和钉齿式覆土器。链环式覆土器由连在一起的链条和铁环组成，如图 2-15 所示，铁环有小拖环和大拖环两种。

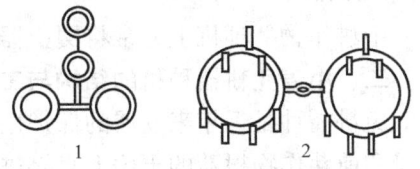

图 2-15 链环式覆土器
1—小拖环 2—大拖环

拖板式覆土器也称"一字式"覆土器，一般用一根角铁制成，用拉杆挂在播种机后，并用弹簧加压，如图 2-16 所示。

钉齿式覆土器类似单列钉齿耙，但耙深较浅。

中耕作物播种机上常用刮板式覆土器，如图 2-17 所示。覆土板分左、右两块，呈倒"八"

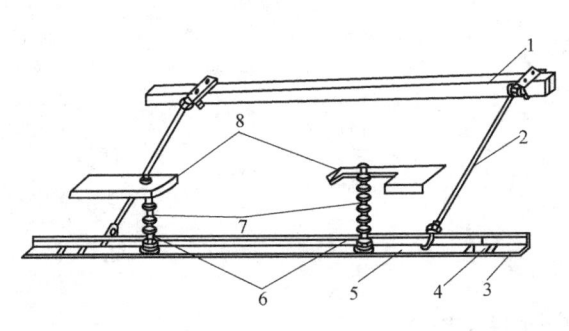

图 2-16 拖板式（一字式）覆土器
1—主梁 2—拉杆 3—右接长板 4—连接板
5—拖板 6—压杆 7—弹簧 8—踏板

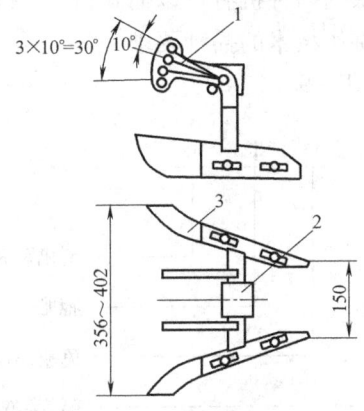

图 2-17 刮板式覆土器
1—调节板 2—配重 3—左、右覆土板

字形配置，其开度和倾角可调，在整地质量较差的情况下，为不使覆土器跳动，还可装上配重。

（2）镇压轮　镇压轮用钢或橡胶制成，有整体式、剖分式和双轮式之分，轮辋形状有平面、凸面和凹面3种，如图2-18所示。

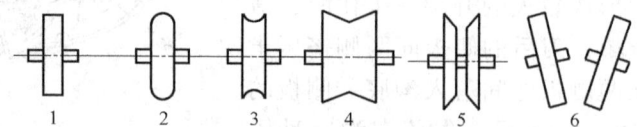

图2-18　镇压轮的种类
1—平面整体式　2—凸面整体式　3、4—凹面整体式　5—凹面剖分式　6—双轮式

平面镇压轮结构简单，应用较广。凸面镇压轮对种子上方土壤的压密作用强，使种子与土壤密接，防止透风，利于保墒，适用于干旱多风地区。凹面镇压轮从种行两侧压密土壤，而使种行上方的土层较松，以利于种子出苗，适用于土壤含水率较高地区和播种幼苗不易出土的棉花、花生等作物。凹面剖分式和双轮式镇压轮不仅具有凹面轮的特点，而且工作中不易粘土。

镇压轮的压强一般要求相当于人脚对地面的压强，平播为196~392kPa，垄播为196~496kPa。

中耕作物播种机上，常将覆土器和镇压轮连成一体，成为覆土镇压器。

二、小麦免耕播种机的结构与工作

免耕播种是近年来发展的保护性耕作中一项农业栽培新技术，它是在未经耕翻的有秸秆覆盖和前茬作物根茬的土壤上直接进行播种作业，与之配套的播种机称为免耕播种机。

免耕播种机除了要具有一般播种机的开沟、下种、下肥、覆土、镇压等功能外，还要求开沟器能够切断秸秆和根茬，可以对种子、肥料分层施入，有清草排堵能力，以满足在免耕条件下的播种要求。

（一）2BMF系列免耕播种机

该系列播种机有可以播6行、7行、9行、11行的类型，可以满足一年一熟小麦种植区保护性耕作技术的播种要求。

2BMF—9

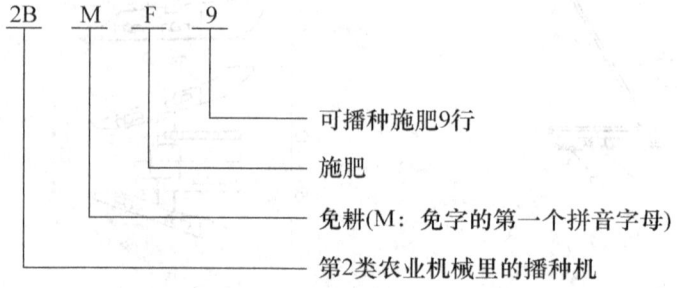

如图2-19所示，该机采用前后两排开沟器梁，将9个开沟器分为两排，分别安装在两排梁上。这样可以加大相邻开沟器之间的距离，防止开沟器因为间距过小而引起的秸秆堵塞

图 2-19　2BMF—9 型小麦免耕施肥播种机

现象。

该机采用将肥料施在种子正下方，使肥料与种子之间间隔有 5cm 以上的土层，避免了因肥料施量大而烧种子的现象。

采用了小尖角箭铲开沟器，既有良好的入土性能又有良好的回土性能，使得开沟阻力小，保证湿土先覆盖种子。开沟器安装在平行四连杆仿形机构上，能在地表不平的情况下保证开沟深度一致。

采用了浮动式橡胶地轮，改善了传动地轮与地面之间的附着性能，不易打滑，提高了播种的可靠性和均匀性。

该机的主要技术规格见表 2-1。

表 2-1　2BMF—9 型小麦免耕施肥播种机主要技术规格

项　目	规　格
外形尺寸（长×宽×高）/mm×mm×mm	2130×2260×1750
结构质量/kg	984（由于采用每个开沟器都有仿形机构的单体仿形结构，故整机质量大）
配套动力/kW	40~48
工作行数/行	9
行距/mm	200
工作幅宽/mm	1800
排种器形式	外槽轮
排肥器形式	外槽轮
开沟器形式	箭铲式
种子箱容积/L	102
肥料箱容积/L	126
镇压器形式	自动充气式橡胶轮
地轮	橡胶轮

(二) 2BMFS 系列免耕播种机

该系列机具是为适应一年两熟地区玉米收获后直接播种小麦的要求而开发的,有 2BMFS—6/12 和 2BMFS—5/10 等规格的播种机。

2BMFS—6/12

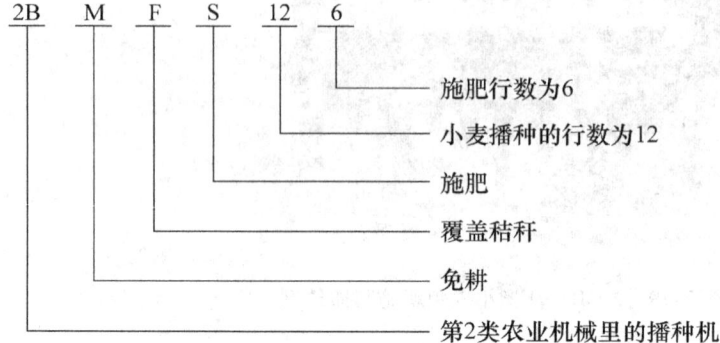

该机采用宽窄行播种,在两个窄行小麦播种开沟器前面加装了旋耕刀具,实行条带旋耕,可以将开沟器前的秸秆旋耕粉碎并与土壤混合,因而可在有大量玉米秸秆覆盖的地上直接播种小麦。

该机的配套动力为铁牛—65 拖拉机,排种和排肥都由镇压轮驱动,旋耕刀具抛土覆土。2BMFS—6/12 播种机的主要技术规格见表 2-2。

表 2-2　2BMFS—6/12 播种机的主要技术规格

项　目	规　格
外形尺寸（长×宽×高）/mm×mm×mm	1530×2140×1240
结构质量/kg	700
配套动力/kW	48~52
工作行数/行	小麦 12
行距/mm	宽行 260,窄行 120
工作幅宽/mm	2280
排种器形式	16 槽外槽轮
排肥器形式	6 槽大外槽轮
播种量/(kg/hm^2)	0~450
施肥量/(kg/hm^2)	0~1050
排堵机构形式	6 组,48 把刀,带状旋耕排堵
播种深度/mm	20~40
施肥深度/mm	80~120
种子箱容积/L	140
肥料箱容积/L	140
镇压器形式	轮式镇压器
地轮	铁轮
作业效率/(hm^2/h)	0.33~0.53

该机的播种开沟器分前后两排，与施肥开沟器排成一列，置于旋耕刀具之间，肥料施于种子下方 40～50mm 处。图 2-20 为 2BMFS—6/12 型播种机的外观图，图 2-21 为 2BMFS—6/12 型播种机的结构示意图。

图 2-20　2BMFS—6/12 型播种机

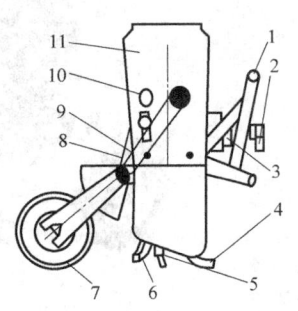

图 2-21　2BMFS—6/12 型播种机的结构示意图
1—悬挂装置　2—万向节　3—齿轮箱总成　4—刀轴总成
5—施肥开沟器　6—播种开沟器　7—镇压器
8—排肥链传动　9—排种链传动
10—播量调节手轮　11—种肥箱总成

2BMFS—6/12 型免耕覆盖施肥播种机主要由悬挂装置、万向节、齿轮箱总成、刀轴总成、排种链传动、排肥链传动、种肥箱总成、播量调节装置、种肥开沟器和镇压器等部件组成（见图 2-21）。

刀轴总成主要由旋转刀具和左、右刀轴组成。旋转刀具每组由两把左弯刀、两把右弯刀、四把直刀组成。

作业时，拖拉机的后动力输出轴通过变速箱带动刀轴上的 3 种不同形式的刀具旋转，粉碎、破茬，将秸秆和根茬分布于播种沟两侧，减少了播种层内秸秆的含量，保证开沟器顺利开沟播种，随后进行镇压。机具进地一次，可以完成碎秆、灭茬、开沟、施肥、播种、镇压等项作业，可以直接在直立玉米秸秆或玉米秸秆粉碎还田地中播种小麦，也可直接在高茬地中播种玉米。

（三）2BMDF—12 型小麦条带粉碎免耕播种机

该机是由中国农业大学与北京市大兴区农业机械研究所共同研制开发的一种机型，可适应一年两熟地区在玉米秸秆覆盖条件下实施小麦免耕播种，能在玉米秸秆覆盖量不大于 4kg/m^2 的地块正常作业。

2BMDF—12 型小麦条带粉碎免耕播种机采用条带粉碎、动力驱动防堵；利用靴脚式开沟器开沟松土并深施化肥，同时形成上松下实种床；利用双圆盘单体仿形开沟器二次开沟播种，既防止秸秆堵塞，又能保证播种深度均匀一致；橡胶轮覆土镇压保持种沟的墒情；作业时不翻耕土壤，动土量小（只有 20%）；机具采用悬挂结构，转弯半径小；播种时开沟器将秸秆推向行间，种沟内只有少量秸秆，保证种子出苗需要的地温，同时保证地表秸秆覆盖率。该机与 47.8～58.8kW 四轮拖拉机配套，在秸秆粉碎地中播种小麦，一次进地完成施肥、播种、镇压等项作业，无需旋耕、灭茬、深耕等工序，减少了拖拉机的进地次数，降低了作业成本，减轻了农民的劳动强度。

1. 结构

该机结构如图2-22所示。

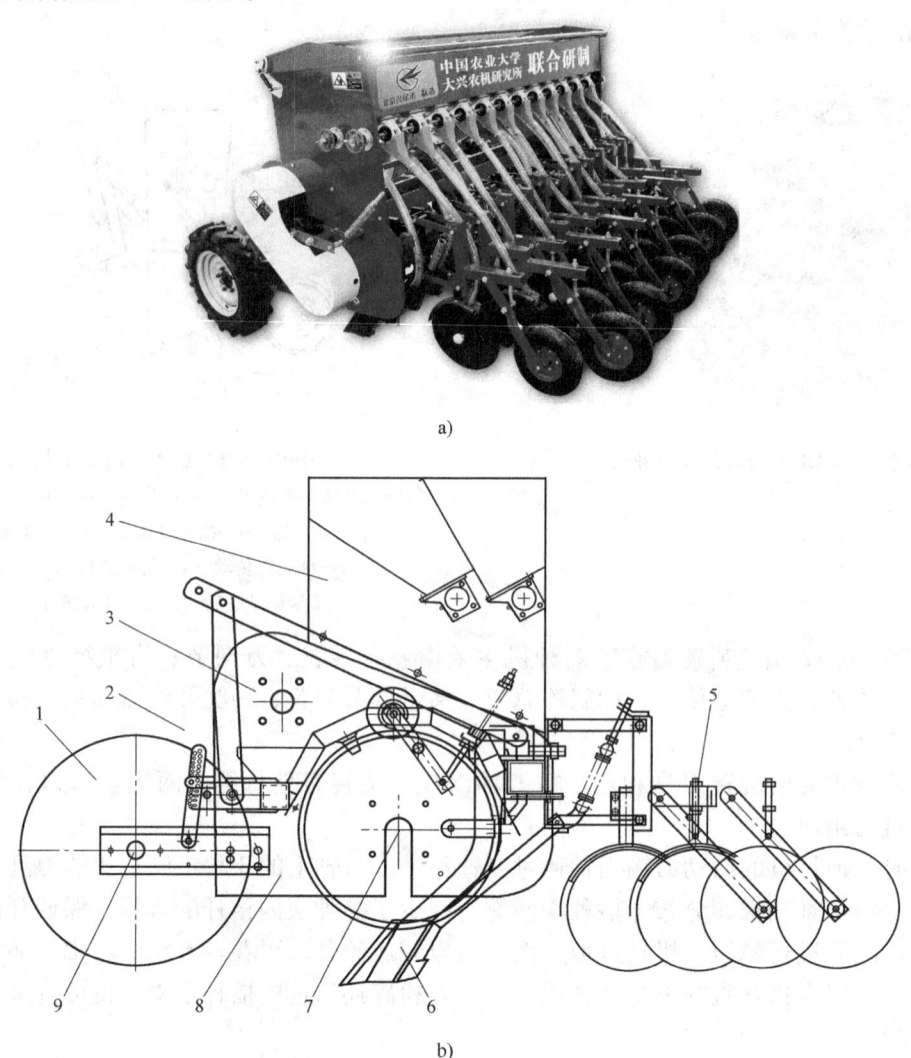

图2-22 2BMDF—12型小麦免耕播种机结构
a) 外观图 b) 结构简图
1—地轮部件 2—万向节 3—齿轮箱 4—种肥箱总成 5—播种单体
6—施肥开沟器 7—粉碎轴总成 8—壳体 9—链传动

该播种机主要由壳体、万向节、地轮部件、齿轮箱总成、粉碎轴总成、链传动、种肥箱总成、施肥开沟器、播种单体等部件组成。

地轮部件：由地轮、地轮支架、地轮轴组成。

万向节：主要由花键节叉、方轴节叉、方轴套管节叉、十字轴组成。十字轴上有注油嘴，应注满润滑脂。

齿轮箱：主要由箱体、主动锥齿轮、箱盖、从动锥齿轮、从动轴和轴承等组成。箱底设有放油孔，作业前应加足齿轮油，加到超过锥齿轮最下边4cm。

种肥箱总成：主要由种子箱、肥料箱、排种器、排种轴、排肥器、排肥轴和播量调节手轮组成。排种器、排肥器用半精量外槽轮式排种器。

播种单体：主要由牵引架、浮动座、弹簧、播种双圆盘、镇压轮组成。

施肥开沟器：由固结器、开沟器、施肥管组成。

粉碎轴总成：主要由旋转刀具、刀轴、轴承组成。

壳体：主要由侧板、壳板、横梁、悬挂装置组成。悬挂装置由上悬挂板、斜拉板和下悬挂板组成。

链传动：地轮带动主动链轮，经由链条传递到排肥轴、排种轴，带动排肥、排种器工作。

2. 工作过程

如图 2-23 所示，工作时，动力驱动旋转刀具旋转，刀片只击落开沟器前进时挂在开沟铲柄上的秸秆和杂草，不要求对秸秆和杂草进行切碎，并清理开沟器前进时可能遇到的障碍；破茬尖角式开沟器开沟并深施肥，形成上松下实种床；单体仿形双圆盘开沟器在种床上进行二次开沟播种，实行种肥同沟垂直分施，保证播种深度均匀一致；充气橡胶轮进行覆土镇压，保持种沟的墒情。

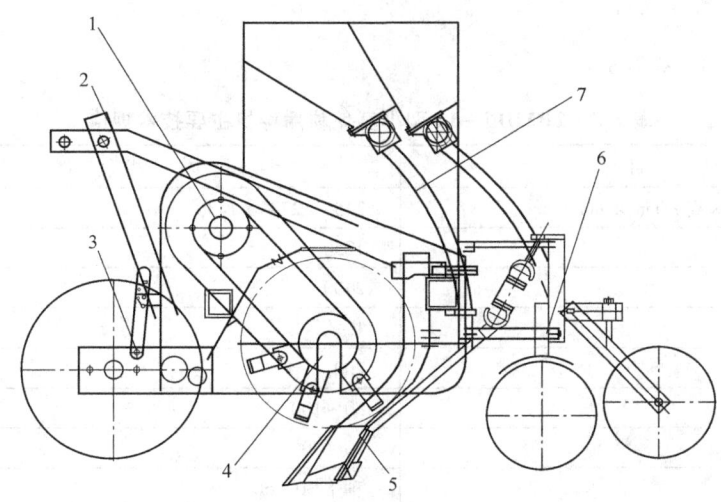

图 2-23　2BMDF—12 型小麦免耕播种机工作示意图
1—动力传输系统　2—悬挂　3—仿形地轮　4—粉碎刀轴总成
5—破茬尖角开沟器　6—双圆盘播种镇压单体总成　7—种肥箱

3. 防堵装置

2BMDF—12 型小麦免耕播种机的防堵装置如图 2-24 所示，破茬尖角开沟器 3 破茬开沟并施肥，动力驱动粉碎刀轴上的甩刀 2 打碎挂结在尖角开沟器铲柄上的玉米秸秆、杂草，破茬尖角开沟器 3 锋利的铲尖，能切开或者钩起部分玉米根茬，甩刀同时也能打碎被茬铲尖勾起的玉米根茬，解决了开沟器铲柄易堵塞的问题。双圆盘开沟器 5 在肥沟上二次开沟播种，需要的正压力小，解决了排种机构易壅堵的问题，同时播种机构采用单体仿形，能够有效控制播种深度，播深一致性好。

粉碎刀轴上的甩刀离地有 2~5cm 的间距，工作时刀片不入土，主要用于破碎玉米秸秆而不灭根茬，土壤扰动小，动力消耗小。粉碎后的秸秆抛送至开沟器侧后方，有利于提高播

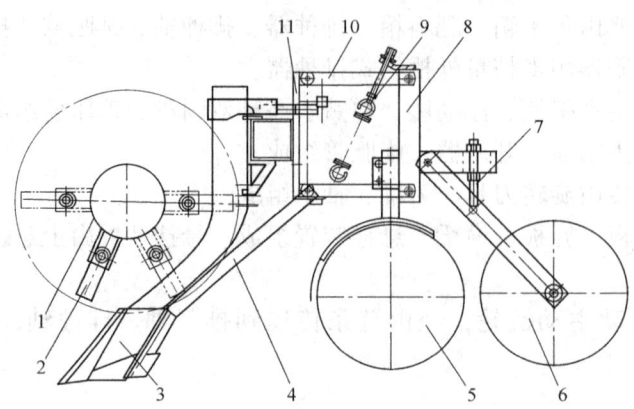

图 2-24 2BMDF—12 型小麦免耕播种机防堵装置示意图
1—轴管 2—甩刀 3—破茬尖角开沟器 4—肥管 5—双圆盘开沟器 6—镇压轮
7—调整螺栓 8—平行四连杆架 9—弹簧 10—连杆 11—后固接器

种质量，覆盖在种行的碎秸秆较少，同时双圆盘播种开沟器能将秸秆、杂草推开，将种子直接播进土壤中，能够创造良好的种床，有利于种子发芽。

4. 技术规格

主要技术规格见表 2-3。

表 2-3 2BMDF—12 型小麦免耕播种机主要技术规格

项　　目	规　　格
外形尺寸（长×宽×高）/mm×mm×mm	2455×2788×1430
结构质量/kg	1250
播种幅宽/mm	2400
播种行数/行	12
播种行距/mm	200
开沟深度/mm	80~100
播种深度/mm	30~50
施肥深度/mm	种下30~50
刀轴转速/(r/min)	低速500，高速1200
作业速度/(km/h)	4~7
排种器形式	外槽轮式
排肥器形式	外槽轮式
最大播种量/(kg/hm²)	540
最大施肥量/(kg/hm²)	480（颗粒化肥）
配套动力/kW	≥48

（四）2BMG—18 型小麦免耕施肥播种机

该免耕播种机主要应用在干旱、半干旱地区，可以免耕播种大麦、小麦、油菜、苜蓿等。其结构如图 2-25 所示。可以在免耕地上直接进行播种，一次进地可完成切断秸秆或切开根茬、开沟、施肥、播种、压种、覆土、镇压等联合作业。

学习单元二 播种与栽植机械 47

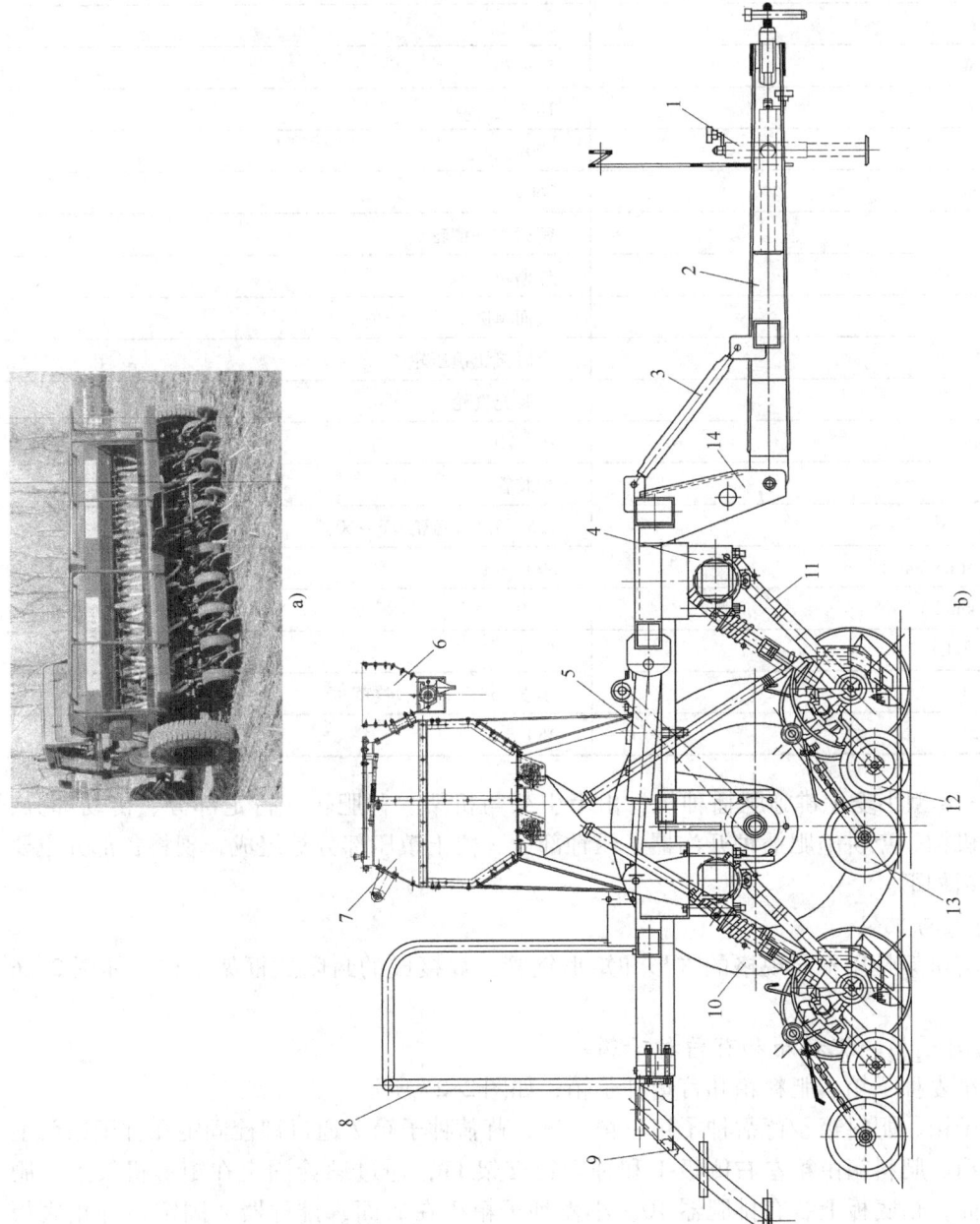

图 2-25 2BMG—18 型小麦免耕施肥播种机
a) 外观图 b) 结构简图
1—牵引架支承 2—牵引架 3—调节上拉杆 4—方轴支架 5—升降油缸 6—牧草种子箱 7—种肥箱 8—护栏 9—梯子
10—地轮 11—免耕施肥开沟器 12—压种轮 13—覆土镇压轮 14—机架牵引拉板

2BMG—18 型小麦免耕施肥播种机的主要技术规格见表 2-4。

表 2-4　2BMG—18 型小麦免耕施肥播种机的主要技术规格

项　　目	规　　格
外形尺寸（长×宽×高）/mm×mm×mm	4650×4785×2032
整机质量/kg	3500
配套动力/kW	55~73
工作行数/行	18
行距/mm	200
工作幅宽/mm	3600
排种器形式	密齿型外槽轮
排肥器形式	外槽轮
开沟器形式	直面单圆盘
覆土器形式	金属挤压镇压轮
地轮	橡胶充气轮
播种深度/mm	10~70
输种肥管	橡胶管
排种量/(kg/hm^2)	135~375（苜蓿：6~60）
最大排肥量/(kg/hm^2)	390
作业速度/(km/h)	6~9
生产率/(hm^2/h)	1~1.2
种子箱容积/L	小麦 450，油菜、牧草 90
肥料箱容积/L	450

2BMG—18 型小麦免耕施肥播种机，由牵引架与机架、种肥箱、行走部分、传动部分、升降与离合机构、免耕施肥播种开沟器、压种部分、覆土镇压部分等组成，现将各部分主要结构特点介绍如下。

1. 牵引架与机架

牵引架与机架是用不同规格的方形和矩形钢管，焊接成的封闭式框架结构，如图 2-26 所示。

2. 小麦种子箱、肥料箱和苜蓿种子箱

该机有小麦种子箱、肥料箱和苜蓿种子箱，如图 2-27 所示。

小麦种子箱、肥料箱、苜蓿种子箱三箱一体，苜蓿种子箱 7 通过螺栓固定在种子箱前上板上。种子箱、肥料箱由箱左右侧板 1 和种肥箱支架 11，通过螺栓固定在矩形机架上。肥料箱 9 在前面，箱底板上装有排肥器 10。小麦种子箱 3 在后面，排种器 2 固定在种箱底板上。小麦种子箱和肥料箱用中间隔板 12 分开。苜蓿种子排种器 8 下面漏斗和输种管与大箱漏斗相通，机具作业时所排出的种子和肥料通过橡胶输种管分别流入免耕开沟器导种管。

3. 开沟装置

该机的开沟器如图 2-28 所示，采用直面圆盘开沟器可一次完成切割秸秆或切开根茬、开沟、播种、施肥、压种、覆土、镇压等多道作业工序。大直径平面圆盘与限深轮相结合，

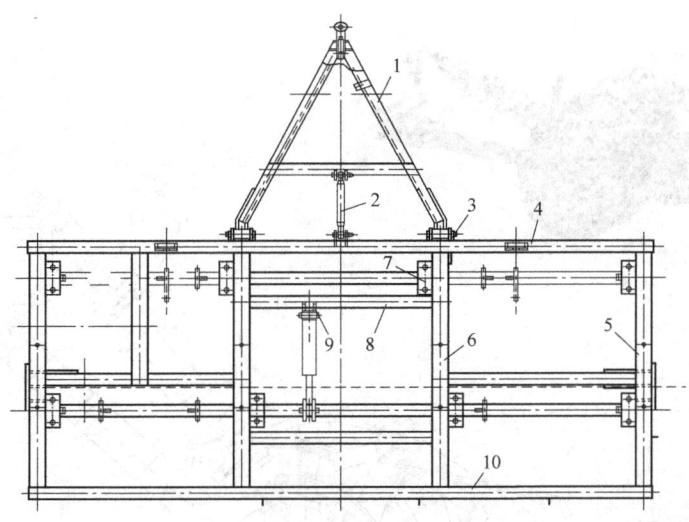

图 2-26 牵引架与机架

1—牵引架 2—调节上拉杆 3—销轴 4—长方形机架 5—机架侧梁 6—机架中梁
7—方轴支座 8—油缸支座梁 9—油缸底座支板 10—机架后横梁

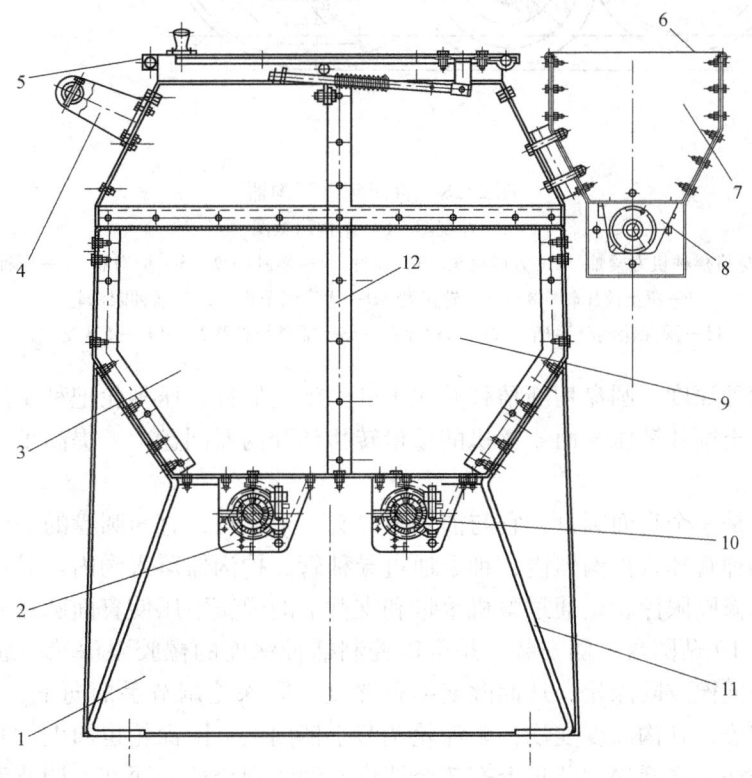

图 2-27 小麦种子箱、肥料箱和苜蓿种子箱

1—箱左右侧板 2—排种器 3—小麦种子箱 4—扶手 5—种肥箱盖 6—苜蓿种子箱盖 7—苜蓿种子箱
8—苜蓿种子排种器 9—肥料箱 10—排肥器 11—种肥箱支架 12—中间隔板

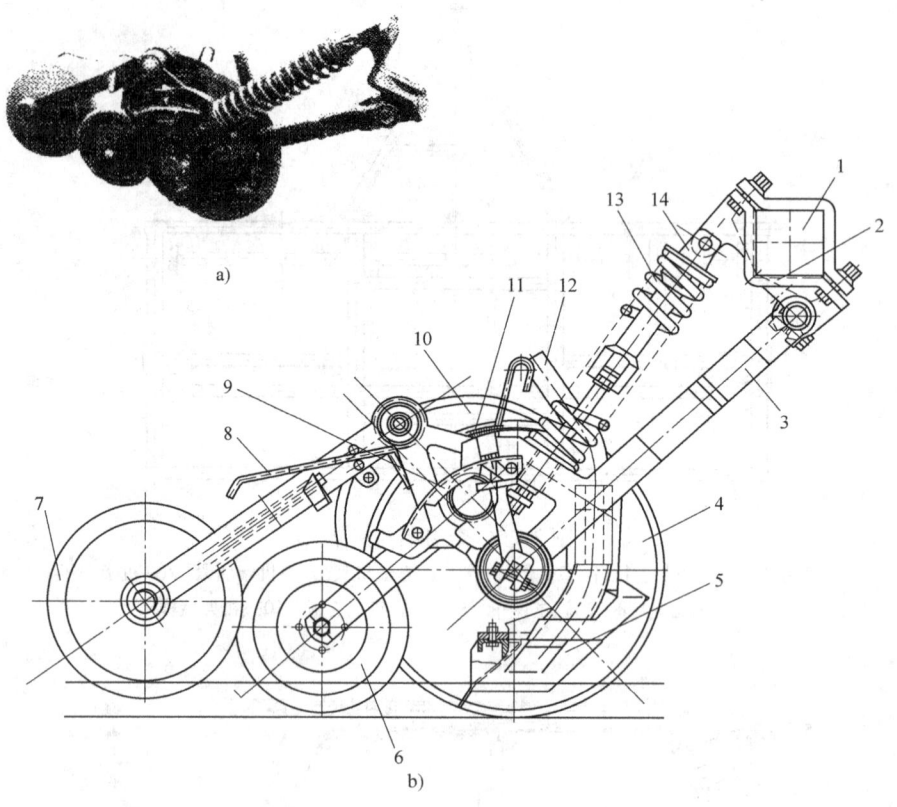

图 2-28 直面圆盘开沟器
a）外观图 b）结构示意图
1—免耕播种机方梁轴 2—方梁接头 3—拉杆 4—播种圆盘 5—护沟器 6—压种轮
7—覆土镇压轮 8—镇压轮扭簧 9—播深调节板 10—播种限深轮
11—限深轮调节手柄 12—输种导管 13—播种拉杆弹簧 14—弹簧支架

可以调整控制播种深度，圆盘切断秸秆并入土开沟施肥播种，压种轮把种子压入湿土内，覆土轮对种子覆盖土壤并镇压。由于整机的重量转移到开沟器圆盘上，提高了圆盘的切茬开沟能力。

播种圆盘 4 是一个直面圆盘，它与前进方向有一个夹角，直面圆盘的一侧贴着圆盘处有楔形护沟器，导种管插入护沟器内，种子通过导种管、护沟器落入沟内。另一侧贴圆盘处有控制圆盘深度的橡胶限深轮，通过整机重量和支臂上的弹簧下压使直面圆盘入土开沟。

播种限深轮 10 贴圆盘一侧安装，是可以控制播种深度的橡胶限深轮。通过限深轮调节手柄，抬高或降低橡胶限深轮，从而改变播种深度。限深轮调节手柄向下，限深轮也向下，开沟圆盘入土就浅，开沟深度变浅；限深轮调节手柄向上，限深轮也向上，开沟圆盘入土就深，开沟深度变深。在播深调节板上有 7 个档位，调整到合适的深度，调节手柄固定在调节板的档位上。橡胶限深轮最低时圆盘开沟为 1.5cm 沟深，最深达到 8cm，调一个档位改变 0.7cm 的深度。

对着楔形护沟器 5 后面安装有铁心橡胶压种轮 6，它的作用是把落入沟内的种子压入湿土内，使种子与湿土很好的结合。

覆土镇压轮 7 通过支臂安装在压种轮后面，是全金属的材质，它能够把沟边湿土推挤到种沟内覆盖种子并进行镇压。

4. 排种装置和排肥装置

（1）排种装置　在种子箱下面装有 18 个密齿外槽轮式排种器，在苜蓿箱下面装有小的密齿外槽轮式排种器。

小麦排种器如图 2-29 所示，采用密齿型外槽轮，使排种的均匀性得到改善，通过改变传动比或左右移动排种槽轮在排种盒内的工作长度就能改变排种量的大小。

排种盒 3 为钢板冲压组合件。当排种轴 1 转动时，通过排种轴销 4 带动排种轮 5 转动使种子排出，阻塞套 6 不转动。播种量调节，通过种箱侧板播量调节手轮转动，改变排种轮 5 在排种盒 3 内的工作长度来实现。排种舌 10 有三种开度，每个位置的开度都可用开口销 8 插入相应的孔位来保证种子出口开度。清种时把开口销拔出，排种舌敞开，使剩余种子流出。

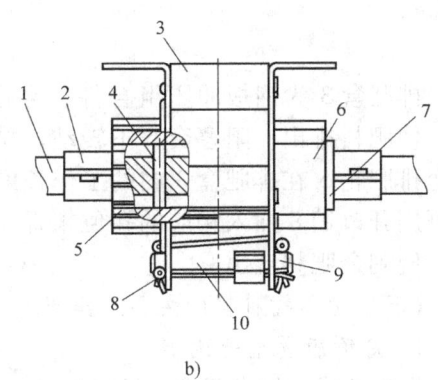

图 2-29　小麦排种器
a）外观图　b）结构图
1—排种轴　2—卡箍　3—排种盒　4—排种轴销　5—排种轮　6—阻塞套
7—垫圈　8—开口销　9—排种舌轴　10—排种舌

排种量调整的一般原则是先选传动比，再通过排种轮工作长度的调节使播种量达到要求。选用较小的传动比，采用较大的排种槽轮工作长度，可以使排种均匀和稳定。

要保证每个排种槽轮在排种盒内的工作长度一致，才能使各行的排种量相等。检查方法是：松开排种调节手柄上的锁紧螺母，扳动调节手柄将各排种轮的工作长度调到零位，检查各个排种轮是否在"0"的位置上，当误差超过 1mm 时要进行微调。微调的方法是：先松开排种槽轮两端的卡箍或挡套，将排种槽轮和阻塞套压紧同时移动到"0"的位置上，然后将卡箍或挡套靠住槽轮和阻塞套，再拧紧螺栓，以此类推，直到检查完所有的槽轮为止，最后拧紧排种调节手柄上的锁紧螺母。

苜蓿、油菜等小粒种子排种器如图 2-30 所示，播种这些小粒种子采用的排种槽轮直径要比小麦排种器的小。通过改变传动比或增减排种槽轮在排种盒内的工作长度，就可以调整排种量。

（2）排肥装置　在肥料箱下面装有 18 个排肥器，采用大槽轮式排肥器（见图 2-31）。

图 2-30 苜蓿、油菜等小粒种子排种器

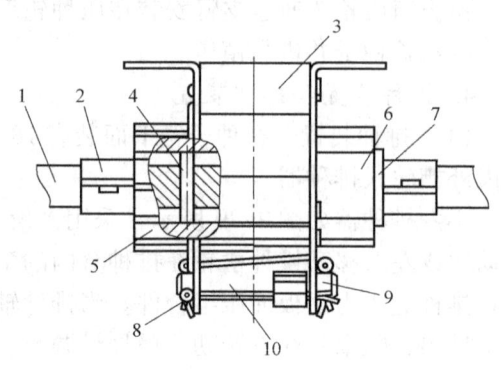

图 2-31 排肥器
1—排肥轴 2—卡箍 3—排肥盒 4—排肥轴销
5—排肥轮 6—阻塞套 7—垫圈 8—开口销
9—排肥舌轴 10—排肥舌

排肥盒 3 为钢板冲压组合件。当排肥轴 1 转动时，通过排肥轴销 4 带动排肥轮 5 转动，使肥料排出，阻塞套 6 不转动。排肥量的调节，是通过转动肥箱侧板播量调节手轮，改变排肥轮 5 在排肥盒 3 内的工作长度来实现。排肥舌 10 有三种开度，每个位置的开度都可用开口销 8 插入相应的孔位来保证肥料出口开度。清肥时把开口销拔出，排肥舌敞开，使剩余肥料流出。

(五) 免耕播种机的主要工作部件

1. 尖角短翼型开沟器

保护性耕作技术要求尽量减少对土壤的扰动，防止破坏土壤结构和造成较大的失墒，免耕播种也要遵守这样的要求。

免耕地表面比翻耕整地后的地表坚实，且有大量的秸秆覆盖，开沟器入土困难，阻力大，因此要求开沟器要有良好的破茬入土能力。

减少对土壤的扰动和增强破茬入土能力，并且在开沟时不乱土层、不混淆干湿土的开沟器，目前在我国的免耕播种机上多选择开沟窄、入土好的尖角短翼型开沟器，如图 2-32 所示。

尖角短翼型开沟器的开沟过程就像一个对称的平面楔楔入土层，当其向前推移时，即对铲面前上方的土层进行挤压，土层变形产生位移，土壤进行平行运动，上下干湿土层掺混较少，湿土仍在下面，可直接覆盖肥料或种子。

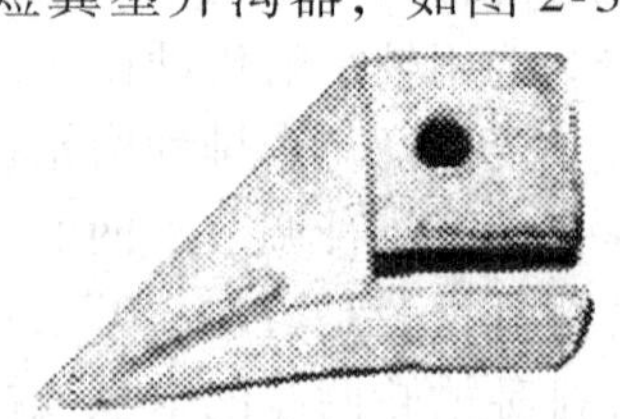

2. 可调式种肥分施开沟装置

图 2-32 尖角短翼型开沟器

为保证作物正常生长对养分的需要，在我国耕地肥力普遍不高的现状及人多地少、必须提高单位面积产量的要求下，我国粮食生产中一般施肥较多，且多以化肥为主。传统耕作中可以把化肥分次施入，分底肥、种肥、追肥等，其中底肥量大，一般在翻耕前撒在地表，随翻耕埋入土中；少量的种肥随播种施入，由于量少，肥料对种子不烧蚀，种子和肥料可以同穴混施。但是保护性耕作取消了铧式犁翻地，在播种的同时，要求把底肥和种肥同时施入土

壤，才能保证作物正常生长对养分的需求。

在施肥量大的情况下，为防止肥料烧坏种子，必须采用种、肥分开，即种子与肥料之间在土壤里要有足够的距离。种、肥分开的方法有侧位分施和垂直分层施肥两种。侧位分施又有侧位水平分施和侧位深施两种，侧位水平分施指将化肥施于种子侧面且与种同深，侧位深施是指将化肥施于种子的侧下方。垂直分层施肥是将化肥施于种子的正下方，与种子同沟但深度不同。

从播种、施肥过程中对土壤的扰动程度看，侧施肥的方法必然要进行两次开沟，使种、肥分别落在不同位置上，势必增加地表的破碎程度。而分层施肥方法，只需开沟一次，对地表的破坏程度较小，即土壤的扰动少，更符合保护性耕作的要求。

中国农业大学设计开发了免耕播种机用可调式种肥分施开沟装置（获得了国家专利），如图 2-33 所示。该装置由尖角形开沟器、导肥管、导种管、播深调节板、铲柄等组成。

可调式种肥分施开沟装置的特点是采用尖角型开沟器铲尖、导肥管和导种管直接按前后"一"字排开配置，施肥和播种深度可调。使用中可根据种肥垂直分施间距的农艺要求，合理调节铲柄与固结器连接孔的开沟深度和连接导肥管与导种管的播深调节板的前后、上下相对位置，并可根据需要安装回土铲确保免（少）耕覆盖施肥播种的质量要求。

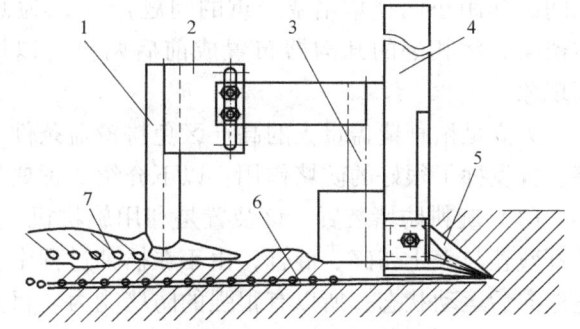

图 2-33　可调式种肥分施开沟装置
1—导种管　2—播深调节板　3—导肥管　4—铲柄
5—尖角形开沟器　6—肥料　7—种子

可调式种肥垂直分施装置是利用开沟器开沟过程中前后不同部位土壤回落存在时差的原理，前边深施肥，待部分土壤回落覆盖后再下种，然后进行最后的覆土。

化肥由排肥器经输肥管流到开沟器上的导肥管，然后落入沟中。影响肥料流动性的因素有：颗粒的含水量和结构尺寸，颗粒的形状、表面特性，自然休止角，孔隙度，压力，混合物的特性、数量及温度等。当含水量增大到标准含水量以上时，肥料的流动性绝大多数变差。在施肥、播种中保证流动性的使用措施如下：选用颗粒形状接近球形且均匀一致的肥料；保证肥料的干燥性以免因受潮使化肥在肥箱中结块及架空；清理化肥中的结块，一般不应有大于 0.5cm 的结块；每天清理肥箱、输肥软管、导肥管中的残留化肥。

目前，多数施用硝酸磷肥，或尿素和二铵以一定比例混合而成的复混肥，这些肥料的颗粒均接近球形，流动性好。但易潮解，播种时应保证肥料的干燥性。

分置式种肥分施机构的输肥管末端直通开沟沟底，肥料在导肥管中基本上在竖直方向以自由落体运动，水平方向与播种机同速度前进，肥料与播种机的水平相对速度为零，输肥管紧贴在开沟器后，肥料落下，基本在种沟沟底，开沟深度即是施肥深度。

开沟器开出种沟，肥料落入沟底，被开沟器推、翻到两边的土壤在开沟器经过之后，在自身重力的作用下开始回落。影响土壤回落时间的因素主要有土壤性质、土壤含水量、开沟器类型和作业速度等。

为了确保种肥间距的农艺要求，可根据实际情况，在导种管和导肥管间安装一个回土铲，使沟壁的土壤及早回落，以保证种肥之间有足够的土壤隔开，防止烧种、烧苗。

采用可调式种肥分施开沟装置的免耕播种机，由于其导肥管下端出口处未装反射板，因此进行播种施肥作业时必须在行进中降落免耕播种机，以防在静止降落时湿土堵塞导肥管，影响排肥。

3. 动力驱动式防堵装置

免耕播种机的防堵性是指在免（少）耕及地表有秸秆残茬覆盖条件下进行施肥播种等作业时，作业机组所具有的防止秸秆覆盖物堵塞的能力。

圆盘式开沟器作业时滚动前进，被秸秆缠绕的可能性小，因此防堵能力强。尖角型、锄铲型等移动式开沟器，由于铲柄直立于地面移动，无法避免秸秆缠绕，因此防堵性差。

由于小麦的播种行距小，在多行播种机上的开沟器若安装为一排时，会导致开沟器之间的间距小而挂草堵塞严重的问题产生，为此，在多行播种机的结构上设计了两根开沟器梁，将相邻的开沟器布置成前后两排，以增大相邻开沟器之间的空间，减少挂草堵塞现象。

为满足秸秆覆盖量大的高产区免耕覆盖条件下的播种需要，近年来使用的动力驱动式防堵装置发挥了很好的防堵作用。以下介绍3种典型的动力防堵装置。

（1）旋耕防堵装置 该装置是利用旋耕机上的旋耕刀将播种开沟器前的覆盖在地表的秸秆残茬与表土切碎、混合，由于在播种过程中，秸秆残茬在旋耕刀的作用下始终处于较高速地向后运动状态，所以有很强的防堵能力。目前开发出的旋耕播种机有全面旋耕式和带状旋耕式（即只旋耕种行，其余土壤不旋耕）。

旋耕防堵装置的防堵能力强，尤其在地表不平的情况下有很强的适应性，播种质量较高。但旋耕防堵对土壤扰动大，不符合保护性耕作少动土的要求。而且采用旋耕防堵装置的施肥播种机消耗功率大。

（2）带状粉碎式防堵装置 该装置如图2-34所示，是利用安装在播种开沟器前的旋转刀轴上的粉碎刀片将玉米播种行上（粉碎宽度为20cm左右）的秸秆粉碎，组合刀片由两把直刀加一把弯刀组成，直刀用于粉碎横秆，弯刀用于粉碎直立的根茎。粉碎刀高速旋转的动能，将秸秆拾起、粉碎，并带动秸秆到罩壳中，在经过定刀时，进一步粉碎，粉碎后的秸秆沿导草板导向开沟器后侧方，即将开沟器前的秸秆粉碎、后抛防止堵塞。并且不会将粉碎后的秸秆覆盖在种行上，有利于种子发芽、出苗。

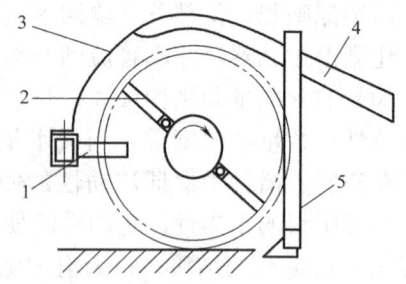

图2-34 带状粉碎式防堵装置
1—定刀 2—组合刀片 3—罩壳
4—导草板 5—开沟铲

带状粉碎式防堵装置中的粉碎刀在离地面2cm处通过，不入土，因此不会对土壤造成破坏；高速粉碎刀对开沟器前的秸秆有很强的粉碎和后抛能力，因此防堵性好；采用只粉碎开沟器经过处秸秆的带状粉碎方式，可以有效地减少粉碎时的动力消耗。

（3）带状锯切式防堵装置 该装置与带状粉碎式防堵装置结构类似，主要的差别是将粉碎甩刀换为圆盘锯片。这样可以大大降低切碎秸秆时的刀轴旋转速度，进而降低功率消耗。

4. 地轮

实行保护性耕作,在免(少)耕且有秸秆覆盖的地表施肥播种时,地轮容易出现的主要问题是滑移严重。一般普通播种机上所用的铁制地轮,在免耕覆盖地上使用时,其滑移率在20%以上,严重时甚至能达到40%。而一般传统播种机在播量调整时所考虑的滑移率仅为5%~10%。如此高的滑移率及其不均匀性对播种质量的影响是较大的。

造成高滑移率的原因主要有以下三个方面:一是地表有秸秆覆盖,地轮在秸秆上运动时,摩擦力减小;二是地表不平,地轮与地面的接触不均;三是不论是单体平行四连杆仿形开沟装置,还是整体仿形开沟装置,由于地表过硬开沟器入土深度受到限制,作为传递排种器排种、排肥的地轮往往出现被架空不转动,造成不排种、肥的问题。因此,解决地轮的高滑移率问题是提高免耕播种均匀性、防止漏播的重要措施。

根据上述造成高滑移率的原因,减少地轮滑移率的思路除了保证开沟器良好的入土性能外主要有两条:一是采用橡胶充气地轮,据中国农业大学研究的结果,橡胶地轮的滑移率为4%~6.21%(垂直载荷在50~150kg时),其变化范围满足播种机的设计要求;二是若采用铁制地轮,可考虑增加地轮外廓抓地爪的高度(如将抓地爪的高度增加到4cm),但即使如此,地轮的滑移率也在14%以上。

解决地表不平造成的地轮架空问题可考虑浮动地轮,即将地轮与播种机的连接设计为铰接,并利用弹簧加压,使地轮能随地表不平而浮动,保证接地。

中国农业大学研制的2BMF—9型小麦免耕播种机采用浮动地轮设计,其地轮本身为橡胶充气式。这样可以确保地轮既可适应高低不平的地表,又不会出现高滑移,提高了排肥、排种的均匀性,防止漏播现象的出现。

2BMF—6小型小麦免耕覆盖播种机为了简化结构,不采用浮动地轮,采用两个地轮同时带动排种器方轴和排肥器方轴的方式,每边用一个自行车飞轮作为传动链轮以防止出现运动干涉,试验效果良好。

三、点(穴)播机的结构与工作

1. 2BJ—6精密播种机

在播种玉米、棉花、大豆等大粒作物时,多采用单粒点播或多粒穴播。目前常用的悬挂式玉米和大豆等的中耕作物播种机如图2-35所示,该机可以实现单粒穴播,并能同时进行施肥作业。

这种播种机的种子箱、排种器、开沟器、覆土镇压器组成一个播种单体,播种单体数与播种行数相等。播种单体通过平行四杆机构与主梁连接,有随地面起伏的仿形功能,从而保证播种深度一致。

排种器采用气吸式,如图2-36所示。种子箱下部为种子室,排种器为一个四周均布有吸孔的平面圆盘,垂直配置于种子室中,盘的正面与种子室中的种子接触,背面与真空室相连,真空室与风机吸风口连接。工作时,种子箱中的种子靠自重充满种子室,排种轴带动排种盘旋转,橡胶搅拌器随排种盘转动,搅拌种子,防止架空。风机产生的负压使排种盘两侧产生压力差,将种子吸附在排种盘的吸孔上,并随之旋转。吸种孔在两个刮种器之间通过时,刮去多余的种子,每孔只保留一粒种子,当种子转出真空室后,不再被吸附,靠自重下落到种沟内。

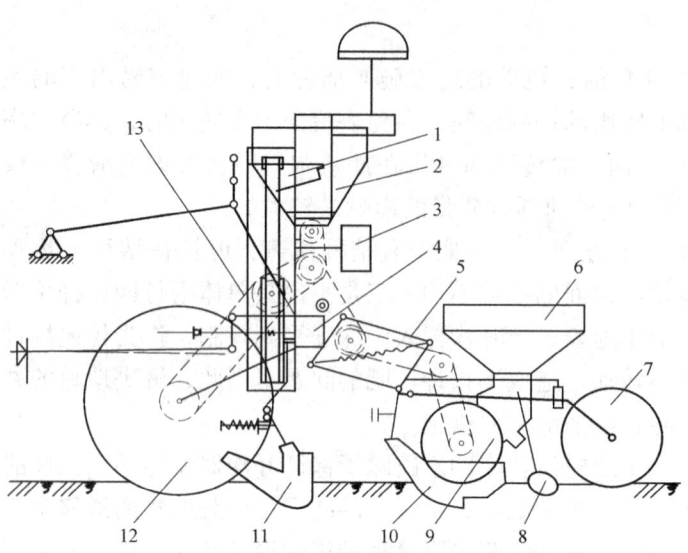
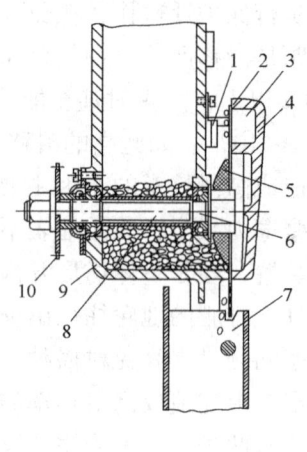

图 2-35 2BJ—6 型悬挂式中耕作物播种机
1—风机及传动带 2—排肥器 3—划印器控制机构 4—机架
5—四杆仿形机构 6—种子箱 7—镇压器 8—覆土器 9—排种器
10—播种开沟器 11—施肥开沟器 12—地轮 13—传动链

图 2-36 气吸式排种器
1—刮种器 2—排种盘 3—真空室
4—吸气盖 5—搅拌器 6—排种轴
7—导种管 8—套管 9—种子杯
10—传动链轮

气吸式排种盘通用性好,更换不同吸孔大小的排种盘,可以适应不同作物的种子。气室吸力的大小可通过改变风机转速和风门开度进行调整。通过改变排种盘转速或改变盘上的吸孔数,可以适应不同株距的要求。该排种器不伤种子,但对真空室的密封性要求高。

2. 免耕播种机

中耕作物免耕播种机是在未经耕翻的前茬作物地里直接进行播种,对清草排堵功能、破茬入土功能、种肥分施功能有很高的要求,以满足免耕覆盖地播种的特殊要求。

图 2-37 为 2BQM—6A 型气吸式免耕播种机简图。该机采用拖拉机后三点悬挂,适用于玉米、大豆等中耕作物在原茬地上直接播种。工作时,破茬松土器开出宽 8～12cm 的苗带,

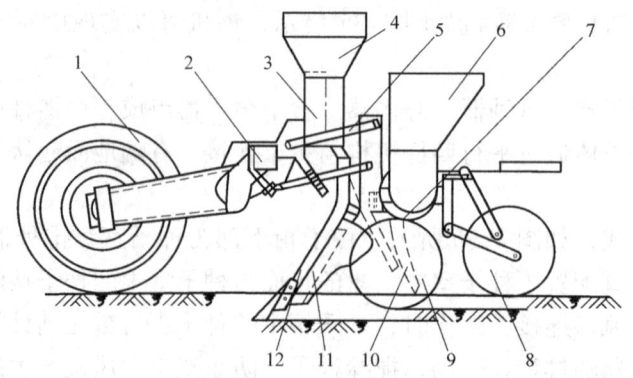

图 2-37 2BQM—6A 型气吸式免耕播种机
1—地轮 2—主梁 3—风机 4—肥料箱 5—四杆机构 6—种子箱 7—排种器 8—覆土镇压轮
9—开沟器 10—输种管 11—输肥管 12—破茬松土器

外槽轮式排肥器将肥料箱中的化肥排入输肥管并落入沟内,破茬松土器后方的回土将肥料覆盖。排种部件为气吸式排种器,排出的种子经输种管落入双圆盘开沟器开出的沟内,随后V形覆土镇压轮覆土并适度压密。这种免耕播种机将肥料施在种子的下方。

四、铺膜播种机

地膜覆盖播种技术是解决我国干旱、半干旱地区农作物生长期缺水问题的关键性栽培技术措施之一。播种同时在种床上铺以塑料地膜,可以达到保墒、提高地温、抑制杂草生长、促进作物早出苗和生长发育快的作用,使作物提前成熟,因而增产效果显著。

铺膜播种机械主要是由铺膜机和播种机组合而成。铺膜机种类较多,包括单一铺膜机、做畦铺膜机、先播种后铺膜机组和先铺膜后播种机组等类型。

图2-38为采用先铺膜后播种工艺的鸭嘴式铺膜播种机。该机每个播种单体配置两行开沟、播种、施肥等工作部件,并设一塑料薄膜卷和相应的展膜、压膜装置。

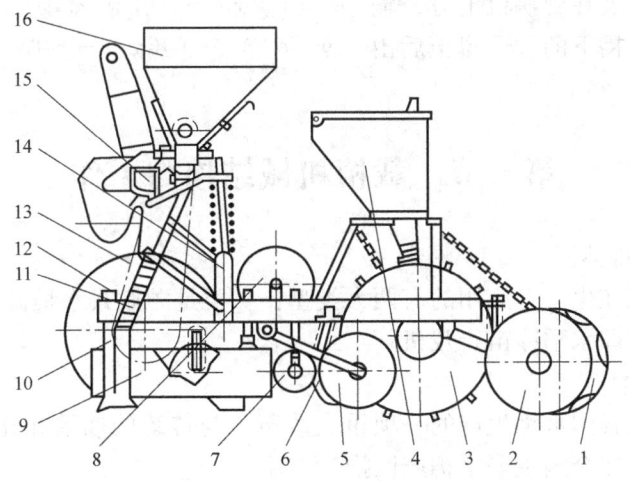

图2-38 鸭嘴式铺膜播种机
1—覆土推送器 2—后覆土圆盘 3—穴播器 4—种子箱 5—覆土圆盘 6、8—压膜辊
7—展膜辊 9—平土器及镇压辊 10—开沟器 11—输肥管 12—地轮 13—传动链
14—副梁及四连杆机构 15—机架 16—肥料箱

作业时,肥料箱内的化肥由排肥器送入输肥管,经施肥开沟器施在种行的一侧,平土器将地表干土及土块推出种床外,并填平肥料沟,同时开出两条压膜小沟,由镇压辊将种床压平。塑料薄膜经展膜辊铺至种床上,由压膜辊将其横向拉紧,并使膜边压入两侧的小沟内,由覆土圆盘在膜边盖土。播种部分采用膜上打孔穴播,工作过程是种子箱内的种子经输种管进入穴播滚筒的种子分配箱,随穴播滚筒一起转动的取种圆盘通过种子分配箱时,从侧面接受种子进入取种盘的倾斜形孔,并经挡盘卸种后进入种道,随穴播滚筒转动而落入鸭嘴端部。当鸭嘴穿膜打孔达到下止点时,凸轮打开活动鸭嘴,使种子落入穴孔,鸭嘴出土后,由弹簧使活动鸭嘴关闭。此时,后覆土圆盘翻起的碎土,小部分经锥形滤网进入覆土推送器,横向推送覆盖在穴孔上,其余大部分碎土压在膜边上,以便压紧已铺地膜。

五、联合播种机

联合作业机具能同时完成整地、筑埂、平畦、铺膜、播种、施肥、喷药等多项作业或其中某几项作业。联合作业机组可以减少田间作业次数,缩短作业周期,抢农时,以及充分利用拖拉机功率，降低作业成本。其机具的类型较多，如适用玉米耕翻地上作业的旋耕播种机，适于已耕翻地上作业的整地播种机。因此，联合播种机近年在生产中得到广泛应用。

图 2-39 是一种适用于在未耕地上作业的旋耕播种机示意图。该机具一次可以完成松土除草、旋耕整地、施肥播种、覆土及镇压等多项作业。在机器的前方安装松土除草铲，旋耕整地部分由拖拉机动力输出轴驱动，排种器和排肥器由地轮传动。播种施肥装置安装在旋耕机上方，输种管末端为开沟器。播下的种子覆土后由镇压轮压实。

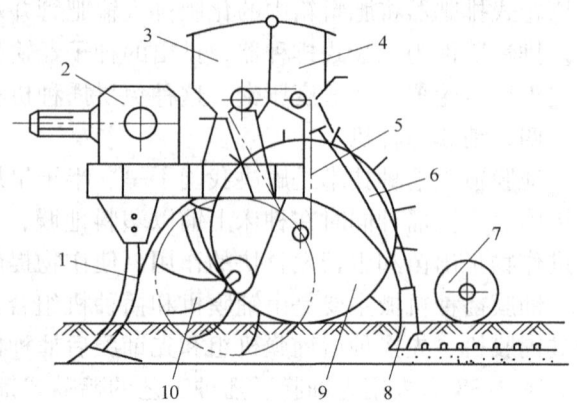

图 2-39　旋耕播种机
1—松土除草铲　2—齿轮箱　3—肥料箱　4—种子箱　5—传动链
6—导种管　7—镇压轮　8—开沟器　9—传动轮　10—旋耕机

第三节　栽植机械结构与工作

一、水稻钵苗移栽机

水稻钵苗移栽机在生产上应用的有两大类型：一类是抛撒式水稻抛秧机，另一类是水稻钵体苗有序移栽机械即水稻钵苗行栽机。

（一）水稻抛秧机

水稻抛秧技术是我国水稻生产的一项重大改革，与传统的插秧相比，具有省工、高效、增产等优点，目前已在全国主要水稻产区推广应用。

水稻抛秧的秧苗采用软塑穴盘育秧，每穴秧苗相互独立，当秧苗高度达到 12~18cm，每株苗的总根数达到 10 条左右时，将秧苗连同根部的土坨一起取出，均匀地抛洒于大田，靠秧苗根部土坨下落时的力量贯入成泥浆状的田间，从而完成栽植作业。

抛秧移栽对本田整地质量要求较高，尤其是有前茬的稻地要做好灭茬工作。整地质量标准如下：

1）田面平整。同一块田内达到，高低相差不超过 3cm。
2）地表干净。不露根茬，无僵块及其他残渣杂物。
3）上糊下松。耙平后田面呈汪泥汪水状态。

注意壤土或黏重土应在耙平后，田面泥浆沉实，呈汪泥汪水状态时进行抛秧；砂土地应在耖平后立即抛秧。

抛秧作业若由人工手抛完成，则抛秧不均匀，抛秧密度不易控制，作业质量难以达到理想效果，未能充分发挥水稻抛秧栽培的技术优势，影响了水稻产量的进一步提高。水稻钵苗移栽机械，解决了目前抛秧作业中存在的问题，不仅大大减轻了劳动强度，提高了生产效率，而且更重要的是保证了水稻抛秧作业质量，可充分发挥水稻抛秧栽培的技术优势，节本增产效果更加显著，对提高我国水稻种植机械化水平、促进水稻生产的发展具有重要意义。

水稻抛秧机属于抛撒式水稻钵苗移栽机械，其原理是利用机械的方式模拟人工抛秧来完成水稻抛秧作业，目前在生产中应用的机型主要是2ZPY系列水稻抛秧机。该系列有2ZPY—Z型自走式、2ZPY—Q型牵引式和2ZPY—C型匹配式水稻抛秧机等机型。

2ZPY系列水稻抛秧机适用于采用塑料穴盘育秧秧苗，育秧盘规格不限，可抛栽大、中、小苗，秧苗高度一般不超过180mm，秧苗过高不影响抛秧作业，但影响抛秧直立度。在取秧时应尽量保证秧苗根部的营养土坨不被破坏，抛秧作业时要求秧苗营养土坨的相对湿度在40%~60%的范围内，即秧苗土坨用手加力挤压时不出现泥水，松开后，在不受外力作用时不破碎为最佳抛秧条件，这样可以防止抛秧作业时秧苗的营养土坨与抛秧甩盘粘连或被破坏。

2ZPY—Z型自走式水稻抛秧机（见图2-40）由发动机、传动变速箱、行走水田轮、操向手柄、牵引架、拖板、过埂器、机架、抛秧传动系统、抛秧甩盘、喂秧斗、护罩和秧箱等构成。自走式机型自配动力和行走装置，可独立作业，具有结构紧凑、操作转向灵活和地头转弯半径小等优点。

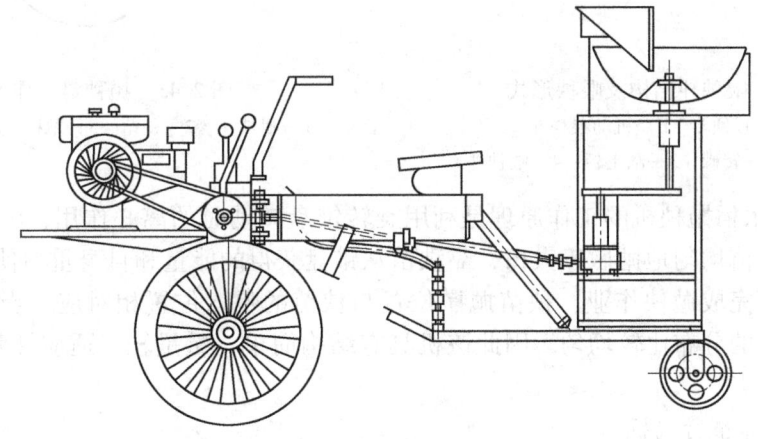

图2-40　2ZPY—Z型自走式水稻抛秧机

2ZPY—Q型牵引式水稻抛秧机可与多种拖拉机配套，机具结构简单，制造成本低，但地头转弯半径大，适合大地块作业。

2ZPY—C型匹配式水稻抛秧机，可与水稻插秧机或水田耕整机底盘配套使用，图2-41为其结构图。该机由动力部分、行走部分和抛秧工作部分组成。该机配用的动力机多为2.2~4kW的小型汽油机或柴油机。

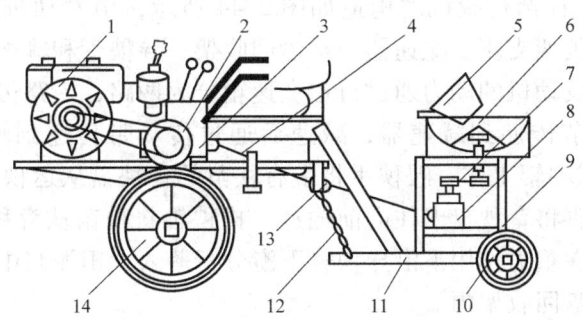

图2-41　2ZPY—C型水稻抛秧机

1—动力机　2—齿轮减速箱　3—变速箱　4—传动轴　5—喂秧斗　6—抛秧盘　7—V带
8—减速器　9—机架　10—陆地行走轮　11—船体　12—链条　13—万向节　14—驱动轮

2ZPY—C 型水稻抛秧机的抛秧装置主要由喂秧斗和抛秧盘组成。抛秧盘为转碟形，分为人力喂秧与机械喂秧（见图 2-42）两种结构，内部有一倒锥体。喂秧时，秧苗从锥体顶部沿锥面滑向锥体根部，最后由抛秧盘甩出，如图 2-43 所示。

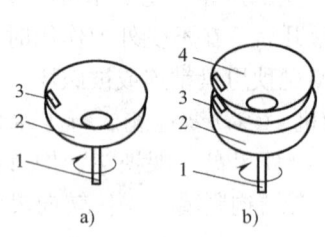

图 2-42　喂秧斗结构及喂秧形式
a）人工喂秧斗　b）机动喂秧斗
1—驱动轴　2—转碟　3—刮土板　4—喂秧斗

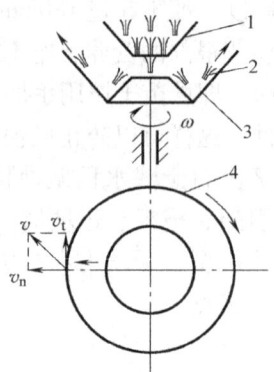

图 2-43　抛秧盘工作原理
1—喂秧斗　2—秧苗　3—抛秧盘　4—刮土板

2ZPY 系列水稻抛秧机的工作原理是利用旋转锥盘转动时的离心作用，将从锥盘中心部位喂入的带钵秧苗均匀地抛撒于大田，靠秧苗从锥盘获得的能量和自身重力使秧苗钵体贯入田间定植，从而完成抛秧作业。秧苗抛撒位置与秧苗的喂入位置相对应，当秧苗喂入均匀时，秧苗在田间的分布比较均匀。因此该机具有结构简单、重量轻、适应性强、便于操作、生产效率高等优点。

（二）水稻钵苗行栽机

水稻钵苗行栽机属于水稻钵体苗有序移栽机械，其原理是机器的输秧拔秧装置将在软塑穴盘培育的水稻秧苗自动有序的输送和从育秧盘中拔取，并按一定的株距和行距栽植在田间，完成水稻钵苗移栽作业。

目前在生产中应用的机型主要有 2ZPY—H530 型水稻钵苗行栽机、2BU—6 型水稻播秧机和 2PY—6 型水稻有序抛秧机。下面以 2ZPY—H530 型水稻钵苗行栽机为例介绍水稻钵苗有序栽植机械。

2ZPY—H530 型水稻钵苗行栽机的构造如图 2-44 所示，由发动机、行走变速箱、驱动轮、牵引架、拖板、运秧架支座、减速器、空盘回收架、导秧管和输秧拔秧装置等组成。

该机工作过程为：发动机的动力通过行走变速箱分为两路，一路传递到驱动轮驱动机器前进；另一路通过万向节传递到减速器，减速后通过传动带传递到输秧拔秧装置（见图 2-44），驱动输秧辊、拔秧辊工作。喂秧手将带有秧苗的育秧盘从运秧架内抽出放在托板上并喂到输秧辊上，输秧辊将育秧盘卡住向前输送，拔秧辊将秧苗从育秧盘中单穴独立拔出，顺序放入导秧管，秧苗在重力作用下沿导秧管下滑分行落入大田泥浆中，完成栽植作业。空秧盘由输秧辊输送到空盘回收架内。

水稻钵苗行栽机的技术特征如下：

1）采用栅状滚筒式输送机构和螺旋排列对辊式拔秧机构，实现了软塑穴盘育秧的自动输秧和拔秧，保证水稻栽植密度的准确性，且对辊式拔秧机构避免了对秧盘及秧苗的损伤。

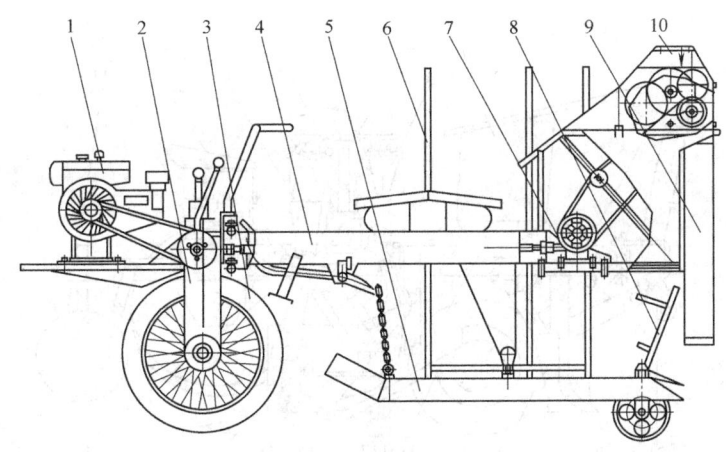

图 2-44 水稻钵苗行栽机
1—发动机 2—行走变速箱 3—驱动轮 4—牵引架 5—拖板
6—运秧架支座 7—减速器 8—空盘回收架 9—导秧管 10—输秧拔秧装置

通过机器前进速度与输秧拔秧速度的配合，可实现对抛秧株距的调整与控制。

2) 采用间隔斗式分秧和导管式导秧装置，实现了水稻钵苗的成行有序抛栽。

3) 采用波浪形拖板，波峰与抛秧行相对应，解决了常规拖板前方壅泥壅水问题，减小了行走阻力，提高了机具的行走速度和走直性，同时使秧苗落在由拖板挤出的软泥浆上，提高了秧苗栽植的直立度和入土深度，可降低对田间整地的要求。

二、旱田作物移栽机械

近年来，育苗移栽技术成为一种农业增产措施，正在国内外农业生产中逐步推行，目前我国已将该技术应用于玉米、棉花、烟草、蔬菜和甜菜等作物。

旱地栽植的分类：按秧苗是否带土，可分为裸苗栽植机和钵苗栽植机；按自动化程度可分为手动栽植器、半自动栽植机和全自动栽植机；按栽植器机构特点，可分为盘夹式、链夹式、导苗管式、吊筒式和带式喂入栽植机等。

(一) 导苗管式栽植机

2ZY—2 型栽植机可用于移栽玉米、棉花、蔬菜、烟草，其结构如图 2-45 所示。

该机与拖拉机三点悬挂，由连接架 21 与拖拉机悬挂相连，开沟器 18、箱体 12、覆土驱动镇压轮 31 等都与纵梁 1 相连接，该机为单体独立工作，一个单体为一行。单体的运动由覆土驱动镇压轮 31 驱动，该轮通过一对非正交锥齿轮 33、34 和一对链轮 23、32 带动有 4 个投苗杯 4 的转盘 5 转动。从动链轮 23 又通过一对齿轮 30、链齿轮 29 带动平行四连杆机构 14 的曲柄转动，曲柄通过连杆 13 推动平行四连杆机构 14 做往复运动。推苗板 15 固定在平行四连杆机构上，在推苗过程中平行移动，保持栽植秧苗直立。当连杆 13 向上运动时，靠固定在其上的驱动板 24 推动打水器导杆 26 将灌水器 43 的阀门打开，向开沟器打水，以达到注水移栽的目的。链齿轮 29 通过链条 16 带动施肥轴 39 转动，使肥箱 3 的肥料施入土中，实现施肥目的。

栽植机工作时，操作者坐在座位上，从秧盘架上取苗投入投苗杯 4，位于转盘 5 上的投苗杯转到导苗管 9 的上方位置时，在凸轮 8 的作用下投苗杯张开，秧苗靠重力落下通过导苗管 9 落于开沟器 18 内，被开沟器尾部两侧板夹挂住，然后在推苗板 15 的作用下，将带土秧

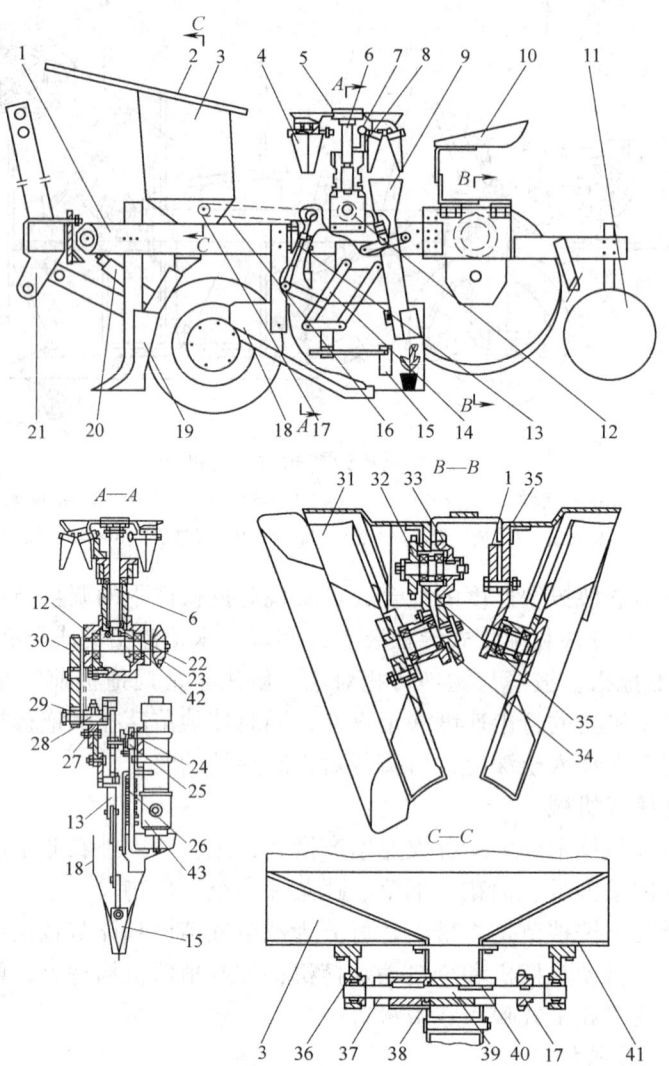

图 2-45 2ZY—2 型栽植机

1—纵梁 2—秧盘架 3—肥箱 4—投苗杯 5—转盘 6—立轴 7、25—滚轮 8—凸轮 9—导苗管 10—座位 11—扶土圆盘 12—箱体 13—连杆 14—平行四连杆机构 15—推苗板 16—链条 17—从动齿轮 18—开沟器 19—犁刀 20—地轮升降螺杆 21—连接架 22、33、34—锥齿轮 23—从动链轮 24—驱动板 26—导杆 27—曲柄座 28—曲柄轴 29—链齿轮 30—大齿轮 31—覆土驱动镇压轮 32—主动链轮 35—覆土镇压轮固定板 36—支承座 37—调节套 38—施肥 39—施肥轴 40—键 41—肥箱架 42—传动轴 43—灌水器

苗推入由覆土驱动镇压轮拥起的土堆中，并进行覆土与镇压。随后由一对扶土圆盘 11 将镇压后的土壤表面刮平以达保墒的目的。

该机一次作业可完成开沟、施肥、注水、覆土、压实等工序。

中国农业大学研制的导苗管式移栽机可用于玉米、棉花、烟叶、甜菜、蔬菜等作物，结构特点是采用倾斜的导苗管将苗体引向开沟器开出的苗沟内，在开沟器和覆土轮之间所形成的覆土流的堆压作用下扶正压实。结构简单，不伤苗，适应性广。意大利 Chcchi&Magli 公司的 TEX2 型导苗管式栽植机上采用类似结构。

（二）盘夹式栽植机

该机如图 2-46 所示，工作时人工将秧苗放置在转动的苗夹上，秧苗被夹持随圆盘转动，到达苗沟时，苗夹打开，秧苗落入苗沟，然后覆土，完成栽植过程。这种栽植机结构简单、成本低，但穴距调整困难，栽植速度低，一般为 30~45 穴/min，适用于裸苗移栽。

（三）链夹式栽植机

如图 2-47 所示，苗夹安装在链条上，链条由镇压轮驱动，秧苗由人工喂入到苗夹上，由苗夹将秧苗栽植到田间。

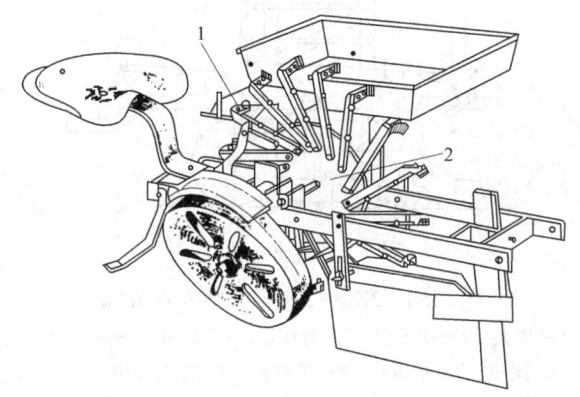

图 2-46 盘夹式栽植机
1—苗夹 2—圆盘

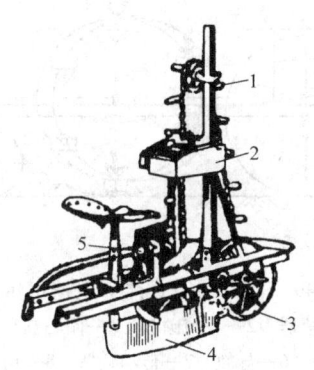

图 2-47 链夹式栽植机
1—苗夹 2—秧箱 3—镇压轮
4—开沟器 5—浇水装具

链夹式栽植机与盘夹式栽植机工作原理相同，由于价格低，在我国有一定市场，但缺点是生产率低并有伤苗等问题而使推广受到限制。适用于裸苗移栽。

（四）盘式栽植机

如图 2-48 所示，由两片可以变形的挠性圆盘来夹持秧苗，由于不受苗夹数量的限制，它对穴距的适应性较好。在小穴距移栽方面具有良好的推广前景；但栽植深度不够稳定。圆盘一般由橡胶材料或薄钢板制成。结构简单，成本低，但圆盘寿命短。

工作时，喂秧手将秧苗均匀地放置到供秧传送带的槽内，传送带将秧苗喂入栽植器中，以保证穴距均匀，并可减轻劳动强度。这种栽植机适用于裸苗及纸筒苗移栽。

（五）吊筒式（吊篮式）栽植机

图 2-49 所示为意大利切克基·马格利公司生产的沃夫（Wolf）栽植机。工作时，吊筒在偏心圆

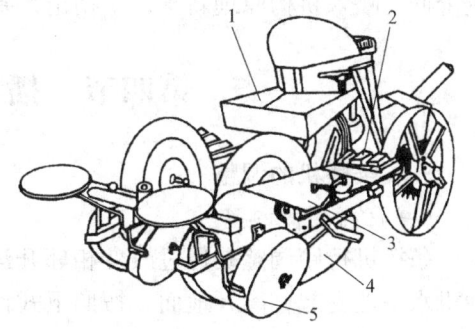

图 2-48 盘式栽植机
1—秧箱 2—供秧传送带 3—挠性盘
4—开沟器 5—镇压轮

盘的作用下始终垂直于地面。当吊筒运行到上部位置时，栽植手将秧苗放入吊筒，当吊筒运行到最低位置时，吊筒的底部尖嘴对开式开穴器在导轨作用下被压开，钵苗落入穴中，部分土壤流至苗周围，压密轮随之将其扶正压实。栽植圆盘继续转动，脱离导轨的开穴器在弹簧

作用下合垄，进行下一个循环。

这种栽植机适合于钵体尺寸较大的钵苗移栽，尤其适合于地膜覆盖后的打孔栽植。其优点是在栽植过程中不受任何冲击，适合于根系不太发达而易碎的钵苗；缺点是结构复杂，喂苗速度低、生产率不高。

（六）带式喂入栽植机

图2-50所示为2ZG—2型带式喂入栽植机。

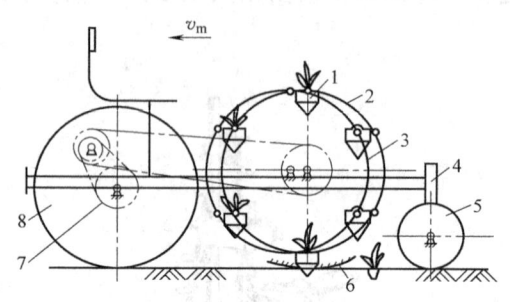 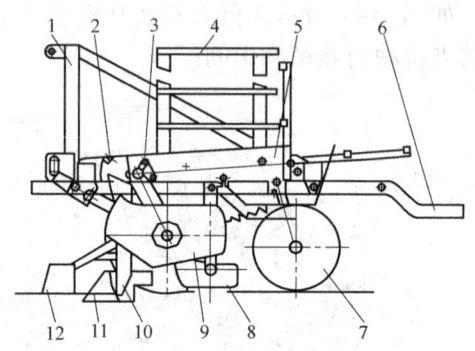

图2-49 沃夫吊筒式钵苗栽植机示意图
1—吊筒栽植器 2—栽植圆盘 3—偏心圆盘 4—机架
5—压密轮 6—导轨 7—传动装置 8—仿形传动轮

图2-50 2ZG—2型带式喂入栽植机
1—机架 2—扶正器 3—分钵器 4—盘架 5—喂入机构
6—座位 7—镇压轮 8—覆土板 9—地轮 10—导苗管
11—开沟器 12—刮土器

当机器前进时，开沟器开出栽植沟，与地轮同轴的链轮通过链条把运动按一定的传动比传给输送带，盛满钵苗的钵苗盘预先放在盘架上，盘上9条纵向栅格将钵苗分成10排，每排10个。作业时操作者将钵苗盘取下，放在喂入机构后方使一排钵苗与输送带对齐，然后将一排钵苗推入输送带，钵苗经过输送、分钵、扶正完成喂入过程；经导苗管下落后被覆土、镇压，完成栽植过程。

该机与8.8kW小型拖拉机配套，用于玉米、棉花钵苗栽植；获国家专利，结构简单，造价低，喂入机构原理新颖，不伤苗，栽植速度达到较高频率，每行1.4穴/s。

第四节 播种机与抛秧机的使用

一、条播机的调整

（一）行距的调整

条播机行距调整是通过改变相邻开沟器的安装距离来实现的。进行行距调整时，应将播种机水平地支起，离开地面，按照下式计算出应安装的开沟器数目：

$$N = \frac{L - b_1}{b} + 1$$

式中 N——开沟器数（取整数，小数点后舍去）；

L——开沟器梁的有效长度（等于开沟器梁的总长减去一个开沟器拉杆的安装宽度）（cm）；

b_1——开沟器拉杆安装宽度（cm）；

b——要求行距（cm）。

找出播种机的中心线，并在开沟器梁的相应位置做上标记，从开沟器梁中间开始向两侧顺序安装开沟器。若 N 为单数时，在梁的中心线处安装第一个前列开沟器；若 N 为双数时，在梁的中心线左右两侧各半个行距处各安装一个开沟器，然后再按行距向两侧逐次安装。前后列开沟器必须互相错开安装。

对于开沟器拉杆已变形的旧播种机，必须在开沟器固定后，将其落下，检查实际行距并进行校正。

（二）播种深度的调整

机具不同，播种深度调整方法也不同。有的播种机靠改变升降手柄的位置来调整播深；有的播种机通过调整开沟器与镇压轮的相对位置调整播深，如将镇压轮向下调，则开沟器入土浅，播深减小。

进行播深调整时，要注意各开沟器的播深是否一致，若不一致，则通过改变单个开沟器的上下安装位置或弹簧预紧力，使播深趋于一致。

（三）播种量的调整

以外槽轮式排种器为例，说明播种量的调整方法。

外槽轮式播种机的排种量主要取决于槽轮的工作长度（槽轮在排种盒内的长度）和转速。一般是先按播种量选好传动比，然后调整槽轮的工作长度以达到播种量的要求。工作长度越长或槽轮转速越高，排种量越大。为了保证排种的均匀性、稳定性和低破碎率，应尽量采用较小的传动比和较大的槽轮工作长度。

1. 排种量一致性的调整

播种机一般都可一次进行 4~20 行的播种，要求每行的排种量一致，不能有多有少，因此对新投入使用的播种机，在进地播种前要检查这些排种器的排种量是否相同。检查方法是将播种机支起垫平，选好适宜的传动比和槽轮工作长度，在种箱内装入 8~10cm 深的种子，转动地轮使排种器充满种子，清除排出的种子，装上接种袋，以接近播种机作业时的行走速度转动地轮 10~20 圈，称量每个排种器的实际排种量，称量精度为 0.5g，计算出每个排种器排种量的平均值，比较各排种器实际排量与平均值的偏差，不得超过 2%~3%，若超过要求，即各排种器的排种量差异较大时，则应分别调整单个排种槽轮的工作长度。然后再做检验，直到符合要求为止。调好后将槽轮两端的定位卡箍拧紧。

2. 排种量试验

播种前要进行排种量试验，以保证排种量符合单位面积播种量的要求。进行排种量试验时，应将播种机水平地支离地面，放下开沟器，在种箱内加入种子至种箱容量的 1/4 以上；转动几圈地轮，使排种器内充满种子，然后在各输种管下放置接种容器，以接近实际工作的转速（一般为 20~30r/min）均匀地转动地轮 10~20 圈后，称量所有容器内的种子质量。全部排种器的排种量应符合下式的要求，偏差不得超过 2%。

$$G = 0.1\pi D(1+\delta)BnQ$$

式中　G——全部排种量（g）；

　　　Q——单位面积要求的播种量（kg/hm²）；

　　　B——工作幅宽（m）；

　　　D——地轮直径（m）；

δ——地轮滑移系数（取 0.05～0.1）；

n——试验时地轮转动圈数。

若排种量过大或过小，可通过调整手柄轴向移动排种轴，同时改变各槽轮的工作长度，以减小或增大排种量，然后再进行试验，直到符合要求为止。

3. 田间试播

由于播种机排种量调试与田间实际作业时的条件不完全相符，所以调试后还应进行田间试播，对播种量进行校核。校核方法如下。

首先确定试播地段的长度，并按下式计算出该长度范围内的应播种子量：

$$q = \frac{QBL}{10000}$$

式中 q——试播地段长度应播的种子量（kg）；

Q——要求的播种量（kg/hm²）；

B——播种机工作幅宽（m）；

L——试播地段长度（m）。

然后在种子箱内装入 8～10cm 深的种子，将表面刮平，用铅笔在种箱侧壁上作出标记，再加入按上式计算出的应播种子量，刮平后进行试播；播完预定长度后停机，将种箱内的种子刮平，检查种子表面是否与所作标记相符，若不符，应调整排种轴轴向位置，以改变槽轮工作长度，然后对播量进行再次试验，直到相符为止，并把播种量调整手柄固定紧。

外槽轮式排肥器排肥量的调整与上述调整类似。

（四）播种机行走路线、划印器长度及加种点位置的计算

播种机作业时的行走路线有梭形播法、套播法、向心播法和离心播法，如图 2-51 所示。

梭形播法：机组沿一侧进地，依次往返穿梭到地块的另一侧，最后播地头。这种播法较简单，不易漏播，实际播种中多采用此法，缺点是地头转弯的时间较长。

套播法：播种前将大地块分成双数等宽的播种小区，小区宽度应为播种机工作幅宽的整数倍，然后跨小区进行播种，此法机组不用转小弯，容易操作。

向心播法（又称回形播法）：机组从地块一侧进入，由外向内一圈一圈绕行，到地块中间播完。机组可以采用顺时针绕行或逆时针绕行。

离心播法：机组从地块中间开始由内向外绕行，可以采用顺时针绕行或逆时针绕行。

向心播法和离心播法地头空行少，但播前需将地块分成宽度为机组工作幅宽整数倍的小区。

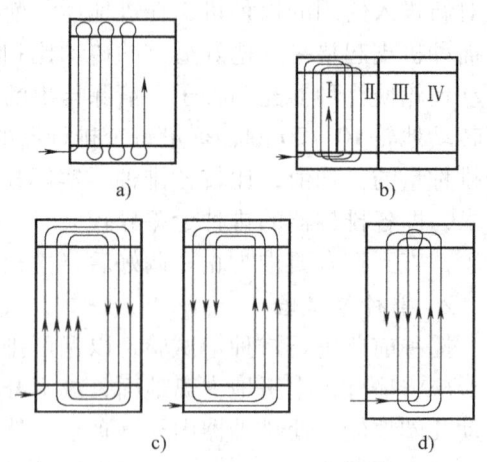

图 2-51 播种机行走路线
a) 梭形播法 b) 套播法 c) 向心播法
d) 离心播法

在播种机上安装划印器，是为了保证邻接机组在往返行程中仍然能够使邻接行距准确。划印器多为悬臂式，由一个长度可调的直杆和一个能划出浅沟的球面圆盘构成，可以在未播种的地面上划出一条浅沟，供拖拉机驾驶人在下一行程时作为行进的标记。

划印器的长度与播种机在播种时的行走路线和对印目标有关。现以拖拉机右前轮中心或右履带内侧对准划印器所划印迹，采用梭形播法为例，来计算划印器的长度，如图2-52所示

$$L_{右} = B - \frac{C}{2}$$

$$L_{左} = B + \frac{C}{2}$$

式中 $L_{右}$——右侧划印器长度（指右侧划印器划出的印迹到播种机中心线的水平距离）（m）；

$L_{左}$——左侧划印器的长度（指左侧划印器划出的印迹到播种机中心线的水平距离）（m）；

B——播种机工作幅宽（m）；

C——拖拉机前轮中心距或拖拉机履带内侧距（m）。

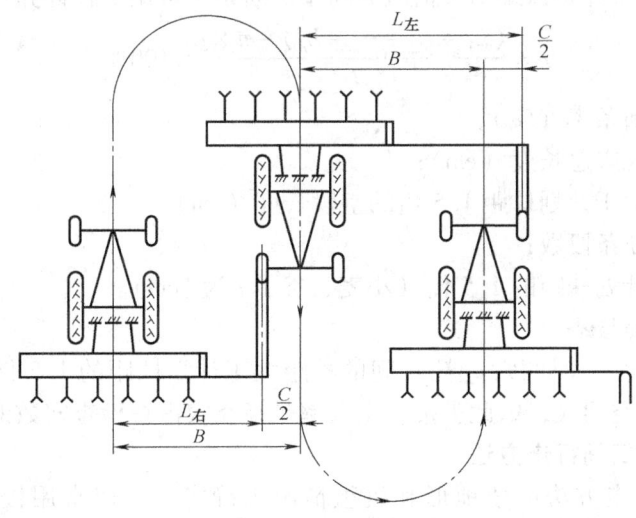

图2-52 划印器长度的计算

加种点的位置一般设在地头一端。地块较长，播种机种子箱容种量不足一个往返行程时，也可设在地块的两端。种子箱内应留下种子的10%（即不能把种子全部播完后再添加种子，以免产生漏播），按照下式可计算出加种点的长度S：

$$S = \frac{10000 \times 0.9 Q_1}{QB}$$

式中 S——加种点的长度（m）；

Q_1——播种机种子箱容量（kg）；

B——播种机工作幅宽（m）；

Q——要求的播种量（kg/hm²）。

二、播种质量检查

（一）行距检查

拨开相邻两行的覆土，测量其种子幅宽中心距是否符合规定行距，其误差不得大于2.5cm。

(二）覆土深度检查

在播种区内按对角线方向选取测定点（不少于 10 个测定点），拨开覆土，贴地表平放一直尺，用另一直尺测量出已播种子到地表直尺的垂直距离，并计算出多个测定点的平均值，该值与规定覆土深度的误差不得大于 0.5cm。

(三）穴距和每穴粒数检查

每行选三个以上测定点，每个测定点的长度应为规定穴距的 3 倍以上；拨开各测定点覆土，逐穴检查种子粒数并测量穴距。每穴种子粒数与规定粒数相比，±1 粒为合格，穴距与规定穴距相比 ±5cm 为合格。精密播种机要求每穴一粒，穴距 ±0.2cm 为合格。

(四）断条率和空穴率的检查

1. 条播断条率的检查

条播小麦或谷子时，两粒种子间距大于 10cm 时为断条；条播玉米、大豆、棉花等作物时，两粒种子间距大于计划株距 1.5 倍时为断条。断条率可用下式计算：

$$\varepsilon = \frac{(L_1 + L_2 + \cdots + L_n) - n \times i}{L} \times 100\%$$

式中　　ε——断条率（%）；

L——检查总长度（cm）；

L_1、L_2、$\cdots$、L_n——大于计划株距 1.5 倍的空段长度（cm）；

n——断条段数；

i——计划株距的 1.5 倍（小麦、谷子 i 为 1cm）。

2. 穴播空穴率的检查

穴播（含单粒点播）时两穴（粒）间的株距大于计划株距的 1.5 倍时为空一穴，大于计划株距的 3 倍时为空两穴，依此类推。空穴率是指空穴占总检查穴数的百分比。

三、播种机组的田间行走方法

播种机的田间行走方法应依地形和机组情况来确定，一般常用梭形、回形和套播等方法。

工作前，应在地头两端划出地头线，作为播种机起落开沟器的标志。地头线宽度应取播种机工作幅宽的 3~4 整数倍，以便最后播地头时尽量减少重播或漏播。

播种机作业时，不论采用哪种方法都要预先考虑好如何播地头。一种办法是在播最后一个行程前，先把一侧地头播好，待最后一个行程播完后，再播另一侧地头。另一种办法是在地块两侧留出与地头等宽的地带先不播种，待地块里面播完后，再绕播地头和两侧预留部分。

四、播种机的使用与维护

(一）播种机的使用注意事项

1）工作前要检查播种机的技术状态，传动链条张紧度应符合要求，地轮轴、排种轴等应转动灵活；各部位应连接可靠，不漏种；要确定合适的加种点和每次加种量，一般加种点应设在地头，尽量避免在播种行程中加种。

2）播种中途尽量避免停车。如必须停车，再次起动时要先将开沟器升起，后退 1m 左右，方可进行播种作业，以免造成漏播。

3）播种时应确保匀速直线行驶，以防漏播与重播；开沟器未升起时严禁倒退或转弯；地头转弯时，必须把开沟器、划印器升起，并降低拖拉机行走速度。

4）驾驶人与农具手之间应规定联络信号，当农具手发出开车信号之后，驾驶人才能开动拖拉机；工作中农具手要注意排种（肥）器是否正常工作，输种（肥）管有无堵塞，种（肥）箱内的种子、肥料是否足够，划印器工作是否正常，开沟器有无挂草堵塞等，如发现问题，应立即向拖拉机手发出信号，停车进行解决。工作部件和传动部件粘土或缠草过多时，应停车清理。播种过程中禁止进行调整、修理和润滑工作。

5）种肥箱内的种子和肥料在作业中不要全部播完，至少应保留足以盖满全部排种（肥）器的量的种子和肥料，以防断播。

6）播拌药的种子时，接触种子的人员应戴口罩和手套等防护用具。播后的剩余种子要妥善处理，以防中毒和污染环境。

7）悬挂播种机在运输状态下严禁坐人。

8）更换不同的种子时，必须将种子箱清扫干净。

（二）播种机的维护

1. 班次维护

1）每天工作后，应清理机器上的泥土、杂草等物，特别注意将传动系统清理干净；检查各部件是否处于良好状态，紧固各联接螺钉；向各润滑点加注润滑油。

2）作业后及时清扫肥料箱内残存肥料，防止腐蚀机件；盖严种箱和肥箱，必要时用苫布遮盖，防止杂物和受潮；落下开沟器，将机体支稳。

2. 存放维护

播种作业完全结束后，机具要放置很长时间，到下个作业季节时才能使用，做好机具的保管工作，对延长机具的使用寿命有重要的意义。

1）作业季节结束后，清除种子箱、排种器和排肥器内的残留种子及肥料，用水将肥料箱冲净并擦干，箱内涂上防锈油。

2）检查主要零件的磨损情况，必要时予以更换；圆盘式开沟器应卸开进行清洗与维护后再装好；各润滑部位加注足够的润滑油；在链条、链轮等易生锈部位涂上废润滑油或润滑脂，以防锈蚀。

3）放松链条、传动带、弹簧等，使之保持自然状态，以免变形。

4）把输种管、输肥管卸下，单独存放。

5）对脱漆部位要重新涂上防锈漆。

6）将开沟器支离地面。将机具停放在干燥通风的库内。塑料和橡胶零件要避免阳光和油污的侵袭，以免加速老化。

五、播种机常见故障及排除

播种机在使用过程中难免要出现故障，播种机的常见故障及其排除方法见表2-5。

表2-5 播种机常见故障及排除方法

故障现象	故障原因	排除方法
漏种（种沟内无种子）	1. 输种管堵塞脱落 2. 输种管损坏 3. 土壤湿黏，开沟器堵塞 4. 种子不干净，堵塞排种器	1. 经常检查排除 2. 修理或更换 3. 在适合条件下播种 4. 将种子清选干净

(续)

故障现象	故障原因	排除方法
播深不一致	1. 播种机机架前后不水平 2. 各开沟器安装位置不一致 3. 播种机机架变形，有扭曲现象	1. 正确连接，使机架前后水平 2. 调整一致 3. 修复并校正
行距不一致	1. 开沟器配置不正确 2. 开沟器固定螺钉松动	1. 正确配置开沟器 2. 重新紧固
播量不一致	1. 地面不平，土块太多 2. 排种轮工作长度不一致 3. 排种舌开度不一致 4. 播量调节手柄固定螺钉松动	1. 提高整地质量 2. 进行播量试验，正确调整排种轮工作长度 3. 调整排种舌开度 4. 重新紧固在合适位置
播种过浅	1. 土壤过硬 2. 牵引钩挂接点位置偏低	1. 提高整地质量 2. 向上调节挂接点位置
邻接行距不正确	1. 划印器臂长度不对 2. 机组行走不直	1. 校正划印器臂的长度 2. 严格走直

六、抛秧机的使用与调整

1. 抛秧机的使用

1）抛秧前先按农艺要求整理田面，将待抛秧苗运往田边。

2）按使用要求，检查、调整各工作部件，确认无异常时，方可投入使用。

3）按柴（汽）油机的使用操作要领，起动柴（汽）油机，正式抛秧前，先进行试抛秧，并进行必要的调整，以确保抛秧质量。

4）应利用使用前、后及工作中装秧的空隙，及时清理粘附在抛秧盘内的泥土及其他杂物，以保证抛秧质量。

2. 抛秧机的调整

为保证抛秧质量，使用时必须对抛秧机进行必要的调整。

（1）喂秧斗位置的调整 喂秧斗的位置决定了抛秧带所处范围，试抛秧时，若抛秧带偏向机器左方，应将喂秧斗左移，反之，喂秧斗应移向机器右侧，确保抛秧带始终在机器前进的正后方，即喂秧口固定不动，喂秧斗左、右移动，可实现抛秧位置左、右移动，如图2-53所示。

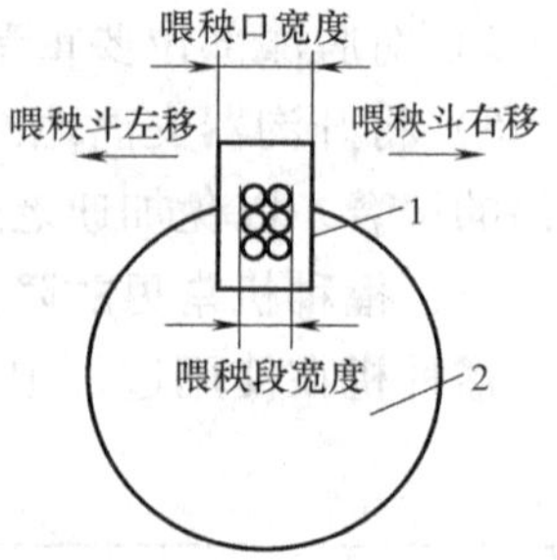

（2）抛秧宽度的调整 喂秧斗的喂秧点与抛秧带的位置是对应的，如图2-54所示。若从 A 点喂秧，秧苗落入田间 a 点；B 点喂入，落秧在 b 点；C 点喂入，落秧在 c 点；若全幅抛秧则应在一整个喂秧口喂秧，此时抛秧幅宽约8m，当抛秧到最后一幅时，幅宽不足8m时则可采用半幅喂秧，即可在 AB 段或 BC 段喂秧，抛秧带对应的位置分别为 ab 段和 bc 段，即可实现半幅抛秧，AB 段或 BC 段占喂秧口的比例大小，决定抛秧带的宽度，比例越大，抛秧幅越宽，这样即可满足不同幅宽的要求。

图2-53 喂秧斗的调整
1—喂秧口 2—喂秧斗

喂秧范围（喂秧段宽度）占喂秧口的比例大小决定了抛秧带的宽度，比例大，则抛秧宽度大。若全幅抛秧，则应在整个喂秧口喂秧。调整时，将喂秧口沿喂秧斗外圆的径向方向向内移动，抛秧宽度增加，反之，抛秧宽度减小。

（3）抛秧密度的调整　抛秧密度与机器的行进速度及喂秧量有关。喂秧量一定，机器速度越快，抛秧密度越小。机器速度一定，喂秧量越大，抛秧密度越大。工作时驾驶员应控制抛秧机的行进速度，保持匀速行驶，喂秧手应均匀连续喂秧，以确保合理的栽植密度。初次使用时应在田头试抛秧，掌握合适的喂秧量。

（4）抛秧机行驶路线　抛秧机田间作业路线一般采用梭形作业法。最后一个行程不足抛秧机底盘宽度时，应由人工补抛。遇有风天气

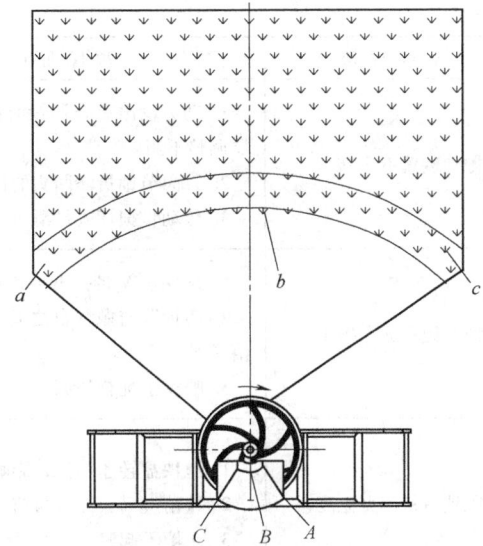

图 2-54　2ZPY 系列水稻抛秧机抛秧带位置示意图

尽量采用顶风或顺风作业，以消除风向对抛秧均匀度的影响。当风力超过 4 级时，应停止抛秧作业，以免影响抛秧质量。

3. 抛秧机维护

为使抛秧机保持良好的技术状态，应按要求对抛秧机各部分进行维护。

（1）班次维护　每班工作前后须检查发动机曲轴箱润滑油，不符合要求时应添加或更换；万向联轴器和运输尾轮轴每班工作前要加注润滑油；及时清除粘附在抛秧盘内的泥土及其他杂物。

（2）定期维护　定期检查、添加行走齿轮传动箱齿轮油及变速箱润滑油；定期检查并添加主轴、万向传动装置、尾轮润滑脂。

（3）存放维护　每季抛秧结束后，应及时对整机进行全面清理和维护；各运动部件涂抹润滑油以防生锈；放松各传动带；整机存放于通风干燥处。

七、抛秧机的常见故障及排除方法

表 2-6 为抛秧机的常见故障及排除方法。

表 2-6　抛秧机的常见故障及排除方法

故障现象	故障原因	排除方法
行走轮不转	1. 传动带打滑或传动带损坏 2. 离合器打滑，摩擦片磨损严重 3. 跳档	1. 调整张紧传动带或更换传动带 2. 调整离合器，更换摩擦片 3. 检查拨叉位置，予以调整
抛秧高度不足，秧苗入土深度不够	1. 抛秧盘粘土严重 2. 抛秧盘转速不够	1. 清理抛秧盘 2. 调整张紧传动带，增大发动机节气门或更换大传动带轮
秧苗抛撒带位置不正确	喂秧斗位置偏差	调整喂秧斗位置

(续)

故障现象	故障原因	排除方法
抛秧装置不运转	1. 动力输出离合器没有接合，或离合器调整不当 2. 万向节销折断两头的任何一头 3. 传动带损坏或打滑	1. 接合动力输出离合器，调整离合器 2. 更换万向节销 3. 更换传动带，调整传动带张紧度
秧苗抛不远、抛不匀	1. 抛秧盘V带打滑导致转速降低 2. 防护罩与抛秧盘之间卡有大量的秧苗或泥土 3. 喂秧手配合失调	1. 调整传动带张紧度 2. 清除积泥、积秧 3. 培训喂秧手
抛秧后秧苗直立度差	1. 抛秧盘转速降低，影响抛远及抛高 2. 秧苗过高，泥钵与苗叶的重心失调 3. 土壤不起浆	1. 张紧传动带，清除积泥、积秧 2. 控制抛秧的秧苗高度 3. 上水耕后立即进行抛秧，不让土壤沉淀

思 考 题

1. 调查当地播种机械与栽植机械的类型。
2. 说明当地常用播种机械的结构与工作。
3. 说明当地常用栽植机械的结构与工作。
4. 当地常用的播种机械的正确使用方法和调整项目是什么？
5. 当地常用的栽植机械的正确使用方法和调整项目是什么？
6. 播种机械的维护方法与常见故障的排除方法是什么？
7. 栽植机械的维护方法与常见故障的排除方法是什么？

学习单元三　植保机械

【学习目标】
1. 了解植保机械的种类和特点。
2. 了解植保机械的结构与工作过程。
3. 掌握本地常用植保机械的使用与维护方法。
4. 掌握植保机械的常见故障排除方法。

第一节　概　　述

作物在生长过程中，经常会遭受到病菌、害虫和杂草的危害，轻则局部或个别植株发育不良，生长受影响，重则全株或整片作物被毁坏，造成减产或绝收。因此，做好植物保护工作，做到防重于治，把病虫草害消灭在危害之前，才能确保丰产丰收。

一、植物保护的方法

植物保护的方法很多，按其作用原理及应用技术可分为以下几类。

（一）农业技术防治

农业技术防治包括选育抗病虫草害品种；增施有机肥料及化学肥料，以增强作物抗病虫草害的能力；选择合理的播种期和及时、迅速收割，以避开病虫草害；改进栽培方法，实行合理轮作，深耕和改良土壤，加强田间管理等。

（二）物理机械防治

病虫草害发生期，利用物理方法和相应工具来防治病虫草害，如采用机械扑打、果实套袋、药液浸种以消灭病虫害；利用成虫的趋光性，用紫外线灯（黑光灯）诱杀害虫等。

（三）生物防治

通过大量地培育寄生蜂、微生物和利用益鸟等害虫的天敌，来消灭病虫害。如利用培育的赤眼蜂防治玉米螟和夜蛾。采用生物防治，可减少农药残毒对农产品、空气和水的污染。因此，生物防治技术日益受到重视。

（四）组织制度防治

通过对植物的检疫，特别是对作物种子的检疫和有效的管理，可控制病虫害的扩大和蔓延。

（五）化学防治

利用喷施化学药剂来消灭病虫草害。这种方法具有操作简单、防治效果好、生产效率高等优点，且受地域和季节的影响小，因此得到广泛应用。

目前广泛应用的化学药剂有液剂和粉剂两种。喷施液剂的方法有喷雾法、弥雾法、超低量喷雾法和喷烟法等；施药粉则采用喷粉法。

1. 喷雾法

喷雾法是对药液施加一定压力，通过喷头雾化成直径为 150~300μm 的雾滴，喷洒到作物上。这种方法能使雾滴喷射较远,散布均匀,粘着性好,受气候影响较小,但需要大量的水作溶剂,在干旱缺水地区的应用受到限制。由于要给药液加压,耗用功率较多。

2. 弥雾法

弥雾法是利用高速气流将药液吹散、破碎、雾化成直径为 100~150μm 的雾滴,并吹到远方,沉降到作物上。这种方法雾滴细小、均匀,覆盖面积较大,节水、省药,但受气候影响较大。

3. 超低量喷雾法

超低量喷雾是通过高速旋转的齿盘将微量原药液(一般低于 $5L/hm^2$)甩出,雾滴直径为 20~100μm,借助风力吹送、飘移、穿透、沉降到作物上。这种方法具有省水、省药、工作效率高、防治效果好的优点,但施药时要选用低毒药液,在温度较低、空气湿润的天气喷洒,并加强安全防护工作。

4. 喷烟法

喷烟法是利用高温气流使预热后的烟剂发生热裂变,形成烟雾,喷出直径为 5~20μm 的雾滴,悬浮在空气中,弥散到各处。这种方法适用于果树、森林等大面积的病虫害防治,也可用于仓库消毒和虫害防治。

5. 喷粉法

喷粉法是利用高速气流使药粉通过喷粉头喷出,弥散到作物上。这种方法不用水,使用简便,但用药量大、粘附性差,受气候影响较大。

二、植保机械的种类

通常将化学药剂防治所用的机械称为植物保护机械,简称植保机械。植保机械一般有三种分类方法:按照施药方法不同,可分为喷雾机、弥雾机、超低量喷雾机、喷烟机和喷粉机;按照动力不同,可以分为手动式和机动式;按照机器配置方式不同,可以分为肩挂式、背负式、担架式、悬挂式和牵引式。

以上介绍的都是地面植保机械,此外还有航空植保机械,在大面积防治病虫草害时,它较地面防治具有及时、经济、不受地形条件限制等优点。

第二节 喷雾机的结构与工作

一、手动式喷雾器

手动式喷雾器是用人力来喷洒药液的一种植保机械。它具有结构简单、使用方便、适用性广的特点,可用于防治水田和旱地作物的病虫草害,以及防治仓库病虫害和卫生防疫。目前,我国生产的手动式喷雾器主要有背负式喷雾器、压缩式喷雾器、单管喷雾器、吹雾器和踏板式喷雾器等。

（一）背负式喷雾器

背负式喷雾器是由操作者背负,用手摇杆操作活塞式液泵的喷雾器,目前应用广泛的是 3WB—16 型喷雾器,如图 3-1 所示。它由药液箱、活塞泵和喷洒部件等组成。

药液箱采用聚乙烯或玻璃钢等材料制成,横截面成腰子形。药液箱壁上标有水位线。加液口、开关和手把处都设有滤网,以阻止杂物进入喷雾器,堵塞喷头。活塞泵由泵筒(唧筒)、塞杆、皮碗、进水阀、出水阀、吸水管和空气室等组成。皮碗直径为 25mm,由牛皮制成。泵筒、泵盖、空气室、进水阀座、出水阀座由工程塑料制成,耐农药腐蚀。进、出水阀采用直径为9.5mm的玻璃球阀。

喷洒部件由套管、喷杆、开关、喷雾软管和喷头等组成。喷头采用的是切向离心式喷头。

工作时,操作人员将喷雾器背在身后,通过手摇杆带动活塞在泵筒内上下移动。当活塞上行时,药液经过进液阀进入泵筒;活塞下行时,进液阀关闭,药液经过出液阀被压入空气室,压缩室内空气使压力逐渐升高(可达800kPa),打开喷杆上的开关,药液经喷头雾化成细小的雾滴喷洒到作物上。空气室是一个密闭的容器,其作用是使药液获得稳定而均匀的压力,减少因泵间断地排液而造成的压力脉动,保证喷雾雾流稳定。

(二) 压缩式喷雾器

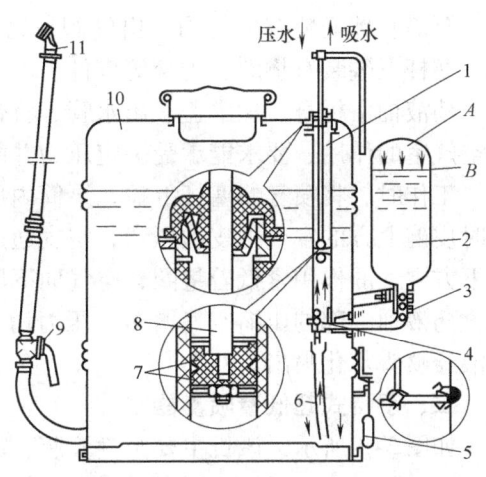

图 3-1　3WB—16 型喷雾器示意图
1—泵筒　2—空气室　3—出水阀　4—进水阀
5—摇杆　6—吸水管　7—皮碗　8—塞杆
9—开关　10—药液桶　11—喷头
A—压缩空气室　B—安全水位线

按喷雾器的携带方式不同,可分为肩挂式和手提式两种。下面以 3WS—7 型(也称552丙型)肩挂式为例进行说明。如图 3-2 所示,它由打气泵、药液桶和喷洒部件等组成。其特点是气室容积较小,为7L。每加一次药液,打气2～3次可喷完,适用于矮生农作物喷洒药液,如棉花、蔬菜、烟草、茶树等,也可用于卫生防疫和仓库、大棚防治病虫害。

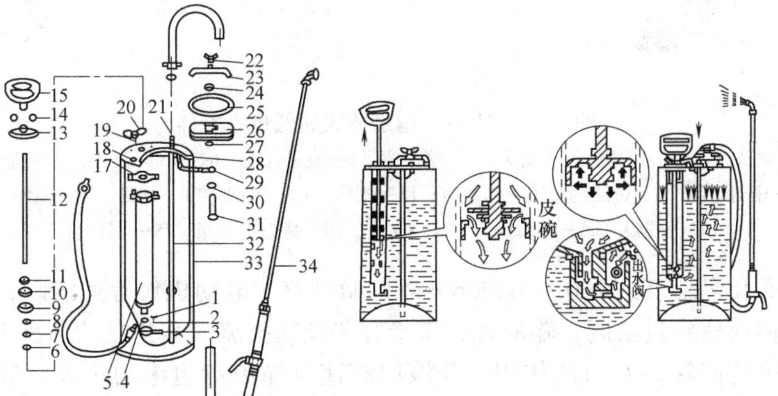

图 3-2　3WS—7 型压缩喷雾器
a) 结构图　b) 工作原理图
1—阀销　2—钢球　3—出气阀体　4、27、30—垫圈　5—泵筒　6、11、24—方螺母　7—弹簧垫圈
8—小垫圈　9—皮碗　10—大垫圈　12—塞杆　13—压盖　14—螺母　15—手柄　16—背带(未画出)
17—垫片　18—放气螺钉　19—放气螺钉皮垫　20—放气螺母　21—出水管接头　22—拉紧螺母
23—横梁　25—加水盖胶垫圈　26—加水垫　28—加强角铁　29—链条　31—拉紧螺母
32—出水套　33—药液桶　34—喷洒部件

打气泵由泵筒、塞杆和出气阀等组成。泵筒用焊接钢管制造,要求内壁光滑、密封性

好。泵筒底部安装有出气阀。出气阀应密封可靠，保证打气筒在进气时药液不进入泵筒内部，塞杆下端装有垫圈、皮碗等零件。

药液桶由桶身、加水盖、出水管、背带等组成。桶身采用薄钢板制造，除储存药液外还起空气室的作用，要求能承受一定压力并能密封。桶身上标有水位线，以控制加液量。

工作时，将喷雾器塞杆上拉，泵筒内皮碗下方空气变稀薄，出气阀在吸力作用下关闭，此时皮碗上方的空气把皮碗压弯，空气通过皮碗上的小孔流入下方。当塞杆下压时，皮碗受到下方空气的作用紧抵着垫圈，空气向下压开出气阀而进入药液桶。如此不断地上下拉压塞杆，药液桶上部的压缩空气增多，压力增大，可产生 400~600kPa 的压力。这时打开开关，药液经喷头雾化喷出。

二、手持式超低量喷雾器

如图 3-3 所示，该机主要由输液瓶、雾化盘、流量开关、喷头体、微型电动机、电池电源和手把等组成。手把有固定长度和可伸缩两种，可伸缩手把能在 1.7~2.6m 范围内调节，以适应不同高度喷洒。手把中装有电池式电源和导线。该机附有鉴别喷头极限使用转速的装置，以防止因转速下降而使药液颗粒太大，产生药害。

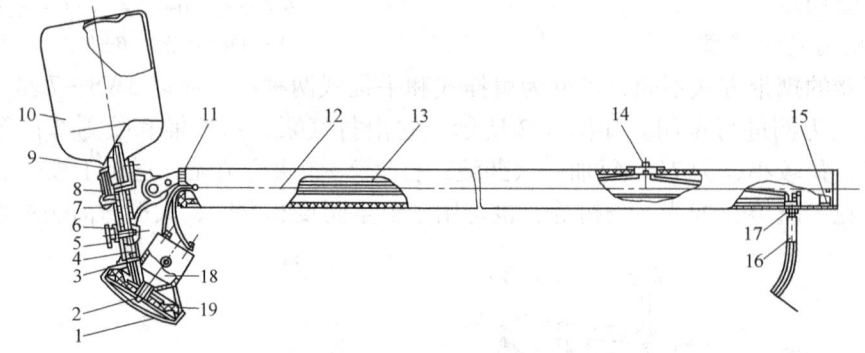

图 3-3　3MC—1 型手持式超低量喷雾器

1—喷头盖　2—密封罩　3—喷头　4—喷头体　5—流量开关　6—O 形密封圈　7—进气管　8—密封垫圈　9—过滤网　10—输液瓶　11—支座　12—手把　13—导线　14—电源开关　15—端盖　16—电源插头　17—插座　18—微型电动机　19—雾化盘

工作时，雾化盘随高达 7000~8000r/min 的微型直流电动机作等速运动，同时，药液在重力作用下，由药瓶经过滤网、输液管、流量开关及喷头流入雾化盘的两盘中间缝隙里，并立即受到齿盘高速回转离心力的作用，药液以高速碰撞齿盘边缘的小齿，被破碎成直径为 15~75μm 的小雾粒。雾粒在自然风的作用下，飘移到植物表面。

该机工作时应在 2~3 级风速条件下进行，迎着风向行进，顺着风向喷洒。在无风或大于 3 级风时不得使用，风向不对时不准使用，以免影响防治效果。

三、担架式机动喷雾机

图 3-4 为工农—36 型机动喷雾机结构与工作示意图。

该机可配备小型内燃机或电动机，主要由动力机、喷枪或喷头、调压阀、压力表、空气室、流量控制阀、滤网、液泵（三缸活塞泵）和混药器等组成。工农—36 型机动喷雾机的泵压可达 1500~2000kPa，排液量为 36L/min，具有工作压力高、射程远、雾滴细、工作效率高的优点，可用于农田、果园等的病虫害防治。

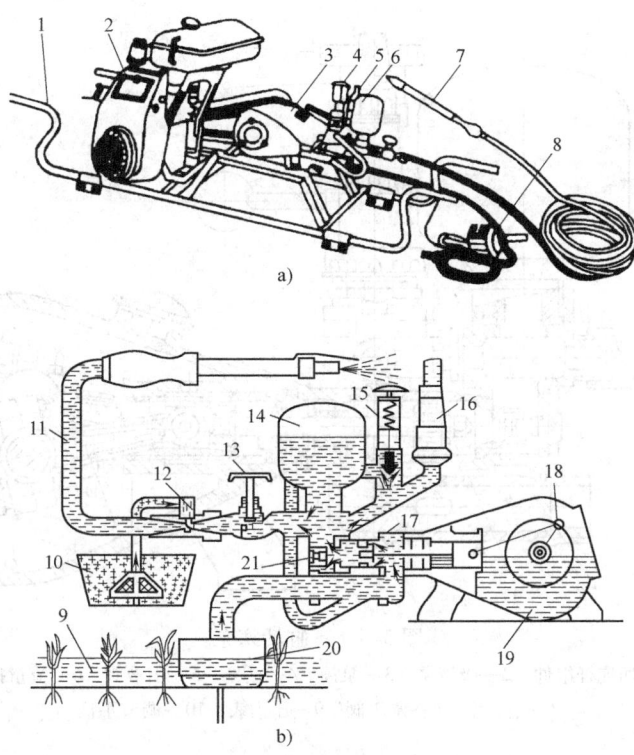

图 3-4 工农—36 型机动喷雾机结构与工作示意图
a）结构图 b）工作原理示意图
1—机架 2—发动机 3—泵体 4、15—调压阀 5、16—压力表 6—空气室 7—喷洒部件
8、20—吸水滤网 9—水田 10—母液 11—药水 12—混液箱 13—截止阀 14—空气室
17—进液阀组 18—曲柄连杆机构 19—曲轴箱 21—出液阀组

1. 三缸活塞泵

三缸活塞泵由泵体、曲轴、连杆、活塞杆、泵筒、活塞和出液阀等组成，如图 3-5 所示。活塞兼作进液阀，由胶碗托、进液阀片等组成（见图 3-6），装在活塞杆上，并能沿活塞杆作轴向移动。出液阀由撞柱、弹簧、出液平阀及出液阀座等组成，如图 3-7 所示。

2. 调压阀和压力表

调压阀用来调节泵的工作压力，并起安全阀的作用。压力表用于指示泵的工作压力。

3. 射流式混药器

在水源充足的稻田喷雾时，活塞泵的吸水滤网可直接插入水田里吸水，浓度很大的母液（即原药液加少量水稀释而成）由射流式混药器吸入喷管，与高压水混合后经喷射部件喷出，如图 3-4b 所示。

射流式混药器是利用射流原理工作的，其构造如图 3-8 所示，当高速水流通过射嘴时，在射嘴和衬套间的混合室内形成负压，药液便由药液桶吸入混合室与水混合，混合后的药液经喷射部件喷出。

4. 工作过程

工农—36 型喷雾机的工作过程如下（见图 3-4b）：动力机带动活塞作往复运动，活塞前移时，进液阀上的平阀片紧贴在胶碗托上，进液阀的孔道被关闭，使活塞后边形成局部真

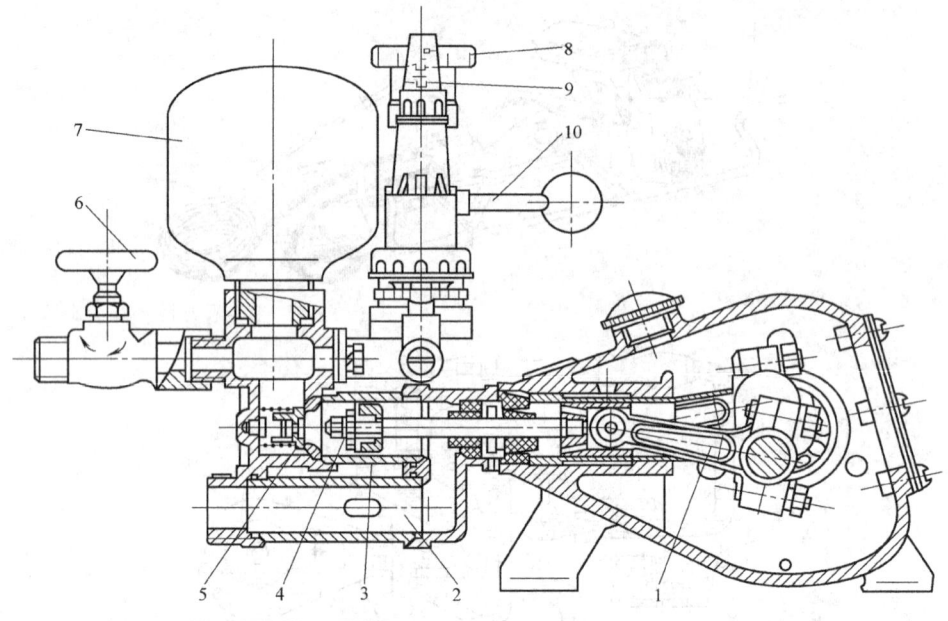

图 3-5 三缸活塞泵
1—曲柄连杆组件 2—吸液泵 3—泵筒 4—活塞 5—出液阀 6—流量控制阀
7—空气室 8—调压阀 9—压力表 10—调节手柄

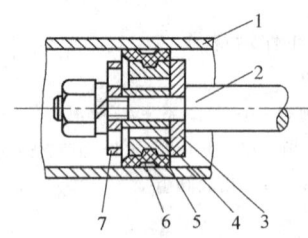

图 3-6 三缸活塞泵进液阀组
1—泵筒 2—活塞杆 3—平阀 4—套桶
5—胶碗托 6—胶碗 7—进液阀片

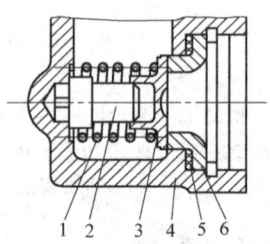

图 3-7 三缸活塞泵出液阀组
1—弹簧 2—撞柱 3—出液平阀
4—空气室盖 5—垫圈 6—出液阀座

空，水便经过滤网进入活塞后边的泵筒内。活塞后移时，平阀片开启，后边的水经过进液阀流入活塞前面的泵筒内。当活塞再次向前移动时，泵筒后面仍进液，而其前边的水则受压顶开出液阀进入空气室，由于活塞不断作往复运动，进入空气室的水流压缩空气提高压力。当打开开关，压力水流经射流式混药器时，将母液吸入混药器，与高压水混合后经喷枪喷出。喷射的高速液流与空气撞击，形成细小的雾滴而均布在作物上。当要求雾化程度好及近射程喷雾时，需卸下混药器换装喷头，将滤

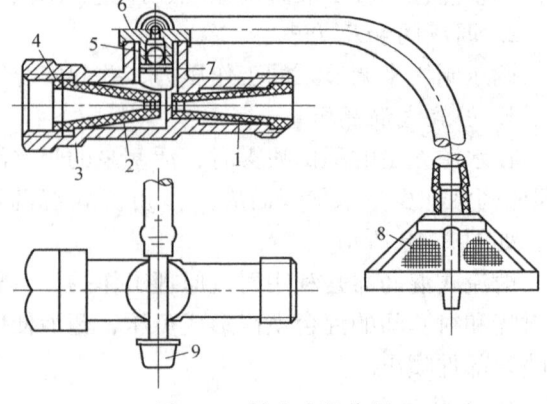

图 3-8 射流式混药器
1—衬套 2—射嘴 3—壳体 4—垫圈 5—玻璃球
6—T形接头 7—销套 8—吸药滤网 9—管封

网放入药液箱内即可工作。

四、喷杆喷雾机

喷杆喷雾机可用于小麦、玉米、大豆和棉花等农作物的播前、苗前土壤处理,作物生长前期病虫草害的防治。装有吊杆的喷杆喷雾机与高地隙拖拉机配套,可进行玉米、棉花等作物生长中后期的病虫害防治。该机具有生产率高、喷量分布均匀的优点,适用于大田作物。

(一)种类

喷杆喷雾机的种类按喷杆的形式,可分为横喷杆、吊喷杆和气袋式3种。横喷杆式喷雾机的喷杆水平配置,喷头直接装在喷杆下部,是常用的机型;吊喷杆式喷雾机是在横喷杆下面平行地垂吊着若干根竖喷杆,作业时,横喷杆和竖喷杆上的喷头对作物形成"⊓"形喷洒,使作物的叶面、叶背等处能较均匀地被雾滴覆盖,这类机型主要用在棉花等作物生长的中后期喷洒杀虫剂、杀菌剂等;气袋式喷雾机是在横喷杆上方装有一条气袋,有一台风机往气袋供气,气袋上方正对每个喷头的位置都开有一个出气孔,作业时,喷头喷出的雾滴与从气袋出气孔排出的气流相撞击,形成二次雾化,在气流的作用下吹向作物,同时,气流对作物枝叶有翻动作用,有利于雾滴在叶丛中穿透及在叶背、叶面上均匀附着。

按与拖拉机的连接方式可分为悬挂式、固定式和牵引式3种。悬挂式喷雾机通过拖拉机悬挂装置悬挂在拖拉机上;固定式喷雾机各部件分别固定地装在拖拉机上;牵引式喷雾机自身带有底盘和行走轮,通过牵引杆与拖拉机相连接。

按机具作业幅宽可分为大型、中型和小型3种。大型喷杆喷雾机多为牵引式,喷幅在18m以上,主要与功率37kW以上的拖拉机配套作业;中型喷杆喷雾机的喷幅为10~18m,多与18.5~37kW的拖拉机配套;小型喷杆喷雾机的喷幅在10m以下,多与小四轮拖拉机和手扶拖拉机配套。

(二)主要结构及工作原理

喷杆喷雾机如图3-9所示,主要由液泵、药液箱、喷射部件、搅拌器、喷杆架和管路控制部件等组成。

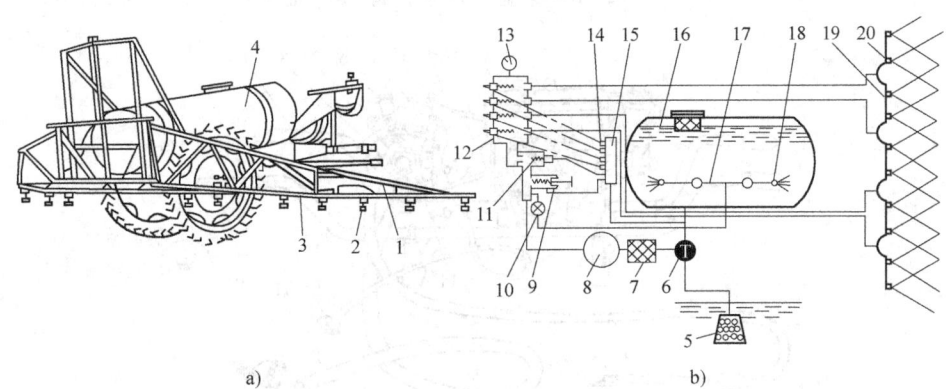

图3-9 喷杆喷雾机
a)外形图 b)工作原理图
1—喷杆桁架 2、20—喷头 3、19—喷杆 4、16—药液箱 5—吸水头 6—三通开关 7—过滤器
8—液泵 9—调压阀 10—截止阀 11—总开关 12—分段控制开关 13—压力指示器
14—阻尼阀 15—总回水管 17—搅拌器 18—搅拌喷头 19—喷杆

1. 液泵

喷杆喷雾机的液泵主要有活塞隔膜泵和滚子泵两种。

（1）活塞隔膜泵 这种泵也有单缸、双缸和多缸之分。图 3-10 所示为双缸活塞隔膜泵，它由空气室、泵体、偏心轴、连杆、泵缸、活塞、隔膜、吸液阀和排液阀等组成。在一根偏心轴上安装左右对称的两套活塞连杆组件。在金蜂—40 担架式机动喷雾机上便采用了双缸活塞隔膜泵，图 3-11 为该机外形图。

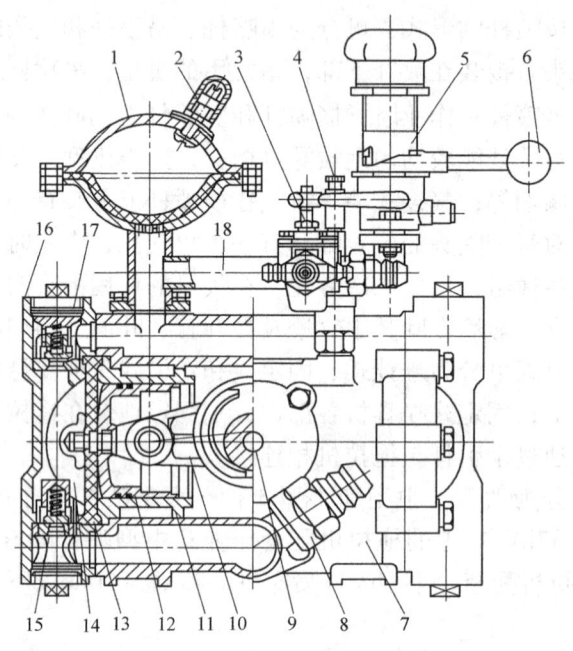

图 3-10 双缸活塞隔膜泵结构图

1—空气室 2—打气嘴 3—三通阀 4—压力表接头 5—调压阀 6—减压手柄 7—泵体 8—进液管 9—偏心轴 10—连杆 11—泵缸 12—活塞 13—隔膜 14—泵腔 15—吸液阀 16—泵盖 17—排液阀 18—排液管

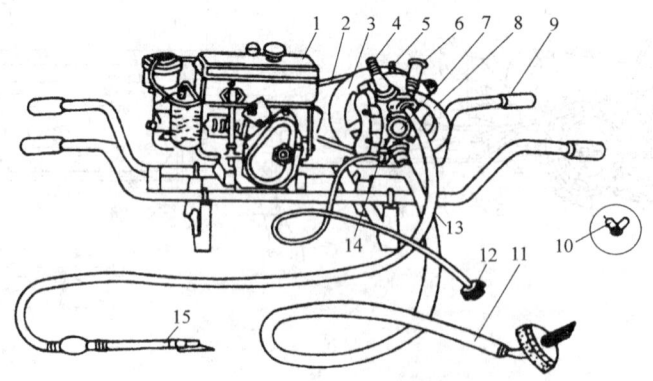

图 3-11 金蜂—40 担架式机动喷雾机外形图

1—柴油机 2—V 带 3—V 带轮 4—压力指示器 5—空气室 6—调压阀组件 7—活塞隔膜泵 8—回水管组件 9—机架 10—三通（喷雾接头） 11—吸水过滤器管 12—吸药过滤器 13—出水管组件 14—吸药开关 15—喷枪

隔膜泵是通过改变隔膜和泵盖所构成的泵腔容积来完成吸液和排液的，而泵腔容积的改变，则是通过隔膜的拉伸和收缩变形来实现的。如图 3-12 所示，当动力机驱动偏心轴旋转时，带动连杆、活塞在泵缸内作往复运动，活塞顶部的隔膜也随之产生拉伸和收缩变形，以改变泵腔容积。当活塞右移时，左侧泵腔容积增大，产生局部真空，吸液阀开启，排液阀关闭，药液被吸入泵腔，完成吸液过程。同时，右侧的泵腔容积缩小，吸液阀关闭，排液阀打开，药液在活塞推力作用下，从泵腔排出，完成排液过程。当活塞左移时，情况相反，偏心轴旋转一周，完成二次排液。

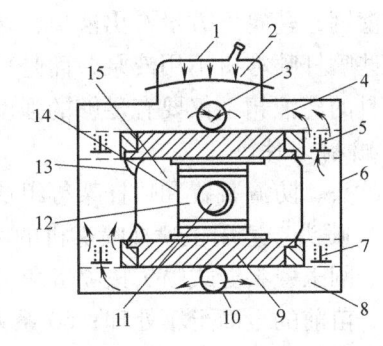

图 3-12 双缸活塞隔膜泵工作原理示意图
1—空气室 2—气室隔膜 3—出水口 4—出水道
5—出水阀 6—泵盖 7—进水阀 8—进水道
9—泵体 10—进水口 11—偏心轴 12—滑块
13—活塞隔膜 14—抗磨片（两边对称） 15—活塞

为保持药液喷射压力稳定，隔膜泵上装有带隔膜的空气室（见图 3-10），隔膜位于上下盖之间，用螺钉拧紧，膜下面直接与出液室相通，上部储存空气，空气与药液分开，避免了空气逐渐溶于药液，从而克服了三缸活塞泵存在的缺点（工作一段时间后，空气室的空气溶于药液，失去稳压作用）。在空气室上盖装有打气嘴，工作时，可预先充气，充气压力一般为 110～120kPa。隔膜泵工作压力高，一般为 500～4000kPa，最高可达 6000kPa，排液量大，效率也较高，工作性能较好。该泵的偏心轴、连杆、活塞等主要工作部件浸在机油中，不与药液接触，减少了腐蚀和磨损。

（2）滚子泵　滚子泵是一种结构简单紧凑、使用维护方便的低压泵，特别适用于喷杆喷雾机。滚子泵由泵体、传动轴、转子和泵盖等组成，如图 3-13 所示。转子与泵体偏心安装，在转子的圆柱面上开有若干轴向滚子槽。当传动轴带动转子高速旋转时，由于离心力的作用，滚子紧紧贴在泵体内圆表面上，一边作自转运动，一边随转子作公转运动。又由于转子与泵体有一个偏心距，所以相邻的两个滚子与转子、泵体与泵盖所形成的空间随转子的转动而不断变化，当它由小变大时，产生了真空度，便将液体吸入；随着转子的旋转，当空间由大变小时，将液体压入高压管路。周而复始，滚子泵便完成吸、排液工作。

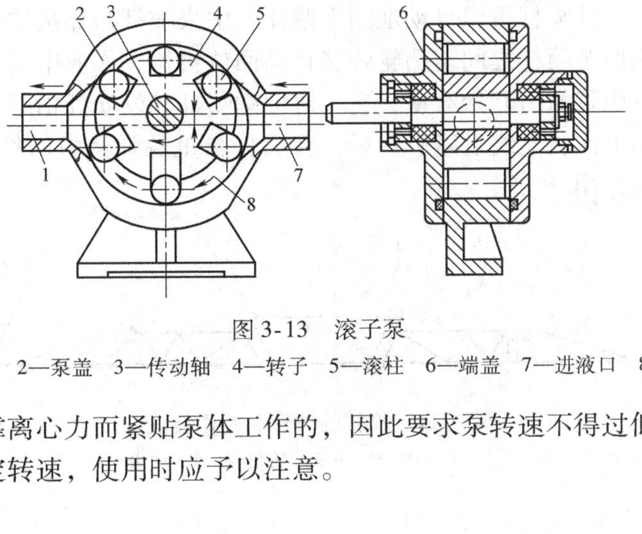

图 3-13 滚子泵
1—出液口 2—泵盖 3—传动轴 4—转子 5—滚柱 6—端盖 7—进液口 8—工作室

由于滚子泵是靠离心力而紧贴泵体工作的，因此要求泵转速不得过低或过高。通常泵的铭牌上标有泵的额定转速，使用时应予以注意。

2. 药液箱

用于装药液，容积有 $0.2m^3$、$0.65m^3$、$1m^3$、$1.5m^3$ 和 $2m^3$ 等。药箱的上方设有加液口和加液滤网，药箱下方设有出液口，药箱内装有搅拌器。

有些喷杆喷雾机不用液泵，而是用拖拉机上的气泵向药液箱内充气，使药液得到压力，此种机具的药液箱不仅要有足够的强度，而且要有良好的密封性。

3. 喷射部件

由喷头、防滴装置和喷杆架等组成。

（1）喷头　适用于喷杆喷雾机的喷头有狭缝式喷头（扇形雾喷头）和空心圆锥雾喷头等。国产刚玉瓷狭缝式喷头按喷雾角分为两个系列：110系列喷头的喷雾角是110°，主要用于播前、苗前的全面土壤处理；60系列喷头的喷雾角是60°，用于苗带喷雾。空心圆锥雾喷头有切向进液喷头和旋水芯喷头两种，主要用于喷洒杀虫剂、杀菌剂和作物生长剂。切向进液喷头与手动喷雾器上的相同。

（2）防滴装置　喷杆喷雾机在喷除草剂时，为了消除停喷时药液在残压作用下沿喷头滴漏而造成药害，多配有防滴装置。防滴装置共有3种部件，可以按3种方式配置。3种部件为：膜片式防滴阀、球式防滴阀和真空回吸三通阀。3种配置方式为：膜片式防滴阀加真空回吸三通阀；球式防滴阀加真空回吸三通阀；膜片式防滴阀。用这3种的任何一种配置均可得到满意的防滴效果。

4. 搅拌器

搅拌器的作用是使药液箱中的药剂与水充分混合，防止药剂沉淀，保证喷出的药液具有均匀的浓度。

搅拌器有机械式、气力式和液力式3种。液力搅拌器是目前常用的搅拌器，它是将由泵排出的部分液体引到药液箱内的搅拌喷头或流经加水用的射流泵的喷嘴，往药液箱内喷射液流进行搅拌。

5. 喷杆架

喷杆架的作用是安装喷头。

宽幅喷杆的两端均装有仿形环或仿形板，以免作业时由于喷杆倾斜而使外喷头着地。如图3-14所示，中喷杆与外喷杆的铰接处还装有垂直方向的弹性活节。当地面不平拖拉机倾斜而使外喷杆着地时，外喷杆可以自动地向上避让。中央喷杆与邻接的中喷杆之间也需要装安全避让装置，如在两节喷杆之间装凸轮弹簧自动回位机构，作业中遇到障碍物时，在外力作用下，凸轮曲面克服弹簧力开始滑动，它一边把中喷杆和外喷杆抬起，一边使它们绕着倾斜的凸轮轴向后、向上回转，绕过障碍物后，在喷杆自重及弹簧力的作用下，又迅速复位，从而起到保护喷杆的作用。

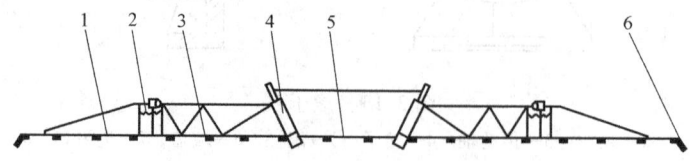

图3-14　喷杆的仿形和避让装置

1—外喷杆　2—弹簧　3—中喷杆　4—凸轮机构　5—中央喷杆　6—仿形环

6. 管路控制部件

管路控制部件一般由调压阀、安全阀、截流阀、分配阀和压力表等组成。调压阀用于调整、设定喷雾压力；压力表用于显示管路压力；安全阀把管路中的压力限定在一个安全值以内；截流阀用于开启或关闭喷头喷雾作业；分配阀把从泵流出的药液均匀地分配到各节喷杆中去，它既可以让所有喷杆进行喷雾，也可以让其中一节或几节喷杆进行喷雾。

3W—2000型牵引式喷杆喷雾机可与铁牛—55型和东方红—802型等大中型拖拉机配套，药液箱容积为2000L，喷幅为18m，生产率可达13hm²/h，适用于旱地作物病虫草害的防治。该机采用活塞隔膜泵、刚玉瓷狭缝式110系列6号喷头36个（分四级控制）、液力搅拌器、膜片式防滴阀。

3W—2000型喷杆喷雾机的工作原理如图3-9b所示，加水加药时，吸水头5放入水源，关闭4个分段控制开关12，并把三通开关6置于加水位置，此时，水源处的水经吸水头、三通开关、过滤器7进入液泵8，液泵排出的水经总开关的回液管及搅拌管路进入药液箱，与此同时，可将农药按一定比例加入药液箱，利用加水过程进行搅拌。喷雾时，把三通开关6置于喷雾位置，并打开分段控制开关，药液从药液箱16经三通开关6、过滤器7进入液泵8，由泵加压后进入调压分配阀总开关11，此时大部分药液通过4组分段控制开关12，分别经4根喷雾软管输送至喷杆19，经喷头20喷出。另一部分药液由调压阀处分流，经截止阀10送到搅拌器17，对药液箱内的药液进行搅拌，剩余药液经调压阀9的回液管及总回水管15流回药液箱。

五、喷雾机的主要工作部件

（一）喷头

喷头的作用是使药液雾化和使雾滴均匀分布。按照结构和雾化原理不同，喷头可分为涡流式、扇形雾式、单孔式和冲击式等形式。

1. 涡流式喷头

其特点是在喷头体内制有导向部分，压力药液通过导向部分产生螺旋运动。按结构不同又分为切向离心式、涡流片式和涡流芯式3种。

（1）切向离心式喷头 由喷头体、喷头帽、喷孔片和垫片组成（见图3-15a）。按喷头体数目不同又可分为单头、双头和四头3种（见图3-15b）。喷头体制成有锥体芯的内腔和与内腔相切的输液斜道。喷孔片有孔径为1.3mm、1.6mm等规格。

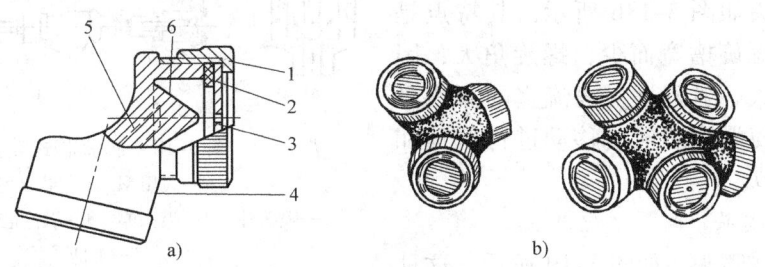

图3-15 切向离心式喷头
a) 喷头结构 b) 双喷头和四喷头
1—喷头帽 2—垫圈 3—喷孔片 4—喷头体 5—输液斜道 6—锥体芯

喷孔片与内腔之间构成锥体芯涡流室，改变垫片厚度可以调整涡流室深浅。

切向离心式喷头的雾化原理如图 3-16 所示。压力药液从切向进液通道进入涡流室内，绕锥体芯作高速螺旋运动。通过喷孔后，由于螺旋运动所产生的离心力和喷孔内外压力差的作用，药液一方面向四周飞散，一方面向前运动，形成一个空心雾锥，喷洒到作物上的雾滴分布为一个圆环，空心锥的顶角称为雾锥角。

（2）涡流片式喷头　由喷头体、喷头帽、喷头片和涡流片等组成（见图 3-17）。

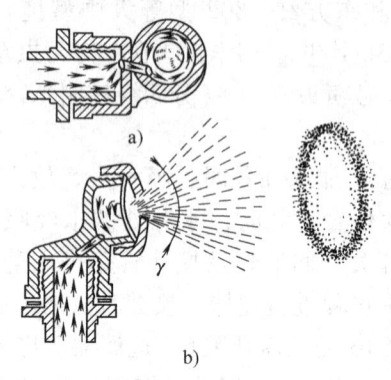

图 3-16　切向离心式喷头的雾化原理
a）形成涡流　b）变成雾点

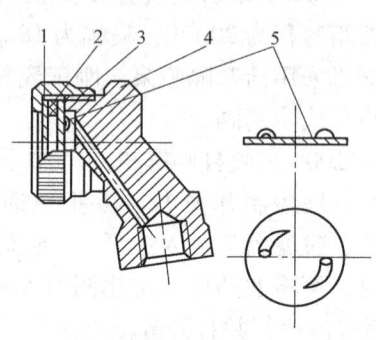

图 3-17　涡流片式喷头
1—喷头片　2—垫圈　3—喷头帽　4—喷头体　5—涡流片

在涡流片上沿圆周方向对称地冲有 2 个贝壳形斜孔，在涡流片和喷孔片之间夹有垫圈，构成涡流室，改变垫圈的厚度可调整涡流室的深浅。

涡流片式喷头的雾化原理与切向离心式喷头相似，只是涡流片代替了锥体芯，压力药液通过涡流片的斜孔进入涡流室，产生高速螺旋运动，再由喷孔喷出，形成空心雾锥。

（3）涡流芯式喷头　有大田型和果园型两种，都由喷头体、喷头帽和涡流芯等组成。大田型喷头如图 3-18a 所示，喷头帽中央有喷孔，涡流芯上制有双头矩形螺纹槽，涡流芯前端面与喷孔帽之间构成涡流室。涡流室深度较浅且不可调。但可更换喷头帽以改变喷孔大小，也可更换螺旋角大小不同的涡流芯，螺旋角增大，相当于涡流室变深。工作时，压力药液沿矩形螺旋槽导入涡流室，产生高速螺旋运动，通过喷孔后，形成空心雾锥。

果园型喷头如图 3-18b 所示，其特点是涡流芯的矩形螺旋槽宽而少，螺旋角大，因而产生的雾滴大、射程远，涡流室的深浅可通过转动手柄使涡流芯前后移动进行射程和雾化程度的调节。

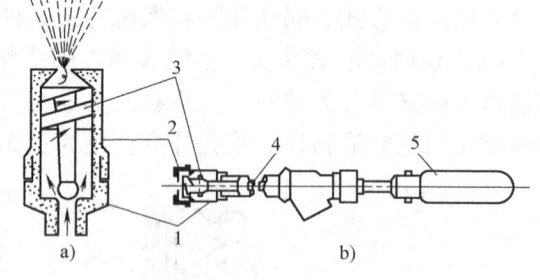

图 3-18　涡流芯式喷头
a）大田型　b）果园型
1—喷头体　2—喷头帽　3—涡流芯　4—推进杆
5—手柄

2. 扇形雾喷头

（1）狭缝式喷头　如图 3-19 所示，这种喷头在喷孔处开有狭缝通道，液流在一定的压力下通过喷孔后，经狭缝通道喷出，由于受狭缝的限制和挤压，液流在向前喷射的同时互相撞击，并向压力较低的两侧扩散，形成扁平扇形雾流。

狭缝式喷头结构简单，适用喷施杀虫剂、杀菌剂、除草剂和液肥等，喷射压力为

300~400kPa。

（2）导流式喷头　如图3-20所示，这种喷头在喷孔前方设有导流片，压力药液从喷孔喷出后撞击导流片而散开，在离开导流片边缘时形成扇形雾流。导流片喷头适用于较低的喷射压力（200~400kPa）和较低的喷雾量，压力过大会造成雾锥角过大，雾滴飘失。

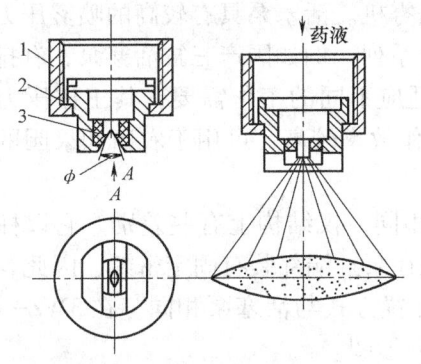 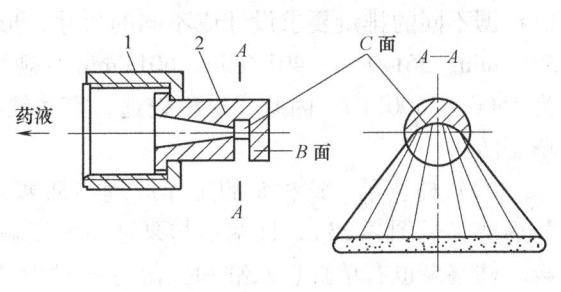

图3-19　狭缝式喷头　　　　　　　　　　　图3-20　导流式喷头
1—喷头帽　2—扇形喷嘴　3—陶瓷喷头芯　　　　1—喷头帽　2—扇形喷嘴

扇形雾喷头多用于大型喷雾机上，管路较长，当液泵停止工作后，管路中存留的压力药液仍将继续喷洒，由于压力降低，雾滴变粗，洒到作物上将会造成药害。为防止喷头后滴造成药害，在喷头上设有防漏装置。

3. 单孔喷头

单孔喷头（见图3-21）是喷头结构形式中最简单的一种。用这种喷头喷出的药液，是靠高速射流撞击相对静止的空气而破碎、雾化成细小雾滴，它要求工作压力高（一般为2000~3000kPa），雾化质量差（雾滴直径在300μm以上），但射程远，多装在远射程喷枪上，用于果林喷洒药剂。为做到远近结合喷洒，可将狭缝式喷头与单孔喷头组合使用。

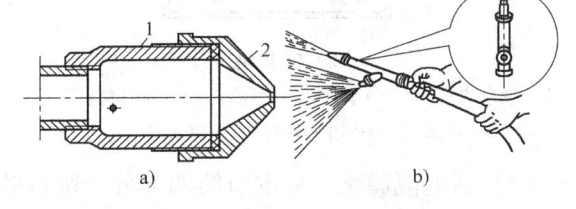

图3-21　单孔喷头
a) 单孔喷头　b) 组合喷头
1—喷头座　2—喷头帽

4. 冲击式喷头

为了改善单孔喷头的雾化质量，在喷孔处安装扩散片便构成冲击式喷头（见图3-22）。药液从喷孔喷出后与扩散片撞击而加强雾化，并可同时进行近距离喷射，多用于稻田喷雾机上。

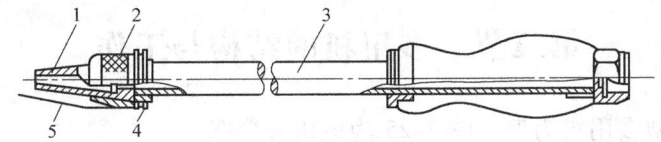

图3-22　冲击式喷头
1—喷嘴　2—喷头帽　3—喷杆　4—锁紧帽　5—扩散片

（二）液泵

液泵的作用是压送药液，克服管道阻力，提高雾化压力，增大射程和喷幅。植保机械常用的液泵有往复泵和旋转泵两类。前者包括活塞泵、柱塞泵和活塞隔膜泵等，后者有滚子泵和离心泵等。

1. 往复泵

(1) 活塞泵　这是喷雾机上应用较多的一种泵，有单缸、双缸和多缸等多种形式。单缸泵多用于手动喷雾器，双缸和三缸泵多用于机动喷雾机。活塞泵具有较高的喷雾压力，可以根据不同的排量要求设计成不同的尺寸，形成一个系列。例如国产三缸活塞泵，有排量为30L/min、36L/min、40L/min、60L/min等规格，以适应不同的工作需要，其工作压力一般为1500~2500kPa。因此，射程较远，雾滴较细，工作效率较高，可用于农田和果园的病虫草害防治。

(2) 柱塞泵　这种泵的工作原理与活塞泵基本相同，仅结构上有些差别。它以柱塞代替活塞（见图3-23），柱塞不与泵缸内壁接触，而是在泵缸端部装有固定密封，因此容易维修。柱塞泵也有单缸、双缸和三缸等多种形式，其配置方式与活塞泵相同。在3WZ—40型担架式喷雾机上便采用三缸柱塞泵，图3-24为该机外形图。

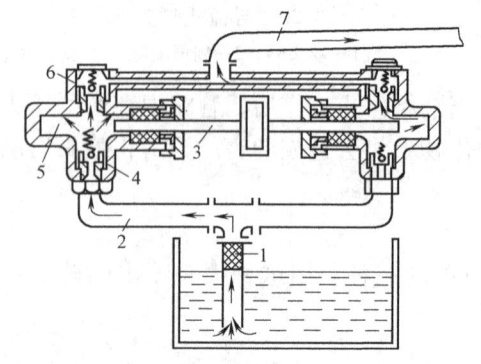

图3-23　柱塞泵
1—吸水滤网　2—吸水管　3—柱塞　4—进水球阀
5—进水室　6—出水球阀　7—出水管

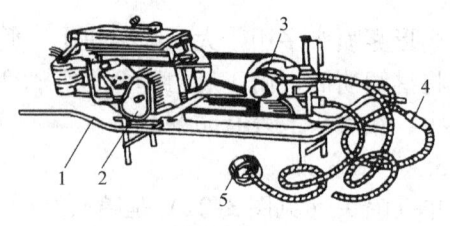

图3-24　3WZ—40型担架式喷雾机外形图
1—机架　2—柴油机　3—柱塞泵
4—喷枪及喷雾胶管　5—吸水头及吸水管

(3) 活塞隔膜泵　见本节第四部分"喷杆喷雾机"处所述内容。

2. 旋转泵

(1) 离心泵　离心泵有普通离心泵和自吸离心泵，在喷雾机上自吸离心泵逐渐代替普通离心泵，其特点是结构简单、排量范围大、压力稳定、工作可靠。

(2) 滚子泵　滚子泵的排液量在转速稳定时是均匀的，随着转速提高，泄漏增加，排液量和效率相应降低。

第三节　多用机的结构与工作

以东方红—18型多用机为例，图3-25为该机外形图。

东方红—18型多用机结构紧凑、重量轻、生产率高，只需要换少量部件，便可完成弥雾、喷粉等多种作业，故又称弥雾喷粉机或多用机。该机可用于较大面积的农林作物病虫害的防治，如棉花、玉米、水稻、小麦、果树等的病虫害防治，以及进行化学除草、叶面施肥、喷洒植物生长调节剂等工作。

一、构造

主要由机架、离心风机、汽油机、药箱和喷洒装置等组成。

1. 机架

分为上、下两部分,上机架用于安装药箱和油箱,下机架用来安装风机和发动机。为减轻机架振动,使操作人员背起来舒适,在机架和发动机之间装有减振装置。

2. 风机

风机用于产生高速气流,使药液雾化或将药粉吹散,并将之吹送到远方。该机采用小型高速离心风机,气流由叶轮轴的方向进入风机,获得能量后的高速气流沿叶轮圆周切线方向流出。风机出口通过弯管与喷射部件连接;风机的上方开有小的出风口,通过进风阀将部分气流引入药箱,弥雾时对药液加压,喷粉时对药粉进行搅拌和输送。

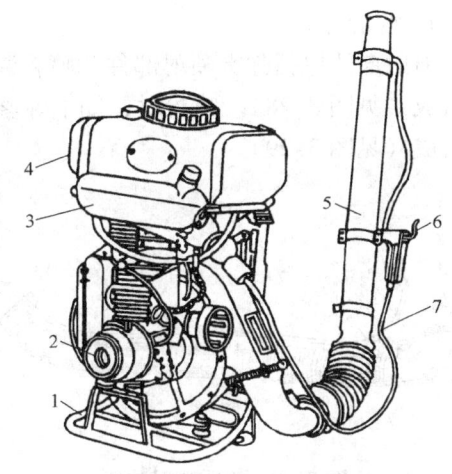

图 3-25 东方红—18 型多用机(弥雾喷粉机)外形图
1—主机架 2—发动机 3—油箱 4—药箱
5—喷管 6—药液开关 7—药液管

3. 药箱

如图 3-26 所示,药箱用于储装药液或药粉,为便于药粉向出粉口流动,箱底作成倾斜状。箱盖配有橡胶密封圈,保证密封。箱底右侧装有出药阀门,左侧装有进风阀,弥雾时,药箱内装有送风加压组件;喷粉时,卸下送风加压组件,换装吹粉管。

送风加压组件由进气塞、进气管、出气塞盖和滤网组成(见图3-27)。出气塞盖压装在滤网体上,构成气流换向室,从风机来的具有一定压力的气流通过进气管和滤网中心柱内孔进入换向室,碰到出气塞盖后改变方向进入药箱,对药液施加压力。

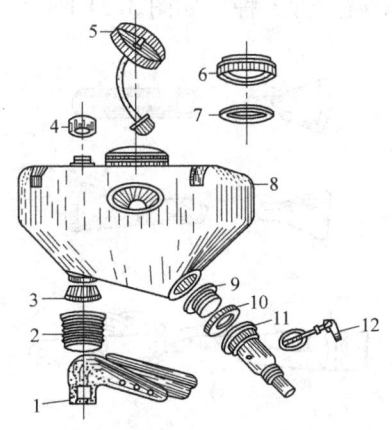

图 3-26 药箱总成
1—吹粉管 2—进风管 3—胶圈 4—灯座形盖
5—送风加压组件 6—药箱盖 7—密封圈
8—药箱 9—压紧螺母 10—粉门密封垫
11—药门体 12—出药阀门组合

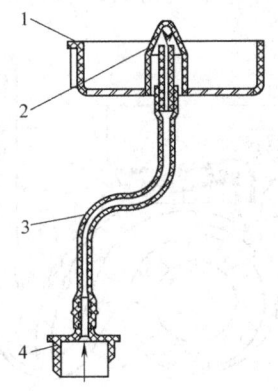

图 3-27 送风加压组件
1—滤网 2—出气塞盖 3—进气管 4—进气塞

4. 喷射部件

喷射部件包括弥雾喷射部件和喷粉装置等。弥雾喷射部件由喷管组件、输液管和弥雾喷头组成（见图3-28）。喷粉时，卸下弥雾喷射部件，换装喷粉装置，它由喷粉管组件和喷粉头组成（见图3-29）。

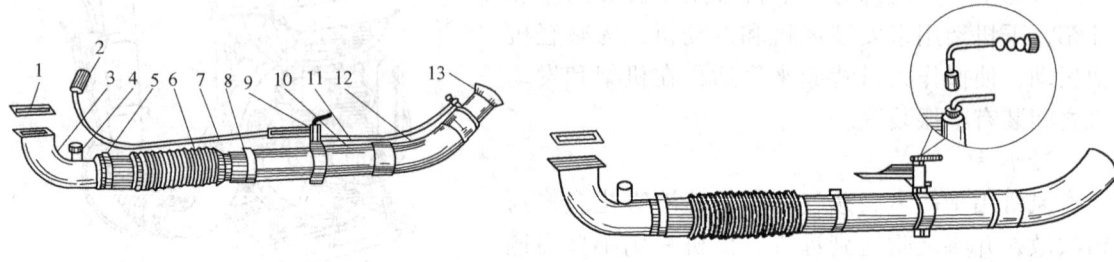

图3-28 弥雾喷射装置　　　　　　　　　　　图3-29 喷粉装置

1—垫板　2—出水塞　3—弯头　4—胶管　5、8—卡环装置
6—蛇形管　7、11—输液管　9—手把开关　10—直管
12—弯管　13—弥雾喷头

二、工作

（一）喷粉工作

喷粉过程如图3-30所示，药箱内安装松粉组件，且在粉门5和弯管8之间加接输粉管7。喷粉是利用气流输粉和气流喷粉原理完成的，离心风机高速旋转产生的高速气流大部分经出口进入喷管，少部分经进风阀进入药箱内的吹粉管，然后从管壁上的小孔冲出来，将箱底药粉吹松扬起，向压力较低的出粉门推送。同时，从风机出口吹出的大量高速气流在经过弯管时使输粉管内形成一定的负压，在推、吸力双重作用下，药粉迅速进入喷管，被高速气流充分混合后，从喷头喷出。药箱底部的药粉被输出后，上部药粉借助机器的振动，不断沿倾斜箱壁下落。

喷粉头有宽幅喷粉头、远射程喷粉头和长塑料薄膜喷粉管3种，如图3-31所示。

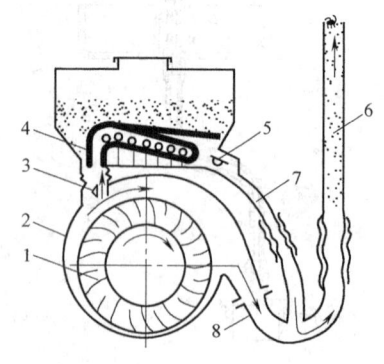
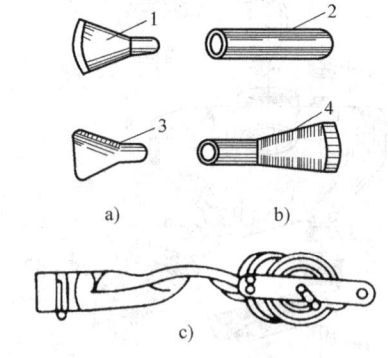

图3-30 喷粉工作过程示意图　　　　　　　　图3-31 喷粉头

1—风机叶轮　2—风机外壳　3—进风阀　4—吹粉管　　a）宽幅喷粉头　b）远射程喷粉头　c）长塑料薄膜喷粉管
5—粉门　6—直喷管　7—输粉管　8—弯管　　　　　　1—扁锥形　2—圆筒形　3—铲形　4—渐缩圆筒形

宽幅喷粉头有扁锥形和铲形等，可喷出宽而短的粉流，适于农田和菜园使用。

远射程喷粉头有圆筒形和渐缩圆筒形等，其喷出的粉流集中，射程较远，适用于果园和森林喷撒。

在喷粉状态下卸去直喷管，换上长薄膜管组件（注意薄膜管上的喷粉小孔应朝地面），并用卡环箍紧即可用长薄膜管喷粉。喷粉时，需要两人协作，一人背机并掌握油门、粉门和长喷管的一端，另一人拉住另一端，然后两人等速前进，由风机气流带出的药粉就能在薄膜管的全长内，从各喷孔中喷出。采用此法喷粉，可显著提高生产率，减少药粉损失，并能使靠近风口（用直管喷粉时）的作物免受药害和风害，适用于大面积宽幅喷撒。用于水稻喷粉时，操作人员可走在田埂上，不下水田。

（二）弥雾工作

弥雾工作过程如图3-32所示，药箱内装上送风加压组件进气塞4、增压管5和滤网罩6，并在喷洒部分装上喷雾部件弥雾喷头7、药液开关8和输液管接头12，再在弯管内侧开口处，塞上胶塞11。弥雾是利用气压输液和高速气流雾化的原理完成的。

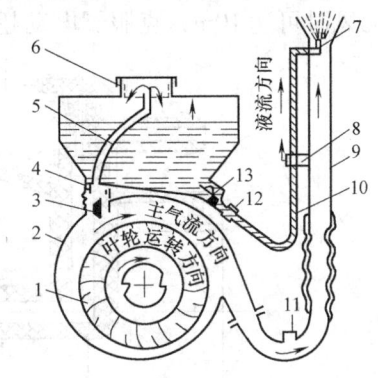

图3-32 弥雾工作过程示意图
1—风机叶轮 2—风机外壳 3—进风阀 4—进气塞
5—增压管 6—滤网罩 7—弥雾喷头 8—药液开关
9—直喷管 10—输液管 11—胶塞 12—输液管接头
13—出药口（粉门）

工作时，离心风机在发动机带动下高速旋转（5000r/min），产生高速气流，其中大部分经风机出口进入喷管，少部分经进风阀和送风加压组件进入药箱上部，对药液加压。加压后的药液经出液口、输液管和把手开关从喷嘴流出，流出的药液在喷管吹来的高速气流冲击下，碎裂成很细的雾滴，从喷头喷出，被高速气流载送到远方，弥散沉降到植株上。

弥雾喷头由喷管和喷嘴组成（见图3-33）。喷嘴装在喷管的喉管中央，有扭曲叶片式、阻流板式和高射式3种。

（三）超低量喷雾

在弥雾装置的情况下，取下弥雾喷头和手把开关，装上超低量喷头3和调量开关手把（有四档调节量），最后接上输液软管（见图3-34），开动机器，就可喷出超低容量的极细微的雾点。

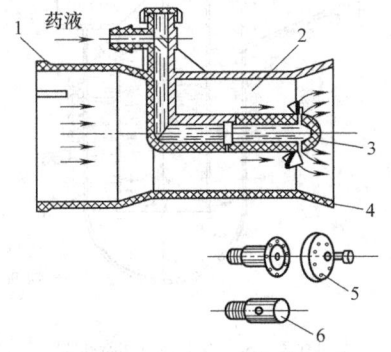

图3-33 弥雾喷头
1—喷管 2—喉管 3—叶片式喷嘴 4—喷口
5—阻流板式喷嘴 6—高射喷嘴

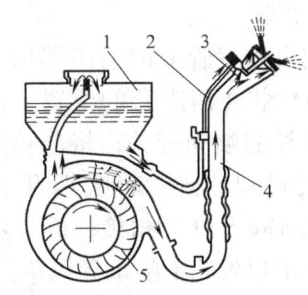

图3-34 超低量喷雾工作过程示意图
1—药箱 2—输液软管 3—超低量喷头组件
4—直喷管 5—风机

风动超低量喷头的结构如图 3-35 所示,当风机的高速气流由喷管吹向喷口时,在分流锥周围呈环状喷出,流速进一步加快,吹动驱动叶轮,使雾化盘以 10000r/min 的转速旋转。药箱内的药液在进入药箱的气流压力下,沿输液管经调量开关流入空心喷嘴轴,从喷嘴轴径向小孔流出,进入前、后雾化齿盘的缝隙中,在高速旋转的雾化齿盘的离心力作用下,药液从雾化齿盘边缘齿尖抛出,破碎成细小的雾粒,再由喷口吹出的高速气流吹向远方。其有效射程在无风时可达 10m,克服了电动超低量喷头射程小的缺点。

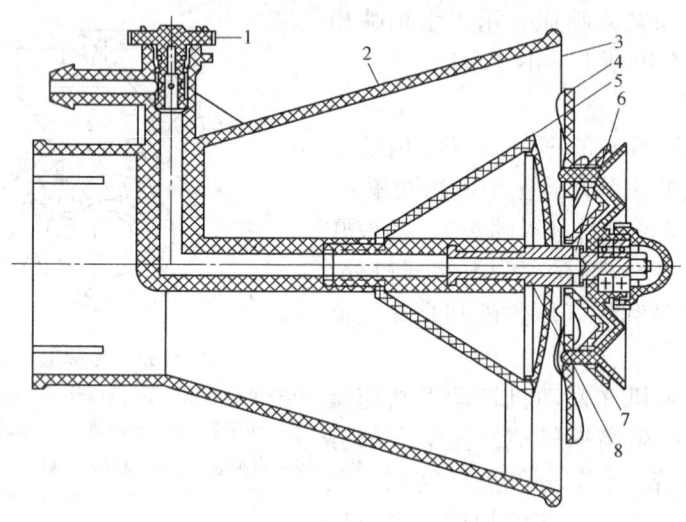

图 3-35　风动超低量喷头
1—调量开关　2—喷头　3—喷口　4—驱动叶轮
5—分流锥　6—小孔　7—齿盘组件　8—喷嘴轴

超低量喷雾时,必须根据防治对象、作物密度和高度、温度及自然风力大小等情况,选择适当的用药量、喷嘴流量、喷行间隔和行进速度,才能得到经济而有效的防治效果。风力应以 2～3 级为宜,无风或大于 3 级风时不要使用。使用时,行进方向应与风向交叉或垂直,并顺着风向喷洒,以免药剂沾污人体。

(四) 喷烟

将汽油机排气管上的消声器取下,把喷烟器(见图 3-36)装在消声器的位置上;在机架上装带有小沉淀杯的喷烟开关;将药箱的出液软管与喷烟开关的进口相连;将喷烟开关出口的软管(细)与烟剂输入口 7 相接,拆去弯头以上的喷管,在弯头出口处装上喷烟导风罩。

工作时,药箱内的烟剂经输液管、喷烟开关流到喷烟器的烟剂输入口 7,进入环形的烟剂预热管 2,再到达烟剂喷嘴 5,由于汽油机排出的高速废气流到烟剂喷嘴处造成负压,以及烟剂因预

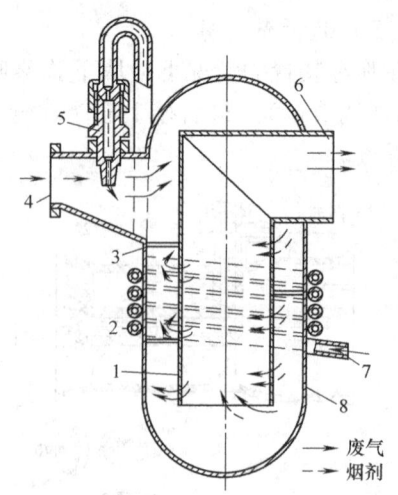

图 3-36　多用机的喷烟器
1—中心管道　2—烟剂预热管　3—半圆隔板
4—废气进口　5—烟剂喷嘴　6—烟气排出口
7—烟剂输入口　8—喷烟器壳体

热而膨胀，使烟剂形成雾状从烟剂喷嘴 5 喷出，并与汽油机排出的废气混合，沿着管道外周的半圆隔板 3 向下盘旋运动，再从中心管道 1 的下端向上升，从烟气排出口 6 排出。风机产生的高速气流经导风罩排出，从而将喷烟器排出的烟气吹向远方的植株上。

（五）喷火

取下弥雾喷头，换成喷火筒（见图 3-37），并把喷火筒上输油软管 5 的接头 6 与手把开关的出口相连，在风机的配合下，使药箱内的燃油经软管、开关和喷火筒前端的喷油嘴 1 呈雾状喷出，并与风机送入管内的高速气流混合成混合气。以明火点燃，则喷出的混合气就能持续不断地燃烧起来，形成喷火，用以除草或消毒。

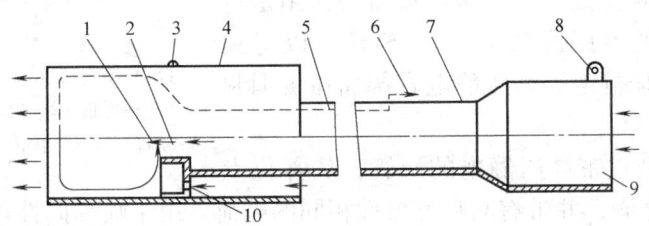

图 3-37　喷火筒

1—喷油嘴　2—出气口　3—螺钉　4—罩壳　5—输油软管
6—接头　7—筒身　8—卡箍　9—进风口　10—进气孔

第四节　静电喷雾机的结构与工作

常规喷雾法往往造成药液的流失，即使是超低量喷雾也存在雾滴漂移损失，为了提高药液在植株上的沉附能力，近年对静电喷雾进行了广泛的研究，并制成了静电喷雾机。

一、静电喷雾的基本原理

由静电感应法可知，如果离地面不远的喷嘴具有直流高压静电，地面上的目标就会引发出和喷嘴极性相反的电荷，并在喷嘴和目标之间形成静电场，产生电力线（见图 3-38）。这样，当带电雾滴从喷嘴喷出时，将受到喷嘴同性电荷的排斥和目标异性电荷的吸引而沿着电力线奔向目标。由于电力线分布于目标的各个方向，不仅能吸附在植株的正面，也能吸附在植株的背面。喷嘴电压越高，电场强度越大，带电药粒子被吸附到植株上的作用力也就越大。

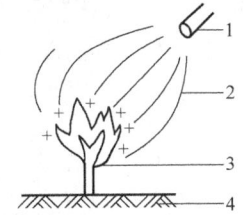

图 3-38　静电作用

1—喷头　2—雾滴运动轨迹
3—作物　4—地面

使雾滴带电的方法有电晕荷电、接触荷电和感应荷电 3 种。电晕荷电是在喷嘴出口区装一个或数个电极尖端，在尖端施加一个强静电场，产生电晕放电。电晕荷电适合于背负式和大型喷雾机静电喷雾。接触荷电是将高压电直接连到即将雾化的药液上，药液雾化后便带电荷。接触荷电要求设备具有良好的绝缘性，适用于手持式和背负式喷雾机静电喷雾。感应荷电是在喷头出口处设置一个感应杯，从喷头喷出的雾滴受高强度电场作用而带电。感应荷电适应性强，可用于各种喷雾机，但结构复杂，消耗能量大，雾滴沉附作用较差。

二、静电喷雾机

静电喷雾机可使喷头喷出的雾滴带有高压静电，自动飞附到植株上，提高雾滴的沉附效率，减少飘移损失，从而提高防治效果，节省农药和减少对环境的污染。试验表明，静电力对大雾滴的作用小，对小雾滴能够很好地控制其运动轨迹，使其快速沉降在植物上，提高附着效率，减少漂移损失，因此，静电喷雾的雾滴大小应在超低量范围内。

图 3-39 是一种手持式静电喷雾机的结构示意图，主要由 12V 低压直流电源、高压静电发生器、药液瓶、雾化齿盘、微型直流电动机、滴管和手柄等组成。

高压静电发生器由晶体管直流变换器及倍压整流器等组成。晶体管直流变换器的作用是将 12V 低压直流电变成 3kV 的高频交流电。倍压整流器的作用是将 3kV 的高频交流电的电压提高 10 倍并整流，以得到 30kV 的高频直流高压静电。高压静电直接加在黄铜制成的药液滴管上。

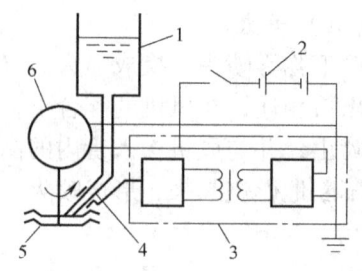

图 3-39　手持式超低量静电喷雾机
1—药瓶　2—电源　3—静电发生器
4—滴管　5—雾化齿盘　6—微型直流电动机

工作时，药液经过带高压静电的滴管，从雾化齿盘甩出破碎成细小雾滴，并带有与喷嘴极性相同的电荷。由于喷嘴同性电荷的排斥和植株异性电荷的吸引，雾滴便沿电力线飞向植株，均匀牢固地吸附在植株的各个方面，农药的有效利用率达 80% ~ 90%。

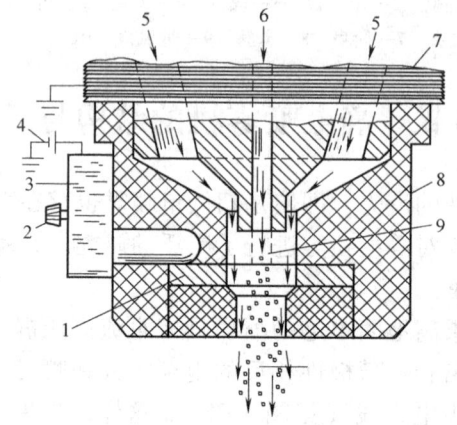

图 3-40　静电喷雾喷头
1—环形电极　2—调节器　3—高压直流电源　4—12 伏直流电源　5—高压空气入口
6—高压液体入口　7—喷头座　8—壳体　9—雾滴形成区

图 3-40 所示为国外研制成功的一种静电喷雾喷头。喷头中央为药液管，周围有倾斜的吹气管，喷头座由导电金属材料制成，它接地或与大地电位相通，从而使药液保持或接近大地电位。喷头壳体由绝缘材料制成，环形电极由黄铜或其他导电材料制成，埋在壳体里面，雾流通过电极中心孔喷出，在壳体上还装有高压静电发生器，这是一个微型电路，有 12V 直流电源、振荡器、变压器、整流器、调节器等。振荡器将低压直流电变成低压交流电，变压器将低压交流电变成高压交流电，整流器将高压交流电变成高压直流电并通过高压线送给环形电极，调节器用来调节高压直流电的输出电压。

工作时，压力药液从喷头座中央输管流入，同时高压气流从喷头座上的气管吹入，在雾滴形成区混合，高速气流将药液碎裂成细小的雾滴，并推动它通过环形电极中心孔后，从喷口喷出。雾滴在经过环形电极时，由静电感应而带电，成为带电的药粒子。

第五节　植保机械的使用

一、3WB—16 型背负式喷雾器的使用与维护

（一）使用前的安装

在装配前应按产品说明书检查各部分零件是否齐全，各接头处的垫圈是否完好，然后将各零件进行连接，并拧紧连接件，防止漏水漏气。在安装时应注意以下问题。

1）新皮碗在安装前应浸泡在机油或动物油（忌用植物油）中，浸油时间不少于 24h。

2）塞杆组件装入泵筒时，应注意将皮碗的一边斜放在泵筒内，然后使之旋转，将塞杆竖直，用另一只手将皮碗边缘压入泵筒内，就可顺利装入，切忌强行塞入。

3）装配后的总体检验。

① 揿动摇杆，检查吸气和排气是否正常。如果手感到有压力，而且听到有喷气声音，说明泵筒完好，这时在皮碗上加几滴机油即可使用。反之，说明皮碗已收缩变硬，应取出皮碗，放在机油或动物油中浸泡，待胀软后再装上使用。

② 用清水进行试喷。在药箱内加入适量清水，操纵摇杆，检查各运动部件有无卡滞现象，各连接处有无渗漏，必要时拧紧连接件或更换垫圈；检查液流雾化是否良好。常规喷雾时，使用孔径为 1.3mm 或 1.6mm 的喷孔片；进行低量喷雾时，使用孔径为 1.0mm 或 0.7mm 的喷孔片。喷孔片的孔径大时，喷雾量较大，雾点较粗；反之，则喷雾量小，雾点细。若在喷片下面增加垫圈，则涡流室变深、雾化锥角变小、射程变远、雾点变粗。

（二）药剂准备

严格按农药使用说明书的规定配制药液：乳剂农药应先放清水，再加入原液至规定浓度，搅拌、过滤后使用；可湿性粉剂农药应先将药粉调成糊状，然后加清水搅拌，过滤后使用。

（三）行走速度的计算

根据要求的单位面积用药量和测定出的单位时间喷药量，用下式计算出作业速度：

$$v = \frac{666 \times 60 \times Q_1}{1000 \times B \times Q}$$

式中　v——行进速度（km/h）；

　　　Q_1——单位时间喷药量（kg/min）；

　　　Q——要求的单位面积用药量（kg/亩）；

　　　B——有效喷幅（m）。

若计算出的作业速度，在实际作业时难以满足，则可以通过适当改变药液浓度或更换喷头喷孔片来调节喷药量，以调整作业速度符合人行走的实际情况。

作业时，应按规定的作业速度匀速行走，以保证单位面积上的施药量。

（四）行走路线的确定

田间作业行走路线和喷药方向是根据风向来定的，如图 3-41 所示。从下风向开始喷洒，一般采用梭形作业法。最好选择在无风或微风的天气作业，风速过大不能喷药。

（五）操作要点

1）作业前在皮碗及摇杆轴转动处加注适量润滑油。根据操作者身材，调整药液桶背带长度。

2) 向药液桶内加注药液时，应将开关关闭，以免药液漏出，并用滤网过滤。加注药液不得超过桶壁上所示水位线位置，如果加注过多，工作中泵盖处将出现溢漏现象。加注药液后，必须盖紧桶盖，以免作业时药液漏出或晃出。

3) 背负作业时，应先揿动摇杆数次，使空气室内的气压达到工作压力（300~400kPa）后再打开开关，边喷雾边操纵摇杆。一般以每分钟揿动摇杆 18~25 次（走 2~3 步摇杆上下揿动一次），活塞行程大于 60mm 时，即可保持正常的喷雾压力。

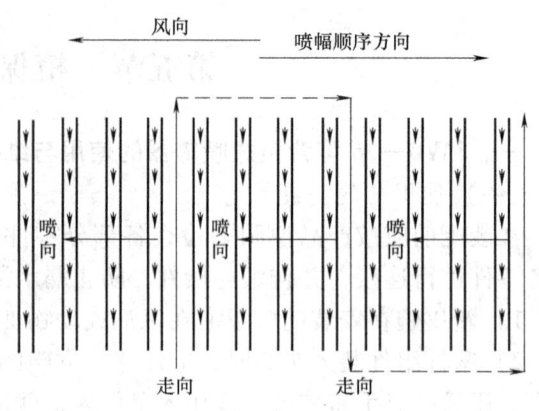

图 3-41 田间作业行走路线

4) 当揿动摇杆感到沉重时，便不能过分用力，以免空气室爆炸。空气室中的药液超过夹环（即安全水位线）时，应立即停止揿动摇杆。

5) 作业中，桶盖上的通气孔应保持畅通，以免药液桶内形成真空，影响药液的排出。

6) 背负作业时，不可过分弯腰，以防药液从桶盖处溢出流淌到身上。

（六）喷雾器的维护

喷雾器每天使用结束后，应倒出桶内的残余药液，并加少许清水喷洒，然后用清水清洗各部分，洗刷干净后放在室内通风干燥处存放。

喷洒除草剂后，必须将喷雾器（包括药液桶、喷杆、胶管和喷头）彻底清洗干净，以免在下次喷洒其他农药时对作物产生药害。

长期存放时，应将所有皮质垫圈浸足机油或动物油，以免干缩硬化。

（七）3WB—16 型喷雾器常见故障及排除方法

3WB—16 型喷雾器常见故障及排除方法见表 3-1。

表 3-1 3WB—16 型喷雾器常见故障及排除方法

故障现象	故障产生原因	排除方法
加压时，手压摇杆感到不吃力，喷雾压力不足	1. 进水球阀被污物托起 2. 皮碗破损 3. 连接部位未装密封圈，或密封圈损坏漏气	1. 拆下进水球阀；用布清除聚集的污物 2. 更换新皮碗。新皮碗必须用油浸透再装配 3. 加装或更换密封圈
加压时，泵盖处漏水	1. 药液加得过满，超过了泵筒上的回水孔 2. 皮碗损坏，药液进入泵筒上部	1. 将药液倒出一些，使药液在药箱水位线范围内 2. 更换皮碗
喷头雾化不良	1. 喷头体的斜孔被污物堵塞 2. 喷孔堵塞 3. 套管内的滤网堵塞 4. 进水球阀小球搁起	1. 疏通斜孔 2. 拆开喷孔进行清洗，但不能使用铁丝、钢针等硬物，以免孔眼扩大 3. 拆开清洗滤网 4. 清除污物

(续)

故障现象	故障产生原因	排除方法
开关漏水	1. 开关帽未旋紧 2. 开关芯上垫圈磨损 3. 开关芯表面油脂涂料少	1. 旋紧开关帽 2. 更换垫圈 3. 涂一层浓厚油脂
开关拧不动	放置或使用过久，开关芯因药剂侵蚀而粘住	拆下零件在煤油或柴油中清洗，拆卸有困难时，可在油中浸泡后再拆

二、担架式机动喷雾机的使用与故障排除

（一）担架式机动喷雾机的使用

以工农—36型喷雾器为例说明以下的注意事项。

1）按说明书的规定将机具组装好，保证动力机与活塞泵的带轮对齐、传动带的紧度合适、螺栓紧固、安装好防护罩。

2）按说明书规定的牌号向活塞泵曲轴箱内加入润滑油至规定的油位，以后每次使用前和使用中都要检查油位是否正常。检查汽油机或柴油机的油位，不足时予以加注。

3）正确选用喷洒部件和吸水滤网部件。

① 对于水稻或临近水源的高大作物、树木，可在截止阀前装混药器，再依次装上直径为13mm的喷雾胶管及远程喷枪。田块较大或水源较远时，可再接上1~2根胶管。在水田里吸水时，吸水滤网上要有插杆。

② 对于施液量较少的作物，在截止阀前装上三通（不装混药器）及两根直径为8mm的喷雾胶管、喷杆、多头喷头。在容器内吸液时吸水滤网上不要装插杆。

4）起动和调试。

① 把吸水滤网沉没于水中。

② 将调压阀的调压轮按逆时针方向调节到较低压力的位置，再把调压手柄按顺时针方向扳足至卸压位置。

③ 起动发动机，低速运转10~15min，若有水喷出且并无异常响声，可逐渐提高至额定转速。然后将调压手柄向逆时针方向扳足至加压位置，并按顺时针方向逐步旋紧调压轮调高压力，使压力指示器指示到要求的工作压力。

④ 调压时应由低向高调整压力。因由低向高调整时压力指示器指示的数值较准确，由高向低调，指示值误差较大。利用调压阀上的调压手柄反复扳动几次，即能指示出准确的压力。

⑤ 用清水进行试喷，观察各接头处有无泄漏现象，喷雾状况是否良好，混药器有无吸力。

⑥ 混药器只有在使用远程喷枪时才能配套使用。使用前，应先进行调试，要待液泵的流量正常、吸药滤网处有吸力时，才能把吸药滤网放入事先稀释好的母液桶内进行工作。对于粉剂，母液的稀释倍数不能小于4倍（即1kg农药加水不少于4kg），太浓了会吸不进。母液应经常搅拌，以免沉淀，最好把吸药滤网缚在一根搅拌棒上，搅拌时，吸药滤网也在母液中游动，可以减少滤网的堵塞。

5) 确定药液的稀释倍数。为使喷出的药液浓度能符合防治要求，必须确定药液的稀释倍数。确定药液稀释倍数的方法有查表法和测算法。

6) 田间使用操作。注意使用中液泵不可脱水运转，以免损坏胶碗。在起动和转移机具时尤需注意。

在稻田使用时，将吸水滤网插入田边的浅水层（不少于5cm）里，滤网底的圆弧部分沉入泥土，让水顺利通过滤网吸入水泵。田边有水渠供水时，可将吸水滤网放在渠水里。在果园使用时可将吸水滤网底部的插杆卸掉，将吸水滤网放在药桶里。如起动后不吸水，应立即停机检查原因。

在田间吸水时，如吸水滤网外周吸附了水草，要及时清除。

作业中转移机具路途不长时（时间不超过15min）可按下述操作，不停车转移。

① 降低发动机转速，怠速运转。

② 把调压阀的调压手柄往顺时针方向扳足（卸压），关闭截止阀，然后将吸水滤网从水中取出，这样可保持部分液体在泵体内部循环，胶碗仍能得到液体润滑。

③ 转移完毕后立即将吸水滤网放入水源，然后旋开截止阀，并迅速将调压手柄往逆时针方向扳足至升压位置，将发动机转速调至正常工作状态，恢复喷药。

喷枪喷药时不可直接对准作物喷射，以免损伤作物。喷近处时，应按下扩散片，使喷洒均匀。向上对高树喷洒时，操作人员应站在树冠外，向上斜喷，并注意喷洒均匀。当喷枪停止喷雾时，必须在降低液压泵压力后（可用调压手柄卸压），才可关闭截止阀，以免损坏机具。

喷雾操作人员应穿戴必要的防护用具，特别是掌握喷枪或喷杆的操作人员。喷洒时应注意风向，应尽可能顺风喷洒，以防止中毒。

在机具的所有使用过程以及对农药使用保管中，必须严格遵守各项安全操作规程，不得大意。每次开机或停机前，应将调压手柄扳至卸压位置。

(二) 担架式机动喷雾机常见故障及排除方法

担架式机动喷雾机常见故障及排除方法见表3-2。

表3-2 担架式机动喷雾机常见故障及排除方法

故障现象	故障原因	排除方法
吸不上药液或吸力不足，表现为无流量或流量不足	1. 新泵或已有一段时间不用的泵，因空气在里面循环，而吸不上药液 2. 吸水滤网露出液面或滤网堵塞 3. 吸水管路的连接处未放密封垫圈或吸水管破裂 4. 进水阀或出水阀零件磨损和损坏或被杂物卡住 5. 缸筒磨损或拉毛（活塞泵），V形密封圈未压紧或损坏（柱塞泵） 6. 隔膜破损（隔膜泵）	1. 使调压阀处在"高压"状态，切断空气循环，并打开出水开关，排除空气 2. 将吸水滤网全部浸入药液内，清除滤网上的杂物 3. 加放垫圈，更换吸水管 4. 更换阀门零件，清除杂物 5. 更换缸筒，旋紧压环调整密封间隙 6. 更换隔膜

(续)

故障现象	故障原因	排除方法
压力调不高，出水无力	1. 调压阀减压手柄未扳到底，调压弹簧被顶起，回水量过多 2. 调压阀阀门与阀座间有杂物或磨损 3. 调压阀的阻尼塞被污垢卡死，不能随压力变动而上下滑动	1. 把调压阀减压手柄向逆时针方向扳足，再把调压轮向"高"的方向旋紧以调高压力 2. 清除杂物，更换阀门与阀座 3. 拆开清洗并加少量润滑油，使阻尼塞上下活动灵活
喷头、喷嘴雾化不良	1. 喷嘴、喷头内有杂质堵塞或喷孔磨损 2. 泵的转速过低，压力未调高 3. 进、出水阀门与阀座间有杂物，压力提不高 4. 活塞泵的活塞碗，隔膜泵的隔膜损坏 5. 吸水滤网露出液面，吸水管接头处未拧紧或吸水管路破裂，空气进入管路	1. 清除杂质或更换喷嘴 2. 提高转速，调高压力 3. 清除阀门内的杂物 4. 更换活塞碗或隔膜 5. 将吸水滤网浸入液体内，拧紧联接螺母，更换破损的吸水管
漏水漏油	1. 压力指示器的柱塞上密封圈损坏或柱塞方向装反 2. 调压阀阻尼塞上密封环损坏，套管处漏水 3. 气室座、吸水管的密封环损坏（活塞泵） 4. 山形密封圈损坏，吸水座下小孔漏水、漏油（活塞泵） 5. 曲轴油封损坏，轴承透盖处漏油 6. 螺钉未拧紧或垫片损坏，油窗处漏油	1. 更换密封圈，改变柱塞的方向（有密封环的一端向下） 2. 更换密封圈 3. 更换密封环 4. 更换山形密封圈 5. 更换油封 6. 拧紧螺钉或更换垫片
液泵运转有敲击声	1. 滚动轴承损坏 2. 连杆或曲轴因磨损而松动，偏心轮或滑块磨损（隔膜泵） 3. 连杆小端与圆柱销因磨损而松动	1. 更换轴承 2. 更换连杆或曲轴，更换偏心轮或滑块 3. 更换圆柱销或连杆
液泵温升过高	1. 润滑油量不足或牌号不对 2. 润滑油太脏	1. 按规定加足润滑油 2. 更换新润滑油
出水管振动剧烈	1. 空气室内气压不足 2. 气嘴漏气 3. 空气室隔膜破损 4. 阀门工作不正常	1. 按规定值充气 2. 更换气嘴 3. 更换隔膜 4. 检修或更换阀门

三、喷杆喷雾机的使用与故障排除

（一）机具准备与调整

1. 机具准备

喷雾前按使用说明书的要求，做好机具的准备工作，如拖拉机与喷杆、牵引部件、悬挂部件等的连接，拧紧已松动的螺钉、螺母，润滑运动部件，检查轮胎气压等。

2. 检查喷头雾流形状和喷嘴喷量

在药液箱内放入一些水，原地开动喷雾机在工作压力下喷雾，观察各喷头的雾流形状，如有明显的流线或歪斜，应更换喷嘴。然后在每一个喷头上套上一小段软塑料管，下面放上盛接容器，在预定工作压力下喷雾，用秒表计时，收集在 30~120s 时间每个喷头的雾液并测定，计算出全部喷头 1min 的平均喷量。喷量高于或低于平均值 10% 的喷头应更换喷嘴，以使各喷头喷雾量一致。

3. 校准喷雾机

校准的方法有几种，下面介绍其中一种。在将要喷雾的田里量出 50m 长，在药液箱里装上半箱水，调整好拖拉机前进速度和工作压力，在已测量的田里喷水，收集其中一个喷头在 50m 长的田里喷出的液体，用量杯测出液体的毫升数，则实际施液量 P（L/hm²）可按下式算出：

$$P = 0.2q/b$$

式中　q——一个喷头在 50m 长的喷液量（mL）；

　　　b——喷头间距（m）；若一行内有多个喷头时，b = 作物行距/每行内的喷头个数。

若实际施液量不符合要求，可用下述 3 种方法予以调节：调节喷雾压力，适用于施液量改变不大的情况；改变拖拉机行走速度，适用于施液量变动范围小于 25% 的情况；更换较大或较小喷量的喷头，适用于施液量变化范围较大时。

（二）喷杆喷雾机操作注意事项

1）搅拌。彻底而充分地搅拌农药是喷雾机作业中的重要环节之一。加水时就应起动液泵，让液力搅拌器边加水边搅拌，水加至一半时，再边加水边加入农药，这样可提高搅拌效果。对于乳油和可湿性粉剂类农药，应事先在小容器内加水混合成乳剂或糊状物后再加到存有水的药箱中，可使得搅拌更均匀。

2）田间作业时，应保持拖拉机前进速度和工作压力稳定；行车路线要略偏向上风方向；在田头做好标记，以免造成重喷或漏喷；发现喷头有堵塞、泄漏、偏雾和线状雾等不正常情况时，应及时排除。

3）机具运输或地块转移时，应切断万向节动力，并将喷杆折拢。

（三）喷杆式喷雾机常见故障及排除方法

喷杆式喷雾机因型号、形式及结构上的差异，常见故障也不尽相同，常见的具有共性的故障及排除方法见表 3-3。

表 3-3　喷杆式喷雾机常见故障及排除方法

故障现象	故障原因	排除方法
吸不上水	1. 三通阀（开关）或操作手柄位置不对 2. 吸水头滤网堵塞 3. 吸水管严重漏气	1. 扳动手柄，放在正确位置 2. 清洗滤网 3. 修复或更换吸水管
吸水速度慢	1. 隔膜泵进出水阀门磨损或损坏 2. 隔膜泵进出水阀门弹簧折断 3. 吸水管路堵塞或漏气 4. 吸水高度太高	1. 修理或更换阀门部件 2. 更换弹簧 3. 清除堵塞，修复漏气处 4. 降低吸水高度或另选水源

(续)

故障现象	故障原因	排除方法
调压阀失灵或压力调不上去	1. 调压弹簧损坏 2. 压力表损坏	1. 更换弹簧 2. 更换压力表
压力表指示压力不稳或振动大，泵出水管抖动剧烈	1. 空气室充气压力不足或过大 2. 隔膜泵阀门损坏 3. 空气室隔膜损坏	1. 调整至规定压力 2. 检修或更换阀门 3. 更换隔膜
泵的油杯处窜出油水混合物	泵的隔膜损坏	更换隔膜
喷雾不均匀	1. 各喷头的喷量不一致 2. 喷孔磨损 3. 喷头堵塞	1. 调整喷量过大或过小的喷嘴或喷头片 2. 更换喷嘴或喷头片 3. 清除堵塞
少数喷头喷不出雾	喷孔或喷头滤网堵塞	清除堵塞物
密封部位泄漏	1. 连接件松动 2. 密封圈损坏	1. 紧固连接件 2. 更换密封圈
喷头滴漏	1. 膜片式防滴阀 （1）防滴阀弹簧或膜片损坏 （2）防滴阀螺母未拧紧 （3）阀被杂物卡住 2. 球式防滴阀 （1）弹簧损坏 （2）钢球锈蚀 （3）阀座损坏或有杂物	1. 膜片式防滴阀 （1）更换弹簧或膜片 （2）拧紧螺母 （3）清除杂物 2. 球式防滴阀 （1）更换弹簧 （2）清洗或更换钢球 （3）更换过滤架，清除杂物

四、东方红—18型多用机的使用与故障排除

（一）使用要点

1. 发动机起动前的准备工作

1）检查各部件安装是否正确、牢固。

2）新机器或封存的机器首先要排除缸体内封存的润滑油。排除的方法是：卸下火花塞，用左手拇指稍微堵住火花塞孔，然后用起动绳拉几次，将多余的润滑油排除。

3）检查内燃机的压缩性能。用手转动起动轮，感觉在活塞接近上止点时转动费力，越过上止点后，曲轴能很快地自转一个角度（气缸中压缩气体迫使活塞下行），表明压缩系统正常。

4）检查火花塞跳火情况。一般情况下，蓝火为正常。

2. 起动发动机

1）加燃油。东方红—18型多用机采用单缸二冲程汽油机，应加注按照规定的比例配置的润滑油与汽油的混合油。为了安全防火，必须在停机的状态下进行加油。

2）打开燃油阀。

3）将节气门手柄上提1/2～2/3。

4）调整阻风门。冷天或第一次起动时关闭阻风门2/3左右；热机起动时，阻风门全开。

5) 按下加浓按钮至燃油从浮子室溢出。

6) 将起动绳按右旋方向绕在起动轮上,先缓拉几次使混合油雾进入气缸,然后平稳而迅速地拉动起动绳起动发动机。

7) 发动机起动后,将阻风门全部打开,同时调整节气门,使汽油机低速运转 3~5min,待机器温度正常后再加大节气门提高转速。新机器最初 4h 不要高速运转(约 3500r/min 即可),以便磨合。

3. 喷药作业方法

(1) 喷雾作业

1) 将喷雾用的喷头、喷管等部件装好,使机器处于喷雾状态。

2) 先用清水试喷一次,以检查各处有无渗漏现象。

3) 检查喷药量。单位面积的喷药量取决于行走速度和单位时间喷药量的大小,计算公式如下:

$$Q = \frac{V}{A} \times 10000$$

式中　Q——单位面积要求的喷药量（L/hm²）;

　　　V——药箱有效容积（L）;

　　　A——一箱药液应喷洒的面积（m²）。

可以用清水进行喷药量测试,若测得一箱药液喷洒面积与计算结果不符时,应调整行走速度或药液开关的大小,直到相符为止,以防因药量过多造成药害或药量过少达不到防治效果。

4) 加注药液。加注时可以不停机,但发动机要处于怠速运转状态;加注的药液必须干净,以免堵塞喷嘴;药液不要加得过满,以免从过滤网出气口处溢进风机壳里。

5) 背起机具,调整节气门使汽油机稳定在额定转速（5000r/min）左右,开启药液手把开关即可开始喷雾。

6) 喷药时,严格按预定的行进速度和喷量大小进行,并保持行进速度一致,以保证喷洒均匀。严禁停留在一处喷洒,以防对植物产生药害。应使喷洒方向与前进方向垂直,并顺风喷洒,以免药液侵害操作者,行走方法一般采用梭形作业法,从下风向开始喷洒。

喷较高的树木时,应换用高速喷嘴;喷低矮作物时,可将弯管口朝下,防止药液向上飞扬。

(2) 喷粉作业

1) 把喷粉用的部件装好。

2) 添加粉剂。关闭出粉门和药箱进风门后加粉,粉剂应干燥,不得含有杂草、杂物和结块,加粉后旋紧药盖。可以不停车加粉,但必须使发动机处于怠速运转工况。

3) 打开药箱进风门,背起机具后将节气门开大,使汽油机稳定在额定转速左右,调整粉门进行喷粉作业。

使用长薄膜管喷粉时,应先将薄膜管从绞车上放出,再加大节气门,使薄膜管吹鼓起来,然后调整粉门进行喷撒。为防止喷管末端存粉,前进中应随时抖动喷管。

4. 停止运转

1) 先将喷门和药液开关闭合。

2)减小节气门,使汽油机低速运转3~5min后将节气门全部关闭,汽油机即停止运转,然后放下机器,关闭燃油阀。

(二)安全生产

在作业过程中,必须注意防中毒、防火、防机械事故发生,尤其对防中毒应十分重视。因该机喷洒的药剂浓度较手动喷雾器大,雾粒细,田间作业不当时,机具周围会形成一片雾云,很易吸进人体而引起中毒。

作业时:背机人应戴口罩,且要常换洗;无论是喷雾还是喷粉,都应采用顺风向喷施,避免顶风作业,禁止喷管在作业者前方以八字形摆动方式喷洒;背机时间不要过长,应3~4人交替作业;发现有中毒症状时,应立即停止作业,及时医治。

(三)维护与保管

1. 维护

每天工作完毕,应按下述内容进行维护。

1)药箱内不得残存剩余药粉或药液。
2)清理机器表面的油污和灰尘,尤其是喷粉作业时更应勤擦。
3)用清水洗刷药箱,尤其是橡胶件。汽油机切勿用水冲刷。
4)检查各连接处是否有漏水和漏油现象,若有,应及时排除。
5)检查各部分螺钉是否松动、丢失,若有,应及时拧紧和补齐。
6)喷撒粉剂时,要每天清洗化油器和空气滤清器。
7)长薄膜管内不得存粉,拆卸之前应空机运转1~2min,将长管内的残粉吹净。
8)维护后的机器应放在干燥通风处,避免日晒,切勿靠近火。

2. 保管

机器长期存放不用时,应按下述要求进行封存。

1)汽油机按说明书规定进行。
2)将机器全部拆开,清洗各零部件上的油污和灰尘。
3)用碱水或肥皂水、清洗剂等清洗药箱、风机和输液管,然后用清水洗净。
4)风机壳清洗干燥后,擦防锈润滑脂保护。
5)各种塑料件不得长期曝晒、弯曲、挤压。所有橡胶件应仔细清洗,单独存放,避免变形。用塑料罩将其他物品盖好,放于干燥通风处。

(四)常见故障及排除方法

多用机的常见故障及排除方法见表3-4。

表3-4 多用机的常见故障及排除方法

故障现象	故障产生原因	排除方法
喷雾量少	1. 喷头堵塞 2. 开关堵塞 3. 加压软管脱落或扭转成螺旋状 4. 药箱破裂或药箱盖漏气 5. 进风阀未打开 6. 发动机转速低	1. 旋下喷头清洗干净 2. 拆下开关清洗转芯 3. 重新安装 4. 修补或更换药箱胶圈 5. 打开进风阀 6. 排除发动机故障,恢复发动机正常转速

（续）

故障现象	故障产生原因	排除方法
输液管各接头漏液	塑料管连接处被药液泡软而松动	用铁丝扎紧或更换新管
药液进入风机	1. 药液过满，从加压软管流进风机 2. 进气塞损坏漏药液	1. 药液不要加得过满 2. 重新安装或更换新品
药箱漏水或跑粉	1. 药箱盖未旋紧 2. 胶圈损坏或未垫正	1. 把药箱盖放正并旋紧 2. 更换或重新装正
不出粉	1. 药粉过湿 2. 未装吹粉管 3. 吹粉管脱落或堵塞 4. 粉门未打开 5. 输粉管堵塞	1. 不能用过湿药粉 2. 装上吹粉管 3. 重新安装并清除堵塞物 4. 打开粉门 5. 清除堵塞物
喷粉量少	1. 粉门未全开 2. 药粉潮湿 3. 输粉管堵塞 4. 吹粉管未装上 5. 发动机转速低	1. 粉门全部打开 2. 换用干燥药粉 3. 清除堵塞物 4. 重新装上吹粉管 5. 排除发动机故障，恢复发动机转速
叶轮擦风机壳	1. 装配间隙不对 2. 风机外壳变形	1. 重新装配，保证正常间隙 2. 修复外壳

思 考 题

1. 调查当地植保机械的类型。
2. 说明常用植保机械的结构与工作。
3. 当地常用植保机械的正确使用方法和调整项目是什么？
4. 植保机械的维护方法是什么？
5. 各种常用植保机械的常见故障排除方法是什么？

学习单元四　排灌机械

【学习目标】
1. 了解灌溉的方法。
2. 了解排灌机械的种类和特点。
3. 了解排灌机械的结构与工作过程。
4. 掌握水泵的型号选择的依据。
5. 掌握水泵及其附件的安装方法。
6. 掌握本地常用水泵的使用与维护方法。
7. 掌握水泵机组的常见故障现象，并能进行故障排除。

第一节　概　　述

水对农作物的生长发育有极其重要的作用，发展排灌机械，做到遇旱能浇、遇涝能排，是抵御自然灾害，确保农业生产高产、稳产的有效措施。

一、灌溉的方式

灌溉是指有计划地把水输送到田间，以补充田间水分的不足，促使作物高产、稳产。排水则是解决作物生长水分过多的问题。由于我国年降水量时空分布很不均匀，与作物需水的矛盾突出，为了获得农业丰收，许多地区既需要灌溉，也需要排水。

灌溉的方式有地面灌溉、渗灌、喷灌和滴灌等。

1. 地面灌溉

地面灌溉是将水从沟、渠或管道送到田地表面，然后借重力作用和毛细管作用浸润土壤的一种灌溉方法，按其湿润土壤的方式可分为畦灌、沟灌和淹灌。这种传统灌溉方式使得水容易发生蒸发、深层渗漏、田间浸润不均，导致水的利用率低。

近年来，膜上灌、波涌灌和低压管道输水灌等地面节水灌溉技术得到研究和应用。

（1）膜上灌　它是在地膜栽培技术的基础上，将膜侧浇水改为膜上输水，通过放苗孔和膜侧缝隙渗入，给作物供水的灌溉方法。由于水流是在地膜上面输送，防止了水的深层渗漏，防止了膜间露地的过量灌溉，同时膜内的水不易蒸发，提高了水的利用率，节水效果明显。

（2）波涌灌　它是把灌溉水断续地按一定周期向灌水沟（畦）供水，逐段湿润土壤，直到水流推进到灌水沟（畦）末端为止的一种节水型地面灌溉技术。

（3）低压管道输水灌溉　它是通过管道把低压水（水压不超过 0.2MPa，水压过大会破坏土壤、损伤作物）输送到田间实施灌溉的技术。与明渠输水相比，可以减少水分的蒸发与渗漏。

2. 渗灌

渗灌属地下暗管灌溉，主要是利用修筑在地下的专门设施，如管道、鼠洞等，将灌溉水引入田间，借"毛细管"作用自下而上湿润土壤耕作层的一种灌溉方法。采用管式灌溉系统时，分为输水和渗水两部分，渗水部分由埋在田间的地下管道组成，灌溉水通过这些管壁上的小孔渗入土壤，故称之为渗灌。这种灌溉方法与地面灌溉相比，其优点是：灌水质量好，节省水，提高了灌水生产率，为灌溉自动化创造了条件，并节省了土地，便于机耕，多雨季节还可起排水作用。其缺点是：地下管道易淤塞，造价高，检修较困难等。

3. 喷灌

喷灌是用压力管道输水，再由喷头将水喷到空中，呈雨滴状散落到地面以湿润土壤，供给作物水分的一种灌溉方法。这种灌溉方法与传统的地面灌溉相比有省水、省工、保持土壤团粒结构、适应性强和有利于增产等优点，但投资较高。

4. 滴灌

滴灌是将压力水过滤，通过低压管道输送到滴头，以点滴的方式，经常而缓慢地滴入作物根部附近，使作物主要根区的土壤经常保持最优含水状况的一种先进灌溉方法。滴灌与喷灌比较，有省水和利于增产等优点；与地面灌溉比较，则更容易适应不平坦地形；但有滴头易堵塞和造价高等缺点。

二、水泵的种类及其特点

水泵是一种将动力机的机械能转变为水的动能、压力能，从而把水输送到高处或远处的机械。在农业上主要用于灌溉和排涝，因而称为排灌机械。

（一）离心泵

离心泵的特点是流量较小而扬程较高，主要适合山区、丘陵区使用，是工农业生产上用得最广的一种水泵。离心泵可分为多种类型。

1. 按叶轮数目分

（1）单级泵　如图4-1所示，泵内装一个叶轮，结构简单，扬程较低。

（2）多级泵　泵内装有2个或2个以上叶轮，工作时，水流顺序通过各个叶轮，其扬程较高。

2. 按叶轮进水方式分

（1）单吸泵　如图4-1所示，水从叶轮的一面进入，流量较小。

（2）双吸泵　如图4-2所示，水从叶轮的两面同时进入，流量较大。

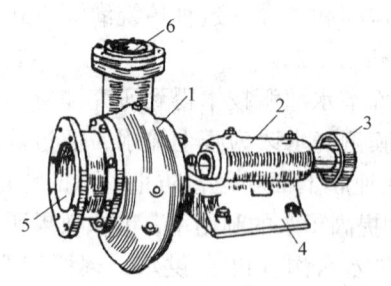

图4-1　单级单吸离心泵外形
1—泵盖　2—轴承盒　3—联轴器
4—泵座　5—吸水口　6—出水口

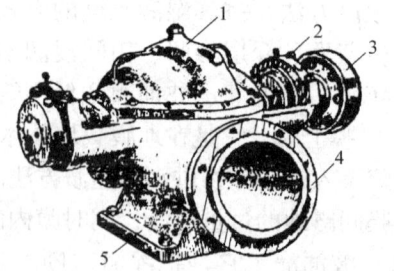

图4-2　单级双吸离心泵外形
1—泵体　2—轴承盒　3—联轴器
4—吸水口　5—泵座

（二）轴流泵

轴流泵的主要特点是流量大而扬程较低，适于平原河网地区使用。轴流泵可分成以下多种形式。

1. 按泵轴位置分

（1）立式轴流泵　如图 4-3 所示，泵轴与水平面垂直，目前农业上使用的轴流泵大多属于这种形式。

（2）卧式轴流泵　泵轴与水平面平行。

（3）斜式轴流泵　泵轴与水平面成一倾斜角度。

2. 按叶轮结构分

（1）固定叶片轴流泵　叶轮的叶片与轮毂铸成一体。

（2）半调节叶片轴流泵　叶片通过螺母装于轮毂上，叶片在轮毂上的安装角度，可在停机后调整。

（3）全调节叶片轴流泵　叶片在轮毂上的安装角度，可在停车或不停车情况下，通过一套调整机构调节。

（三）混流泵

混流泵是介于离心泵和轴流泵之间的一种水泵。一般适于平原和丘陵地区使用。混流泵可分为以下两种。

1. 蜗壳式混流泵

如图 4-4 所示，其外形与离心泵相似。我国的混流泵大多属于这种形式。

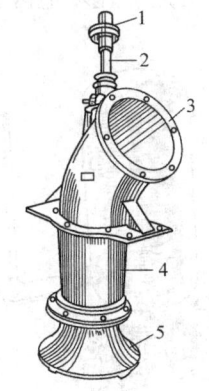

图 4-3　立式轴流泵
1—联轴器　2—泵轴　3—出水弯管
4—导叶体　5—进水喇叭

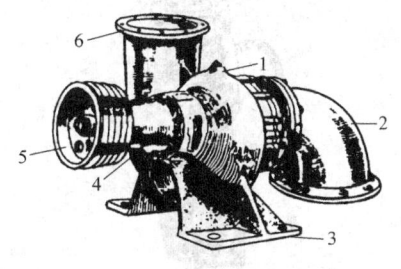

图 4-4　蜗壳式混流泵外形
1—泵体　2—进水活络弯管　3—底座
4—轴承盒　5—带轮　6—出水口

2. 导叶式混流泵

其外形与轴流泵相似，如图 4-5 所示。

（四）水轮泵

如图 4-6 所示，水轮泵是用上述 3 种泵之一（主要是离心泵）与水轮机联合组成的一种水力提水机械。适于山区、丘陵地区等有水力资源、能获得集中水头的地方使用。

（五）潜水电泵

潜水电泵是一种由立式电动机和水泵（离心泵、轴流泵或混流泵）组成的提水机械。整个机组潜入水中工作。

潜水电泵按照用途可分为污水污物潜水电泵（简称潜污泵）、井用潜水电泵和小型潜水电泵三种。图 4-7 是井用潜水电泵。

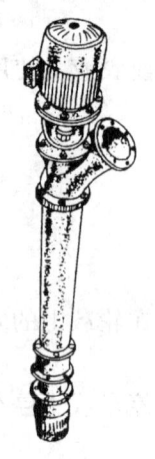

图 4-5　立式导叶式混流泵

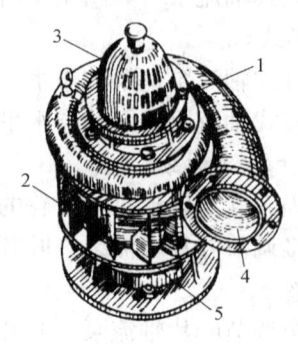

图 4-6　水轮泵外形
1—水泵　2—水轮机导叶　3—进水滤网
4—出水口　5—水轮机

（六）水锤泵

水锤泵是利用水锤原理设计的一种水力提水机械其外形如图 4-8 所示。其特点是结构简单，使用方便，但出水量小，对水源水量的利用率低。适用于山区、丘陵地区等有水力资源的地方。

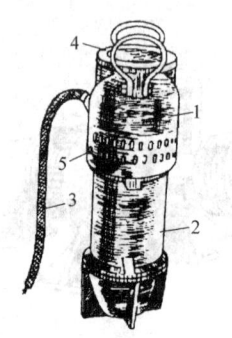

图 4-7　井用潜水电泵外形
1—水泵　2—电动机　3—电缆
4—出水口　5—吸水孔

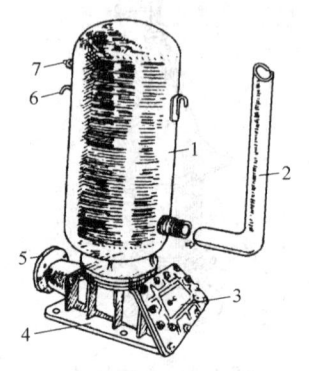

图 4-8　水锤泵外形
1—缓冲筒　2—出水管　3—排水口　4—泵座
5—进水口　6—吊环　7—测压孔

第二节　农用水泵的构造与工作

一、离心泵

（一）单级单吸离心泵的构造

属于单级单吸离心泵的类型主要有 IS 型泵。IS 型泵的构造如图 4-9 所示，主要由泵体、叶轮、轴封装置、泵轴、轴承和托架等组成。

1. 泵体

泵体的作用是汇集由叶轮甩出的水并导向出水管，降低水流速度使部分动能转化成压力能。泵体一般用铸铁制成，离心泵的泵体流道为蜗壳形，如图 4-10 所示。

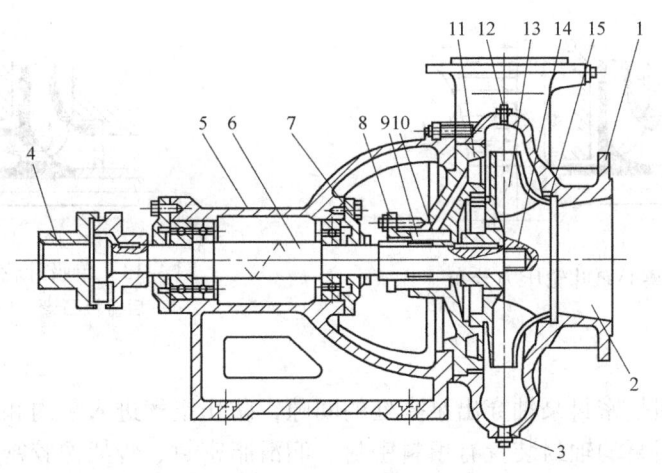

图 4-9　IS 型泵构造

1—泵体　2—进水口　3—放水螺塞　4—联轴器　5—托架　6—泵轴
7—挡水圈　8—填料压盖　9—填料　10—水封环　11—后盖
12—放气螺塞　13—叶轮　14—叶轮螺母和锁片　15—减漏环

2. 叶轮

叶轮的作用是将动力机的机械能传给水，转变成水的动能和压力能，是决定水泵性能好坏的一个最主要的部件。离心泵的叶轮一般用铸铁制成，有些小型泵的叶轮采用塑料制造。用于抽清水的叶轮采用封闭式，抽含有杂质液体的叶轮采用半封闭式或敞开式，如图 4-11 所示。

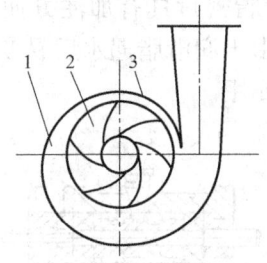

图 4-10　蜗壳形泵体示意图

1—水流槽道　2—叶轮　3—泵壳

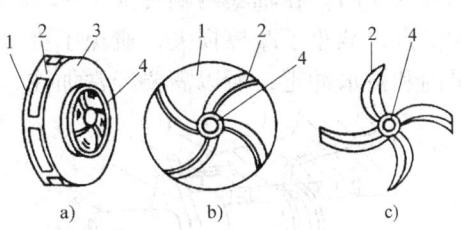

图 4-11　离心泵叶轮的种类

a) 封闭式　b) 半封闭式　c) 敞开式
1—后盖板　2—叶片　3—前盖板　4—轮毂

水由叶轮甩出后，进入泵壳。此时，压力以相反方向同时作用于叶轮前后盖板上。单吸泵由于前后盖板面积不等，因此其受力也不等。如图 4-12 所示，在减漏环半径 r_1 以上部分，两边压力分布相同，互相平衡，但在减漏环半径 r_1 范围内，叶轮进口处压力 p_1（负压）小于后盖板的压力（见图 4-12 中 $abcd$ 面积），因此在工作中便形成了一个指向叶轮进口的轴向力。此力使叶轮和轴一起向进口方向移动。其结果将加速轴承磨损，增大工作压力，并可能造成叶轮前盖板与泵壳摩擦。为避免这一后果，大多数单吸离心泵叶轮的后盖板靠近轮毂处钻有若干个平衡孔，并铸有与叶轮进口同样大小的凸缘，使漏入凸缘内的高压水通过平衡孔流回进水侧（见图 4-13），以平衡大部分轴向推力，剩余的轴向推力由轴承承受。小口径低扬程的单吸离心泵叶轮无平衡孔，它的轴向推力均由轴承承受。

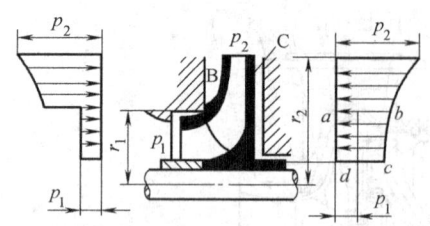
图4-12 单吸离心泵叶轮压力分布

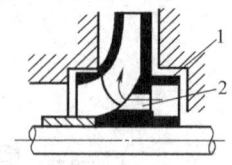
图4-13 单吸叶轮的平衡孔
1—后盖板凸缘 2—平衡孔

3. 轴封装置

轴封装置的作用是密封泵轴穿出泵壳处的间隙,防止空气进入泵内和阻止压力水从泵内大量泄漏出来。农用泵的轴封装置有填料密封、润滑脂密封、骨架橡胶密封和机械密封等。

(1) 填料密封 该装置由填料箱、填料、水封环、填料压盖和挡套等组成（见图4-14）。填料箱对于后开门的水泵是后盖的一部分,对于前开门的水泵是泵体的一部分。填料一般采用浸透石墨或润滑脂的石棉绳,断面呈方形,装于填料箱内的泵轴或轴套上。水封环为一中部有凹槽、周围钻有小孔的金属或塑料圆环,一般装于填料的中部并对准泵后盖（或泵体）压力水的通道口,以便引入压力水,起润滑和冷却泵轴的作用。填料压盖用于调节填料的松紧程度,根据经验,一般从填料箱内每分钟滴30~50滴水为适宜。

(2) 润滑脂密封 图4-15所示为润滑脂密封结构示意图。通过润滑脂杯2给槽形轴套4压入适量的润滑脂,在轴套4与填料箱1间形成油环,起到密封作用。为了防止润滑脂漏出和吸入泵内,在轴套两端各加1~2圈石棉填料5。润滑脂密封具有加注方便并能润滑泵轴的优点,减小了摩擦损失,避免了更换填料的麻烦。但由于润滑脂遇水后易变稀,而被吸入泵内和被水冲走,所以需要经常加注,否则将失去密封作用。

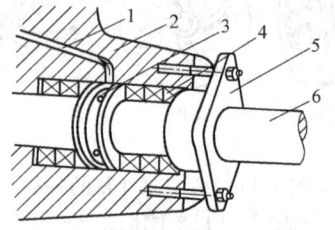

图4-14 水泵填料密封装置
1—引水沟 2—填料箱 3—水封环
4—填料 5—填料压盖 6—泵轴

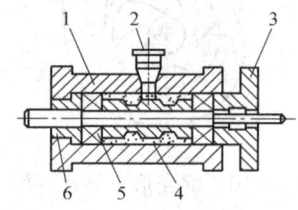

图4-15 润滑脂密封结构示意图
1—填料箱 2—润滑脂杯 3—填料压盖
4—槽形轴套 5—填料 6—填料套

(3) 骨架橡胶密封 该密封装置结构简单（见图4-16）,体积小,可缩短泵轴尺寸,密封效果也较好,但对泵轴精度和安装要求则较高,且寿命也较短,所以小型泵用得较多,大型泵则少用。

(4) 机械密封 机械密封的构造如图4-17和图4-18所示。由于机械密封是端面密封,磨损后能自动补偿,故密封性能好,使用寿命长,但结构复杂,成本高,安装也麻烦。常用于密封要求高的潜水电泵和自吸泵。

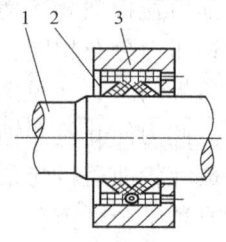

图4-16 骨架橡胶密封装置
1—泵轴 2—密封圈 3—外壳

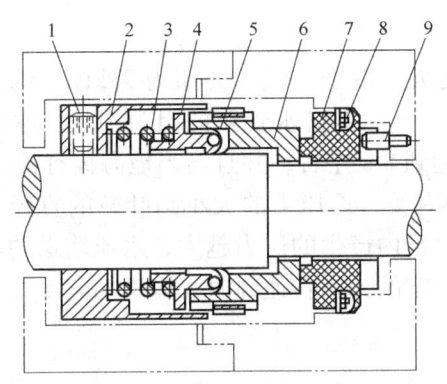 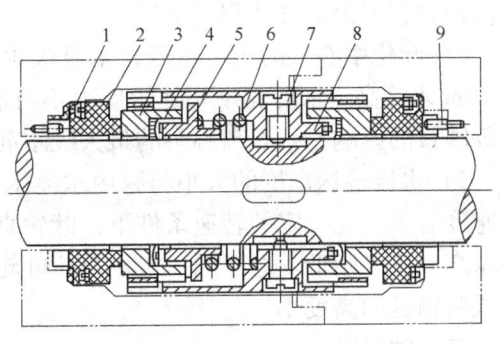

图 4-17　单端面机械密封 　　　　　图 4-18　双端面机械密封
1—紧固螺钉　2—传动座　3—弹簧　4—推环　　　1—静环密封圈　2—静环　3—动环　4—动环密封圈
5—动环密封圈　6—动环　7—静环　　　　　　　5—推环　6—弹簧　7—紧定螺钉
8—静环密封圈　9—防转销　　　　　　　　　　　8—传动座　9—防转销

4. 减漏环

减漏环又称口环或密封环，其作用是使叶轮与泵体之间保持较小的间隙，以减少高压水的回流损失，磨损后只需更换减漏环即可。

减漏环是一个铸铁圆环，压装在叶轮进口与泵体配合处的泵体上（见图 4-9），并用平头螺钉定位（有的泵不用螺钉）。一般小口径（100mm 以下）低扬程 IS 型泵只在泵体或泵盖上装有减漏环，但口径较大和扬程较高的叶轮上有平衡孔的水泵，在叶轮配合处的后盖上也装有减漏环。

5. 泵轴

泵轴是传递动力的零件，用优质碳素结构钢制成，由托架内的深沟球轴承支承，用润滑脂润滑。轴的一端固定叶轮，另一端装有联轴器或带轮。有些离心泵的轴，在与填料配合处装有轴套，以免泵轴磨损。

（二）离心泵的工作原理

由于离心泵一般安装在离水源水面有一定高度的地方，因此它的工作是先把水吸上来，再将水压出去。也就是说，它是由吸水和压水两个过程组成的。下面来分析它的吸水和压水原理。

如图 4-19 所示，离心泵的主要工作部件叶轮 2 安装在蜗壳形泵壳 3 内，工作时由动力机通过泵轴驱动高速旋转。泵壳 3 上有进、出水口，吸水管 4 和压水管 1 分别与之相连。起动离心泵前，先使吸水管和泵壳内充满水。起动后，由于叶轮高速旋转产生离心力，叶轮里的水被叶片甩向四周，被迫沿图中箭头所示方向，向压水管流动。水甩出后，叶轮中心附近出现真空，在水源水面大气压力作用下，水源的水沿吸水管被吸入叶轮内部。这时由于叶轮继续将水甩出，泵壳槽道内的压力也就逐渐升高，直至将水由压水管出口压出。如此循环工作，水泵不断吸水、压水，水源的水就被源源不断地输送到高处。

由于离心泵靠大气压力和泵内压力差吸水，可以得出以下结论。

1）在叶轮高于水源水面工作（即具有吸程）情况下，离心泵起动前，必须先向泵内（包括吸水管）灌水，或用真空泵抽气，以排除空气，否则因叶轮中心处形成的低压与大气压力之间的压力差，不足以吸入水源中的水，而达不到抽水的目的。同时泵壳和吸水管必须严格密封,不得漏气和积聚空气。

2) 叶轮中心处的压力越低,水泵吸水的高度越大。由于大气压力值为 98kPa,约相当于 10m 水柱高,而叶轮中心处的压力不可能降为零,再加上进水管路的阻力损失和水流动能等因素的影响,一般离心泵的最大吸水高度只能达到 8m 左右,并且与当地海拔有关。

3) 水流输送高度的大小与泵内水流压力的大小有关,而压力的大小与叶轮的直径和旋转速度有关。在一定的转速条件下,叶轮直径越大,泵内产生的压力越大,水流输送的高度就越高,反之则低。对于同一台水泵,叶轮直径是一定的,当转速高时,输送的高度大,转速低时输送的高度小。

二、轴流泵

(一) 轴流泵的构造

轴流泵主要由叶轮（见图 4-20）、进水喇叭 9、导叶体 6、出水弯管 5 和泵轴 4 等组成,如图 4-21 所示。

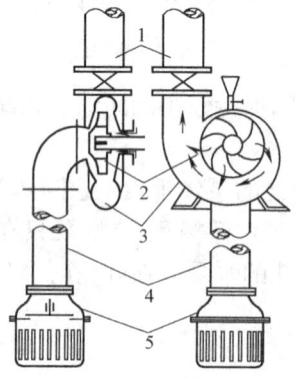

图 4-19　离心泵工作原理
1—压水管　2—叶轮　3—泵壳　4—吸水管　5—底阀

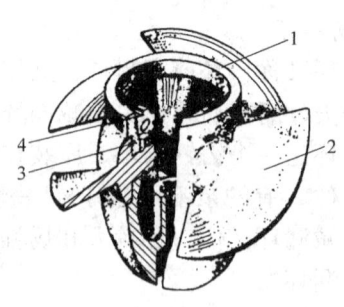

图 4-20　轴流泵的叶轮
1—轮毂　2—叶片　3—短销　4—叶片螺母

进水喇叭 9 装于水泵下部,作用是以最小的进水阻力引导水流进入叶轮。导叶体 6 位于叶轮上方,其内铸有 6～12 片导叶,起消除水流出叶轮时的旋转运动的作用。导叶体上端逐渐扩大,能使水流速度降低,以减少水力损失,提高压力。出水弯管 5 装于导叶体上方,用以改变水流方向。

在出水弯管和导叶体中间穿过泵轴的地方,各装有一只橡胶轴承,工作中用水润滑,其构造如图 4-22 所示。它由橡胶浇铸在铸铁制的外壳内。为了减少摩擦,加强润滑,其内孔做成多边形,并使各角处构成圆弧形的槽道,以便水流进入。由于出水弯管处的泵轴一般高出水面,因此在填料室处配有一根短管（见图 4-21）,以备起动时人工注入清水润滑。

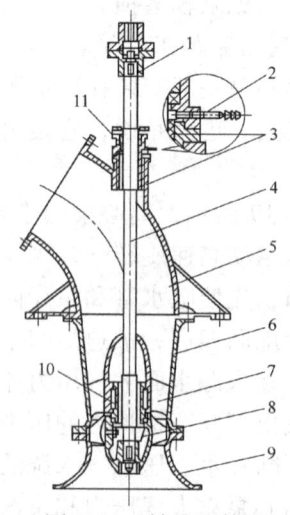

图 4-21　轴流泵构造
1—联轴器　2—短管　3、10—橡胶导轴承
4—泵轴　5—出水弯管　6—导叶体　7—导叶
8—叶轮　9—进水喇叭　11—填料

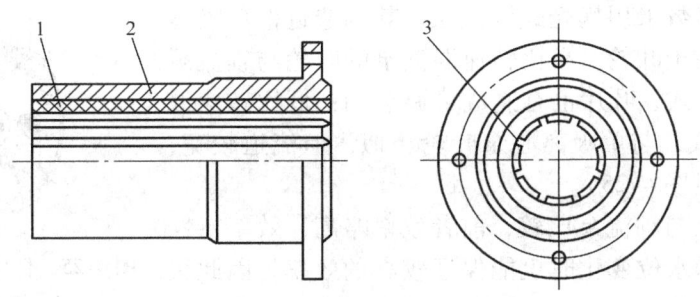

图 4-22 橡胶导轴承
1—橡胶内衬　2—金属外壳　3—轴向沟槽

轴流泵除水泵本体外，同时有传动装置（包括传动轴和电动机座或带轮座）随机供应。在安装好后，可通过拧在传动轴上的调整螺母来调节叶轮的正确位置，从而使其与泵壳间的间隙均匀、转动灵活。

（二）轴流泵的工作原理

轴流泵与离心泵的结构不同，工作原理也不同，它是利用叶轮在旋转时叶片对水产生推力，使水从低处向高处流动。

三、混流泵

（一）混流泵的构造

混流泵一般分为蜗壳式和导叶式两种，如图 4-23 和图 4-24 所示，前者外形接近于离心泵，后者外形接近于轴流泵。

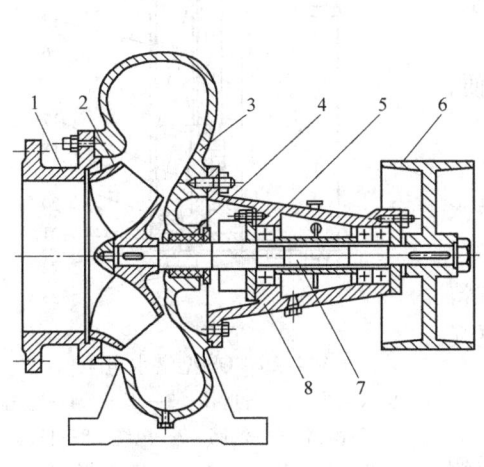

图 4-23 蜗壳式混流泵
1—泵盖　2—叶轮　3—泵体　4—填料
5—轴承　6—带轮　7—泵轴　8—轴承体

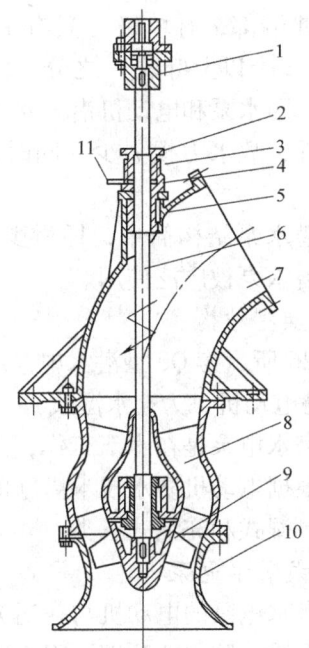

图 4-24 导叶式混流泵
1—刚性联轴器　2—填料压盖　3—填料　4—填料箱
5—橡胶轴承　6—泵轴　7—出水弯管
8—导叶体　9—叶轮　10—进水喇叭　11—短管

我国目前大多数采用蜗壳式混流泵,其构造近似单吸离心泵,主要区别在于叶轮。高比转速混流泵的叶轮与轴流泵叶轮相似,是敞开式,叶片也有制成可调节的;低比转速混流泵叶轮是封闭式,与单吸离心泵叶轮相似,但流道较宽,叶片出口倾斜(见图4-25)。

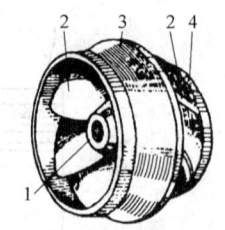

图4-25 低比转速混流泵叶轮
1—轮毂 2—叶片
3—前盖板 4—后盖板

导叶式混流泵与轴流泵比较,前者效率略高,效率特性曲线比较平坦,即水位变化时也能保证较高的效率,因此很适于农田排灌,并节省动力;与蜗壳式混流泵比较,它直径较小。立式结构导叶式混流泵工作时叶轮淹在水中,不需引水设备,占地面积也小,所以在使用轴流泵的地区(大型可调叶片的轴流泵除外),代之以适当型号的导叶式混流泵是有利的。

(二)混流泵的工作原理

混流泵是介于离心泵与轴流泵之间的水泵,它的叶轮旋转时,对水既具有离心力,也具有升力,它是依靠离心力和升力的综合作用输水的。

混流泵吸收了离心泵和轴流泵的优点,又较好地克服了这两种泵的缺点,是一种较理想的泵型,很适合在农业上使用。

四、潜水泵

潜水泵的电动机装在叶轮的下面,叶轮装在电动机轴的延伸端部,有单级(只有1个叶轮)和多级(有2个或2个以上叶轮)之分,多级潜水泵可用于深井抽水。因水泵和电动机潜入水中,没有吸水管和底阀等部件,故水力损失少。同时起动前不用灌水,操作简便。

由于潜水泵结构简单,耗材少,使用维修方便,所以多级潜水泵被广泛使用。

(一)典型结构

图4-26所示为QS型潜水电泵结构图(Q是潜水电泵;S是电动机,为充水湿式)。

由于潜水电泵是在水下工作,因而对电动机有特殊要求,根据电动机防水技术措施的不同潜水电泵又分为干式、湿式和充油式三类。

1. 干式潜水电泵

干式潜水电泵的电动机与普通笼型电动机基本相同,要求干燥、防水、防潮,因而需要有良好的密封措施,通常有机械密封和空气密封两种形式。机械密封式的密封装置结构复杂,加工工艺要求高,若水中含有泥沙,密封机件很容易磨损,使密封失效。所

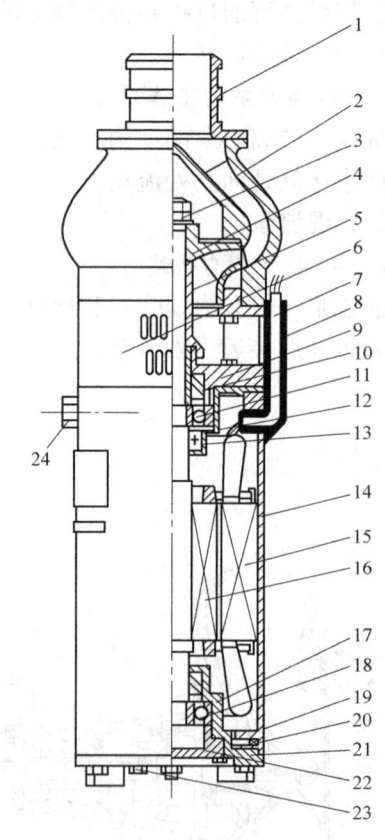

图4-26 QS型潜水电泵
1—出水接头 2—导叶体 3—螺母 4—叶轮
5—甩沙器 6—滤网 7—电缆 8—护套
9—进水节 10—轴套 11—轴承Ⅰ
12—上轴承座 13—油封 14—机壳
15—定子 16—转子 17、21—下轴承座
18—轴承Ⅱ 19—挡圈 20—卡簧
22—轴承端盖 23—放水螺栓 24—注水螺栓

以，用于抽送不含泥沙的清水效果较好。空气密封即气垫密封，是在电动机下端有一个气封室，并由几个孔道与外界相通。当泵潜入水中时，气封室内的空气在外界水压的作用下，形成气垫，以达到阻止水进入电动机的目的。因而只适应于潜水深度较小且稳定的场合。气垫密封存在空气溶解而使水进入电动机的危险，因而使用得较少。

2. 充油式潜水电泵

充油式潜水电泵是预先在电动机的内腔充满了绝缘油（变压器油或锭子油），以阻止潮气和水进入电动机，同时在电动机轴的伸出端设置良好的机械密封装置，以防止水的浸入和油的外泄。定子绕组用加强绝缘的耐油、耐水漆包线绕制。这种泵的转子由于在粘变性较大的油中转动，功率消耗较大，因而效率有所下降，一般下降3%~5%。近年，其用户逐渐减少。

3. 湿式潜水电泵

这种潜水电泵的电动机的定子是用聚乙烯尼龙等防水绝缘导线绕制而成。电动机内部预先充满清水，转子浸在清水中，用以解决电动机绕组以及水润滑轴承的冷却问题。这种潜水电泵的密封装置结构较为简单，主要用于防止泥沙的浸入。所以其要求不像干式、充油式那样严格，便于制造和维修。但这种泵对电动机的定子绕组所用导线以及水润滑轴承所用材料均有较高的要求，并且还要考虑部件的防锈蚀问题。

我国近几年生产的农用潜水泵大部分为湿式潜水泵。其结构基本上是上部为水泵部分，下部为电动机，中间有联轴器。水泵多为离心泵或混流泵，采用水润滑轴承。在压水室的上方有一止回阀，以防停机时，管内水倒流引起电动机高速反转。

电动机动力输出端的轴承是导向轴承，后端是推力轴承，均为水润滑轴承，电动机下端装有调压膜，以调节泵内水温上升时的胀缩压差，在电动机上端装有防沙机构（甩沙盘），以防泥沙进入电动机内部。

（二）工作原理

潜水电泵的工作原理与离心泵和混流泵是相同的，只是潜水电泵是潜入水中进行工作，因而不需要向叶轮里面灌引水。

五、自吸离心泵

（一）结构特点

自吸离心泵是在单级单吸式离心泵的基础上改进设计而成的。其结构特点是：将单级单吸泵的进水口位置抬高，构成一个储水室；同时，在泵的出水口设置气水分离室和回流孔道。

自吸离心泵按气、水混合的位置分为内混式与外混式。外混式自吸泵按水回流的方向，又可分为径向回流和轴向回流两种。

1. 内混式自吸泵

内混式自吸泵从气水分离室回流的水经回流孔进入叶轮进水口或内部与空气混合。

2. 轴向回流外混式自吸泵

回流孔设于气水分离室的底部，与蜗壳室的下部相通，脱气后的水经轴向回流孔进入蜗壳室内，在叶轮的外缘与空气混合。

3. 径向回流外混式自吸泵

将蜗壳室出水流速扩大并用类似蜗壳的隔板分成内、外流道。脱气后的水沿外流道回到蜗室下部，在叶轮外缘与空气混合。

（二）工作原理

如图 4-27 所示，离心泵首次起动时，先从排气口给气水分离室注满水，水泵起动后，叶轮旋转将叶槽中的水甩向叶轮的外围，此时叶轮中心形成真空度，将进水管内的空气吸入储水室，并与叶轮外缘流动的水混合，形成泡沫状的混合物。此气水混合物进入容积扩大的气水分离室后，流速降低，水中的空气便分离出来，经单向阀逸出（此时单向阀处于打开状态）。脱气后的水则沿外流道回到涡流室下部，在叶轮外缘再与吸进的空气混合。如此反复循环，将进水管内的空气抽走而完成自吸过程。当空气排尽后，气水分离室充满压力水，单向阀在压力水的作用下关闭，压力水经出水管输出，进入正常工作状态。

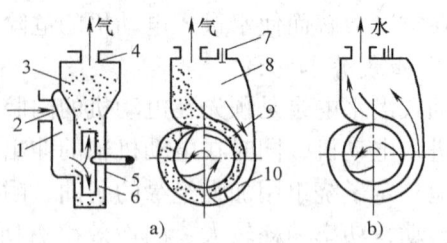

图 4-27　径向回流外混式自吸离心泵原理图
a）自吸过程　b）工作过程
1—储水室　2—吸水阀　3—气水混合物　4—出水口　5—叶轮
6—涡轮　7—单向阀　8—气水分离室　9—内流道　10—外流道

自吸泵不用底阀，只需向储水室内灌满水即可自吸。机组停车后，因储水室内已有存水，再次起动就不必再灌水。这种泵多用于植保机械和喷灌机上。

第三节　水泵的选型

一、水泵的性能参数

在每一台水泵上，都有一块铭牌，上面注明一些数据，称为水泵的性能参数。表 4-1 和表 4-2 分别为轴流泵和离心泵的铭牌。

表 4-1　轴流泵的铭牌

轴　流　泵			
型　号　400ZLB—2.5		编　号　012073	
扬　程　2.5m		轴功率　9.2kW	
流　量　1080m³/h			
转　速　1200r/min		效　率　80.3%	
			出厂日期　年　月
			××水泵厂

表 4-2　离心泵的铭牌

清水离心式水泵			
型　号　200S—42		转　速　2950r/min	
扬　程　42m		效　率　82%	
流　量　288m³/h		轴功率　40.2kW	
允许吸上真空高度　3.6m			
出厂编号　10—23		质　量　219kg	
			出厂日期　年　月
			××水泵厂

1. 扬程

扬程是指水泵能够扬水的高度，又叫水头，通常用 H 表示，单位为 m。水泵铭牌上的扬程应理解为理论扬程，它等于实际扬程与损失扬程之和。

一般情况下，离心泵的扬程以泵轴轴线为界，水源到水泵的垂直高度叫做吸水扬程，简称吸程，用 $H_{吸}$ 表示；水泵到出水口的垂直高度叫做压水扬程，用 $H_{压}$ 表示。即

$$H = H_{吸} + H_{压}$$

水泵的扬程可以是几米、几十米甚至几百米，而吸水扬程 $H_{吸}$ 一般为 2.5~8.5m。

从另一种情况来说，水泵的扬程应包括下列两部分：一部分是可以测量到的扬程，也就是进水池水面到出水池水面的垂直高度，称为实际扬程或地形扬程，用 $H_{实}$ 表示；一部分是水流经管路时，由于受到摩擦阻力而减少了水泵应有的扬程高度，称为损失扬程，用 $h_{损}$ 表示，即

$$H = H_{实} + h_{损}$$

在确定水泵的扬程时，必须重视 $h_{损}$，否则购买的水泵扬程显然会偏低，很可能吸不上水来。

吸水扬程也包括实际吸水扬程 $H_{实吸}$ 和吸水损失扬程 $h_{吸损}$ 两部分；压水扬程也包括实际压水扬程 $H_{实压}$ 和压水损失扬程 $h_{压损}$ 两部分。它们之间的相互关系如图 4-28 所示。即

$$H_{吸} = H_{实吸} + h_{吸损}$$
$$H_{压} = H_{实压} + h_{压损}$$
$$H = H_{吸} + H_{压} = H_{实吸} + H_{实压} + h_{吸损} + h_{压损}$$

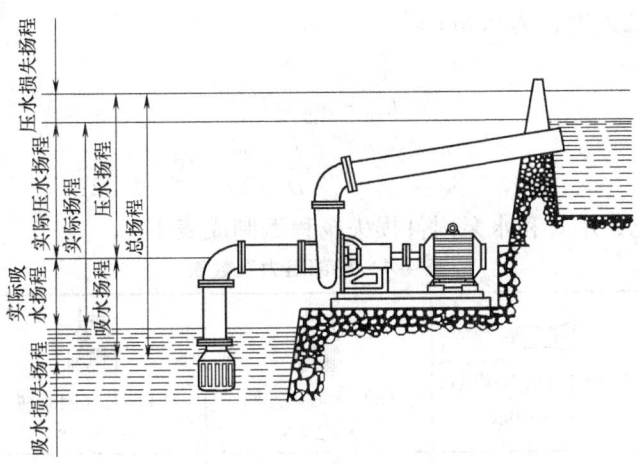

图 4-28 水泵扬程示意图

管路损失扬程 $h_{损}$ 可分为沿程损失扬程 $h_{沿}$ 和局部损失扬程 $h_{局}$ 两部分。沿程损失扬程是指水流流经管道时，水体与管道内壁之间发生摩擦而消耗的能量。它与管路的长短、内径和通过水量多少等有关；局部损失扬程是指水流流经附件处时，水体因撞击、绕弯、挤压等消耗的能量。它与附件的多少及形式等有关。

沿程损失扬程为

$$h_{沿} = \lambda \frac{L}{D} \frac{v^2}{2g}$$

式中 $h_{沿}$——沿程损失扬程（m）；

λ——沿程阻力系数；
L——直管长度（m）；
D——管路内径（m）；
v——水流速度（m/s）；
g——重力加速度（m/s^2）。

λ 值与水流动的状态和管子的粗糙程度有关，表4-3是新的钢管和铸铁管的 λ 值。

混凝土管表面粗糙度与铸铁管接近，其 λ 值可参照表4-3选用。对使用时间超过10年、内表面严重锈蚀的旧管，λ 值应取表中规定值的1.5～2倍。

表4-3 新的钢管和铸铁管的 λ 值

管路直径/mm	λ	管路直径/mm	λ
50	0.0348	300	0.0214
100	0.0281	350	0.0206
150	0.0253	400	0.0200
200	0.0236	450	0.0195
250	0.0223	500	0.0190

局部损失扬程为

$$h_{局} = \sum S_{局} \cdot \frac{v^2}{2g}$$

式中 $S_{局}$——管路中局部阻力系数，可以从表4-4查得；
v——管路中水的流速，（m/s）；
g——重力加速度，为9.8m/s^2。

管路损失扬程为

$$h_{损} = h_{沿} + h_{局}$$
$$= \lambda \frac{L}{D} \cdot \frac{v^2}{2g} + \sum S_{局} \cdot \frac{v^2}{2g}$$

为计算简便起见，水管和水泵附件损失扬程编制成表4-5。

表4-4 局部阻力系数表

(1) 管子进口无扩大 $S=0.5$	(2) 管子进口有喇叭口 $S=0.1\sim0.2$	(3) 无底阀滤网 $S=2\sim3$	(4) 有底阀滤网 $S=5\sim8$	(5) 逆止阀 $S=1.7$
(6) 90°弯头 $S=0.2\sim0.3$	(7) 45°弯头 $S=0.1\sim0.15$	(8) 渐细接管 $S=0.1$	(9) 渐粗接管 $S=0.25$	(10) 直流三通 $S=0.5$
(11) 曲流三通 $S=2.0$	(12) 分流三通 $S=1.5$	(13) 闸阀 $S=0.1$	(14) U形管 $S=1.0$	(15) 出口 $S=1.0$

表 4-5 水管和水泵附件损失扬程换算表

水管口径		流量	流速	损失扬程/m				进水管		弯管		出水扩散管 $S=0.25$
				每米水管	底阀 $S=5$	逆止阀 $S=1.7$	闸阀(全开) $S=0.1$	有喇叭口 $S=0.2$	无喇叭口 $S=0.5$	90° $S=0.2$	45° $S=0.1$	
in	mm	m³/h	L/s	m/s								
2	50	20	5.5	2.8	0.378	2.0	0.68	0.04	0.08	0.02	0.08	0.04	0.1
3	75	45	12.5	2.86	0.227	2.03	0.69	0.04	0.08	0.02	0.08	0.04	0.1
4	100	80	22.2	2.8	0.157	2.0	0.68	0.04	0.08	0.02	0.08	0.04	0.1
6	150	150	41.7	2.36	0.064	1.4	0.47	0.028	0.056	0.014	0.056	0.028	0.07
8	200	280	77.8	2.45	0.048	1.5	0.51	0.03	0.06	0.015	0.06	0.03	0.075
10	250	486	135	2.75	0.044	1.9	0.65	0.038	0.076	0.196	0.076	0.038	0.096
12	300	792	220	3.11	0.044	2.5	0.85	0.05	0.1	0.25	0.1	0.05	0.125
14	350	1260	350	3.64	0.049		1.13	0.067	0.13	0.34	0.13	0.067	0.17
16	400	1440	400	3.18	0.031		0.85	0.05	0.1	0.25	0.1	0.05	0.125
20	500	2016	560	2.85	0.019		0.68	0.04	0.08	0.2	0.08	0.04	0.11

查表 4-5 时，必须注意，当水泵实际流量与表 4-5 对应管径的流量不相符时，应按下式进行校正：

$$损失扬程\ h_{程} = 按表算出的损失扬程 \times \left(\frac{水泵流量}{表中流量}\right)^2$$

【例 4-1】 某地拟安装一台流量为 170L/s 的离心泵，已测得实际扬程为 20m，需用水管长 28m，管路需设底阀、闸阀、90°弯头、45°弯头各 1 个，问应选用多高扬程的水泵？

解： 先确定水管直径，根据流量，参考表 4-5 可选定管径为 250 mm。

查表 4-5 知，当管径为 250mm，流量 135L/s 时，每米水管损失扬程为 0.044m，底阀、闸阀、90°弯头、45°弯头损失扬程各为 1.9m、0.038m、0.076m、0.038m，则流量为 135L/s 时的损失扬程为

$$h_{损} = (0.044 \times 28 + 1.9 + 0.038 + 0.076 + 0.038)\ m = 3.284m$$

因实际流量为 170L/s 与表中流量 135L/s 不相符，需校正，按校正公式有

$$h_{损} = 3.284m \times (170/135)^2 = 5.2m$$

$$H = H_{实} + h_{损} = 20m + 5.2m = 25.2m$$

即应选用扬程为 26m 左右的水泵。

2. 流量

水泵的流量又称出水量，它是指水泵在单位时间内能打出的水量，通常用符号 Q 表示，单位用 L/s 或 m³/h 表示。

3. 功率

功率是表示机组在单位时间内所做"功"的大小，通常用 P 表示。水泵的功率可分为：有效功率、轴功率和配套功率三种。

（1）**有效功率** 有效功率是指水泵水流得到的净功率，又叫水泵的输出功率，它可以

用水泵的扬程和流量计算出来，用 $P_{效}$ 表示，单位为 W。即

$$P_{效} = \gamma g Q H$$

式中　γ——水的密度（kg/m^3）；

　　　Q——泵的流量（m^3）；

　　　H——扬程（m）；

　　　g——重力加速度，为 $9.8 m/s^2$。

（2）轴功率　轴功率是指水泵在一定流量和扬程的情况下，动力机传给水泵的功率，也叫输入功率，用 $P_{轴}$ 表示。它的大小是有效功率与泵内损失功率之和。泵内损失功率主要包括水流在泵体内摩擦、挤压、回流以及泵轴与轴承、填料等零件的摩擦消耗等。

（3）配套功率　配套功率是指一台水泵应选配动力机的功率，用 $P_{配}$ 表示。它比轴功率大，原因是：动力机在把动力传给水泵轴时有传动损失，而且考虑到水泵工作中流量、扬程的波动和可能出现的超负荷等情况，动力必须有一定储备。配套功率的大小可从水泵性能表查得，也可用下式计算：

$$P_{配} = K \frac{P_{轴}}{\eta_{传}} \times 100\%$$

式中　K——备用系数，可根据功率大小查表 4-6 确定；

　　　$\eta_{传}$——传动效率，V 带传动可取 0.95~0.98，平带传动可取 0.85~0.95，直接传动可取 1。

表 4-6　备用系数表

水泵轴功率/kW	<5	5~10	10~50	50~100	>100
电动机	2~1.3	1.3~1.15	1.15~1.1	1.08~1.05	1.05
内燃机	—	1.5~1.3	1.3~1.2	1.2~1.15	1.15

4. 效率

水泵的效率是指水泵的有效功率与输入功率之比，反映水泵对动力的利用情况，其大小用百分数表示，即

$$\eta = \frac{P_{效}}{P_{轴}} \times 100\%$$

式中　$P_{效}$——有效功率（kW）；

　　　$P_{轴}$——轴功率（kW）；

　　　η——水泵效率（%）。

当水泵的流量和扬程一定时，水泵的效率越高，则所需的输入功率越小。水泵铭牌上标出的效率，是指该水泵的最高效率。

5. 转速

转速是指单位时间内水泵转子旋转的圈数，通常用 n 表示，单位为 r/min。中小型水泵的设计转速一般按异步电动机的转速，常见有 2900r/min、1450r/min、970r/min、730r/min，以便使水泵与电动机直接传动。

水泵的转速即为额定转速，不能随意改变，否则将直接影响水泵的其他参数。确需改变时，要通过精确计算来确定其改变量，一般提高转速不能超过 10%，以免引起动力机超载

或损坏水泵的零部件；降低转速不能低于50%，以免使泵的效率下降太多。

6. 允许吸上真空高度

水泵在吸水过程中，进水口处的真空度称吸上真空高度，当该值达到某个数时，水泵进水口处的水会汽化而形成气泡，这些气泡随水流到达压力较高区域时便凝结而消失，其周围的水就以很高的速度充填气泡空间，从而对叶轮和泵体产生强烈冲撞，使金属表面剥落，造成汽蚀损坏。因此叶轮进口处的压力不能过低，为不发生汽蚀现象，规定了水泵的允许吸上真空高度，通常用 H_s 表示，单位为 m。

允许吸上真空高度是通过汽蚀试验确定的，在试验中，当水泵开始出现汽蚀时的吸上真空高度，叫最大吸上真空高度，一般将最大吸上真空高度减去 0.3m，作为允许吸上真空高度，它是一个指导水泵安装高度的参数。

为了避免发生汽蚀，要注意以下几点。

1) 水泵的安装高度一般不能高于 H_s。
2) 水泵的叶轮设计要合理，并提高表面抗汽蚀的能力。
3) 水泵不能在超过额定转速和流量的情况下工作。
4) 所抽送水的温度不能过高。
5) 抽水时尽量避免产生涡流。

7. 比转数

它是反映水泵叶轮形状的参数，比转数相同，则叶轮形状相似。比转数与水泵性能有密切关系，可用于对水泵叶轮进行分析。

二、水泵的选型与配套

（一）设计流量和设计扬程的确定

正确选择水泵型号及其配套设备，是保证既能满足农田灌溉需要，又能使抽水装置经济运行的关键。选择型号时，先要根据使用地区自然地形条件和生产要求，确定水泵站的设计流量和设计扬程，使所选水泵的额定流量和扬程与要求的相等。

1. 设计流量的确定

抽水站有排灌结合和排灌分开两种形式，设计流量一般可按最大流量考虑，灌溉设计流量可用下式确定：

$$Q = \frac{\sum mA}{Tt\eta}$$

式中　Q——灌溉设计流量（m^3/h）；

　　　m——用水高峰时期不同作物的灌水定额（m^3/hm^2）；

　　　A——作物的种植面积（hm^2）；

　　　T——轮灌天数（d），即农田灌溉一次所延续的天数，仍以用水高峰期为准；

　　　t——每昼夜开机时间（h），通常柴油机可工作20h/d，电动机可工作22h/d；

　　　η——渠系有效利用系数，一般为60%～90%，渠道截面积大、输水远、沙壤土及旱作区取较小的值，反之则取较大的值。

所谓用水高峰，即干旱无雨又急需大量用水的时期，如水稻泡田插秧期。灌水定额可根据当地具体情况如土质、地下水位的深浅等，用调查或查阅当地有关资料的方法确定。只要能满足这一时期的用水要求，也就能保证作物生长发育的灌溉用水。

【例4-2】 有一机械提水灌区,有水田50hm², 旱田10hm², 均种植水稻。根据调查,当地的插秧期泡田的灌水定额:水田为750m³/hm², 旱田为1000m³/hm², 渠系有效利用系数为80%。计划10d轮灌一次,每天工作20h,试求该提灌站的设计流量。

解:
$$Q = \frac{\sum mA}{Tt\eta} = \frac{750 \times 50 + 1000 \times 10}{10 \times 20 \times 0.8} \text{m}^3/\text{h} = 297\text{m}^3/\text{h}$$

即该机械提灌站的设计流量为297m³/h。

2. 设计扬程的确定

灌溉泵站的设计扬程即水泵所需的扬程,包括实际扬程和损失扬程两部分,即

$$H = H_实 + h_损$$

(1) 实际扬程 实际扬程可在选定了抽水站的地址后实地测得。其中出水池的水位应尽可能控制灌区的全部农田。而进水池水位,通常是以作物生长期内河(湖)水的平均水位为依据。另外,还必须了解最枯水位和可能出现的最高洪水位,以确定机房的结构形式和电动机的安装高度等。

实际扬程一般可采用水准法测量。如无专用仪器,可用三角板等简单工具,按图4-29所示进行测定:先立标尺于水源水面 O 处,然后自标尺的一定高度 A 点向斜坡拉一细绳,将等腰三角板的底边靠向细绳,并在三角板的中部吊一个小锤,上下移动细绳的 A 点,使小锤通过三角板顶点时,表明细绳已水平,记下 OA 高度;再将标尺移至细绳与斜坡交点 B 处,按同法测量,直至拟定的水泵出水管出口 E 为止。这样 OA、BC、DE 之和,即为实际扬程。

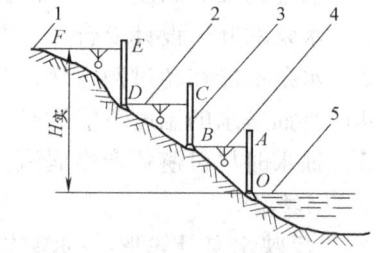

图4-29 在长斜坡河岸测量扬程
1—上水面 2—细绳 3—标尺
4—三角板吊线 5—水源水面

(2) 损失扬程 损失扬程与水管直径有关,而水管直径一般又需在选定水泵以后才能确定。为此,可根据水泵口径与流量之间的特定关系,采用如下办法确定损失扬程:先根据设计流量参考表4-5或水泵性能表,确定水泵口径(如上例流量为297m³/h,应选200mm口径水泵);再根据地形确定输水管长度,根据实际扬程流量拟定水泵的附件,然后根据水管的口径、长度,以及拟用的附件等已知数计算损失扬程。

对小型排灌站,管路损失扬程可按表4-7估算。

表4-7 管路损失扬程的估算

实际扬程/m	管路直径/mm		
	≤200	250~300	>350
	损失扬程相当于实际扬程的百分数(%)		
<10	30~50	20~40	10~25
10~30	20~40	15~30	5~15
>30	10~30	10~20	3~10

(二) 选择水泵

1. 初选水泵型号和台数

设计流量和设计扬程确定之后便可初选水泵型号。根据不同地区的特点和灌溉要求,初

步选定水泵的种类，再根据下述方法初选水泵的型号。

利用"水泵性能表"（见附录）选择水泵型号。查表时，首先从表中查出与设计扬程相符的型号，再看流量是否也相符，如果两者都相符，就可初步选定此水泵。

2. 确定泵型

采用上述方法选择水泵型号时，可初选出几种额定扬程大致与设计扬程相近的水泵，将这几种泵型作比较，然后根据设计流量确定所需水泵的台数。如果所需的设计流量小，一台水泵就能满足要求，比较后就确定此种型号的水泵。如果设计流量大，一台水泵不能满足要求，则可选几台水泵。一般中、小型抽水站选用2~4台同型号的水泵为宜。其比较内容是：

（1）比效率 在扬程相同的型号中，选效率高的泵。一般流量大的水泵效率高，但也应全面比较水泵流量大小与台数的关系。水泵流量过小，则台数过多，不仅效率低，而且增加投资，管理维修也不便；水泵流量过大，效率虽高，但台数过少会使流量的调节受到一定的限制。

（2）比投资 在流量相同时，设备和土建等的投资要少。例如在平原地区，混流泵与轴流泵都可采用，但混流泵泵站的土建投资少，安装维修方便，故常选混流泵。

（3）比机、泵设备安装维修的方便程度和动力的综合利用 选用安装维修方便、能综合利用动力的机、泵。

【例4-3】 某村有水田$90hm^2$需要提水灌溉，已知$1hm^2$需水量为$66.7m^3$，8天轮灌一次，从取水源水面至灌溉最高点的实际地形高度差为21m，采用水渠道自流灌，渠道损失为20%。采用钢管输水，管径为75mm，管路上装有底阀、闸阀、弯头等附件。水泵每天工作20h，试问，应选择什么型号的水泵？

解：1）确定所需水泵的流量 $Q = \dfrac{\sum mA}{Tt\eta} = \dfrac{66.7 \times 90}{8 \times 20 \times 0.8} m^3/h = 46.9 m^3/h$。

2）确定所需水泵的扬程。实际扬程 $H_实 = 21m$；损失扬程按表4-7估算，由管径75mm，实际扬程21m，查表4-7得，损失扬程为实际扬程的20%~40%，即损失扬程 $h_损 = (0.2 \sim 0.4)H_实 = (0.2 \sim 0.4) \times 21m = 4.2 \sim 8.4m$，考虑到管路较长、管径较细、管路附件较多，故取 $h_损 = 9m$，则所需水泵的总扬程 $H = H_实 + h_损 = 21m + 9m = 30m$

3）选择水泵。查水泵性能表（见附录），可知IB80—65—160型单级单吸离心泵能满足流量和扬程的要求，其主要性能参数见表4-8。

表4-8 所选水泵的主要性能参数

水泵型号	流量/(m³/h)	扬程/m	转速/(r/min)	轴功率/kW	配套功率/kW	效率(%)	H_S/m
IB80—65—160	50	32	2900	5.7	7.5	76	7.6

（三）水泵与动力机的配套

水泵与动力机的配套，包括确定动力机类型、功率和转速。

目前水泵所用动力机主要有电动机和内燃机两类。内燃机主要是柴油机。选择动力机时，可根据具体情况决定。凡是有电源的地方，采用电动机作动力，较为经济，且使用、操作方便，故障少。柴油机具有机动性高和便于调速等特点，对于小型排灌站或经常流动的临时性排灌机组，较为适用。

由于水泵转速对水泵的性能有很大的影响，因此动力机的转速也是选择动力机时应考虑的一个重要因素。在选择动力机时，必须使其转速与水泵相适应。具体说来，当用电动机直接驱动时，电动机转速必须与水泵转速一致；当动力机（内燃机或电动机）用带传动时，应通过计算，验证动力机转速是否符合要求。如不符合，则应更换水泵或动力机带轮。

第四节　水泵机组安装

一个完整的排灌系统，不仅要为水泵配备合适的动力机和相应的传动装置，还要配合理的管路和必要的附件，才能完成排灌工作。图4-30为离心泵机组组成示意图。

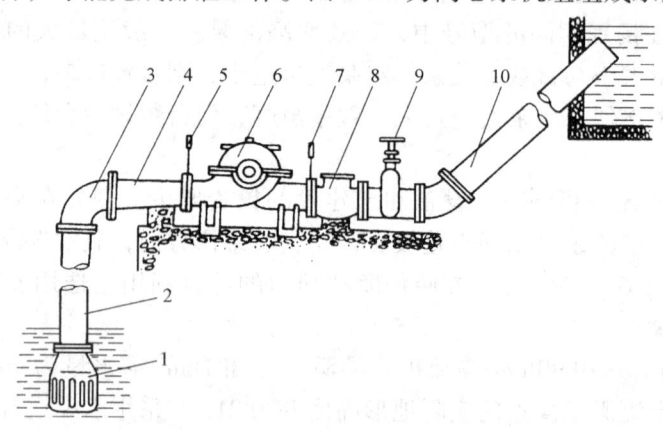

图4-30　离心泵机组组成示意图
1—底阀　2—吸水管　3—弯头　4—变径管　5—真空表　6—水泵
7—压力表　8—止回阀　9—闸阀　10—压水管

一、水泵管路与附件

（一）进、出水管

水管用于输水，一般包括吸水管（又叫进水管）和压水管（又叫出水管）两部分。按制造材料不同，常用的水管有钢管、铸铁管、钢筋混凝土管和橡胶管等。对于大中型固定式水泵，多采用钢管、铸铁管、钢筋混凝土管等寿命长的水管；对于临时安装和移动作业的小型水泵，进出水管多采用塑料、橡胶等轻便的水管。

在选择进出水管时，要在保证强度结实的前提下，以经济、安装方便为原则，择优选取。

（二）弯头和变径管

弯头用来改变吸水管或压水管的水流方向，多为铸铁制成，主要有90°、60°、45°等角度。管路中应尽量少用弯头，以减少水力损失。

变径管又叫渐变管，是一个两头直径不等的锥形短管，一般装在水泵进、出口处，用于连接直径与泵进出口口径不一致的水管。

变径管分同心变径管和偏心变径管两种。后者只用于进水管上，安装时偏心应朝下，以防积聚空气，影响进水流的稳定流动。

（三）底阀和滤网

底阀和滤网一般装配成一体，俗称莲蓬头，装于进水管最下面。底阀的功用是：保证水泵开动前向叶轮里灌引水时不漏水;当水泵工作时,在泵内吸力作用下底阀应能自动打开;停泵时,在自身重量和管内水倒流的冲力下关闭,这样可使进水管和泵内存水,以使下次起动时不用再向泵内灌水。

底阀主要由阀体和体内的单向阀门组成。按单向阀门结构不同,常用的底阀有盘状活门和蝶形活门两种(见图4-31)。前者多用于进水管口径在152mm以下的水泵,后者多用于152mm(含152mm)以上的水泵。蝶形活门在活门下面一般设有一指状杠杆,当需要将进水管内的存水放出(如转移水泵)时,可通过绳索拉动,以顶开单向阀门。

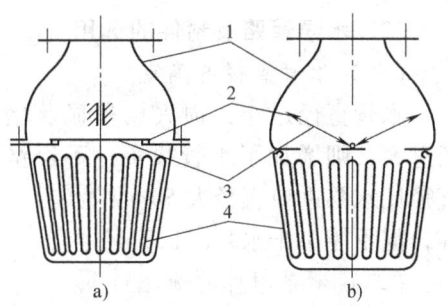

图4-31 底阀构造示意图
a) 盘状活门 b) 蝶形活门
1—阀体 2—橡皮垫 3—单向阀门 4—滤网

底阀给进水造成很大阻力,因此对于不需灌水而能起动的水泵(如自吸泵,用抽气引水的水泵等),就不应安装底阀。

滤网为一铸铁制的网筛,装于底阀下部,用以防止杂物或鱼虾等吸入水泵而发生事故。如无底阀,则应在进水管下部安装滤网。

(四)止回阀和拍门

止回阀是一个单向阀门(见图4-32),装于水泵出水口附近。其作用是在水泵突然停车时,防止因压水管的水倒流时产生的水锤作用击坏水泵和底阀,多用在扬程较高、流量较大的离心泵上。

拍门(见图4-33)又叫出水活门,也是一个单向阀门,与止回阀不同的是,它安装在压水管出口,其功用主要是防止水泵停车后,上水池的水倒流入下水池。拍门一般在流量大、扬程低的水泵(如轴流泵)上应用较多。

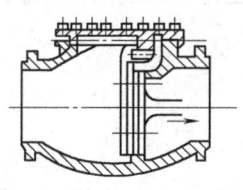

图4-32 止回阀

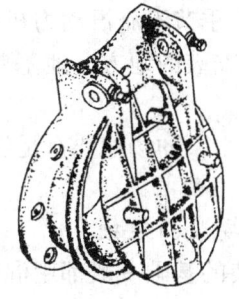

图4-33 拍门

(五)闸阀

闸阀多用在离心泵上,其构造如图4-34所示。主要由阀盖3、阀板4、阀体5等组成。当转动手轮时,即可通过丝杆带动阀板上升或下降,从而控制管路通道的大小,或完全切断管路。

闸阀一般装在止回阀后面。其作用如下:

1) 用真空泵抽真空引水的水泵,在开动真空泵时关闭闸阀,可封闭压水管路,防止空气进入。

2) 离心泵起动前关闭闸阀,可降低起动负荷;停车前关闭闸阀,可使动力机在轻载下平稳停车,以尽量消弱水锤影响。

3)在工作中用以调节(减小)流量,从而达到减小功率消耗等目的。

二、水泵管路及附件的选用

(一) 水管直径的确定

水管直径过小,损失扬程显著增加,动力消耗增多。水管直径过大,则增加了水管投资,不经济。在一般情况下,以进水管直径比水泵进口直径大 50mm 为宜,出水管直径与水泵出口直径相等,但不能小于水泵出口直径。

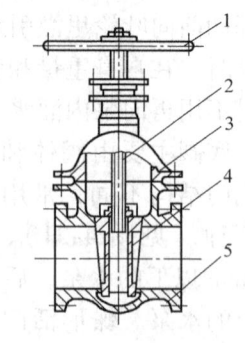

图 4-34 闸阀
1—手轮 2—丝杆 3—阀盖
4—阀板 5—阀体

(二) 水泵附件的选择

水泵附件应根据水泵类型和流量大小、扬程高低等因素选择。底阀只用于灌引水起动的水泵,闸阀用于在工作中需要调节流量或用真空泵抽真空引水起动的水泵。止回阀用于扬程高、流量大的离心泵。对于扬程低而流量大的轴流泵、混流泵,一般在压水管出口处安装一个拍门即可。真空表和压力表一般用在大型水泵上。

三、水泵的安装

以离心水泵为例说明水泵安装。

(一) 水泵安装位置的选择

在确定水泵安装地点时,应注意以下几点。

1) 在确保安全的情况下,水泵安装位置应尽量靠近水源和陡坡,以缩短进、出水管长度,减少不必要的弯管,减少漏气的机会和扬程损失。

2) 水泵距河面或进水池水面的垂直高度,应保证在最低枯水位时吸水扬程不超过规定值,而在洪水季节不淹没动力机。

3) 水泵安装的地方,地基要坚固、干燥,以免水泵在运行中因振动造成下陷和电动机受潮。

4) 安装水泵的场地要有足够的面积,以便拆卸检修。

(二) 水泵的基础

1. 固定安装的基础

固定安装的基础一般都用混凝土浇筑。混凝土按质量可采用 1 份水泥、2 份黄沙、5 份碎石拌水制成。基础的尺寸,可较水泵动力机座(或共同底座)长、宽各大 10~15cm,深度比地脚螺栓深 15~20cm。基础应高出地面 5~15cm。

进行混凝土浇筑时,可采用一次灌浆法或二次灌浆法。一次灌浆法是在浇筑基础前,预先用模框固定地脚螺栓,然后一次把地脚螺栓浇筑在混凝土内。它的优点是:缩短施工期限,提高地脚螺栓的稳固性;其缺点是对地脚螺栓位置的确定要求较高。二次灌浆法是预先留出地脚螺栓孔,等水泵和动力机装上基础,拧好螺母后,再向预留孔浇灌水泥浆,使地脚螺栓固结在基础内。这种方法的优点是安装时便于调节,但二次浇灌的混凝土有时结合不好,影响地脚螺栓的稳固性。一般安装小型水泵时采用一次灌浆法,安装大型水泵则采用二次灌浆法。

2. 临时安装的机组

可以将水泵和动力机共同安装（也可分开安装）在硬木做的底座上，把底座埋在土内或在周围打上木桩即可。

（三）水泵和动力机安装中的注意事项

混凝土基础凝固后，即可安装水泵和动力机。安装时，应该注意以下几点：

1) 有共同底座的水泵，应先安装共同底座，并注意找水平。

2) 水泵和动力机采用联轴器直接连接时，为防止机器发生振动和损坏水泵，水泵和动力机轴必须同心。检查方法如图 4-35 所示，用直尺在两联轴器上下、左右四个方向检查，如直尺与两联轴器都能紧贴而无间隙，则表明两轴同心。如不同心，则要在水泵或动力机底座下加适当垫片调整。

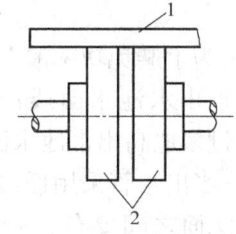

图 4-35 用直尺检查两轴是否同心
1—直尺 2—联轴器

3) 水泵与动力机联轴器间应有一定间隙，以防止水泵或动力机轴出现少许轴向移动时，两联轴器相碰，影响机组工作。口径 300mm 以下的水泵，间隙为 2~4mm；口径 350~500mm 的水泵，间隙为 4~6mm；口径 600mm 以上的水泵，间隙为 6~8mm。此间隙必须左右一致，否则说明水泵轴与动力机轴不在一直线上。

4) 采用带传动的水泵，动力机带轮与水泵带轮宽度中心线应在同一直线上，且两轴平行（开口或交叉传动）。检查方法为：如两传动带同宽，可用细线检查两带轮相互位置（见图 4-36）。用一细线，一头接触 a 点，另一头慢慢向 d 点靠近，如果细线同时接触 b、c、d 三点，则符合要求。另外，对开口式带传动，应使松边在上，紧边在下，以增大包角。

（四）进水管的安装

进水管路安装不当，会造成水泵不出水，或影响水泵正常工作，应引起重视。

1) 进水管路必须牢固支承，不应压在水泵上，各接头处应严格密封，不得漏气。

2) 带有底阀的进水管，应垂直安装，如受地形限制需斜装时，与水平面的夹角应大于 45°，且阀片方向应如图 4-37 所示，以免因底阀不能关闭或关闭不严，影响水泵工作。

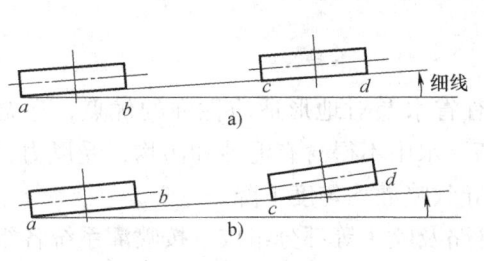

图 4-36 用细线检查两带轮相互位置
a) 正确 b) 不正确

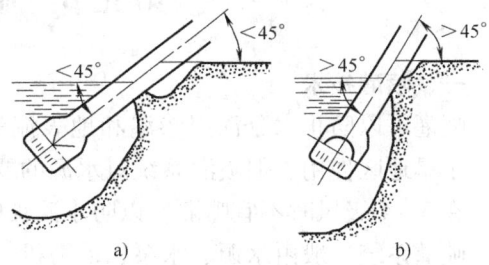

图 4-37 进水管的斜度和阀片方向
a) 不正确 b) 正确

3) 弯头不能直接与水泵进口相连，而应装一段长度约为 3 倍直径的直管段，如图 4-38a 所示。否则，将造成水泵进口水流紊乱，影响水泵效率。

4) 整个进水管路应平缓地向上升，任何部分不应高出水泵进口的上边缘，以防管内积聚空气，影响吸水（见图 4-38b、c）。

5）底阀应有一定的淹没深度，最低不能小于0.5m。底阀到池底距离，应等于或大于底阀直径（但最小不应小于0.5m），如图4-39所示。

（五）出水管路的安装

1）出水管路上，每隔一定距离应建一个支座支住水管，以防水管滑动和使水泵承受出水管重力。

2）为了避免功率浪费，水泵出水管的出口应尽量接近出水池水面或浸没在出水池水面以下，而不可过多地高出水池水面，以免浪费功率。

3）当出水管采用插口连接时，小头顶端与大头内支承面之间要有3～8mm的间隙，小头与大头间的径向间隙，应以石棉水泥填塞紧实，如图4-40a所示。石棉与水泥的配合比是石棉绒30%，400号以上水泥70%，水为两者合量的10%～12%；接头采用套管的水泥管，在套管与水泥管之间，也应用石棉水泥和油麻绳填塞好（见图4-40b）。

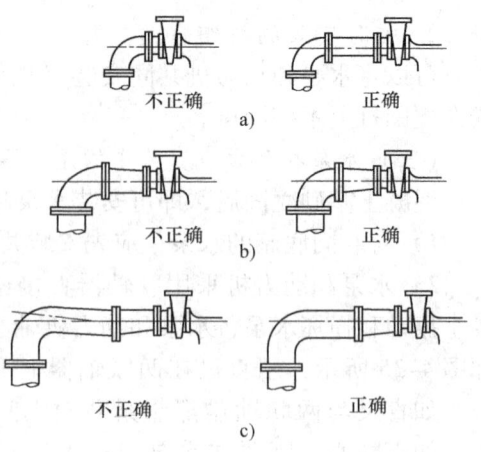

图4-38 进水管的安装

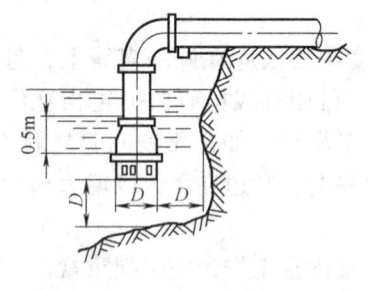

图4-39 底阀安装示意图

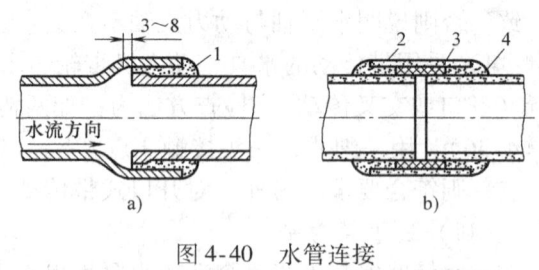

图4-40 水管连接
1—石棉水泥 2—套管 3—油麻绳 4—石棉水泥

第五节 喷灌与微灌技术

一、喷灌技术

喷灌可以防止水分深层渗漏和地表流失，具有省水及对地形适应性强的优点，适合缺水、干旱地区使用。但喷灌系统对水源的要求较高，水中不得含有泥沙和污物；受风力影响大，在3～4级风时不宜喷灌，以防水滴被吹走，导致喷灌均匀度下降。

喷灌系统一般由水源、水泵、动力机、输水管路及喷头等部分组成。按喷灌系统各组成部分可移动的程度，分为固定式、半固定式和移动式三种类型。

（一）固定式喷灌系统

除喷头外，所有管道在整个灌溉季节或常年都是固定的。水泵和动力机安装在固定的位置，干管和支管多埋在地下，竖管伸出地面，喷头安装在竖管上。

（二）半固定式喷灌系统

动力机、水泵和主干管都是固定不动的，喷头和支管是可以移动的。如图4-41所示。

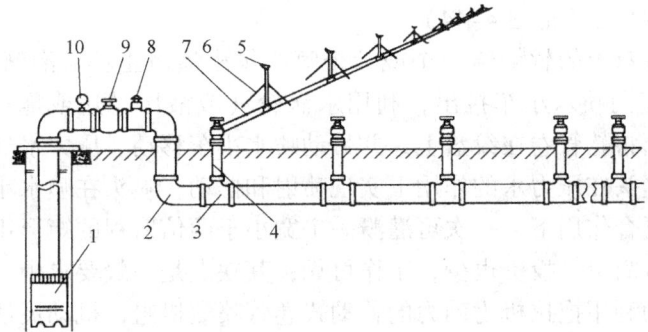

图 4-41 半固定式喷灌机组

1—水泵 2—主干管 3—三通管接头 4—出地管 5—喷头
6—支架 7—移动水管 8—放气阀 9—闸阀 10—压力表

(三) 移动式喷灌系统

该系统的动力装置、干管、支管和喷头都是可以移动的,具有机动性强、操作方便、生产率高等优点,是广泛应用的一种喷灌系统。从结构形式上可分为时针式喷灌机组、平移式喷灌机组、绞盘式喷灌机组及移动软管式喷灌机组四种。

1. 时针式喷灌机组 (见图 4-42)

它将支管撑在高 2~3m 的支架上,全长可达 400m,支架可以自己行走,支管的一端固定在水源处,整个支管沿中心点绕行,像时针一样,边走边灌,可以使用低压喷头,灌溉质量好,自动化程度高。其缺点是只能灌溉圆形的面积,灌溉残留面积较大。适用于地表较平的大型农场,并要求灌区内无任何高的障碍物 (如电杆、树木)。

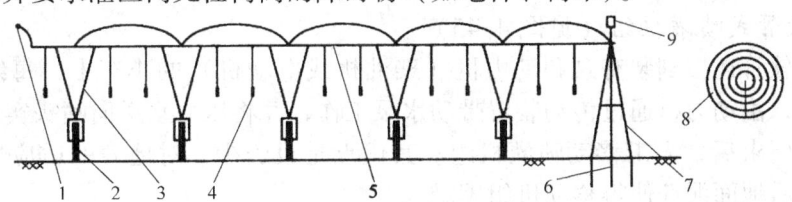

图 4-42 时针式喷灌机组

1—末段喷头 2—地轮 3—支架 4—喷头 5—桁架 6—水泵轴
7—固定支架 8—运行示意图 9—换向装置

2. 平移式喷灌机组 (见图 4-43)

克服了时针式喷灌机只能灌溉圆形面积的缺点,采用支管做平行运动的喷灌系统,灌溉的面积成矩形。其缺点是当机组运行到田头时,要重新牵引到原来的出发点才能进行第二次灌溉;而且平移的准直技术要求高。其适宜的推广范围同时针式喷灌机组相仿。

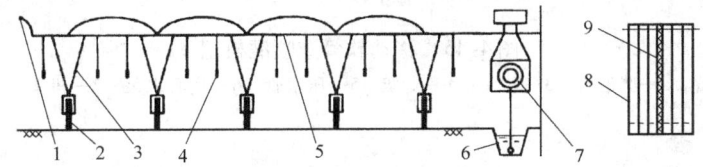

图 4-43 平移式喷灌机组

1—末段喷头 2—地轮 3—支架 4—喷头 5—桁架 6、9—水渠 7—水泵 8—运行示意图

3. 绞盘式喷灌机组（见图4-44）

它利用盘在大绞盘上的软管给一个或几个喷头供水灌溉土壤。灌溉时先用外力（人力或牵引力）将软管连同喷水小车拉出，利用水涡轮（或液压马达或拖拉机驱动轮的动力）驱动绞盘旋转，逐渐将软管卷在绞盘上，并带动喷水小车移动。压力水通过软管输送到喷水小车所带的喷头，喷头在压力水的作用下实现喷射和摆动，喷头在喷水小车带动下移动和在水压驱动下摆动的复合作用下，一次可灌溉一个宽小于两倍射程的矩形田块。这种系统优点是田间工程少，设备简单，投资也少，工作可靠；其缺点是一般要求中、高压喷头，能耗较高。我国近年研制的利用拖拉机为动力的移动式卷管喷灌机组，机动灵活，具有广阔的应用前景。

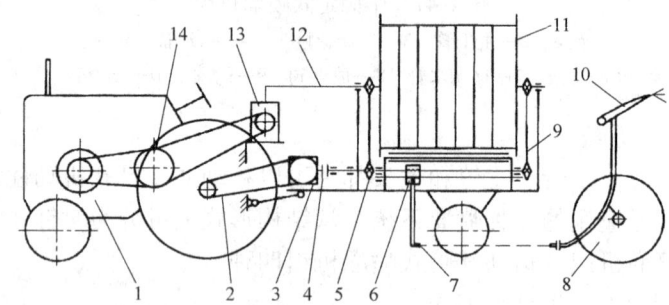

图4-44 绞盘式喷灌机组

1—拖拉机 2—主动驱动链 3—减速器 4—离合器 5—绞盘驱动链 6—排管器
7—软管 8—喷头车 9—排管器驱动链 10—喷头 11—绞盘
12—水泵出水管 13—水泵 14—拖拉机离合器

4. 移动软管式喷灌机组（见图4-45）

将喷头用软管连接到装有泵和动力机（柴油机或电动机）的小车上，每组有1～10个喷头。工作时，由动力机通过传动装置带动水泵工作，并将压力水送向喷头实现喷灌。当喷灌量达到农艺要求后，人工移动喷灌机组。其优点是投资少，对地表的适应性好，灵活机动；缺点是灌后地面泥泞使得移动机组困难。

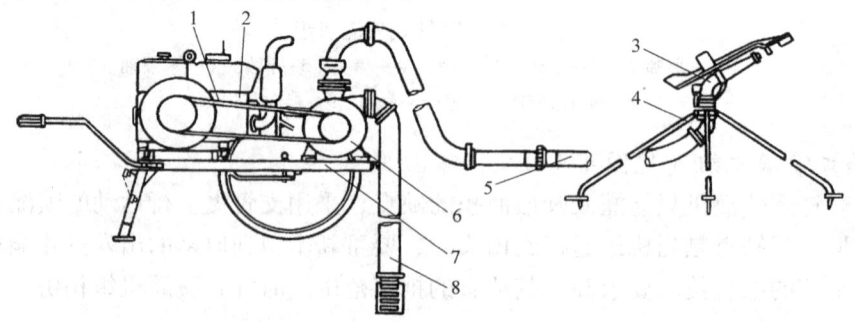

图4-45 移动软管式喷灌机组

1—传动装置 2—柴油机 3—喷头 4—支架 5—压水管 6—离心水泵 7—机架 8—吸水管

（四）喷头

喷头的功用是将压力水喷散成细小的水滴并均匀地洒布在田间，按其工作压力和射程的大小，可分为低压喷头（近射程喷头）、中压喷头（中射程喷头）和高压喷头（远射程喷头）三种，见表4-9。

表4-9 喷头按工作压力分类情况

喷头类别	工作压力 /kPa	射程 /m	流量 /(m³/h)	适用范围
低压喷头（近射程喷头）	<200	<15.5	<2.5	射程近，水滴打击强度低，主要用于苗圃、菜地、温室、草坪、园林、自压喷灌的低压区或移动式喷灌机
中压喷头（中射程喷头）	200~500	15.5~42	2.5~32	喷灌强度适中，适用范围广，可用于果园、草地、菜地、大田等作物
高压喷头（远射程喷头）	>500	>42	>32	喷洒范围大，但水滴打击强度也大，多用于对喷洒质量要求不高的大田作物和牧草

喷头按运动方式可分为摇臂式、旋转式和固定式等类型。下面介绍摇臂式喷头的结构与工作。

1. 摇臂式喷头的结构

摇臂式喷头的结构如图4-46所示。

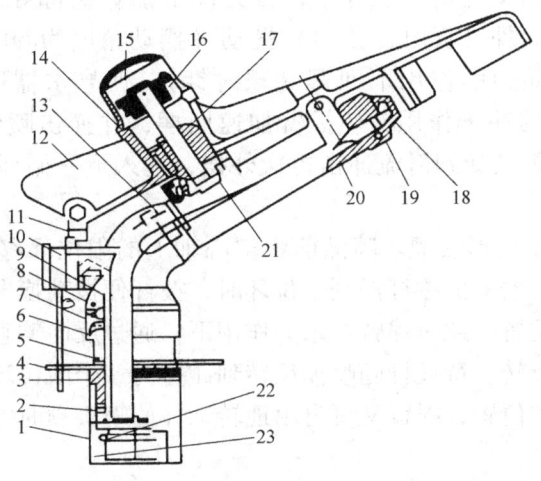

图4-46 摇臂式喷头的结构

1—空心轴 2—减摩垫 3、9、19—O形密封圈 4—限位环 5—空心轴套 6—防沙弹簧 7—弹簧罩 8—喷体 10—换向器 11—反转钩 12—摇臂 13—喷管 14—防水帽 15—弹簧座 16—摇臂弹簧 17—衬套 18—喷嘴 20—摇臂轴 21—轴端垫 22—垫片 23—接头

（1）喷体 喷体由空心轴、轴套、弯头、喷管、喷嘴、稳流器等组成。轴套与管道上的竖管连接，固定不动，空心轴可在轴套内转动，它和弯头、喷管、喷嘴联成一体，构成水

的流道。喷管内装有稳流器，用于消除水流经过弯头所产生的旋涡和横向水流。喷嘴处做成锥形流道，使水流的压力能最大限度地转化为动能。喷管通常也为锥形管，以便流道平滑地向喷嘴处过渡。喷头通常配有不同孔径的喷嘴可供选用。

（2）转动机构　转动机构由摇臂、摇臂轴、摇臂弹簧和弹簧座等组成，用于粉碎射流和驱动喷头旋转。

（3）密封装置　密封装置用于封闭空心轴与轴套之间的间隙，防止漏水。一般具有三层密封圈（O形密封圈、防沙密封圈、减摩密封圈）。

（4）转向机构　转向机构由换向器、反转钩和限位环组成。用于喷头转向作扇形喷灌。换向器有转钩式、转块式、卧钩式、摆块式、挺杆式等形式。

PY_1系列喷头采用摆块式，固定在喷头体的弯头上，由摆块、摆块轴、换向弹簧、拨杆、拨杆轴和换向器座组成。摆块在换向弹簧控制下，只有两个极限位置：一个位置是摆块的突起能挡住摇臂上的反转钩，限制摇臂的摆幅，摇臂在水力作用下，通过反转钩直接撞击摆块，使喷体反向旋转；另一个位置是摆块收缩，突起挡不住反转钩，摇臂可以自由摆动，使喷头顺时针方向旋转。

限位环安装在空心轴上，用于限制喷体的活动范围，并通过拨杆上端的换向弹簧迫使摆块转向。

2. 摇臂式喷头的工作原理

（1）喷散　压力水经喷管内的稳流器整流后，沿锥形流道提高流速，将压力能逐渐转化成动能，然后从喷嘴高速射出。射流水柱与空气碰撞并受摇臂的拍击而粉碎成细小的雨滴。

（2）转动　压力水由喷嘴射出过程中，首先冲击摇臂头部导水器上的导水板，使摇臂获得射流的作用力而向外（反时针方向）摆动（摆动角度为60°~120°），并将摇臂弹簧扭紧。接着摇臂在弹簧力的作用下回摆（顺时针），使导水器以一定速度进入射流水柱。由于射流对偏流板的冲击作用，使摇臂加速回摆，并撞击喷体使之顺时针方向转动3°~5°转角。此时导水板又受到射流冲击再次外摆，进入下一循环。如此连续工作，使喷头间歇旋转。

（3）转向　转向用于扇形喷灌。喷灌前将空心轴上的限位环移到所需工作位置。当喷体按上述原理转动至换向器上的拨杆碰到限位环时，拨杆便拨动换向弹簧，迫使摆块转动到突起能与反向钩相碰的位置；此时摇臂在水力作用下，通过反向钩直接撞击摆块突起，而获得反作用力使喷头快速反转；待拨杆随喷体反转到碰撞另一个限位环时，则迫使摆块转到突起碰不到摇臂上反向钩的位置，摇臂又可自由地转动并使喷头顺时针方向旋转。

二、微灌技术

微灌即微量灌溉，是利用专门设备，将有压水流变成细小的水流和水滴，湿润作物根部附近的土壤的一种精确控制水量的局部灌溉方法。根据作物的需水要求，用管道把水送到每一棵植物的根部，使每一棵植物都得到需要的水量，减少了深层渗漏、地面径流和输水损失，并且可以通过微灌系统施肥施药。适宜在水源缺乏或地形复杂的地方应用。

微灌包括滴灌、微喷、涌泉灌和渗灌四种形式。灌水器是微灌系统的关键部件，其作用是把末级管道（毛管）的压力水均匀而又稳定地灌到作物根区附近的土壤中，它的质量好坏直接影响到微灌系统的寿命及灌水质量。不同的灌溉方法采用不同的灌水器。滴灌的灌水器是滴头，微喷灌的灌水器是微喷头，涌泉灌的灌水器是 $\phi 4mm$ 的小塑料管。这三种方式除灌水器差别较大外，其余部分基本相同，属地面微灌系统。渗灌则是将输水支管连同灌水器一同埋于耕层下的一种灌水技术。

由于微灌的灌水器出水口小，管网容易被水中的矿物质或有机质堵塞，因此对过滤设备性能要求高。

（一）滴灌

滴灌是利用安装在末级管道上的滴头，将输水管内的有压水流通过消能，以水滴的形式一滴一滴地灌入土壤中的灌溉方式。水滴离开滴头时压力为零，只有重力作用于土壤表面。滴灌不同于传统的地面灌或喷灌那样要将土壤全部表面灌水，而是只湿润作物根系附近的局部土壤。

1. 滴头

滴头通过流道或孔口将毛管中的压力水流变成滴状或细流状，使其以稳定的速度一滴一滴地滴入土壤。低头常用塑料压注而成，工作压力为 100kPa，流道最小孔径为 0.3~1.0mm，流量在 0.6~1.2L/h 之间。按滴头的消能方式可分为以下几种类型。

（1）管式滴头　通过水流与流道壁之间的摩擦力消能来调节出水量的大小，如内螺纹管式滴头、微管滴头等，如图 4-47、图 4-48 所示。

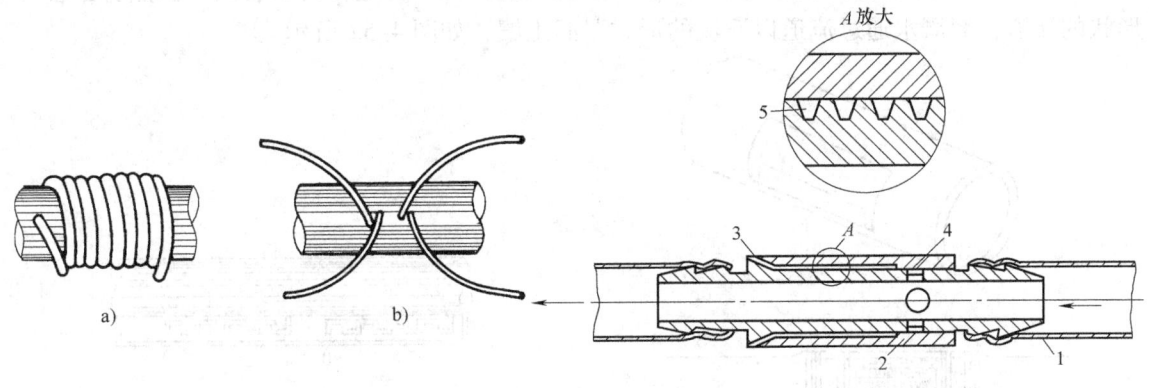

图 4-47　管式滴头
a）缠绕式　b）散发式

图 4-48　内螺纹管式滴头
1—末级管道　2—滴头　3—滴头出水口　4—螺纹流道槽　5—流道

（2）孔口式滴头　通过孔口出流造成的局部水头损失来消能和调节出水量的大小，如图 4-49 所示。孔口一般为 0.5~1mm，工作压力为 20~50kPa。

（3）涡流式滴头　依靠水流进入灌水器的涡流室内形成涡流来消能和调节出水量的大小，水流由涡流室的中间孔流出，如图 4-50 所示。

（4）压力补偿型滴头　利用水流压力压迫流道槽口滴头内的弹性体（片）使流道（或孔口）形状改变或过水断面面积发生变化，即当压力减少时，增大过水面积，压力增大时，减小过水面积，从而使滴头出流量自动保持稳定，同时还具有自清洗功能。

2. 滴灌管

滴头与毛管制成一体，兼具配水和滴水功能的管称滴灌管或滴灌带。

（1）内镶式滴灌管　在毛管制造过程中，将预先制造好的滴头镶嵌在毛管内，形成滴灌管。图 4-51 所示为一种内镶式滴灌管。

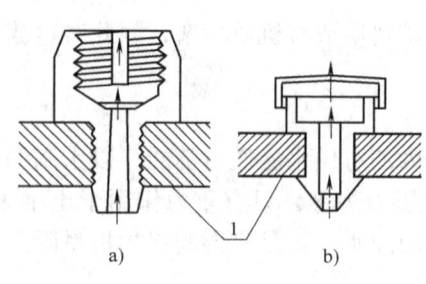

图 4-49 孔口式滴头
a) 螺纹式 b) 铆接式
1—输水管壁

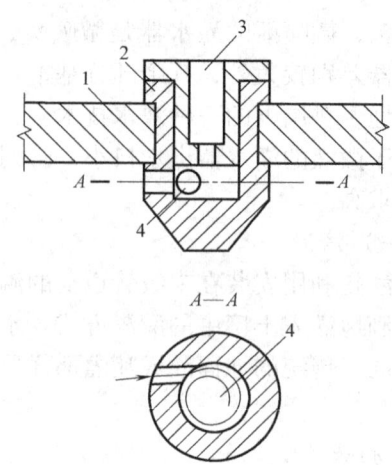

图 4-50 涡流式滴头
1—毛管壁 2—滴头体 3—出水口 4—涡流室

（2）薄壁滴灌带 目前国内使用的薄壁滴灌带有两种。一种是在 0.2～1.0mm 厚的薄壁软管上按一定间距打孔，灌溉水由孔口喷出湿润土壤；另一种是在薄壁管的一侧热合出各种形状的流道，灌溉水通过流道以滴流的形式湿润土壤，如图 4-52 所示。

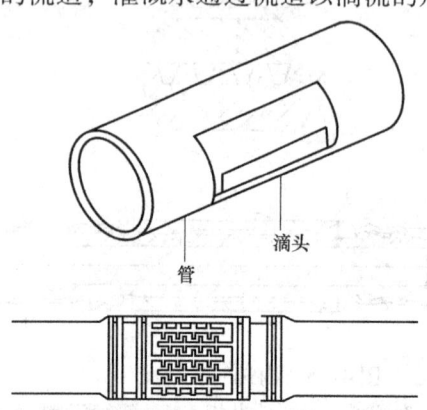

图 4-51 内镶式滴灌管

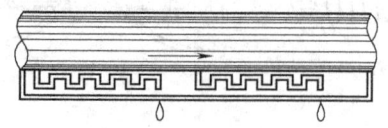

图 4-52 薄壁滴灌带

由于滴灌是缓慢给水，灌水流量小，管内水的工作压力和摩擦损失都小，这就为实现低能耗、高均匀度（指滴头滴水均匀度）提供了物质条件，也为更高的节水作物产量和更好的农产品质量提供了可靠的保证。但与喷灌方式相比，不具有防干热风、调节田间小气候的作用。对于黏重土壤，因灌水时间较长，根系区土壤水分长期保持高含水量状态，作物根部易生病害。另外，土壤长期定点灌水会使土壤湿润区与干燥区的交界处盐分聚积，有可能产生土壤次生盐渍化，对作物生长不利。而且滴头的堵塞问题还没有彻底解决。

（二）微喷灌

微喷灌是通过管道系统将有压水送到作物根部附近，用微喷头将灌溉水喷洒在土壤表面进行灌溉的一种新型灌水方法。微喷灌与滴灌一样，也属局部灌。其优缺点也与滴灌基本相同，节水增产效果明显，但抗堵塞性能优于滴灌，而耗能又比喷灌低。同时还具有降温、除尘、防霜冻、调节田间小气候等作用。

微喷头是微喷灌的关键部件，单个微喷头的流量一般不超过250mL/h，射程小于7m。微喷头有固定式和旋转式两种，前者喷射范围小，水滴小；后者喷射范围大，水滴也大些。按照结构和工作原理，微喷头又可分为射流式、离心式、折射式和缝隙式4种。

（1）射流式微喷头　水流从喷嘴喷出后，集中成一束向上喷射到一个可以旋转的单向折射臂上，折射臂上的流道形状不仅可以使水流按一定喷射仰角喷出，还可以使喷射出的水舌反作用力对旋转轴形成一个力矩，从而使喷射出来的水舌随着折射臂做快速旋转，故它也称为旋转式微喷头。旋转式微喷头一般由折射臂、支架、喷嘴等部件构成，如图4-53所示。旋转式微喷头的射程较大，灌水强度较低，水滴细小。由于其运动部件加工精度要求较高，并且旋转部件容易磨损，因此使用寿命较短。

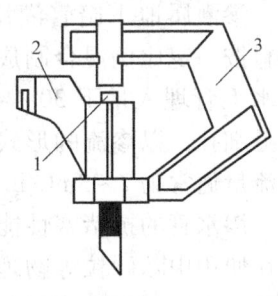

图4-53　射流式微喷头

1—喷嘴　2—折射臂　3—支架

（2）折射式微喷头　折射式微喷头主要由喷嘴、折射锥和支架3个部件组成，如图4-54所示。水流由喷嘴垂直向上喷出，遇到折射锥即被击散成薄水膜沿四周射出，在空气阻力作用下形成细微水滴散落在四周地面上。折射式微喷头又称为雾化微喷头。它的优点是结构简单，没有运动部件，工作可靠，价格便宜；缺点是由于水滴太细小，在空气干燥、温度高和风大的地区，蒸发漂移损失大。

（3）离心式微喷头　这种喷头的结构外形如图4-55所示。它的主体是一个离心室，水流从切线方向进入离心室，绕垂直轴旋转，通过处于离心室中心的喷嘴射出的水膜同时具有离心速度和圆周速度，在空气阻力作用下散成水滴落在喷头四周。该种喷头工作压力低，雾化程度高，不易堵塞。

（4）缝隙式微喷头　如图4-56所示，这种喷头由两部分组成，下部是底座，上部是带有缝隙的盖。水流经过缝隙喷出，在空气阻力作用下，裂散成水滴。

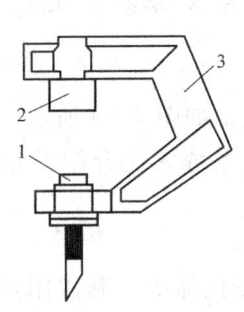 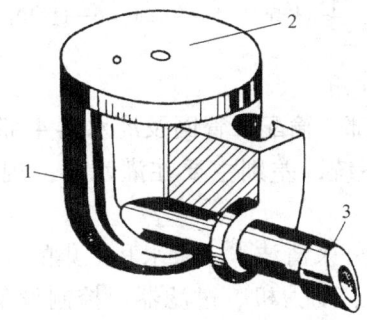 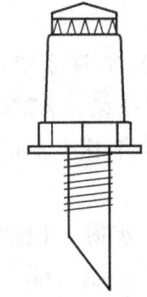

图4-54　折射式微喷头　　　　图4-55　离心式微喷头　　　　图4-56　缝隙式微喷头

1—喷嘴　2—折射锥　3—支架　　1—离心室　2—喷嘴　3—接头

（三）涌泉灌

涌泉灌是用φ4mm的小塑料管作为灌水器，以细流（射流）状局部湿润作物附近土壤的灌溉方式，对于高大果树，通常围绕树干修一圈渗水小沟，以分散水流均匀湿润果树周围土壤。这种灌溉技术也称小管出流灌溉。

其工作原理如图4-57所示。利用接在毛管上的φ4mm小塑料管消减压力，使水流变成细流状施入土壤。它的工作压力低，孔口大，不易堵塞。

（四）渗灌

渗灌属地下暗管灌溉，是利用废旧橡胶和 PE 塑料按一定比例混合制成可以渗水的多孔管，将此渗水毛管埋入地下 30~40mm，压力水通过管壁上的毛细孔，以渗流的形式湿润周围土壤。渗水毛管的流量通常为 2~3mL/h（见图 4-58）。

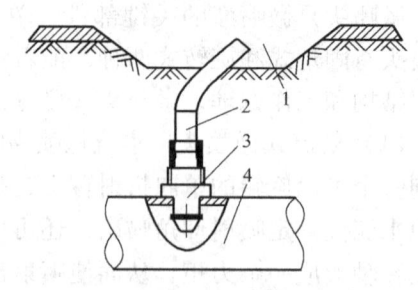

图 4-57 涌泉灌灌水器
1—渗水沟 2—ϕ4mm 水管 3—接头 4—毛管

渗水管的抗堵塞性能和使用寿命尚待提高。渗灌在使用中除砂粒等物理性堵塞外，还有因水中溶解盐析出后凝积在管壁中的化学性堵塞，以及细菌类的生物性堵塞。上述原因造成的堵塞会使渗水管的渗水性能不断降低直至失效。其次是渗水管的埋深、间距和渗水强度都随管道材质、土壤质地、作物、地下水埋深等因素有关，该方面的研究尚不完善。加之投资较大，一般为喷灌的 4 倍，检查、维修也比较麻烦。这些都是至今没能大面积推广的原因。

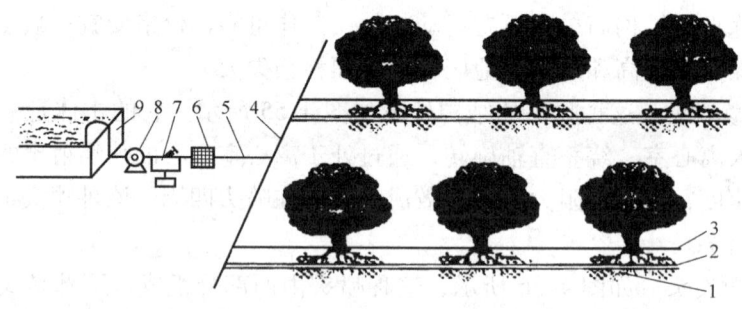

图 4-58 渗灌系统
1—出水口 2—渗管 3—地表 4—支管道 5—主管道 6—过滤器 7—加肥器 8—水泵 9—水源

（五）微灌系统的组成及作用

微灌系统由水源、控制首部、输配水管网及灌水器 4 部分组成，如图 4-59 所示。不同的灌水器将组成不同的微灌系统，差别主要在灌水器。现以滴灌系统为例介绍其组成和作用。

（1）水源 包括地下水、外来清洁水、泉水和汇集的天然降水。

（2）控制首部 包括水泵、动力机、过滤器、控制设备和测量仪器等。其作用是从水源抽水、混合肥料并加以过滤，定量压入干管。

（3）输配水管网 包括干管、支管、毛管（一般为直径 12~30mm 的塑料软管）、闸阀、流量调节器等。用于将定量的低压水或水肥混合液送入每个灌水器。

（4）灌水器 将来自毛管的水或水肥混合液均匀地施入作物根系周围的土壤。

三、节水灌溉技术的发展趋势

1. 与生物技术相结合的作物调控灌溉技术

作物调控灌溉的基本原理是作物的生理化学通道受到遗传特性或生长激素的影响，在生长发育的某些时期施加一定的水分胁迫，即可影响光合产物向不同组织器官分配的倾斜，从

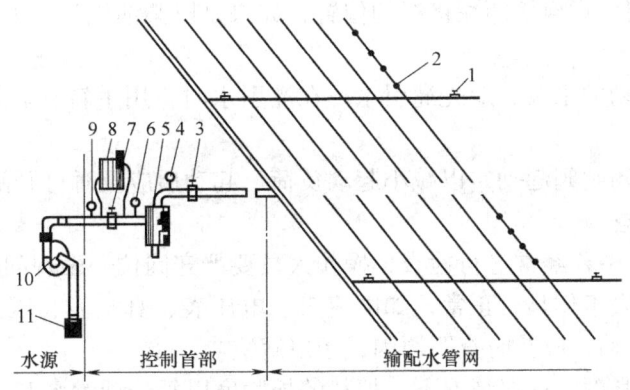

图 4-59 微灌系统的组成
1—支路闸阀 2—灌水器 3、7—闸阀 4、6、9—压力表 5—过滤器 8—加肥器 10—水泵 11—水泵底阀

而提高产出量而舍弃营养器官的生长量和有机合成物质的总量。基于上述思路，从作物生理角度出发，在一定时期主动施加一定程度有益的亏水度，使作物经历有益的亏水锻炼，改善品质，控制上部旺长，实现矮化密植，达到节水增产的目的。

2. 应用 3S 技术的精细灌溉技术

精细灌溉是精细农业的一个组成部分。精细农业代表着 20 世纪 90 年代农业生产的最高水平，是信息和人工智能高新技术相结合在大农业中的应用，主要内容是运用全球卫星定位系统（GPS）和地理信息系统（GIS）、遥感技术（RS）和计算机控制系统，实时获取农田小区作物生长实际需求的信息，通过信息处理与分析，基于小区农作条件的空间差异性，采取有效的调控措施，最大限度地优化组合各项农业投入，对作物实施定位按需变量投入和精细管理，以获得最高产量和最大的经济效益，同时保护自然资源与农业生态环境。

精细灌溉技术就是按需给作物进行施水的技术，可以最大限度提高水资源的利用率和土地的产出率，是农田灌溉学科发展的热点和农业新技术革命的重要内容。

3. 智能化节水灌溉装备技术

就是把生物学、自动控制、微电子、人工智能、信息科学等高新技术集成于节水灌溉机械与设备，实时地检测土壤和作物的水分，按照作物不同的需水要求来实施变量施水，达到最优的节水增产效果。

第六节 水泵的使用

一、离心泵的使用

1. 开机前的准备

水泵开机前，操作人员要进行必要的检查，以确保水泵的安全运行。

1) 用手慢慢转动联轴器或带轮，观察水泵转动是否灵活、平稳，泵内有无杂物碰撞声，轴承运转是否正常，传动带松紧是否合适等。如有异常，应进行必要的检修或调整。

2) 检查所有螺栓、螺钉是否松动，必要时进行紧固。

3) 检查水泵转向是否正确。正常工作前可先开车检查，如转向相反，应及时停车。若以电动机为动力,则任意换接两相接线的位置;如果是以柴油机为动力,则应检查传动带的接法是否正确。

4)需灌引水起动的水泵,应先灌引水。在灌引水时,用手转动联轴器或带轮,以排出叶轮内的空气。

5)离心泵应关闭闸阀起动,以减小起动负荷。起动后应及时打开闸阀。

2. 使用中的检查

水泵在运行过程中要经常进行检查,操作人员要严守岗位,发现问题及时处理。

1)检查各种仪表工作是否正常,如电流表、电压表、真空表、压力表等。若发现读数不正常或指针剧烈跳动,应及时查明原因,予以解决。

2)检查填料松紧度。一般情况下,填料的松紧度以每分钟渗水 12~35 滴为宜。滴水太少,容易引起填料发热、变硬,加快泵轴和轴套的磨损。滴水太多说明填料过松,易使空气进入泵内,降低水泵的容积效率,甚至造成不出水。填料的松紧度可通过填料压盖螺钉来调节。

3)经常检查轴承温度是否正常。一般情况下轴承温度不应超过 60℃。通常以用手试感觉不烫为宜。轴承温度过高说明工作不正常,应及时停机检查。否则可能烧坏轴瓦、断轴或因热胀咬死。

4)随时注意是否有异响、异常振动、出水减少等情况,一旦发现异常应立即停车检查,及时排除故障。

5)当进水池水位下降后,应随时注意进水管口淹没深度是否够用,防止进水口附近产生旋涡;经常清理拦污栅和进水池中的漂浮物,以防堵塞进水口。

6)停车前应先关闭出水管上的闸阀,以防发生倒流,损坏机具。

3. 离心泵的维护

1)轴承的维护。对于装有滑动轴承的新泵,运行 100h 左右就应更换润滑油;以后每工作 300~500h 换油一次。在使用较少的情况下,每半年也必须更换润滑油。滚动轴承一般每工作 1200~1500h 应补充一次润滑油,每年彻底换油一次。

2)每次停车后均应及时擦拭泵体及管路上的油渍,保持机具清洁。

3)在排灌季节结束后,要进行一次小修,将泵内及水管内的水放尽,以防发生锈蚀或冻坏。累计运行 2000h 以上进行一次大修。

4. 离心泵的常见故障及排除方法

离心泵的常见故障现象及排除方法见表 4-10。

表 4-10 离心泵的常见故障及排除方法

故障现象	原因分析	排除方法
水泵灌不满水	1. 底阀损坏 2. 底阀活门被杂物卡住 3. 进水管漏水 4. 放水螺塞未旋紧 5. 进水管中有气阻	1. 更换或修理底阀 2. 清除杂物 3. 根据漏水部位进行修理 4. 旋紧螺塞 5. 放气或重新安装进水管路

（续）

故障现象	原因分析	排除方法
起动后出水量少或根本不出水	1. 吸水扬程太高 2. 淹没深度不够，大量空气被吸入 3. 水泵转速达不到额定值 4. 水管或叶轮被杂物堵住 5. 叶轮或口环损坏 6. 底阀锈住 7. 未加引水或加水不满 8. 水泵转向错误 9. 传动带过松或打滑 10. 填料处漏水、漏气严重	1. 降低吸水高度 2. 在底阀上加一段延长管 3. 调整转速 4. 清除杂物 5. 更换损坏件 6. 修理底阀 7. 重加引水，注意排出内部空气 8. 通过调相或改变传动带安装方式改变转向 9. 调整中心距或带长度 10. 拧紧压盖或重装填料
动力机超载	1. 装置扬程太低，使流量加大，负荷增加 2. 转速太高 3. 泵轴弯曲或轴承损坏 4. 动力机轴与泵轴不同心 5. 叶轮与泵壳摩擦 6. 填料过紧	1. 关小闸门或调低转速 2. 调低转速 3. 针对损件修理或更换 4. 调整同心度 5. 通过拧紧叶轮螺母或在叶轮后面加垫圈来调整叶轮位置 6. 调松压盖或重装填料
水泵振动或声音异常	1. 发生汽蚀（吸程太高或淹没太浅） 2. 叶轮不平衡或损坏 3. 轴承损坏或润滑油太脏 4. 地脚螺栓松动 5. 叶轮与泵壳摩擦 6. 泵轴弯曲或同心度不好	1. 根据汽蚀原因采取消除汽蚀措施 2. 修理或更换叶轮 3. 换轴承另加润滑油 4. 拧紧地脚螺栓 5. 调整间隙 6. 校直或调整同心度
轴承发热	1. 轴承磨损太多 2. 泵轴弯曲 3. 润滑油加得太多或太少 4. 润滑油质太差 5. 传动带太紧 6. 动力机轴与泵轴不同心 7. 轴承安装不当	1. 换轴承 2. 校直或更换 3. 减少或加注 4. 洗净轴承并换油 5. 加长传动带或减小中心距 6. 调整同心度 7. 重新安装
填料函漏水太多	1. 轴弯曲、不同心，叶轮不平衡，轴承损坏，填料损失过多等 2. 轴套磨损过多 3. 发硬或规格不符 4. 填料压盖螺钉太松	1. 修理或更换，并消除引起的原因 2. 修理或更换轴套 3. 更换 4. 旋紧螺钉

二、轴流泵的使用

1. 水泵使用前的准备工作

1) 检查泵轴是否因运输而弯曲，如有弯曲则需校直。

2) 水泵安装的高度必须符合产品说明书的规定，以满足汽蚀余量的要求及起动要求。

3) 进水池进水口前应设拦污栅，避免杂物带进水泵。拦污栅的大小以使水经过拦污栅时的流速不超过 0.3m/s 为宜。

4) 水泵在安装前应检查叶片的安装角度是否符合要求，叶片是否有松动等。

5) 安装好后，应检查各联轴器和地脚螺栓是否拧紧。

6) 水泵的出水管应另设支承架，不得靠泵体支承。

7) 使用单向阀时最好装平衡锤，以平衡门盖的重力，使水泵经济运行。

8) 水泵起动前应用手转动联轴器数周，注意感觉轻重是否均匀，如有不匀必须查明原因并排除。

9) 起动前应向上部填料函处的短管内引注清水，用来润滑橡胶或塑料轴承，待水泵正常运行后即可停止。

10) 联轴器连接之前应先检查电动机转向是否正确，如不正确应调换接线头。

11) 在出水管路上装有闸阀的情况下，水泵起动前必须检查闸阀是否完全打开，以免造成损失。

12) 检修轴承油腔时应将原有润滑脂除净，重新注入优质润滑脂，其量约为油腔容量的 1/3~1/2。

2. 水泵运转中应注意的问题

1) 叶轮浸水深度是否足够，拦污栅过水是否畅通。

2) 叶轮外缘与叶轮外壳是否有磨损，叶片上是否绕有杂物，橡胶或塑料轴承是否过紧或被烧坏。

3) 各紧固螺栓是否松动。

3. 轴流泵的常见故障及排除方法

轴流泵的常见故障及排除方法见表 4-11。

表 4-11 轴流泵的常见故障及排除方法

故障现象	原因分析	排除方法
起动后出水量不足甚至不出水	1. 叶轮淹没深度不够或卧式泵吸程太高 2. 装置总扬程过高 3. 转速太低 4. 叶片安装角过小 5. 叶轮外缘磨损过大 6. 水管或叶轮被杂物堵塞 7. 叶轮转向错误 8. 叶轮螺母脱落 9. 进水池限制进水 10. 进水形式不佳	1. 降低安装高度或提高进水池水位 2. 调整叶片安装角 3. 增加转速 4. 增大安装角 5. 更换叶轮 6. 清除杂物 7. 调整转向 8. 重新旋紧，并解决螺母脱落问题 9. 清理杂物或增大进水池 10. 改变进水形式

（续）

故障现象	原因分析	排除方法
动力机超载	1. 因装置扬程太高、叶轮淹没深度不够、进水不畅等原因造成水泵在小流量情况下运行，使轴功率增加 2. 转速太高 3. 叶片安装角过大 4. 出水管堵塞 5. 叶片上缠绕杂物 6. 泵轴弯曲或不同心 7. 轴承损坏 8. 叶片与泵壳摩擦 9. 填料太紧	1. 消除造成超载的原因 2. 降低转速 3. 减小安装角 4. 消除堵塞 5. 清除杂物 6. 校直或调换，调整同心度 7. 更换轴承 8. 重新调整 9. 旋松压盖或重新填装
水泵振动或声音异常	1. 进水流态不稳定，有旋涡 2. 转速太高 3. 叶轮不平衡，叶片缺损或有杂物 4. 填料磨损过多或变硬 5. 滚动轴承损坏或润滑不良 6. 橡胶轴承磨损严重 7. 轴弯曲或不同心 8. 紧固螺钉松动 9. 叶片安装角不一致 10. 叶轮与泵壳摩擦	1. 提高进水池水位或降低水泵安装高度 2. 降低转速 3. 调换叶轮、叶片或清除杂物 4. 重装填料 5. 加注润滑油或更换轴承 6. 更换轴承 7. 校直，换轴或调整同心度 8. 重新拧紧 9. 重新安装叶片 10. 重新调整间隙

三、潜水电泵的使用

1. 潜水电泵使用前的准备工作

1）检查电缆线有无破裂、折断现象。因为潜水电泵的电缆线要浸入水下工作，若有破裂折断极易造成触电事故。有时电缆线外观并无破裂或折断现象，也有可能因拉伸或重压造成电缆芯线折断，此时若投入使用，则极易造成两相制动现象，如果不能及时发现，极易烧坏电动机。所以，在使用前既要从外观认真检查，又要用万用表检查电缆线是否通路。

2）用兆欧表检查潜水电泵的绝缘电阻。电动机绕组相对机壳的绝缘电阻不得小于1MΩ。

3）检查是否漏油。潜水电泵漏油的途径是电缆接线处、密封室加油螺钉处的密封及密封处的O形环。检查时首先要确定是否真漏油。造成漏油的原因多是加油螺钉没旋紧、螺钉下面的耐油橡胶垫损坏或者O形密封环失效。

4）搬运潜水电泵时应避免碰撞，轻拿轻放，防止损坏零部件。不得用力拉电缆，防止扎伤、磨破等。

5）潜水电泵必须与保护开关配套使用。由于潜水电泵的工作条件复杂，流道杂物堵塞、两相运转、低电压运转等经常会遇到，若没有保护开关，很容易发生电动机绕组烧坏问题。若确实不能解决保护开关问题，则应在三相刀开关处装以电动机额定电流2倍的熔断丝，绝对不能用铅丝甚至铜丝代替。

6）要有可靠的接地。对于三相四线制电源而言，只要将潜水电泵的接地线与电源的零线连接好即可。如果电源无零线则应在电泵附近的潮湿地上埋入深 1.5m 以上的金属棒做地线，使之与潜水电泵上的接地线可靠地连接。

7）长期停用的潜水电泵再次使用前，应拆开最上一级泵壳，转动叶轮数周，防止因锈死不能起动而烧坏绕组。

2. 潜水电泵使用中应注意的事项

1）在杂草、杂物较多的地方使用潜水电泵时，外面要用大竹篮、铁丝网罩或建拦污栅，防止杂物堵住潜水电泵的格栅网孔。

2）安装潜水电泵时泵深一般为 0.5~3m，视水深及水面变动情况而定。水面较大，抽水中水面高度变化不大，可适当浅些，以 1m 左右为佳。水面不大而较深，工作中水面下降较多则泵可适当深些，但一般不要超过 4m，太深容易使机械密封损坏，且增加了水管长度。

3）潜水电泵安装完毕应通电观察出水情况，若出水量小或不出水则可能是转向有误，应任意调换两相接线头。

4）潜水电泵工作时不要在附近洗涤物品、游泳或放牲畜下水，以免漏电发生触电事故。

5）潜水电泵不宜频繁开关，否则将影响使用寿命。原因是潜水电泵停机时管路内的水产生回流，若立即起动则潜水电泵负载过重并承受冲击载荷；其次是频繁开关易使承受冲击载荷小的零部件损坏。

6）检查潜水电泵时必须切断电源。

3. 潜水电泵的维护

（1）定期换油　潜水电泵每工作 1000h 应更换一次密封室内的油，每年更换一次电动机内部的油液。对充水式潜水电泵还需定期更换上下端盖、轴承室内的骨架油封和锂基润滑脂，确保良好的润滑状态。对带有机械密封的小型潜水电泵，必须经常打开密封室加油，螺孔加满润滑油，使机械密封处于良好的润滑状态，以保证其工作寿命。

（2）及时更换密封盒　如果发现漏入电泵内部的水较多（正常泄漏量为每昼夜 2mL），就应当更换密封盒，同时测量电动机绕组的绝缘电阻，若绝缘电阻值小于 $0.5M\Omega$，必须进行干燥处理。更换密封盒时应注意外径及轴孔中 O 形密封环的完整性，以免水大量漏入潜水泵的内部而损坏电动机绕组。

（3）保存　潜水电泵长期不用时不能任其浸泡水中，而应存放于干燥通风的库房中。对充水式潜水电泵应先清洗，除去污泥杂物，才能存放。电缆存放时，应避免日光照射，以防老化裂纹，降低绝缘性能。

（4）及时进行防锈处理　使用一年以上的潜水电泵，应根据其锈蚀情况进行防锈处理，如涂防锈漆等。内部防锈可视泵型和腐蚀情况而定，内部充满油时则不会生锈。

（5）维护　潜水电泵每年应维护一次，拆开电动机，对所有部件进行清洗、除垢除锈，及时更换磨损较大的零部件，更换密封室内及电动机内部的润滑油，若发现放出的润滑油油质浑浊且含水量过多（超过 50mL），则需更换整体密封盒或动、静密封环。

（6）气压试验　经过检修的电泵应以0.2MPa的气压检查各零件止口配合面处O形密封环和机械密封的二道封面是否有漏气现象，若有漏气则必须重新装配或更换漏气零部件。然后分别在密封室和电动机内部加入润滑油。

4. 潜水电泵的常见故障及排除方法

潜水电泵的常见故障及排除方法见表4-12。

表4-12　潜水电泵的常见故障及排除方法

故障现象	原因分析	排除方法
起动后不出水	1. 叶轮卡住 2. 断电或断相 3. 电源电压过低或电缆压降过大 4. 定子绕组损坏，电阻严重失衡	1. 清除杂物，然后用手转动叶轮，若发现有摩擦，则可通过加垫片的方法解决 2. 逐级检查电源线上的刀开关，看是否有电或断相 3. 调整变电电压或更换截面较大的电缆、缩短电缆长度 4. 按原来设计数据重新下线，重绕定子绕组
出水量过少	1. 扬程太高 2. 过滤网阻塞或叶轮流通部分堵塞 3. 叶轮转向有误 4. 叶轮或口环磨损严重 5. 潜水深度不够	1. 重新选泵或降低实际扬程 2. 清除堵塞杂物 3. 调换任两相火线接线 4. 更换磨损件 5. 加深潜水深度
潜水电泵突然停止运转	1. 保护开关跳闸或熔丝烧断 2. 电源断电 3. 潜水电泵的出线盒进水，连接线烧断 4. 定子绕组烧坏	1. 潜水电泵电压过低，使潜水电泵的运转电流超过额定值较多、断相、潜水电泵发生机械故障 2. 查明断电原因并解决 3. 打开线盒，接好断线包好绝缘胶带，排除漏水原因，按原样装好 4. 重绕定子组并查明烧机原因，予以解决
定子绕组烧坏	1. 接地线错接电源线 2. 断相工作，保护开关失效 3. 机械密封损坏漏水 4. 叶轮卡住 5. 潜水电泵脱水运转时间太长 6. 潜水电泵停开时间间隔太短，使潜水电泵超负荷起动	重绕定子绕组

四、单相潜水电泵的常见故障及排除方法

单相潜水电泵是潜水电泵的一种，所以它的常见故障与前面所述类同，但由于其动力是单相电，所以它又有一些特有的故障现象，其故障及排除方法见表4-13。

表 4-13　单相潜水电泵特有故障及排除方法

故障现象	原因分析	排除方法
起动电容器损坏	1. 电压过低，电动机起动时间太长 2. 因某种原因使泵不能起动	1. 更换电容器，如原电容器破裂，内液外泄，则需清除干净 2. 查明原因并解决
离心开关损坏	1. 离心开关底板接触簧片断裂；底板接触簧片上铆钉脱落，造成离心器上的胶木活络套与簧片相擦；离心器胶木活络套破碎；触头脱落 2. 因触点经常"打火"导致触点接触不良或不通	1. 更换离心开关，应用轴承拉脚把轴承与离心器支架拉出，然后压入新的离心器 2. 用金相砂纸轻擦触头，除去氧化层，而后用酒精擦净
热保护器损坏	潜水电泵过载发热致使热保护器动作，冷却后再工作，又过热，保护器再次动作，周而复始，最终损坏，并致使电动机绕组烧坏	及时发现并查明过载原因，消除过载原因并更换热保护器

思 考 题

1. 调查当地的灌溉方法有哪些。
2. 了解当地常用水泵的类型和型号有哪些。
3. 绘简图表示出水泵机组的管路与附件组成有哪些。
4. 水泵选型的方法是什么？
5. 水泵机组的安装要求有哪些？
6. 水泵的正确使用方法是什么？
7. 水泵机组的常见故障现象是什么？如何排除？

学习单元五　谷物收获机械

【学习目标】
1. 了解收获机械的种类和特点。
2. 了解收割机的结构与工作过程。
3. 了解脱粒机的结构与工作过程。
4. 掌握拨禾装置的调整方法。
5. 掌握脱粒装置的调整方法。
6. 掌握小麦联合收获机的使用方法。
7. 掌握玉米收获机的使用方法。
8. 掌握小麦收获机械的维护方法及常见故障排除方法。
9. 掌握玉米收获机械的维护方法及常见故障排除方法。

第一节　概　　述

由于农作物的种类繁多，因此相应的收获机械也有多种，如小麦收获机、水稻收获机、玉米收获机、大豆收获机、棉花收获机、马铃薯收获机等。本单元主要以使用范围广的谷物收获机（即收获小麦、水稻、玉米等谷物的机械）为例，介绍其结构、工作、使用和调整等内容。

一、谷物收获方法

谷物的收获过程一般包括收割、脱粒和清选等作业环节。目前采用的机械化收获方法有以下几种。

1. 分别收获法

分别用人工或机械将作物割倒、铺放在田间，打捆运输，在田间或打谷场进行脱粒，最后进行分离和清选。其优点是：机具结构简单，设备投资少，易于掌握和推广。但劳动强度和收获损失大，生产率较低。

2. 联合收获法

用联合收获机在田间一次完成收割、脱粒和清选等作业。其优点是：生产率高、劳动强度和收获损失小。但机器结构复杂，一次性投资大，对使用技术要求高，对谷物干湿和成熟不一致的情况适应性较差。

3. 分段收获法

将谷物收获过程分两段进行。先用割晒机或收割机将谷物割倒，成条铺放在割茬上，经过3~5天的晾晒和后熟，再用带捡拾器的联合收获机进行捡拾、脱粒和清选。这种收获方法因充分利用了作物的后熟作用，可提前收割，延长了收获期，解决了工作量集中的矛盾；谷粒经后熟后，籽粒饱满，产量高、质量好。但在多雨潮湿地区，谷物铺放在田间，易发芽和霉烂，不易采用此法。

二、谷物收获机械的种类

按用途不同可分为下列三种类型：

1. 收割机

完成谷物的收割和铺放两道工序。按谷物铺放形式的不同，可分为收割机、割晒机和割捆机。

（1）收割机　将作物割断后进行转向条铺，即把作物茎秆转到与机器前进方向基本垂直的状态进行铺放，以便于人工捆扎。

收割机按割台输送装置的不同，可分为立式割台收割机、卧式割台收割机和回转式割台收割机。

收割机按与动力机的连接方式不同，可分为牵引式和悬挂式两种。悬挂式应用比较普遍，且一般采用前悬挂，以便于工作时自行开道。

（2）割晒机　将作物割后进行顺向条铺，即把茎秆割断后直接铺放于田间，形成禾秆与机器前进方向基本平行的条铺，适于用装有捡拾器的联合收割机进行捡拾联合收获作业。

（3）割捆机　将作物割断后进行打捆，并放于田间。

2. 脱粒机

按完成脱粒工作的情况及结构的复杂程度，可分为简易式、半复式和复式3种。

（1）简易式脱粒机　只有脱粒装置，如打稻机，仅能把谷粒从穗上脱下来，其余分离、清选等工作则要靠其他机器完成。

（2）半复式脱粒机　除有脱粒装置外，还有简易的分离机构，能把脱出物中的茎秆和部分颖壳分离出来，但还需其他机器进行清选，才能获得较清洁的谷粒。

（3）复式脱粒机　具有完备的脱粒、分离和清选机构，它不仅能把谷物脱下来，还能完成分离和清选等作业。

脱粒机按作物喂入方式，可分为半喂入式和全喂入式。半喂入式只把穗头送入脱粒装置，茎秆不进入脱粒装置，脱粒后可保持茎秆完整。

脱粒机按作物在脱粒装置内的运动方向，可分为切流型和轴流型两种。切流型脱粒机内的作物沿滚筒圆周方向运动，无轴向流动，脱粒后的茎秆沿滚筒切线抛出，脱粒时间短，生产效率高，但对滚筒的线速度要求较高。轴流型脱粒机内的作物在沿滚筒切线方向流动的同时，还作轴向流动，谷物在脱粒室内工作流程长，脱净率高，但茎秆破碎严重，功耗较大。

3. 联合收获机

联合收获机按与动力的配套方式，可分为牵引式、自走式和悬挂式，如图5-1所示。

（1）牵引式联合收获机　其结构简单，但机组过长，转弯半径大，机动性差，由于收割台不能配置在机器的正前方，收获时需要预先人工开道。

（2）自走式联合收获机　由自身配置的柴油机驱动，其收割台配置在机器的正前方，能自行开道，机动性好，生产率高，虽然造价较高，但目前应用较多。

（3）悬挂式联合收获机　又称背负式联合收获机，是将收割台和脱粒等工作装置悬挂在拖拉机上，由拖拉机驱动工作。它既具有自走式联合收获机的机动性高、能自行开道的优点，造价又较低，提高了拖拉机的利用率。

联合收获机按喂入方式，可分为全喂入式和半喂入式两种。全喂入式联合收获机是将割下的作物全部喂入脱粒装置进行脱粒。半喂入式联合收获机是用夹持链夹紧作物茎秆，只将

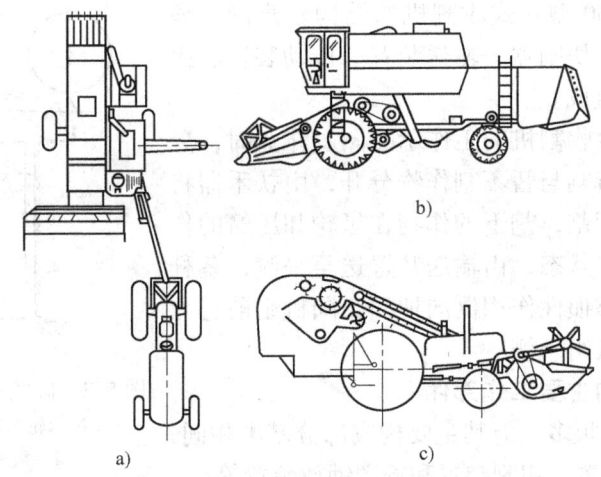

图 5-1 联合收获机的种类
a) 牵引式 b) 自走式 c) 悬挂式

穗部喂入脱粒装置，因而脱后茎秆保持完整，可减少脱粒和清选装置的功率消耗，目前主要用于水稻收获。

按收获对象的不同，可分为麦收获机械、稻收获机械、稻麦两用收获机械和玉米收获机械等。

第二节 谷物收割机的结构与工作

一、谷物收割的农业技术要求

1) 收割要及时，损失要小。
2) 割茬高度适宜。
3) 铺放整齐，便于人工打捆或机器捡拾。
4) 机器工作可靠，使用、维修方便。
5) 适应性好。能做到一机多用，可收获多种作物，并能适应不同自然条件和栽培制度。

二、谷物收割机的结构与工作过程

谷物收割机多与手扶拖拉机或小四轮拖拉机配套，一般由牵引或悬挂装置、传动机构和收割台三部分组成。收割台一般由分禾器、拨禾装置、切割器和输送装置等组成。

（一）卧式割台收割机

卧式割台收割机采用卧式割台，其纵向尺寸较大，但工作可靠性好，割幅较宽的收割机采用这种形式。

图 5-2 为卧式割台收割机工作示意图。工作时，分禾器插入谷物，将待割和不割的谷物分开，待割谷物在拨禾装置作用下，进入切割器被切割，割下的谷物被拨禾轮推送，卧倒在输送带上被送往割台一侧，成条铺放于田间。

（二）立式割台收割机

立式割台收割机的割台为直立式，被割断的谷物以直立状态进行输送，因而其纵向尺寸较小，小型收割机多采用这种形式。

图 5-3 为 4GL—130 型立式收割机的结构示意图，该机由分禾器、扶禾器、切割器、输送装置、传动装置、操纵装置和机架等部分组成。

图 5-4 为立式割台收割机的工作示意图。作业时，分禾器插入作物中，将待割与暂不割作物分开，由扶禾器将待割作物拨向切割器切割，割下的作物在星轮和压簧的作用下，被强制保持直立状态，由输送装置送至一侧，茎秆根部首先着地，穗部靠惯性作用倒向地面，同机组前进方向近似垂直地条铺于机组一侧。

三、谷物收割机的主要工作部件

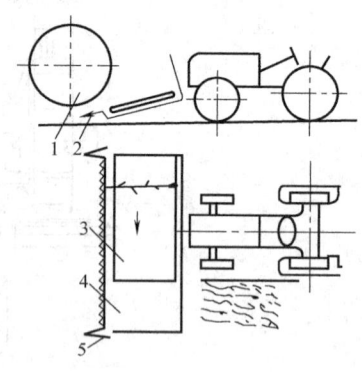

图 5-2　卧式割台收割机工作示意图
1—拨禾轮　2—切割器　3—输送带
4—放铺口　5—分禾器

谷物收割机的类型很多，但其主要构成部分基本相同，主要工作部件有拨禾装置、切割装置和输送铺放装置等。

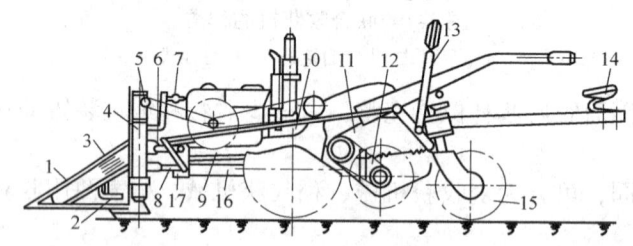

图 5-3　4GL—130 型立式收割机的结构

1—分禾器　2—切割器　3—扶禾器　4—割台机架　5—传动系统　6—上支架　7—张紧轮　8—下支架　9—支承杆
10—钢丝绳　11—旋耕机　12—平衡弹簧　13—操作手柄　14—乘座　15—尾轮　16—机架　17—起落架

（一）拨禾装置

其功用是：把谷物拨向切割器；扶持茎秆，配合割刀进行切割；及时将割断的谷物推到输送装置上。

1. 拨禾装置的类型

卧式割台谷物收割机上一般采用偏心拨禾轮，立式割台谷物收割机上一般采用星轮式扶禾器。

（1）偏心拨禾轮　如图 5-5a 所示，偏心拨禾轮主要由钢管、弹齿、偏心圆环、滚轮和辐条等组成。

图 5-4　立式割台收割机工作示意图
1—分禾器　2—扶禾器　3—星轮　4—弹簧杆　5—输送带

偏心拨禾轮的工作原理如图 5-5b 所示。辐条 OB 和 O_1A 相等，曲柄 AB 和偏心距 OO_1 相等，OO_1AB 为平行四杆机构。当拨禾轮旋转时，不论曲柄 AB 在任何位置，都有 AB 平行于 OO_1。因此，固定在钢管上的弹齿 K，在拨禾过程中与地面的夹角也保持不变，因而可减少对谷物的打击作用和挑草现象，提高了工作质量，减少了损失。在收割倒伏作物时，弹齿的倾斜角度可根据需要进行调整，以增强扶倒能力。

（2）星轮式扶禾器　如图 5-6 所示。星轮式扶禾器分装扶禾齿带与不装扶禾齿带两种形式。主要由扶禾器架、扶禾罩、扶禾 V 带、拨禾星轮和压紧弹簧等组成。与地面成一定倾角（22°左右），每组扶禾器间隔约 300mm。

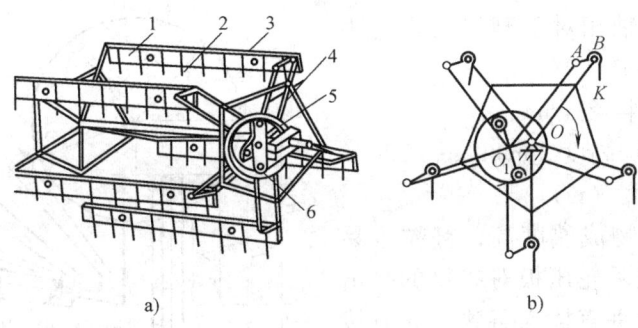

图 5-5 偏心拨禾轮
a) 结构 b) 工作原理示意图
1—拨禾板 2—弹齿 3—钢管 4—辐条 5—偏心圆环 6—滚轮

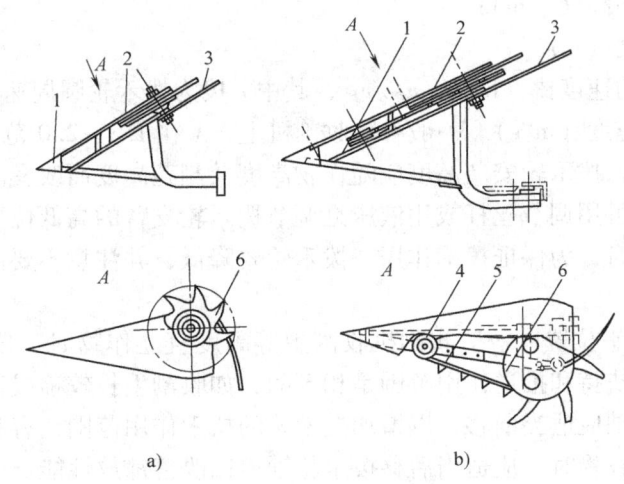

图 5-6 星轮式扶禾器
a) 不装扶禾齿带式 b) 装扶禾齿带式
1—扶禾器架 2—扶禾罩 3—压力弹簧 4—张紧轮 5—扶禾齿带 6—星轮

工作时扶禾器伸入谷物，将待割作物分成小束，由扶禾 V 带向切割器拨送，割下的谷物在星轮作用下，以直立状态进入输送带，向割台的一侧输送。由于扶禾齿带对轻倒伏作物的扶起效果不甚明显，且易缠草，有些割台不装扶禾齿带。

2. 拨禾轮的安装与调整

（1）拨禾轮轴安装高度　拨禾轮轴相对于割刀的垂直距离即拨禾轮轴的安装高度，是影响拨禾轮工作质量的重要因素之一。如果太高，则拨禾板不能与谷物接触，或正好作用于谷穗处而造成落粒损失；如果太低，拨禾板作用在谷物重心之下，已割谷物会倒向前方，造成割台损失。拨禾轮轴安装高度应按下述情况确定：

1）一般情况下，要求拨禾轮的拨禾板能将已割谷物整齐地铺放到割台上，则此时拨禾板应作用于已割断谷物重心（即已割谷物高度的 2/3 处）稍上处，如图 5-7 所示，满足这个条件的拨禾轮轴安装高度 H 应为

$$H = R + \frac{2}{3}(L - h)$$

式中　H——拨禾轮轴相对于割刀的垂直距离（m）；
　　　R——拨禾轮半径（m）；
　　　L——谷物平均高度（m）；
　　　h——割茬高度（m）。

2）若收获时作物成熟度高，籽粒容易脱落时，为了减少拨禾轮压板对谷物的打击作用，则要求拨禾板垂直插入谷物，此时拨禾轮轴的安装高度 H 为

$$H = L + R/\lambda - h$$

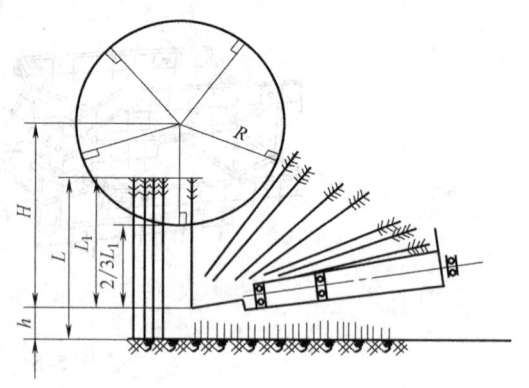

图 5-7　拨禾轮轴安装高度

式中　R——拨禾轮半径（m）；
　　　L——谷物平均高度（m）；
　　　h——割茬高度（m）；
　　　λ——拨禾轮的速度比，即 $\lambda = v_{拨}/v_{机}$，其中 v 拨为拨禾轮圆周速度（m/s），$v_{机}$ 为机器前进速度（m/s）。一般谷物收割机上，λ 在 1.3~2.0 范围内。

由上述公式可知，拨禾轮安装高度应随作物高度及割茬高度而改变。因此其高度应是可调的。拨禾轮轴高度可用调节丝杆或用液压缸调节拨禾轮支臂的高低位置来改变。

在收获倒伏作物时，为保证拨禾作用，拨禾轮要降低，并注意不要使弹齿碰到其他工作部件。

（2）拨禾轮轴水平位置　一般收割机收割中等高度直立作物时，拨禾轮轴位于割刀正上方，此时拨禾轮的扶持和推送作用范围是相等的；如收割生长较稀或茎秆高大或有向前倒伏的谷物时，拨禾轮轴应适当前移，以增加拨禾轮的扶禾作用范围，有利于割刀切割；当收割矮秆或向后倒伏的谷物时，应适当后移拨禾轮轴，以改善铺放性能。

拨禾轮轴水平位置是通过移动拨禾轮轴轴承座在水平支架上的前后位置来改变的。有的联合收割机上拨禾轮的前后调整与高度调整是联动的。

（3）拨禾轮转速的调整　当机器前进速度随作物生长状况不同而改变时，为保证拨禾轮的良好工作性能，拨禾轮的转速也应作相应调整。但拨禾轮的转速不可过高，实践证明，当拨禾轮的圆周速度超过 3m/s 后，拨禾板击落谷粒的损失将增加。拨禾轮转速的调整一般是采用更换链轮的方法，也有采用改变 V 带盘直径进行无级调速的方法。

（4）偏心拨禾轮弹齿倾角的调整　收割直立作物时，弹齿应垂直于地面以减少对穗头的打击损失；收割向前倒伏（倒伏方向与机器前进方向一致，也称顺倒伏）谷物时，弹齿可后倾15°~30°，以扶起作物；收割向后倒伏（又称逆倒伏）谷物时，弹齿可适当前倾，以增强铺放能力，防止挂带。弹齿倾角可通过调节机构改变偏心辐盘的圆心位置来调整。

（二）切割装置

切割装置又称切割器，其作用是切断谷物茎秆。对切割器的要求是：切割顺利，无漏割、堵刀、拉断或拔起茎秆现象，结构简单，功率消耗小。

1. 切割器的类型

切割器的类型主要有回转式和往复式两种。

（1）回转式切割器　常见的回转式切割器是圆盘式切割器，为无支承切割方式，主要

工作部件是圆盘动刀片。工作时，靠圆盘动刀高速回转割断茎秆。其特点是：切割速度高，切割能力强，工作平稳。但传动复杂，割幅较小，多用于割草机和小型收割机。

(2) 往复式切割器　它由往复运动的动刀片和作切割支承用的定刀片组成。其特点是：工作可靠，适应性广。但往复惯性力不易平衡，机器振动较大，限制了切割速度的提高。

往复式切割器按国家标准规定有Ⅰ、Ⅱ、Ⅲ型三种形式，其工作性能基本相似，只是零件的几何尺寸和装配关系上稍有差异，如图5-8所示。

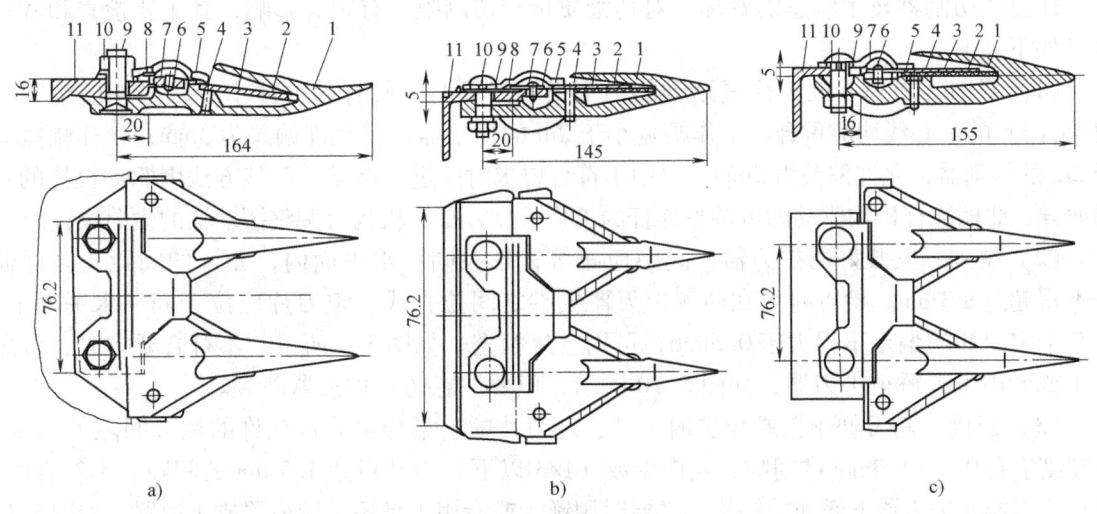

图5-8　往复式切割器
a) Ⅰ型切割器　b) Ⅱ型切割器　c) Ⅲ型切割器
1—护刃器　2—定刀片　3—动刀片　4—定刀片铆钉　5—压刃器
6—动刀片铆钉　7—刀杆　8—摩擦片　9—螺栓　10—螺母　11—护刃器梁

Ⅰ型切割器适用于割草机；Ⅱ、Ⅲ型切割器适用于谷物收割机。Ⅱ型切割器在新设计的机具上推荐使用，Ⅲ型属于淘汰型，只用于原有机型的配件供应。三种标准型切割器的共同特点是：割刀行程s、动刀片间距t和定刀片间距t_0的尺寸相等，即$s=t=t_0=76.2$mm。在有些机型上采用小刀片型往复式切割器，其$s=t=t_0=50$mm、60mm或70mm。在粗茎秆作物切割器上，则采用$s=t=t_0=90$mm或100mm。

2. 往复式切割器的构造

如图5-8所示，主要由动刀片、定刀片、护刃器、压刃器、摩擦片和刀杆等组成。

(1) 动刀片和定刀片　通常采用T9钢，并经热处理制成。动刀片外形呈六边形，铆在刀杆上；定刀片外形呈梯形，铆在护刃器上。两种刀片均有光刃与齿刃两种，光刃阻力小，但易磨钝；齿刃阻力较大，但不易磨钝。在谷物收割机上一般采用齿刃动刀片与光刃定刀片组成切割副。

(2) 护刃器　其功用是固定定刀片，保护动刀片，并作为切割支承点，工作时将作物分成小束，以利切割。护刃器有单联和双联之分，前者用于Ⅰ型切割器上，后者用于Ⅱ、Ⅲ型切割器上。护刃器尖端有上弯、下弯和平伸三种形式。上弯可防止低割时插入土中，下弯有利于扶起谷物，平伸则介于两者之间。护刃器多用可锻铸铁制成，也可用钢板冲压制成。

(3) 压刃器　用40钢或可锻铸铁制成，固定在护刃器梁上。其功用是保证动、定刀片之间有正常的配合间隙。一般每米割幅装 2~3 个压刃器。

(4) 刀杆　用以安装动刀片，端部固定有刀杆头以便与驱动机构连接。它是一根矩形断面的扁钢条，一般用 35 冷拉扁钢制成。

(5) 摩擦片　安装在 Ⅰ、Ⅱ 型切割器刀杆后方，用于抵住动刀片切割茎秆时所产生的反力，在垂直和水平两个方向上支承割刀，防止护刃器导槽的磨损。

3. 往复式切割器的检查与调整

往复式切割器技术状态的好坏，对切割质量和切割阻力有很大影响，其主要检查和调整项目如下。

(1) 对中　当割刀处于往复运动的两个极端位置时，所有动刀片中心线与相应定刀片（护刃器）的中心线均应重合。工作幅宽小于 2m 的切割器，其允许偏差为 3mm；工作幅宽大于 2m 的切割器，允许偏差为 5mm。对中不符合要求时应进行调整，调整方法因驱动机构的不同而异，曲柄连杆机构驱动的可调整连杆的工作长度，摆环机构可调整摆动轴的横向位置。

(2) 整列　安装好的护刃器，间距应相等，且在同一水平面内，允许的间距及高低偏差不得超过 ±3mm。检查时可在两侧护刃器尖端之间拉直线。定刀片应位于同一水平面上，每 5 个定刀片的偏差不得大于 0.5mm，可用直尺检查，如图 5-9 所示。不符合要求时，可用锤子或专用工具矫正护刃器，如图 5-10 所示，但要注意防止护刃器断裂。

(3) 密接　割刀处于极端位置时，动、定刀片的前端应贴合，允许的最大间隙为 5mm；后端则应有 0.3~1.0mm 的间隙，允许少数（1/3 以下）刀片可达 1.5mm 的间隙。不符合时，可在压刃器或护刃器下面加减垫片，必要时用锤子或专用工具矫正护刃器或压刃器，如图 5-11 所示。调整后，压刃器与动刀片之间的间隙应为 0.3~0.5mm，割刀应能用手拉动自如。

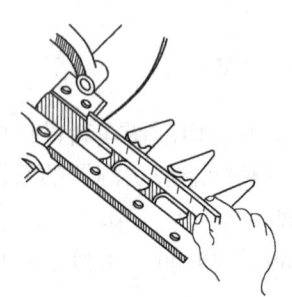

图 5-9　护刃器整列检查

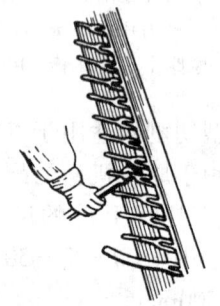

图 5-10　护刃器的矫正

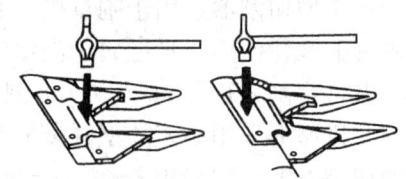

图 5-11　压刃器间隙的调整

(三) 输送铺放装置

1. 卧式割台收割机的输送和铺放装置

卧式割台收割机的输送和铺放装置为帆布输送带式。输送带平置于割台上，回转工作，将割倒在其上的作物向一侧输送，成条铺放于地面，谷物铺放呈首尾不分形式。

为便于收集和打捆，可将谷物在铺放过程中茎秆扭转一定角度，首尾分清，在卧式割台收割机上常采用以下形式：

(1) 单带推杆式输送铺放装置　如图 5-12 所示，在割台的一侧装有两根铺放杆，起转向铺放作用。工作时，割下的谷物倒放在帆布输送带上被送往铺放杆一端，当茎秆刚离开输送带时，前部着地而后部在铺放杆作用下，扭转一定角度铺放于地。

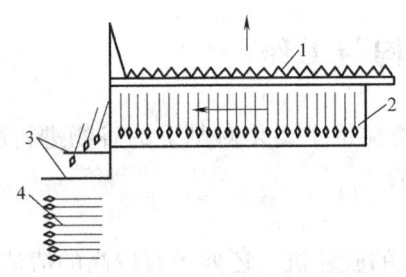
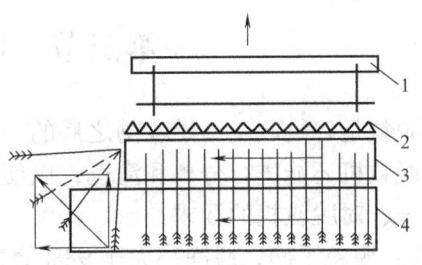

图 5-12 单带推杆式输送铺放装置
1—切割器 2—输送带 3—铺放杆 4—禾秆

图 5-13 双带式输送铺放装置
1—拨禾轮 2—切割器 3—前输送带 4—后输送带

(2) 双带式输送铺放装置 如图 5-13 所示，在割台上装有前、后两条帆布输送带，前带短而窄，速度较大；后带长而宽，速度较小。当谷物被输送到前带端部时，由于前带短使茎秆根部先掉下着地，而穗头部仍被后带带动，茎秆便在帆布带输送速度和机组前进速度的配合下，扭转 90°左右铺放于地。

2. 立式割台收割机的输送铺放装置

如图 5-14 所示，它通常采用上、下两条有拨齿的输送带，有带前输送式和带后输送式两类。被割断的谷物在输送带拨齿的带动下，呈直立状态向一侧输送，最后在拨禾星轮的配合作用下，穗头向外倾倒而成条铺放于地面。

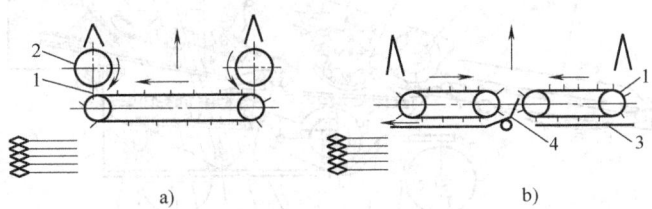

图 5-14 立式割台收割机的输送铺放装置
a) 带前输送式 b) 带后输送式
1—输送带 2—拨禾星轮 3—后挡板 4—活门

带前输送式的特点是：谷物由输送带的前边输送铺放，改变输送带的回转方向，可实现向左或向右铺放。

带后输送式的特点是：输送带分左右两组，回转方向均朝向中央而把谷物送向中央，谷物经活门控制进入左侧或右侧输送带后方，在挡板的扶持下，实现向左侧或右侧输送铺放。

有的立式割台收割机，在割台右侧加装有纵向夹持输送带，如图 5-15 所示。工作时，作物直立输送到割台右端后，由纵向输送带夹持，向后直立输送，至端处穗头向内倾倒，成条铺放于地面。这种铺放方式，作物铺放在后方割幅内的割茬上，可避免覆盖和压坏两边的作物，能适应畦作和间、套作的收割要求。

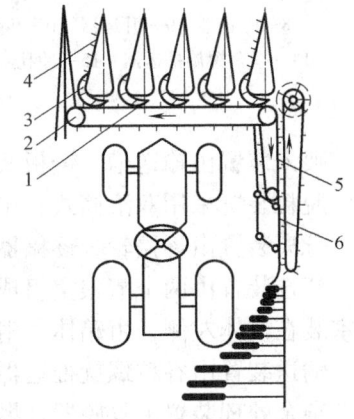

图 5-15 收割机的铺放
1—压禾弹条 2—输送带 3—星轮
4—扶禾带 5—纵向输送带 6—导向杆

第三节 脱粒机的结构与工作

脱粒是谷物收获中继收割之后的一个重要环节。脱粒机主要是对割下的谷物进行脱粒，复式脱粒机还能进行分离和清选，以便得到干净的谷粒。

一、对脱粒机的要求

1）脱粒干净，脱净率大于98%，对具有清选装置的脱粒机，还要求有较高的清洁率。
2）损失率低，破碎率小，一般都不应超过2%。
3）通用性好，能适应多种作物。
4）工作安全可靠，使用、保修方便，生产率高，功率消耗小。

二、脱粒机的结构和工作过程

（一）双滚筒复式脱粒机

该机的结构和性能较完善，可一次完成脱粒、分离和清选作业，以脱小麦为主，兼脱水稻、高粱、大豆等作物。该机主要由喂入装置、脱粒装置、分离装置、清选装置、输送装置、杂余处理装置、行走装置及机架等组成，如图5-16所示。

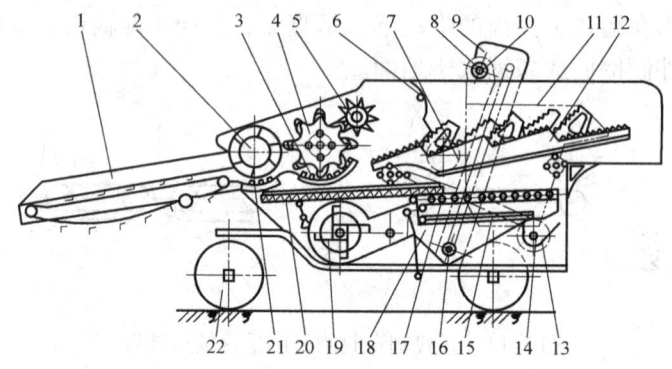

图5-16 双滚筒复式脱粒机

1—输送装置 2—第一滚筒 3—第二凹板 4—第二滚筒 5—逐稿轮 6—挡草帘 7—第二风扇
8—除芒器 9—升运器 10—除芒螺旋推运器 11—第二清粮室 12—逐稿器 13—复脱器与输送器
14—杂余螺旋推运器 15—冲孔筛 16—谷粒螺旋推运器 17—鱼鳞筛 18—第一清粮室 19—第一风扇
20—阶梯板 21—第一凹板 22—行走轮

喂入装置由输送槽、链板式输送链和传动轴等组成。
脱粒装置采用双滚筒式，第一滚筒为钉齿式，第二滚筒为纹杆式。
分离装置由逐稿轮、逐稿器和挡草帘等组成。逐稿轮为叶轮式，逐稿器为双轴四键式。
清选装置由两个清粮室组成。第一清粮室由阶梯板、上筛、下筛和风扇等组成；第二清粮室装在机体左侧，由箱体、滑板和第二风扇组成。
输送装置由谷粒螺旋推运器、升运器和杂余螺旋推运器等组成。
杂余处理装置由复脱器、抛扔器和除芒器等组成。
机架用来安装工作部件，四个铁轮配置在机器两侧，在前轮轴上安装有牵引架。
工作过程：由人工将散堆的作物放到输送槽上，输送链将作物送入脱粒装置。经过两个滚筒脱粒后，长茎秆在逐稿轮和逐稿器的作用下，被抛出机外。从凹板孔隙中落下的以及由逐稿器分离出来的籽粒及其他小杂余混合物，都落到阶梯板上，然后进入第一清粮室进行清选。清选后从清选筛孔落下的谷粒，由推运器和升运器送至除芒器除芒后，进入第二清粮室（不需除芒时可直接进入第二清粮室），进行再次清选并分级，然后从出粮口流出。经清选出的杂余，轻的被风扇吹出机外，断穗等大杂余则从筛尾落入杂余推运器，送往复脱器，复脱后被抛扔器送回阶梯板，再次进行清选。

工作流程可用框图表示，如图5-17所示。

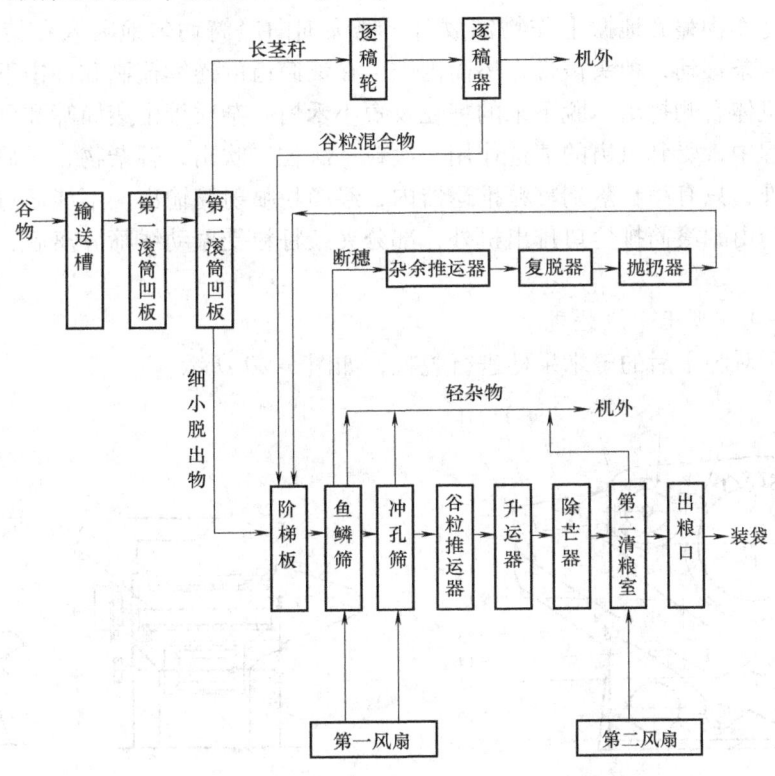

图5-17 双滚筒复式脱粒机工作流程框图

（二）5TZ—100B型轴流式脱粒机

5TZ—100B型轴流式脱粒机是一种以脱稻麦为主、兼脱其他作物的脱粒机，如图5-18所示。谷物从喂入台喂入脱粒装置，在滚筒杆齿和上盖导向板的共同作用下，沿凹板从喂入口向排草口轴向螺旋脱粒，脱下的籽粒经栅格凹板筛分离；长茎秆不断抖动分离夹带的谷粒后，经排草板从排草口排出。脱下的谷粒、颖壳、短茎秆等通过凹板落到振动筛面上，随着筛面的振动和风扇气流的清选，谷粒经筛孔落入水平搅龙，被推送至叶轮抛射器。抛射叶轮将谷粒从抛射筒抛出

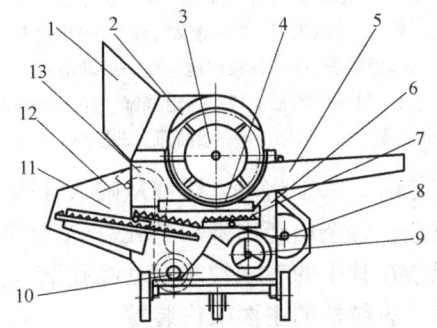

图5-18 5TZ—100B型轴流式脱粒机
1—排草口 2—导向板 3—杆齿滚筒 4—凹板筛
5—喂入台 6—机架 7—振动筛 8—偏心轮 9—风扇
10—谷粒搅龙 11—排杂口 12—调节滑板 13—谷粒抛射器

机外。颖壳、短茎秆等从排杂口排出。

该机的特点是不设专门的分离装置,利用谷物在脱粒装置中脱粒时间较长,在较低的滚筒转速和较大的脱粒间隙条件下,用凹板筛直接分离籽粒。

(三) TDG—400 型半喂入脱粒机

该机以脱水稻为主,兼脱小麦,功率消耗比全喂入式要小,并能保持茎秆完整。主要由夹持喂入链、主滚筒、副滚筒、主滚筒筛、副滚筒筛、风扇、籽粒推运器(籽粒搅龙)、扬谷器等组成,如图5-19所示。

脱粒时,将作物整齐地搬上作物铺放台,穗头朝向滚筒均匀地喂入夹持链与夹持台之间。禾把随着链条移动,穗头被带入滚筒内腔,在滚筒齿的连续梳刷和冲击下脱粒干净,脱净后的茎秆从机体右侧排出。脱下来的籽粒及短小禾屑、杂质等由滚筒筛和副滚筒筛筛孔下落,在下落过程中,受到风扇的清选作用,次粒从次粒口吹出,轻杂物、禾屑、尘土等则由集尘斗排出机外,只有净粒落到籽粒推运器内,经净粒喷射筒输出。不能通过滚筒筛和副滚筒筛的长禾屑,由副滚筒排尘口排出机外,部分夹杂籽粒受振动线筛分离后,落到机体内再次清选分离。

(四) TY—4.5 型玉米脱粒机

该机专用于对晾干后的玉米果穗进行脱粒,如图5-20所示。

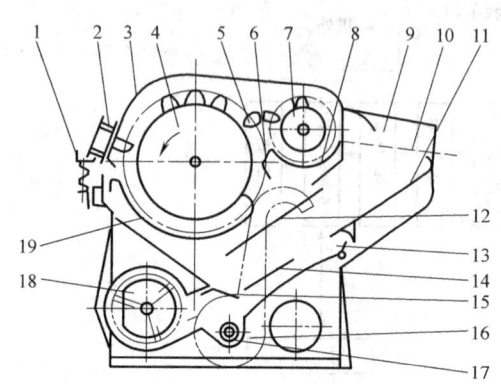
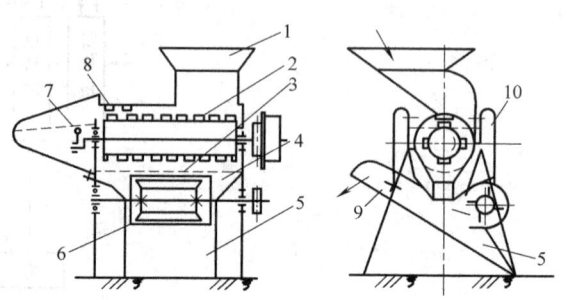

图 5-19 TDG—400 型半喂入脱粒机
1—夹持台 2—夹持链 3—滚筒盖 4—滚筒 5—切刀
6—延长筛 7—副滚筒 8—副滚筒筛 9—集尘斗
10—振动线筛 11—谷粒回送 12—振动滑板
13—次粒口 14—中滑板 15—固定线筛 16—扬谷器
17—谷粒推运器 18—风扇 19—滚筒筛(凹板筛,编织筛)

图 5-20 玉米脱粒机
1—喂入斗 2—滚筒 3—凹板 4—滑板
5—出粮口 6—风机 7—振动筛 8—螺旋导板
9—出糠口 10—弹性振动杆

工作时,人工将玉米果穗从喂入斗喂入,经滚筒和凹板脱粒。脱出物通过凹板孔由风机气流清选,轻杂质经出糠口吹出,玉米粒沿出粮口送出,玉米芯借助螺旋导板排到振动筛上,混杂在其中的玉米粒从振动筛孔漏到出粮口,玉米芯从振动筛上排出机外。

三、脱粒机的主要工作装置

(一) 脱粒装置

1. 脱粒方法

现有脱粒机所采用的脱粒装置多为滚筒式,其所用的脱粒方法有以下几种。

(1) 冲击脱粒 由具有一定速度的脱粒元件对谷物进行冲击而使谷粒脱落。如钉齿或板齿滚筒主要利用冲击原理进行脱粒。

（2）揉搓脱粒 由谷物与脱粒元件之间的摩擦以及谷粒相互间的摩擦而使谷粒脱落。如纹杆滚筒主要利用这种原理脱粒。

（3）梳刷脱粒 由脱粒元件对谷粒施加拉力，破坏谷粒与穗轴的自然联结力而使谷粒脱落。如弓齿滚筒主要利用这种原理脱粒。

（4）碾压脱粒 由脱粒元件对谷穗挤压而使谷粒脱落。如用石滚子压场就属这种脱粒原理。

在现有的脱粒装置中，通常是以上述脱粒方式的一种为主，其他为辅而加以综合利用，以便得到更好的脱粒效果。

2. 常用脱粒装置的类型

（1）纹杆式脱粒装置 由纹杆滚筒及栅状凹板组成，如图 5-21 所示。滚筒上一般装有 6 根或 8 根纹杆，左、右纹杆交错安装在辐盘上，以防工作中谷物向滚筒一端偏移。

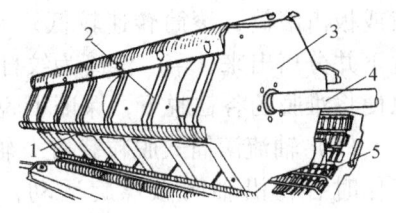

图 5-21 纹杆式脱粒装置
1—纹杆 2—中间固定环 3—辐盘
4—滚筒轴 5—凹板

栅格状凹板与滚筒有一定间隙，称脱粒间隙。谷物通过此间隙时，受纹杆的打击、揉搓和挤压作用而脱粒。纹杆式脱粒装置适于脱小麦，对水稻和潮湿谷物的适应性较差。

（2）钉齿式脱粒装置 由钉齿滚筒和钉齿凹板组成，如图 5-22 所示。钉齿的端部略向后弯，呈螺旋线排列。滚筒钉齿与凹板钉齿的侧面间隙称脱粒间隙，如图 5-23 所示。

钉齿式脱粒装置靠钉齿对谷物的猛烈冲击和谷物在脱粒间隙中受到摩擦、挤压作用而脱粒。适用于高粱等作物的脱粒。

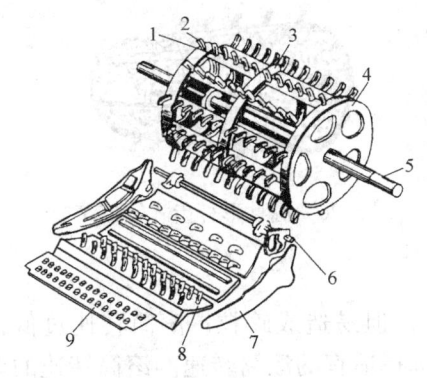

图 5-22 钉齿式脱粒装置
1—齿杆 2—钉齿 3—支承圈
4—辐盘 5—滚筒轴 6—凹板调节机构
7—侧板 8—钉齿凹板 9—漏粒格

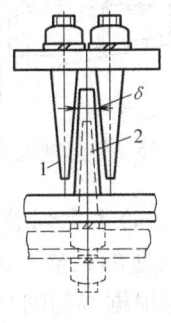

图 5-23 钉齿式脱粒装置的脱粒间隙
1—钉齿滚筒 2—凹板钉齿
δ—脱粒间隙

（3）弓齿式脱粒装置 如图 5-24 所示，弓齿按螺旋线排列在滚筒体上。滚筒体上各部位的弓形齿分为脱粒齿、加强齿和梳整齿 3 种，一般用直径为 5~6mm 的弹簧钢丝制成。梳整齿齿顶圆弧较大，主要起梳整谷穗和导向作用，安装在喂入口处；脱粒齿齿顶圆弧最小，脱粒作用最强，安装在滚筒末端。加强齿齿顶圆弧介于二者之间，安装在滚筒中段。凹板是由铁丝编织成的网状筛。

工作时,作物沿滚筒的轴向移动,穗部受弓齿的冲击和梳刷作用而脱粒。弓齿式脱粒装置主要用在水稻脱粒机上。

(4) 双滚筒脱粒装置　用单滚筒脱粒时,由于谷物成熟度不一致等原因,存在着脱净和碎粒的矛盾,往往是不成熟的谷粒还没有完全脱下,而成熟饱满的谷粒已破碎。为解决脱净与破碎的矛盾,有的收获机械采用双滚筒脱粒装置,如丰收—1100型脱粒机和新疆—2型联合收获机等,第一滚筒为钉齿或板齿滚筒,滚筒转速较低,大部分易脱谷粒先脱下并分离出来;第二滚筒为纹杆滚筒,转速较高,以便将难脱的谷粒脱下,保证了脱净而不碎粒。

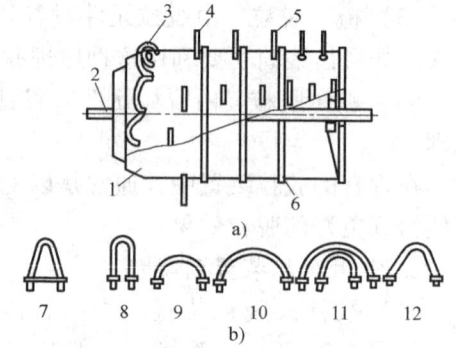

图 5-24　弓齿式脱粒装置
a) 弓齿式滚筒　b) 弓齿
1—滚筒体　2—滚筒轴　3—梳整齿　4—加强齿
5、7、8—脱粒齿　6—加强肋　9—第一梳整齿
10—第二梳整齿　11—第三梳整齿　12—加强齿

(5) 轴流滚筒式脱粒装置　轴流滚筒的特点是工作时谷物沿轴向做螺旋运动,因而脱粒时间长(约为2~3s,切流滚筒仅为0.10~0.15s),同时凹板长,包角大,在转速较低和脱粒间隙较大的情况下,也能达到脱净率高、破碎率低的效果,如新疆—2型联合收获机的第二滚筒和桂林—3型联合收获机均采用的是轴流滚筒。

轴流滚筒有锥形和圆柱形两种。图5-25所示为锥形轴流滚筒,横向喂入和排出,入口处直径较小,往后直径变大。图5-26所示为圆柱形杆齿式轴流滚筒,滚筒顶盖内设有螺旋状导板,工作时使被脱谷物沿轴向做螺旋运动。

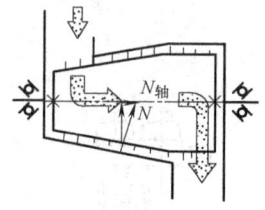

图 5-25　锥形轴流滚筒

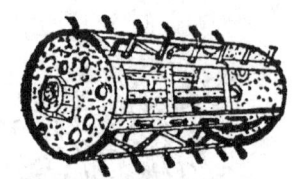

图 5-26　圆柱形杆齿式轴流滚筒

3. 脱粒装置的主要调整

(1) 滚筒转速的调整　滚筒转速高,脱粒强度大,但易造成碎粒;滚筒转速过低,籽粒脱不下来。应根据谷物的品种、成熟度及潮湿度来选择适宜的滚筒转速。滚筒转速的调整方法有更换带轮或采用V带无级变速。

(2) 脱粒间隙的调整　脱粒间隙大,易产生脱粒不净现象;脱粒间隙过小,易使籽粒和茎秆破碎,增加功率消耗。脱粒间隙应根据作物的品种、干湿程度进行调整。调整的方法一般是通过移动凹板,改变它与滚筒的相对位置来实现。凹板间隙的调整原则是:在满足脱净率要求的前提下,尽量采用大的脱粒间隙。

(3) 滚筒静平衡的检查与调整　滚筒的转速较高,若因换修滚筒上的脱粒元件等而造成滚筒重心偏移,在旋转时,滚筒就会产生很大的离心力,引起机器振动并加速轴承磨损,降低机器寿命,甚至造成事故。因此,在滚筒进行拆卸修理后要检查动静平衡。动平衡检查较复杂,需在动平衡试验机上进行,用户无法进行测试,故一般只进行静平衡检查,并在调整静不平衡时,注意防止产生动不平衡。

静平衡的检查方法如图 5-27 所示,将滚筒两端放在支架的滚轮上,用手轻拨滚筒,如果滚筒转至任何位置都可停住,则说明滚筒是静平衡的。如果当滚筒停止转动时,总是某一固定位置停在下方,说明滚筒静不平衡,必须在滚筒停摆位置的对面加配重,或在停摆位置处钻孔以减重,这种加重或减重必须在滚筒横向的中间位置进行,以避免产生动不平衡。如此重复检查,直到静平衡为止。

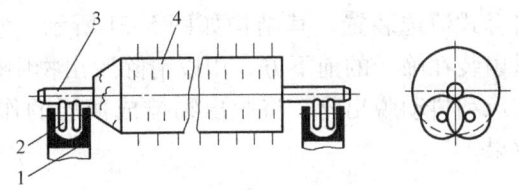

图 5-27 滚筒的静平衡检查
1—支架 2—滚轮 3—滚筒轴 4—滚筒

(二) 分离装置

其功用是将脱粒后长茎秆中夹带的谷粒和断穗分离出来,并将茎秆排出机外。分离装置的结构形式有键式、平台式和转轮式三种,前两种是利用抛扔原理进行分离,后一种是利用离心力原理进行分离。

1. 键式逐稿器

由几个互相平行的键箱组成,按键数分有三键、四键、五键和六键等几种,以双轴四键式应用最广,如图 5-28 所示。键箱做平面运动,将其上的滚筒脱出物不断地抖动和抛扔,达到分离的目的。逐稿器的前上方安有薄钢板制成的逐稿轮,作用是把滚筒脱出的茎秆抛送到逐稿器上方进行分离,防止滚筒缠草堵塞。挡帘装在逐稿器的上方,作用是降低茎秆向后运送的速度,使茎秆中夹杂的谷粒能全部分离出来。键式逐稿器在复式脱粒机和联合收获机上应用广泛。

2. 平台式逐稿器

如图 5-29 所示,平台具有筛状表面,其运动近似直线往复运动,脱出物受到台面的抖动和抛扔而进行分离。该逐稿器结构简单,但分离能力较弱,一般用于茎秆层较薄的中小型半复式脱粒机上。

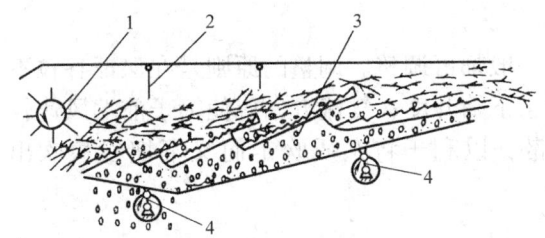

图 5-28 键式逐稿器
1—逐稿轮 2—挡帘 3—键箱 4—曲轴

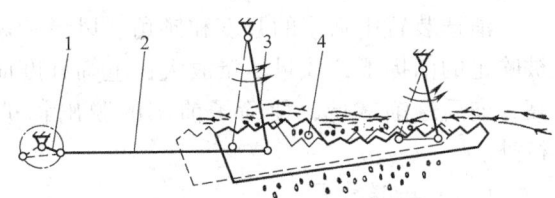

图 5-29 平台式逐稿器
1—曲轴 2—连杆 3—吊杆 4—平台

3. 转轮式分离装置

其由分离轮和分离凹板组成,如图 5-30 所示。脱出物由轮齿抓入,谷粒在离心力作用下穿过凹板孔分离出来。转轮式分离装置有较强的分离能力,生产率高,对潮湿作物的适应性好,但易使茎秆破碎。

（三）清选装置

其功用是从来自凹板和逐稿器的短小脱出物中清选出谷粒，回收未脱净的穗头，把颖壳、短茎秆等小杂余排出机外。目前，复式脱粒机和联合收获机上广泛应用的是风扇-筛子组合式清选装置。其结构如图5-31所示，它由阶梯板、上筛、下筛、尾筛和风扇等组成。风扇装在筛子的前下方，用以清除脱出物中较轻的混杂物；筛子可筛出较大的混杂物，并起支承和抖动脱出物、将脱出物摊成薄层的作用，延长了清选时间，加强了风扇气流清选的效果。

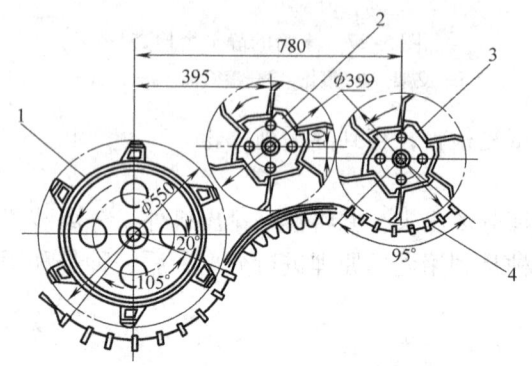 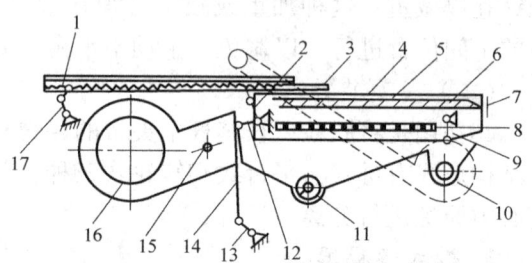

图5-30　转轮式分离装置
1—滚筒　2、3—分离轮　4—分离凹板

图5-31　风扇-筛子组合式清选装置
1—阶梯板　2—双臂摇杆　3—梳齿筛　4—筛箱　5—上筛
6—尾筛　7—后挡板　8—下筛　9—摇杆　10—杂余推运器
11—谷粒推运器　12—驱动臂　13—曲柄　14—连杆
15—导风板　16—风扇　17—支承摇杆

工作时，阶梯板和筛子作往复运动，阶梯板把从凹板和逐稿器上分离出来的谷粒和杂物向后输送，阶梯板末端有梳齿筛，把杂余中较长的茎秆架起，使谷粒先落下，以提高清选效果。筛子分两层，上筛起粗筛作用，多用鱼鳞筛；下筛起精筛作用，可用冲孔筛或鱼鳞筛。筛子在风扇气流配合下，将谷粒分离出来，由谷粒推运器送走；轻杂物被吹出机外；大杂物送到尾筛，尾筛为大长孔筛或较大开度的鱼鳞筛，以便分离出断穗，杂余推运器将断穗送回滚筒或复脱器进行再次脱粒。

清选装置中筛子的开度和倾角、风量和风向一般都可调整。调整的原则是在保证谷粒不被吹走的前提下，风量尽量放大；上筛开度应大于下筛开度；气流方向应使筛子前端风速较高，向后逐渐减低，使筛子前部的脱出物被吹散，以利于将杂质吹走而又不把谷粒吹出机外。

（四）输送装置

用来输送谷物、脱出物、谷粒和茎秆等。常用的有带式、链板式、螺旋式、刮板式、抛扔式和夹持链式等输送装置。

1. 带式和链板式输送器

用来输送谷物，如图5-32、图5-33所示，带式输送器由帆布带加木板条组成，由传动辊传动。链板式输送器由链条和装在链条上的木条或铁板条组成，由链轮驱动。为保证帆布带和输送链的紧度，一般传动轴（辊）的位置可调。

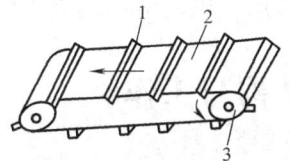

图 5-32 带式输送器
1—木条 2—帆布带 3—传动辊

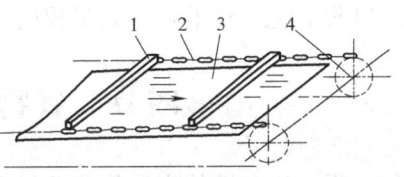

图 5-33 链板式输送器
1—木条 2—链条 3—底板 4—链轮

2. 螺旋输送器

又称螺旋推运器或搅龙。由轴、螺旋叶片、轴承和封闭式外壳等组成，如图 5-34 所示。螺旋叶片焊在轴上，有左旋和右旋之分，旋向不同，物料输送方向也不同。也有的左、右旋并用，以便把物料自两端向中间集中。推运器工作时易堵塞，常设有自动离合器，以便堵塞时自动切断动力，起保护作用。

螺旋输送器可用于水平、倾斜或垂直输送，可输送谷粒、杂余和茎秆等，也可进行搅拌和压缩工作。

3. 刮板式输送器

用于向高处输送谷粒和杂余。如图 5-35 所示，主要由链条、刮板、链轮、外壳和中间隔板等组成。为保证链条紧度，被动轴位置可用调整螺栓进行调整。工作时，链条回转，刮板将物料由下向上刮运，到顶端转弯处卸出。

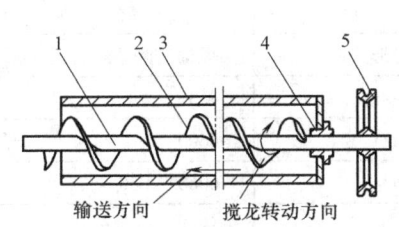

图 5-34 螺旋输送器
1—轴 2—螺旋叶片 3—外壳 4—轴承 5—驱动带轮

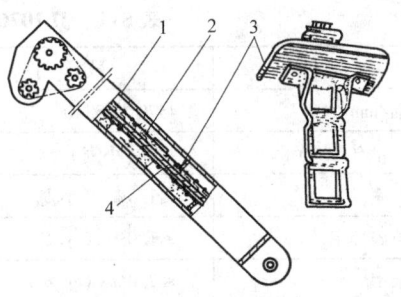

图 5-35 刮板式升运器
1—外壳 2—链条 3—刮板 4—隔板

4. 抛扔器

又称扬谷器，利用叶轮高速回转的离心力将物料抛送，通常装在中、小型脱粒机和联合收获机上。它具有结构简单，重量轻，造价低的优点，但升运高度受限制。

5. 夹持链式输送装置

它装在半喂入式脱粒机和半喂入式联合收获机上。如图 5-36 所示，主要由夹持链、压紧弹簧、夹持架和调节机构等组成。

工作时，由链齿将禾秆输送并压紧在夹持架上，以免被滚筒带入。夹持链的松紧度和夹持的上下位置均可

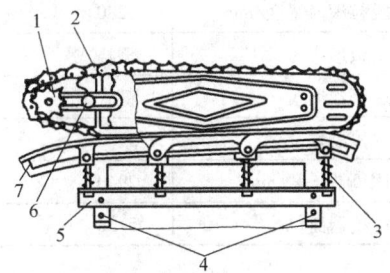

图 5-36 夹持链式输送装置
1—张紧轮 2—夹持链 3—压紧弹簧
4—夹持架调节孔 5—夹持架
6—张紧轮调节螺钉 7—夹持压杆

调节，以改变它们对禾秆的夹紧程度。压紧弹簧有缓冲的作用，以适应不同大小的禾秆。

第四节　谷物联合收获机的结构与工作

谷物联合收获机的实质是收割机和脱粒机的组合，将二者用输送装置相连，便能在田间一次完成收割、脱粒、分离和清选等项作业。

谷物联合收获机按照谷物的喂入方式，可分为全喂入式、半喂入式和摘穗式；按照与动力机的连接形式，可分为牵引式、悬挂式和自走式；按照喂入量的多少，分为大型、中型和小型。

大型联合收获机喂入量在5kg/s，或割幅在3m以上。

中型联合收获机喂入量在3～5kg/s，或割幅在2～3m。

小型联合收获机喂入量小于3kg/s，或割幅在2m以下。

大型自走式联合收获机主要用于大地块的谷物收获。中小型自走式和悬挂式联合收获机行走灵活，主要用于中小地块的谷物收获作业。

一、JL1076型谷物联合收获机的结构与工作

JL1076型谷物联合收获机属大型自走式联合收获机，结构如图5-37所示。该机以收获小麦为主，可兼收水稻、大豆等作物。该机生产率高，适合于大地块作业，主要技术数据见表5-1。

表5-1　JL1076型谷物联合收获机主要技术数据

项目	数据	项目	数据
割幅/mm	4570或5340	清选装置形式	风扇－筛子组合式
喂入量/(kg/s)	7.0（小麦）	清选面积/m²	4.3
损失率	≤1.5%（小麦）	粮箱容积/L	4600
籽粒破碎率	≤1.0%（小麦）	发动机型号	6068TYC50
含杂率	≤2.0%（小麦）	发动机厂家	约翰·迪尔公司
脱粒滚筒	纹杆式或钉齿式	发动机功率/kW	117
脱粒滚筒直径/mm	610	整机质量/kg	7190（不带割台不含切碎器）
脱粒滚筒宽度/mm	1280	行走形式	轮式或半链轨
凹板形式	栅格式	行走速度/(km/h)	1.05～19.7（前进档），2.4～5.55（倒退档）
逐稿器形式	键式		
逐稿器数量/个	5	驱动轮轮距/m	2.8
逐稿器长度/mm	2940	转向轮轮距/m	2.57
逐稿器面积/m²	5.38		

（一）结构

主要由收割台、脱粒部分、发动机、底盘、传动系统、液压系统、电气系统和操纵系统等组成。

1. 收割台

收割台由偏心弹齿式拨禾轮、切割器、割台螺旋推运器（又称喂入搅龙）、链耙式倾斜

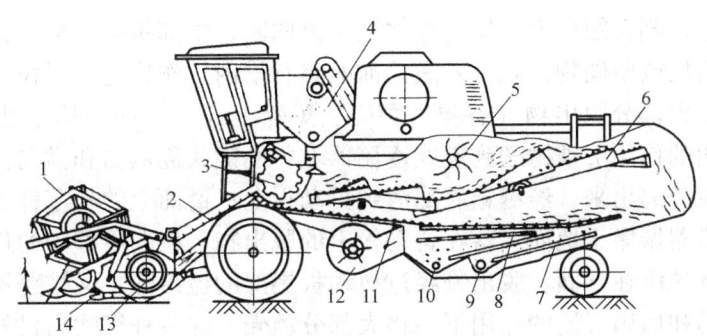

图 5-37　JL1076 型谷物联合收获机示意图
1—拨禾轮　2—倾斜输送器　3—滚筒　4—粮箱　5—横向逐稿轮　6—键式逐稿器　7—滑板　8—筛子
9—杂余螺旋推运器　10—谷物螺旋推运器　11—抖动板　12—风扇　13—割台输运器　14—切割器

输送器（俗称过桥）和割台等组成。

2. 脱粒部分

脱粒部分由脱粒装置、分离装置、清选装置、杂余处理装置和粮仓等组成。

脱粒装置：脱小麦时用纹杆式，脱水稻时用钉齿式。

分离装置：采用双轴五键式逐稿器，在其上方装有横向抖草器。

清选装置：采用风扇-筛子组合式。筛子分为上筛、尾筛和下筛，都采用鱼鳞筛，其开度各由一个手柄分别调整。风扇为五叶片蜗壳式，其转速可通过调节手柄、杠杆和拨叉，改变无级变速带轮的直径来实现。

杂余处理装置：该机不设单独的复脱器，杂余经杂余推运器和杂余分配搅龙送往脱粒滚筒进行再次脱粒。

3. 发动机

发动机提供联合收获机工作和行走的动力。

4. 底盘

其主要由行走离合器、无级变速器、齿轮变速箱、前桥、后桥和行走轮等组成。前轮为驱动轮，后轮为导向轮。

5. 传动系统

由传动带、带轮、链条、链轮和离合器等组成，布置在机器两侧，把发动机的动力传给行走和工作部件。

6. 液压系统

由油箱、油泵、分配器、液压方向机、油缸和管路等组成，用来完成工作部件的调整、行走无级变速和转向操纵。

7. 电气系统

由蓄电池、起动装置、照明设备、信号装置和监视装置等组成，用来起动发动机、夜间照明、监视和指示工作情况。

8. 操纵系统

配置在驾驶台上，由转向盘、操纵手柄、配电盘、仪表盘等组成，用来操纵、控制机器的行走和工作。

（二）工作过程

工作时，作物在拨禾轮的扶持作用下，被切割器切割。割下的作物在拨禾轮的铺放作用下,倒在收割台上,割台螺旋推运器将作物从两侧向割台中部集中,伸缩扒指将作物送到倾斜输送器,若有石块或坚硬物,则落入滚筒前的集石槽内。作物进入脱粒装置,在滚筒和凹板的作用下脱粒。大部分脱出物(谷粒、颖壳、短碎茎秆)经凹板栅格孔落到阶梯抖动板上;茎秆在逐稿轮的作用下被抛送到键式逐稿器上,经键式逐稿器和横向抖草器的翻动,使茎秆中夹带的谷粒分离出来,经键箱底部滑到抖动板上;键面上的长茎秆被排出机外或被粉碎器切断,由抛撒器抛撒于地面。落在抖动板上的脱出物,在向后移动的过程中,颖壳和碎茎秆浮在上层,谷粒沉在下面。脱出物经过抖动板尾部的梳齿筛,又被蓬松分离,进入清粮筛,在筛子的抖动和风扇气流的作用下,将大部分颖壳、碎茎秆等吹出机外。未脱净的穗头经尾筛落入杂余推运器,经升运器进入脱粒装置复脱。通过清粮筛筛孔的谷粒,由谷粒推运器和升运器送入粮箱。粮箱装满后,经卸粮装置卸出。

JL1076 型谷物联合收获机的工作流程可用工作框图表示,如图 5-38 所示。

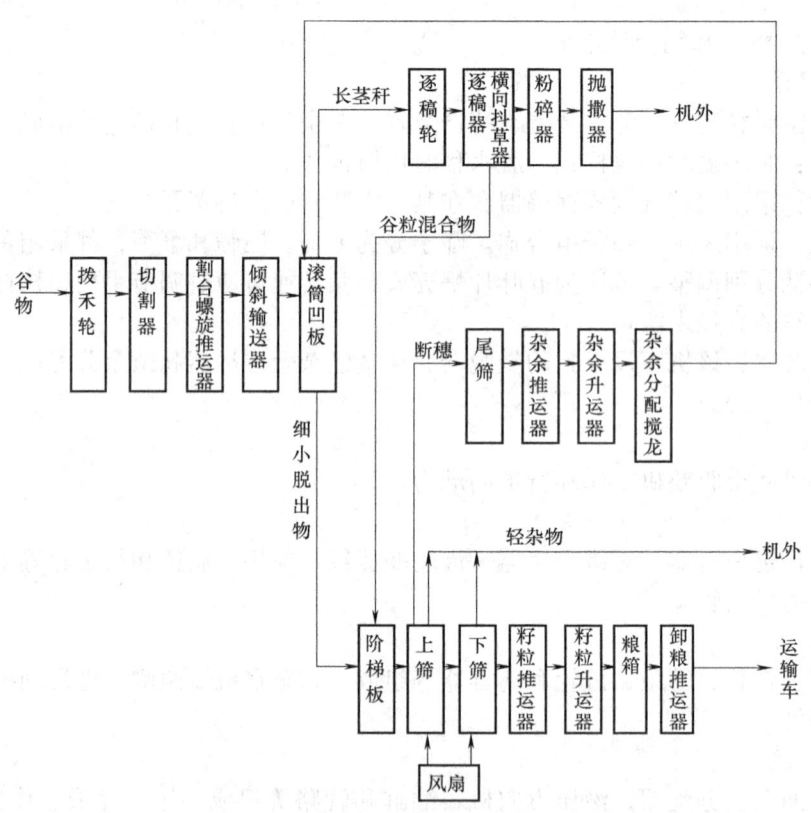

图 5-38　JL1076 型谷物联合收获机工作流程框图

二、新疆—2 型谷物联合收获机的结构与工作

新疆—2 型谷物联合收获机如图 5-39 所示,该机割幅为 2.13m,喂入量为 2kg/s,是一种小型自走式联合收割机,以收获小麦为主,可兼收水稻、大豆等作物。其特点是结构紧凑、机动灵活、操作方便、适合于小块地作业。

该机采用了切流和轴流式双滚筒脱粒装置。第一滚筒为板齿式滚筒,抓取作物能力强;第二滚筒为多种脱粒元件组合的轴流式滚筒,可对第一滚筒排出的脱出物进行多次冲击和搓擦,确保脱粒干净。由于采用轴流滚筒,茎秆中的籽粒在脱粒的同时就与稿杆全部分离,稿

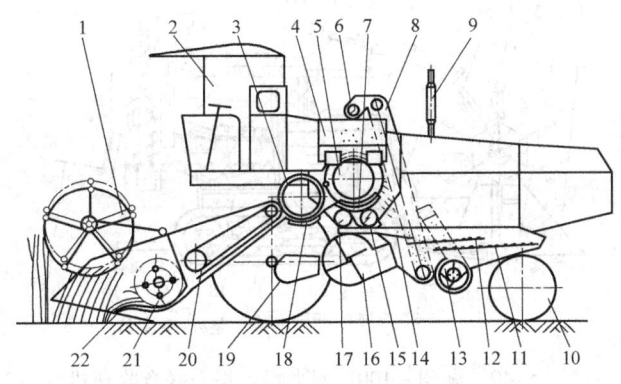

图 5-39 新疆—2 型谷物联合收获机

1—拨禾轮 2—驾驶台 3—板齿滚筒 4—粮箱 5—轴流滚筒 6—卸粮搅龙 7—凹板 8—籽粒升运器 9—发动机 10—后轮 11—下筛 12—上筛 13—复脱器 14—抖动器 15—第二分配搅龙 16—离心风扇 17—第一分配搅龙 18—板齿滚筒凹板 19—前桥 20—倾斜输送器 21—割台输送器 22—切割器

杆由第二滚筒排出机外，省去了尺寸较大的逐稿器，使整机尺寸减小。

（一）结构

该机由收割台、脱粒部分、发动机、底盘、传动系统、液压系统、电气系统和操纵系统等组成。

收割台位于收获机的正前方，与脱谷机体呈非对称"T"形配置，用于切割和输送作物。

脱粒部分包括脱粒装置、清选装置、复脱装置和籽粒输送装置。

发动机为柴油机，功率为36kW。

（二）工作过程

工作时，拨禾轮将作物拨向切割器，被切断的作物在拨禾轮推送下倒向割台，割台输送器将作物集中到中间，由伸缩扒指将作物喂入倾斜输送器，进入板齿滚筒脱粒，然后切向抛入轴流滚筒，作物在轴流滚筒和上盖导向板的作用下从右向左螺旋运动，同时在纹杆和分离板作用下完成脱粒和分离，长茎秆被滚筒左段分离板从排草口抛出去。从轴流滚筒凹板分离出的籽粒、颖糠和碎茎秆等小杂物组成的物料由第一分配搅龙和第二分配搅龙推集到清粮室前，在抛送板作用下落到抖动板上，在筛子和风扇的作用下进行清选。未脱净的穗头经下筛后段的杂余筛孔落入杂余搅龙，被推送到右端复脱器，经复脱后抛回上筛，进行再清选。

三、湖州—100E 型半喂入稻麦联合收获机的结构与工作

湖州—100E 型半喂入稻麦联合收获机是一种采用卧式割台的小型自走式联合收获机，能一次完成稻麦收割、脱粒和清选作业，并保持茎秆完整，铺放整齐。该机适应泥脚深度在 15cm 以内的中小水田作业，适合收获的作物自然高度为 50~100cm。

收获工作过程中，允许作物有轻微倒伏。整机结构和工作过程示意图如图 5-40 所示。该机主要由收割台，夹持输送机构，脱粒装置，割、送、脱连接架，底盘和接粮台等组成。

机器前进时，拨禾轮将作物拨向切割器，切割后的作物在拨禾轮的推送下整齐地铺放在割台的水平输送链上，继续送至夹持输送链交接口，由夹持链夹持输送，沿圆弧轨道旋转成90°，倒挂进入脱粒滚筒，脱下的籽粒经筛网分离，籽粒顺滑谷板落入搅龙，由垂直搅龙送

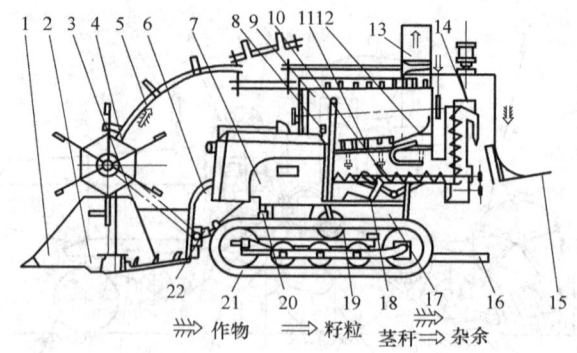

图 5-40　湖州—100E 型半喂入稻麦联合收获机

1—分禾器　2—切割器　3—割台输送链　4—拨禾轮　5—夹持输送链　6—割、送、脱连接架　7—发动机
8—分动箱　9—脱粒滚筒　10—筛网　11—输送搅龙　12—驾驶座　13—排杂风扇　14—输送箱　15—放草机构
16—接粮台　17—变速箱　18—割台升降机手柄　19—行走离合器　20—机架　21—橡胶履带　22—割台传动箱

到接粮袋，杂余由排杂风扇抛出。

四、谷物联合收获机的主要工作部件

谷物联合收获机的收割台主要由拨禾轮、切割器、螺旋推运器、倾斜输送器和割台等组成。在谷物联合收获机上广泛使用偏心弹齿式拨禾轮、标Ⅱ型或标Ⅲ型往复式切割器，其构造与工作前已叙述，不再重复。

（一）螺旋推运器

配置在切割器后方的收割台面上，用来集中和输送割下的作物。其构造如图 5-41 所示，主要由圆筒、螺旋叶片和伸缩扒指机构等组成。螺旋叶片分左旋和右旋两段，焊在圆筒两端，扒指机构在圆筒中段，扒指一般有 12~16 个，并排铰装在圆筒内的曲轴上，扒指上端通过套筒伸出圆筒。

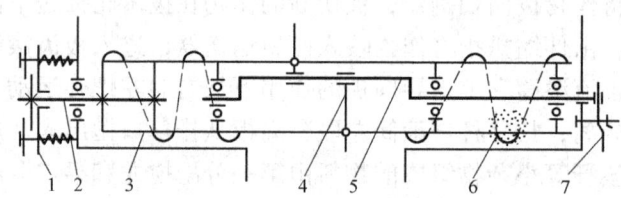

图 5-41　螺旋推运器示意图

1—传动箱　2—左半轴　3—圆筒　4—扒指　5—扒指轴（曲轴）　6—螺旋叶片　7—调节手柄

工作时，螺旋推运器的圆筒转动，带动扒指一起旋转，而曲轴固定不动。由于曲轴的偏心作用，扒指相对于圆筒作伸缩运动。因曲轴偏心的方向偏向前下方，故工作中扒指可在前下方伸出圆筒抓取谷物，转至后上方时缩回，避免把谷物带回。

扒指伸出圆筒最长时的位置，可通过右端的调节手柄调节。扳动手柄，扒指曲轴偏心方向发生变化，扒指伸出位置也相应变化，以适应不同工作情况的需要。

为适应不同产量的作物情况，螺旋叶片与割台底板间的间隙，可通过调整螺母、改变推运器轴的位置进行调整。当喂入作物的茎秆高大或喂入的作物量多时，应将间隙调大，以免堵塞推运器；当作物生长稀疏、茎秆矮小时，应将间隙调小，以便及时输送已割谷物。有的联合收获机在螺旋推运器驱动轴的外端设有自动离合器，用以控制传递转矩，以防超载而损坏零部件。传递转矩的大小，可通过改变离合器弹簧弹力进行调整。

（二）倾斜输送器

倾斜输送器是连接割台和脱粒部分的过桥，用以将割台送来的谷物，连续均匀地送入脱粒装置。倾斜输送器多为链耙式，它由壳体、主动轴、被动轴、输送链和齿板等组成，如图 5-42 所示。

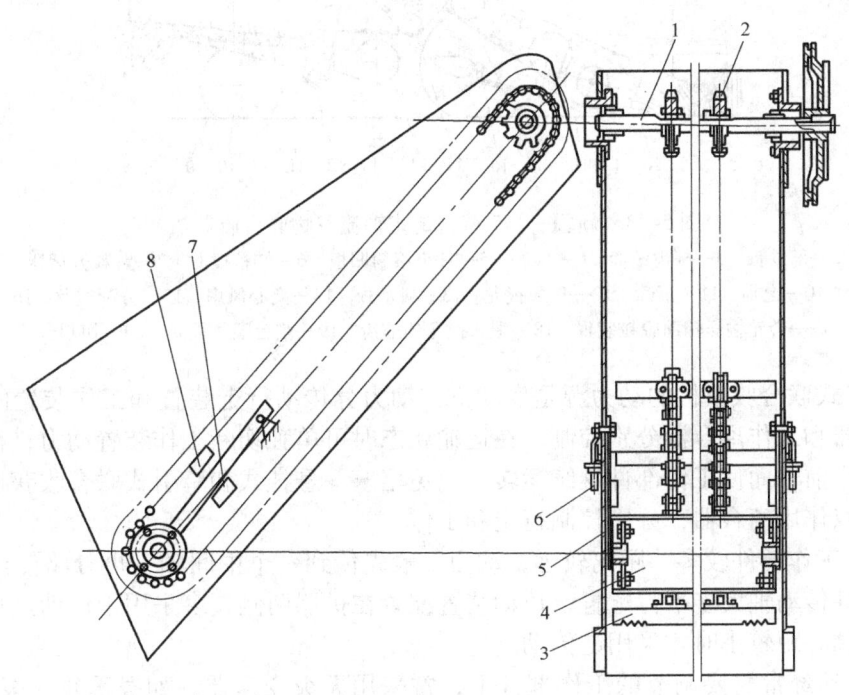

图 5-42 链耙式倾斜输送器

1—主动轴 2—链轮 3—齿板 4—被动轴 5—浮动杆 6—调节螺栓 7—下限位板 8—上限位板

工作时，输送链在主动轴链轮带动下回转，链条上的齿板抓取谷物将其输送。被动轴为浮动式，当谷层厚时上抬，谷层薄时靠自重或弹簧弹力下落。输送链的松紧度可通过调整螺栓改变被动轴的位置进行调整。有的联合收获机在输送器主动轴一端设有自动离合器，以控制传递转矩的大小。

在新疆—1.5 型自走式轴流谷物联合收获机上，采用转轮式倾斜输送器（见图 5-43），它由 3 个转轮组成。在收获小麦时 3 级喂入轮分别安装耙杆喂入轮和两个纹杆喂入轮；在收获水稻时分别安装耙杆喂入轮、弓齿喂入轮和耙杆喂入轮。这种输送装置兼有脱粒作用。

（三）割台

割台用来安装拨禾轮、切割器、螺旋推运器等工作部件及其传动机构，用连接机构与倾斜输送器连接，用液压油缸支承在机架上。割台的高低位置可由液压油缸来调整。

五、谷物联合收获机传动系统的特点

谷物联合收获机传动系统的功用是将发动机的动力传递给工作装置和行走装置，使各工作部件运动和机器行走。联合收获机体积大，工作部件多，因而传动较复杂，具有以下特点：

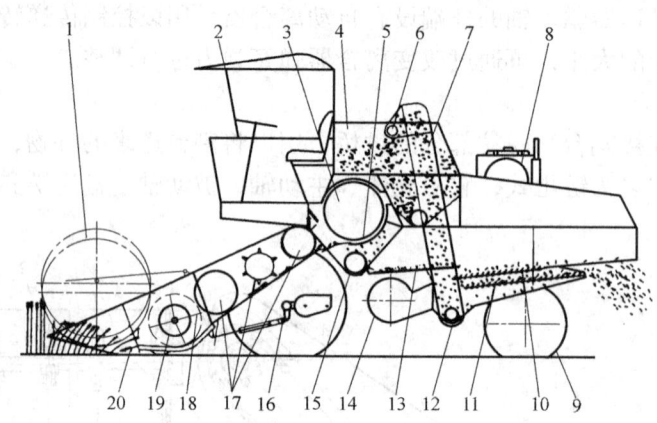

图5-43 新疆—1.5型自走式轴流谷物联合收获机

1—拨禾轮 2—驾驶台 3—杆齿滚筒 4—粮箱 5—杆齿滚筒凹板 6—卸粮搅龙 7—籽粒升运器 8—发动机 9—后轮 10—上筛 11—下筛 12—籽粒搅龙 13—抖动板 14—离心风扇 15—分配搅龙 16—前桥 17—转轮输送辅助脱粒装置 18—喂入搅龙伸缩齿 19—割台喂入搅龙 20—切割台

1）自走式联合收获机的动力源是发动机，动力分传动行走装置和工作装置两路，并设有行走离合器和工作离合器分别控制。在运输状态时可单独切断工作装置动力；在工作中需要时，可停止前进而使工作部件继续运转，以免堵塞。悬挂式和牵引式联合收获机，则要求拖拉机具有双作用离合器，分别控制行走和工作。

2）由于工作部件较多，距离较远，动力一般先传到一个中间轴，再分路传至各工作部件。工作部件传动轴大多平行配置，传动装置配置在机器两侧，多采用带传动。只有传动比要求严格和轴心距较小时才采用链传动。

3）在转速经常需要调节的工作部件上，常采用无级变速器，如拨禾轮、滚筒、风扇、行走部分等。

4）在易发生故障的工作部件上，都设置安全离合器，以免损坏。如螺旋推运器、倾斜输送器、籽粒输送器和杂余输送器等。

六、谷物联合收获机作业质量的检查

谷物联合收获机在作业时，其作业质量可用以下指标进行评定。

（一）割茬高度

收获小麦的留茬高度一般为15~20cm，以不影响后续作业并不产生漏穗为依据。可以用直尺直接测量割茬高度，具体做法是在机收后的地块内，比较均匀地选取具有代表性的5~10个点，分别测量各点割茬高度，计算其平均值：

$$割茬高度 = 各点处割茬高度之和 / 所选点数$$

割茬高度是通过机手操纵液压手柄控制割台的高低位置实现的。割茬过高，将直接影响下茬作物的播种质量；过低会使割台触及地面或田间砖块、土块等，导致机械故障发生。

（二）收获总损失率

收获总损失率主要包括收割台损失率、脱粒损失率、分离损失率和清选损失率，这四部分的损失率之和不应超过2%。

1. 收割台损失

指漏割穗、掉穗和被拨禾轮打击造成的落粒损失之和。

收割后的地块内产生落粒和掉穗有两方面的原因：一是收割前就有的自然落粒和掉穗，称为自然损失；二是因收割机收获时造成的落粒和掉穗，称为收割台损失。

自然损失可在未割地里选取 3~5 个测区，每个测区 1m²，收集落粒和掉穗并搓出谷粒秤重，计算出平均每平方米的自然损失（kg/m²）。

收割台损失可在收割后的地块上，选取宽为实际割幅、长为 1m 的面积，捡起落粒、掉穗和漏割的谷穗，搓出谷粒并称其质量，算出平均每平方米的总损失（kg/m²），减去自然损失，即为收割台的损失（kg/m²）。收割台的损失率为

$$收割台损失率 = \frac{每平方米收割台损失}{测区内每平方米籽粒总质量} \times 100\%$$

影响收割台损失的因素有拨禾轮和切割器的工作质量、收割机作业速度、作物情况等。

2. 脱粒损失

指从联合收获机排出的穗头中夹带有未脱净的籽粒的质量。可接取机器通过测区的茎秆、清选排出物，从中拣出未脱净的穗头，搓出谷粒，秤出脱粒损失。脱粒损失率为

$$脱粒损失率 = \frac{脱粒损失}{测区内籽粒总质量} \times 100\%$$

影响脱粒质量的因素有作物成熟程度及干湿程度、脱粒滚筒转速及凹板间隙等。

3. 分离损失

指从联合收获机排出的茎秆中夹带的籽粒的质量。可接取机器通过测区排出的茎秆，从中拣出夹带的谷粒，秤出分离损失。分离损失率为

$$分离损失率（\%） = \frac{分离损失}{测区内籽粒总质量} \times 100\%$$

影响分离质量的因素有茎秆层厚重和潮湿等。

4. 清选损失

指从联合收获机后面排出的清选物中夹带的籽粒的质量。可接取机器通过测区排出的清选物，从中拣出裹带的谷粒，秤出清选损失。清选损失率为

$$清选损失率 = \frac{清选损失}{测区内籽粒总质量} \times 100\%$$

影响清选质量的因素有筛孔开度、筛子倾角、风量和风向等。

（三）清洁率

在出粮口接取一定量的样品并称其总质量；去除各种杂物后再秤出籽粒质量，算出清洁率。

$$清洁率 = \frac{籽粒质量}{样品总质量} \times 100\%$$

一般要求为：收小麦时，籽粒清洁率在 98% 以上，收水稻时在 93% 以上。

（四）籽粒破碎率

这是反映联合收获机的脱粒装置对谷粒的损坏程度的指标。可以从联合收获机的出粮口中接取一定数量的样品，去除颖壳等杂质后称出样品籽粒的质量，然后从中拣出破碎籽粒并称重，按下式计算：

$$籽粒破碎率 = \frac{破碎籽粒质量}{样品籽粒质量} \times 100\%$$

籽粒破碎率不能超过2%。

引起破碎率高的因素有滚筒转速过高、脱粒间隙过小及喂入不均匀等。
测区内籽粒总质量＝出粮口接取的样品质量×清洁率＋脱粒损失质量＋分离损失质量＋清选损失质量＋收割台每平方米的收割损失质量×实际割幅×测区长度

第五节 玉米收获机的结构与工作

一、玉米收获机的类型

玉米收获机根据摘穗装置的配置方式不同，可分为立式摘穗辊机型和卧式摘穗辊机型。根据与动力挂结方式的不同又可分为牵引式、背负式、自走式机型和玉米专用割台。

（一）立辊式玉米收获机

图5-44为4YL—2型立辊式玉米收获机的结构与工艺流程示意图。它由分禾器、喂入装置、摘穗装置、剥皮装置、升运装置、排茎装置、茎秆切碎装置、机架和传动系统等组成。

工作时，机器顺行前进，分禾器从根部将玉米秆扶正并引向拨禾链，拨禾链将茎秆推向切割器。割断后的茎秆继续被夹持向后输送，茎秆在挡禾板阻挡下转一角度后从根部喂入到摘穗器。摘穗器每行有两对斜立辊，前辊起摘穗作用，后辊起拉引茎秆的作用，在此过程中果穗被摘下，落入第一升运器并送至剥皮装置。茎秆则落到放铺台上，经台上带拨齿的链条将茎秆间断地堆放于田间。剥去苞叶的果穗落入第二升运器。剥下的苞皮和其中的籽粒在随苞皮螺旋推运器向外运动的过程中，籽粒通过底壳上的筛孔落到下面的籽粒回收螺旋推运器中，经第二升运器，随同清洁的果穗一起送入机后的拖车中，苞皮被送出机外。

若需茎秆还田，可将铺台拆下，换装切碎器，将茎秆切碎抛撒于田间。

立辊式玉米收获机的摘穗方式为割秆后摘穗。

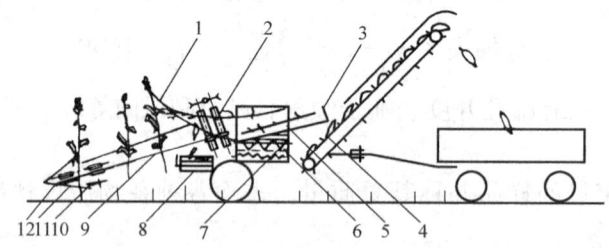

图5-44 4YL—2型立辊式玉米收获机
1—挡禾轮 2—摘穗器 3—放铺台 4—第二升运器 5—剥皮装置 6—苞叶输送螺旋 7—籽粒回收螺旋 8—第一升运器 9—喂入链 10—圆盘切割器 11—分禾器 12—拨禾链

（二）卧辊式玉米收获机

图5-45为4YW—2型卧辊式玉米收获机的结构与工作过程示意图。

工作时，分禾器将茎秆导入茎秆输送装置，在拨禾链的拨送和夹持下，经卧辊前端的导锥进入摘穗间隙，摘下果穗，落入第一升运器，个别带断茎秆的果穗经第一升运器末端时被排茎辊抓取，进行二次摘穗。果穗落入剥皮装置，剥下苞皮的干净果穗落入第二升运器，送入机后的拖车中。剥下的苞皮及夹在其中的籽粒一起落入苞叶螺旋推运器，在向外运送过程中，籽粒通过底壳上的筛孔落入籽粒回收螺旋推运器中，经第二升运器，随同清洁的果穗送入机后的拖车中，苞皮被送出机外。摘穗后的秸秆被切碎器切碎，均匀地抛撒于地面。

卧辊式玉米收获机的摘穗方式为站秆摘穗。

上述两种玉米收获机工作性能基本相同。落粒损失在2%以下，摘穗损失2%~3%，总损失4%~5%，苞叶剥净率达80%以上。

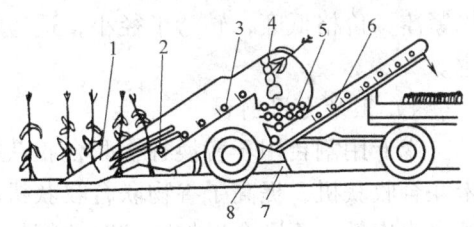

图5-45 卧辊式玉米收获机工作过程示意图
1—扶导器 2—摘穗辊 3—第一升运器 4—排茎辊
5—剥皮装置 6—第二升运器 7—茎秆切碎装置
8—籽粒输送器

在玉米潮湿、水分较大、植株密度较大、杂草较多的情况下，立辊式玉米收获机摘辊易产生堵塞，而卧辊式收获机适应性较强，故障较少（因该机只有茎秆上部入辊）；但若果穗部位较低或有矮小玉米时，则立辊式果穗丢失较少。此外，立辊式能进行茎秆铺放而卧辊式不能获得完整茎秆。

（三）自走式玉米收获机

图5-46为自走式玉米收获机的结构示意图。它由发动机、底盘、工作部件（包括割台、升运器、茎秆粉碎装置、果穗箱、除杂装置等）、传动系统、液压系统、电气系统和操纵系统等组成。

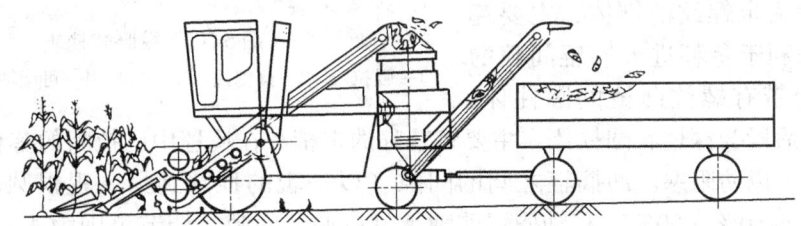

图5-46 自走式玉米收获机

工作时，收获机沿玉米行间行走，玉米茎秆被茎秆扶持器导入割台茎秆导槽，再被喂入链抓取进入摘穗装置。茎秆被拉茎辊拉过摘穗板的工作间隙，果穗被摘下，而茎秆被粉碎装置切断并粉碎还田。摘下的果穗由喂入链送到果穗搅龙输送器，再被送到第一升运器，由第一升运器进入剥皮装置。果穗借助于剥皮辊和压送机构剥下玉米苞叶，剥去苞叶的果穗进入第二升运器，然后输送到运输拖车中。苞叶和被剥皮辊挤压下来的玉米籽粒送往苞叶输送器，玉米籽粒被筛出，进入第二升运器运至拖车中，而苞叶被排出机外。

自走式玉米收获机具有结构紧凑、性能较完善、作业效率高等优点，但机器售价较高，构造复杂。

（四）牵引式玉米收获机

牵引式玉米收获机是我国最早研制和开发的机型，一般为2~3行侧牵引。配套动力为30~60kW的拖拉机。牵引式玉米收获机具有结构较简单、价格低廉、使用可靠性好等优点，但由于机组较长使得转弯半径大，需在地头开阔的地块中作业，且在作业前需由人工割出割道。

（五）背负式玉米收获机

背负式玉米收获机是指将玉米收获机悬挂在拖拉机上，使其与拖拉机形成一体，形式与自走式玉米收获机相近。有前悬挂、侧悬挂和倒悬挂三种，目前使用较多的是前悬挂。整机结构紧凑，价格低廉，转弯半径小，适应性强。因动力与收获机可分离，提高了动力机的利用率。

（六）玉米专用割台

玉米专用割台用于替换谷物联合收获机上的谷物收割台，从而将谷物联合收获机转变成玉米联合收获机，提高了谷物联合收获机的利用率和用户的经济效益。但要求收获时的玉米籽粒含水率低，否则会增加脱粒时的籽粒破碎率。

二、玉米收获机的主要工作装置

（一）摘穗装置

现有玉米收获机上所用的摘穗装置皆为辊式，按结构可分为纵卧式摘辊、立式摘辊、横卧式摘辊和纵向板式摘穗器四种。

1. 纵卧式摘辊

多用在站秆摘穗的机型上，由一对纵向斜置（与水平线成35°~40°）的摘辊组成（见图5-47），两辊的轴线平行并具有高度差。摘辊的结构分前、中、后三段：前段为带螺纹的锥体，主要起引导茎秆和有利于茎秆进入摘辊间隙的作用；中段为带有螺纹凸棱的圆柱体，

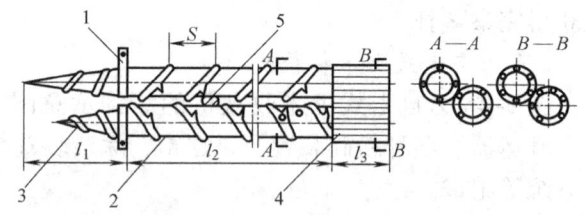

图5-47　纵卧式摘辊
1—强拉段　2—摘穗段　3—导锥　4—可调轴承　5—茎秆

起摘穗作用；后段为深槽状圆柱体，主要将茎秆的末梢和在摘穗中已拉断的茎秆强制从缝隙中拉下或咬断，以防阻塞。两摘辊之间的间隙（以一辊的顶圆到另一辊根圆的距离计算）约为茎秆直径的30%~50%，移动摘辊前轴承可以调节间隙，调节范围为4~12mm（从摘辊中部测量）。

工作中，茎秆在两摘辊之间沿轴向移动时被向下拉伸，由于茎秆的拉力较大（1000~1500N），而果穗与穗柄的连接力及穗柄与茎秆的连接力较小（约500N），因此果穗在两摘辊碾压下被摘落。果穗一般在它与穗柄的连接处被揪断，并剥掉大部分苞叶。

纵卧式摘辊的主要特点：在摘穗时茎秆的压缩程度较小，因而功耗较小，对茎秆不同状态的适应性较强，工作较可靠，但摘落的果穗带苞叶较多。

2. 立式摘辊

多用在割秆摘穗的机型上，由一对或两对倾斜（与竖直线成25°夹角）配置的摘辊和挡禾板组成（见图5-48）。每个摘辊分上下两段：上段的断面呈花瓣形（3~4个花瓣），以加强摘辊对茎秆的抓取和对果穗的摘落能力；下段的断面与上段相同或采用4~6个棱形，起拉引茎秆的作用。为使摘辊对茎秆有较强的抓取能力，其间隙为2~8mm，可通过移动上下轴承的位置调节。

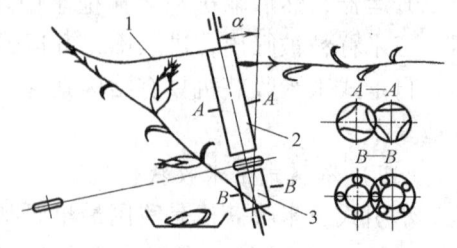

图5-48　立式摘辊
1—挡禾板　2—上段　3—下段

工作时，茎秆在喂入链的夹持下由根部喂入摘辊下段的间隙中，在下段摘辊的碾拉下，茎秆迅速后移并上升，在挡禾板的作用下，向垂直于摘辊轴线方向旋转，并被抛向后方。果穗在两摘辊的碾拉下被摘掉而落入下方。

立式摘辊的主要特点：摘穗中对茎秆的压缩程度较大，果穗的苞叶被剥掉较多，在一般条件下，工作性能较好，但在茎秆粗大、大小不一致、含水量较多的情况下，茎秆易被拉断而造成摘辊堵塞。

为了改善立式摘辊的性能，我国在研制4YL—2型玉米收获机时，采用了组合式立式摘辊（见图5-49），即前辊采用表面具有钩状螺纹的辊型，主要起摘穗作用；后辊采用六棱形（呈大花瓣形）拉茎辊，有较强的拉引作用。试验表明，该组合式摘辊性能较好，果穗损失率低，工作可靠性较高，但机构复杂、功耗较大。

3. 横卧式摘辊

在自走式玉米收获机上有的采用这种摘辊，其构造与工作过程如图5-50所示。摘穗器由一对横式卧辊、喂入轮、喂入辊等组成。工作时，被割倒的玉米经输送器送至喂入轮和喂入辊的间隙中，继而向摘穗辊喂入，摘穗辊在回转中将茎秆由梢部拉入间隙并抛向后方，果穗被挤落于前方。

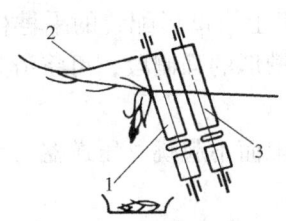

图5-49 组合式立式摘辊
1—前摘辊 2—挡禾板 3—后拉茎辊

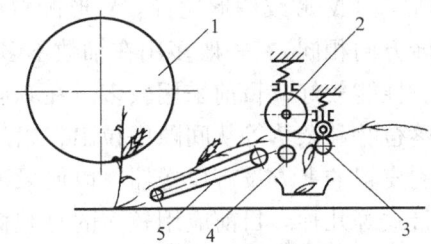

图5-50 横卧式摘穗器
1—拨禾轮 2—喂入轮 3—摘穗辊 4—喂入辊 5—输送器

横卧式摘辊由梢部抓取茎秆，抓取能力较强，果穗被咬伤率也较大，摘辊易堵塞，但在收获青饲玉米时性能较好，且结构简单、功耗较小。国外有的青饲玉米收获机如俄罗斯CK—2.6型玉米收获机就采用了这种结构。

4. 纵向板式摘穗器

主要用于玉米割台上，由一对纵向斜置式拉茎辊和两个摘穗板组成。拉茎辊一般由前后两段组成：前段为带螺纹的锥体，主要起引导和辅助喂入作用；后段为拉茎段，其断面形状有四叶轮形、四棱形、六棱形等几种（见图5-51），其性能大致相同。拉茎辊的间隙可在20～30mm内调整。摘穗板位于拉茎辊的上方，工作宽度与拉茎辊工作长度相同。为减少对果穗的挤伤，常将摘穗板边缘制成圆弧状。摘穗板的间隙可根据果穗直径大小调整。

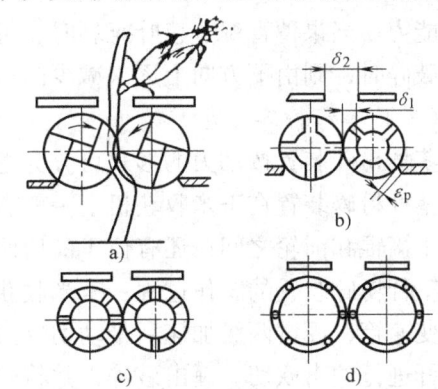

图5-51 拉茎辊
a) 四叶轮式 b) 四棱形 c) 六条圆肋式
d) 六条方肋式

（二）剥皮装置

现有玉米收获机上的剥皮装置多为辊式，它由若干对相对向里侧回转的剥皮辊和压送器组成（见图5-52）。

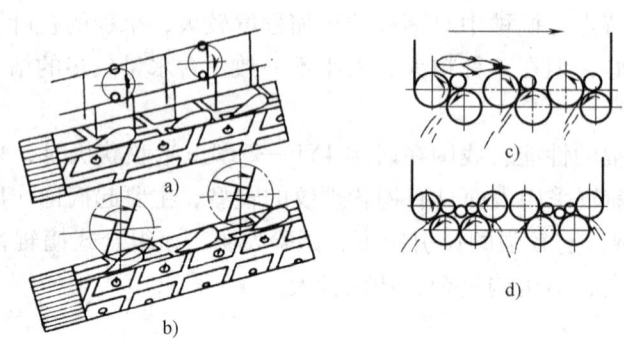

图5-52 剥皮装置

a）带键式压送器的剥皮装置 b）带叶轮式压送器的剥皮装置 c）V形配置 d）槽形配置

剥皮辊的轴线与水平线成10°~20°倾角，以利于果穗沿轴向下滑。每对剥皮辊的轴心高度不等，呈V形或槽形配置。V形配置的结构简单，但果穗易向一侧流动（因上层剥皮辊的回转方向相同），一般多用在轴数不多的小型玉米收获机上。槽形配置的果穗横向分布较均匀，性能较好，目前采用较多。在剥皮辊的下端设有深槽形的强制段，可将滑到剥辊末端的散落苞叶和杂草等从间隙中拉出，以防堵塞。

在剥皮辊的上方设有压送器，以使果穗能稳定地接触剥辊而不起跳。压送器有键式、叶轮式和带式等几种。目前应用较多的是胶板叶轮式压送器。

剥皮装置工作时，压送器缓慢地回转或移动，使果穗沿剥皮辊表面徐徐下滑。由于每对剥皮辊对果穗的切向抓取力不同（上辊较小，下辊较大），果穗便回转。果穗在回转和滑行中不断受到剥皮辊的抓取，将苞叶撕开，并从剥皮辊的间隙中拉出。

为了增加剥皮辊对苞叶的抓取能力，上置的剥皮辊一般为胶制，表面有凸棱；下置的剥皮辊为铸铁制，表面具有螺旋形槽纹，并带有可拆卸的凸钉，既有利于果穗下滑又有较强的抓取能力。当果穗青湿、苞叶难剥时，可加装凸钉以增强剥取作用；当果穗干燥、籽粒易脱落和破碎时，则由下方向上逐次减少凸钉。

（三）茎秆粉碎装置

茎秆粉碎装置按动力的形式可分为甩刀式、锤爪式和动定刀组合式等。

茎秆粉碎装置在玉米收获机上一般有三种安装位置：一种是位于收割机后轮后部；一种是位于摘辊和前轮之间；还有位于前后两轮之间的。其均用液压方式提升。

茎秆粉碎装置的工作过程：玉米收获机通过动力输出轴经万向节将动力传至茎秆粉碎装置的变速箱，经过两级加速后带动切碎刀轴高速旋转，均布在刀轴上的刀片随之高速旋转，对茎秆进行冲击砍切、锤击破碎，并将碎茎秆均匀抛撒。

为提高粉碎效果，在刀轴上方配置的钢板罩壳内壁上装有定刀片，并与动刀片交错对应配置。在刀体旋转带动和由于刀体旋转而产生的负压的共同作用下，茎秆被带入机壳内、受到冲击砍切和剪切撕拉，从而保证了茎秆的切碎质量。

第六节 收获机械的使用

一、收割机的使用

(一) 收割前的准备

1. 田块准备

田块四周的作物要用人工割掉（见图5-53），以免分禾器撞田埂。严重倒伏的作物要人工预先割掉并运走。填平田间的沟坎，使机组能较平稳地进行作业。

2. 机具准备

1）对收割机和配套拖拉机进行正确挂接，升降机构和传动装置安装正确，连接可靠。

2）检查和调整各工作部件，达到正确的技术状态。

3）按说明书规定的润滑点进行润滑。

4）试运转。先用手摇车，带动各部分运转，无碰撞、卡

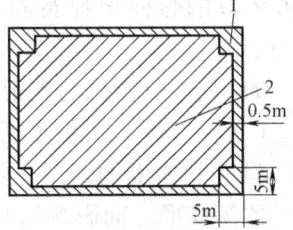

图5-53 准备好的田块
1—人工预先割掉的部分
2—用机械收割的田块

滞现象时，用小油门使收割机运转，然后逐渐加大油门至额定转速，运转15~20min，观察各部分运动情况，并检查升降是否符合要求。

5）停机后检查各紧固件是否松动。确认正常后方可进行田间作业。

(二) 收割机的安装

收割机多与小四轮拖拉机或手扶拖拉机配套，下面以4GL—130型收割机为例，说明收割机的安装过程。

1. 与小四轮拖拉机配套的收割机的安装过程（见图5-54）

1）把传动组合支架安装在拖拉机的保险杠上，用3根M16螺栓紧固好。

2）将上、下支臂用销轴固定在传动组合支架上，并挂上割台。

3）装上V带（B1372），连接割台与传动组合支架；用传动带（B1118）连接传动组合支架与带轮（中间槽）。如果排气弯管妨碍传动带挂接，则装上加长法兰盘。

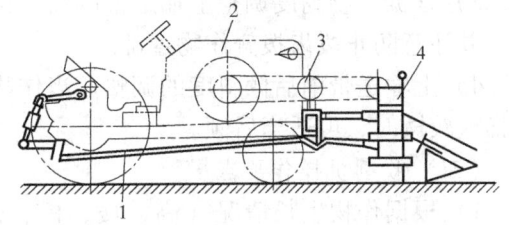

图5-54 与小四轮拖拉机配套示意图
1—操纵组合 2—小四轮拖拉机
3—挂接传动组合 4—收割机

4）割台平放于地面，挂上张紧轮，使传动支架至割台的V带处于张紧状态。

5）连接液压拉杆于下支臂与液压拉臂之间，并调整好钢丝绳，打开液压开关后使割台升起200~500mm，割台保持水平。

2. 与手扶拖拉机配套时的安装过程

1）拆除手扶拖拉机的保险杠和前支架，卸掉手扶拖拉机的其他配套农具，把拆除刀片的旋耕机安装在拖拉机上以平衡机组的重量。

2）连接拖拉机和收割机的挂接部分。将带有旋耕机的拖拉机固定，取下机架下面的两个M14螺栓，把支承杆拧入并拧紧。把发动机调整螺杆上的螺母拆下，将收割机的挂接组

合固定在机架前端,并拧紧支承杆和调整螺杆上的螺母。

3)连接收割机的割台和挂接部分。把收割机移到挂接架前,使升降臂的销孔对准割台上的联接耳,插上4个销轴,锁上开口销。

4)安装普通V带。用V带把拖拉机和收割机带轮连接起来,使拖拉机带轮、收割机带轮和张紧轮三者在同一传动平面内。

5)安装操纵升降部分。用3个M10×65螺栓把扇形板装在旋耕机左梁端面上,用2个M10×20的螺栓把弹簧固定板固定在旋耕机左侧板上,并装上平衡弹簧,调整好连接钢丝绳。

6)装上收割机的支架、配重、尾轮等,调整好尾轮的高度。

(三)收割机的主要调整

(1)切割器的调整 收割机在使用中因磨损、振动和松动等原因,使刀梁、动刀杆和护刃器等变形,而影响切割质量,故应经常检查、及时调整。检查的主要内容是对中、整列和密接,具体内容可参照本章前述部分,在此不再重述。

(2)分禾器的调整 分禾器尖应与最外侧护刃器尖相对应或有少许外倾斜为宜。分禾器向内倾斜时割幅减小,内倾过大会将作物向分禾器外排挤拥倒;分禾器内外侧倾斜过大时,会增大割幅,造成端部割刀切割量大或堵刀,导致切割器工作不正常。

(3)扶禾器的调整 各扶禾器尖应在同一直线上,允许有不大于5mm的偏差,同时,扶禾器两尖间的距离差也不允许大于5mm。

(4)立式割台输送带的调整

1)及时张紧上下轮输送带的紧度,但不宜过紧,以不打滑为准。

2)作物输送间隙(指上拨齿与星轮或扶禾轮之间的距离)一般为60~90mm。作物密度大时,间隙应调大;反之调小。

3)根据作物高度调整上输送带的高低位置。一般使之作用在作物自然高度的1/3~2/5处,并注意防止拨齿拨碰作物穗部。

4)上输送带前后倾斜度的调整。当作物密度大时,可适当前倾,增大输送能力;作物较稀或较矮时,可适当后倾。

(四)收割机操作要点

1)根据作物生长情况(高、矮、稀、密)和地形,正确选择机器前进速度(一般为3.5~5km/h)。地头转弯、过渠埂时应减速。

2)开始收割前,应先转动收割机各工作部件使之运转,然后小油门平稳起步,当割刀将要接触作物前加大油门进行作业。收割机应沿播、插方向尽量走直,满幅工作。

3)作业机组一般采用回形走法,地头转弯时应升起割台,待作物全部送出后再切断动力,停止运转。

4)潮湿或带露水的作物不宜收割。收割倒伏作物时,要采用逆向收割或侧向收割方式,以减少收割损失。

5)作业过程中要按时检查,按时维护,发现异常时,要及时停车检查。检查时应将机组退到已割地面,切断动力,升起割台并可靠锁定和支垫后,方可进行检修。

(五)收割机的安全生产

1)掌握好适宜的收割时机,雨后或作物湿度较大时,不宜马上工作。

2) 遇地面不平整及水田泥烂情况，应适当调高割茬，以免造成机具损坏。

3) 收割机在田间出现故障时，应及时停车检查，严重时应熄火后再排除。

（六）收割机的维护

收割机的维护有班前维护、作业中的维护、班后维护、季节维护和封存。对收割机进行正确的维护，可以减少故障，延长使用寿命。

（1）班前维护　班前按规定对机器进行润滑；检查各部分紧固情况和操纵情况；并空转观察各部分运转情况，应无异响或卡滞现象。

（2）作业中的维护　随时注意收割机作业情况，及时清除工作部位的缠草、草屑和泥土。清理割台时，必须使收割机停止运转。注意调整传动带的张紧度。

（3）班后维护　收割机停放时应使收割台着地，不要悬挂。清除泥土和缠草。清理切割器，并检查技术状态是否完好，如有异常应进行调整，然后注少量润滑油。检查各零件有无损坏，紧固件是否松动，若有应及时更换和紧固。

（4）季节维护和封存　每季工作结束后，要全面进行维护一次：拆下割台、挂接、操纵提升等各部件，检查轴承磨损情况、机架与刀梁有无变形，更换损坏的零部件，加注润滑油。卸下输送带和传动带，挂在阴凉干燥通风处。检查切割器，若有崩刃或磨损严重的情况应更换，铆钉松动的应重新铆紧。齿轮磨损严重时应更换，齿轮箱加注润滑油。检查完毕后，凡有脱漆部分应重新补漆，然后将收割机放在室内或有盖的棚里，用木板将割台垫起离地并放平。

（七）收割机常见故障及处理方法

收割机常见故障及排除方法见表 5-2。

表 5-2　收割机常见故障及排除方法

事故现象	事故原因	排除方法
割台突然停止工作	1. 割台卡有铁丝或硬物 2. 张紧轮不起作用，V 带打滑 3. 动刀片或定刀片铆钉松动，刀片被卡死 4. 机器过田埂时提升过高，张紧轮松弛，V 带打滑	1. 切断动力后，将铁丝、石块或其他杂物清除掉 2. 调整张紧轮 3. 停机，铆紧铆钉 4. 在收割过程中，机器提升不宜过高
输送堵塞	1. 上、下输送带松弛，不转动 2. 田间杂草过多，将扶禾星轮缠住 3. 起步不平稳 4. 作物不熟或太湿 5. 压力弹簧松动 6. 作物严重倒伏或乱倒伏 7. 拖板碰地壅土	1. 调整输送带被动轮螺杆，使输送带张紧。如螺杆调到顶点，传动带仍长，则将传动带截去一个齿距（122mm）再接上 2. 清除杂草 3. 起步要平稳，机具离作物要有一定距离 4. 待作物成熟后或干后收割 5. 调整压力弹簧，紧靠挡板 6. 采取单向逆倒伏收割或将部分乱倒伏作物用人工割掉 7. 提高割台

(续)

事故现象	事故原因	排除方法
不直立输送、铺放不齐	1. 上、下输送带张紧度不一致 2. 压力弹簧过松 3. 作物长势与选择的前进速度不一致	1. 调整输送带张紧度，保证上、下一致 2. 将弹簧调整到适当压力 3. 正确选择前进速度，当作物长势很好时，选用低档作业
动刀片早期磨损或断裂	1. 压刃器压得过紧，产生沟槽 2. 割茬太低，碰到石块或其他硬物	1. 压刃器下加垫片或卸下压刃器，用锤子轻铆中间鼓起部位 2. 适当调整割茬，切割部分不宜离地面太低；更换断裂的动刀片
星轮齿部断裂	1. 运输途中碰断 2. 地头拐弯处碰到障碍物 3. 拖拉机速度太快 4. 输送堵塞	1. 运输途中，注意紧固，不要让其位置随车错动 2. 操作到地头拐弯处，要注意减速 3. 操作速度视作物长势而选择档位 4. 发现堵塞，顺出口方向排除

二、脱粒机的使用

（一）脱粒机的准备

1. 主要技术状态检查

1）滚筒脱粒元件（纹杆，钉齿，弓齿等）和凹板应完整无损，不变形，不松动。

2）滚筒轴无轴向窜动。

3）升运器的链条、传动带紧度应合适，升运器应严密无开裂，以防漏撒谷粒。

4）全部筛子及连接部件应紧固，筛面干净，筛子无堵塞。

5）风扇在轴上应紧固不松动，无轴向窜动，风扇调节机构应灵活有效。

6）传动链条、传动带紧度应合适。

7）各处轴承间隙应合适，润滑良好。

2. 放置

脱粒机要顺风布置，使茎秆、颖壳等能顺风排出；脱粒机要保持水平，固定牢靠，使其在工作时平稳不动。

3. 正确调整

1）按说明书规定，根据作物情况，调整合适的滚筒转速。同一作物的脱粒性能受作物品种、成熟度和湿度等影响，脱粒速度有一定变化范围。难脱、湿度大的作物用较高的转速，反之，用较低转速，以脱净不碎粒为原则。调整时还应与脱粒间隙相配合。

2）按说明书规定，根据作物情况，调整脱粒滚筒的脱粒间隙。脱粒间隙应根据作物干湿情况、脱粒质量等随时进行调整。调整的原则是在脱净的前提下，尽量采用较大的间隙，以减少籽粒破碎和功率消耗。调整时应注意使滚筒两侧的间隙一致，以免影响脱粒质量。

3）根据作物情况选用合适的清选筛和调整筛孔、风量、风向等。

4. 试脱

1）试脱前先用手转动传动轮，使脱粒机运转，检查各工作部件和传动机构是否正常，确认无阻滞、碰撞和异响时，才可挂上传动带由动力机带动空转，由低速逐渐增加到正常转速。

2）空转过程中，检查脱粒机各工作部件运转是否正常、轴承有无发热、固定螺栓有无松动等。正式脱粒过程中，还需经常检查，以免发生事故。

3）试脱过程中要检查和调整脱粒质量，直到脱粒质量符合要求并稳定后才可正式脱粒。

（二）脱粒机操作要点

1．正确喂入

1）脱粒开始时，待脱粒机达到正常转速后才能喂入。停止脱粒前，要先停止喂入，待所脱的谷粒排尽后再停止运转。

2）喂入要做到连续、均匀和满负荷，这对保证脱粒质量、提高生产率极为重要。喂入量过多，造成脱粒不净，甚至使滚筒堵塞；喂入量过少，也不易脱净，且使生产率降低。

3）弓齿式半喂入脱粒机，应适当控制喂入深度。过深易堵塞滚筒，过浅则脱不净。

4）喂入时要严防谷物中混进石头、螺栓等坚硬物，以免损坏机器和造成人身事故。

2．工作中应注意观察和倾听机器工作情况

注意回转是否平稳、有无异响和气味、轴承是否发热等，发现问题应停车检查。应经常检查脱粒机脱净情况、谷粒清洁和破碎情况等，有问题及时采取相应措施。

3．按规定进行技术维护

作业结束后，应清除机器内外的积存脏物，并进行妥善保管。

（三）脱粒机的安全生产

1）脱谷场应通风良好，备足防火用品，场内严禁吸烟和用明火。

2）脱粒机的操作人员要掌握安全操作方法。

3）作业机组的传动部分应装上防护罩。

4）机器运转时，不准挂传动带、注油、清理和排除故障。发现传动带跑偏时，应重新对正带轮中心，不能用木棒或铁棍硬性阻挡。

5）发现滚筒、逐稿器和搅龙等堵塞时，应迅速停车清理，不准在传动状态下进行清理。发现轴承烫手（超过60℃）、电动机冒烟（超过70℃）或发动机转速急剧下降时，应立即停车排除故障。

三、谷物联合收获机的使用

（一）地块准备

使用牵引式联合收获机收割时，事先要在田间用自走式联合收割机或人工割出边道，边道宽度视机型而定。

（二）机器准备

1．联合收获机主要技术状态检查

1）检查各部件安装是否正确。

2）检查各焊接件的焊接处有无裂缝。如发现问题，应及时补焊或更换。

3）检查紧固件的紧固情况。若有松动，应及时紧固。

4）检查各处链条和传动带的紧度是否合适。

5）检查拨禾轮、切割器、脱粒滚筒和凹板的技术状态是否良好。

6）检查逐稿轮、逐稿器、筛子和风扇有无变形，工作是否可靠；鱼鳞筛的筛孔，风扇的风量、风向应能灵活调节。编织筛、圆孔筛、长孔筛等筛孔大小事先应根据作物情况选配好。

7) 全部传动机构应严格检查,不能有松动、杂声、碰擦等现象,各部分轴承间隙应合适,润滑良好。

8) 各部分调节机构应能进行灵活有效的调整。

9) 完成各项检查后,用手转动主动带轮,带动传动机构运转,观察有无碰擦、卡滞现象。

10) 谷物联合收获机上必需配备灭火器。

2. 试运转

用手转动,确认无问题后,加好油和水,即可起动发动机进行试运转。

1) 固定试运转。将机器停放在平坦地面,先用小油门低速运转,观察各部分的运动情况,然后逐渐加大油门至正常转速,并操纵液压升降机构,观察其工作是否灵活、可靠。在正常转速运转过程中,每隔20~30min停车检查一次,如各传动轴承有无发热、各紧固件有无松动等,发现问题及时解决。

2) 行走部分空运转。在较平坦的地面,由一档开始逐步提高档位,进行行走试车,检查转向、制动是否灵活可靠,各操纵杆件有无卡滞现象,行走是否稳定,齿轮箱和液压油管处有无漏油等。确定机器空转正常后,可进行负荷试运转。

3) 负荷试运转。选择平坦地块、不倒伏、成熟度适中的谷物进行试割。试割时从低档开始,逐渐增加负荷(喂入量),直至额定负荷。在试割过程中要注意检查机器各部分的工作情况,并对各工作装置进行调整,使联合收获机作业质量达到要求。

4) 完成负荷试运转后,要对机器进行全面技术状态检查,并按班次维护项目进行技术维护。试运转后的联合收获机可投入正常作业。

(三) 谷物联合收获机的操作要点

1) 在机器进入切割区前一定距离处,低速平稳地接合工作离合器,降落割台至要求的割茬高度,然后加大油门,在额定转速下进入割区作业。收割50~100m后,停车检查作业质量,如割茬高度、收获损失、籽粒清洁与破碎情况等,必要时进行调整,使作业质量符合要求。

2) 正确使用油门。联合收获机在收获时,只有动力机在额定转速下工作才能保证收获机各工作部件在规定的速度范围内。因此,收获时必须保持在大油门下工作,不允许用减小油门的方法降低行车速度或超越障碍,以免引起割台、滚筒等的堵塞。当田间需要暂时停车时,需先踏下行走离合器,将变速杆置于空档,保持大油门运转10~20s,待收获机内谷物处理完后,再减小油门。当收获机行到地头时,也应继续保持大油门10~20s,待机内谷物脱完并排出机外后再减小油门。

3) 合理选择前进速度。为使联合收获机能在额定喂入量情况下连续工作,要根据作物的长势、成熟度、干湿度、留茬高低和田块情况等选择适当的前进速度。在茎秆长、植株稠密、收获早期时,应使用低档作业;茎秆矮、植株稀、收获中后期时应使用高档作业。在收获茎秆长的高产作物,用一档作业仍显负荷重时,可采用提高割茬、减小割幅的方法减小喂入量。

4) 收割倒伏作物时,最好采用逆倒伏方向或与倒伏方向成一角度收割,并将拨禾轮向前、向下调整,弹齿倾角向后倾,以利扶起谷物,减少收获损失。

5) 大风天收割时,机组不要顺向行进,以免影响杂余排出。

6) 转弯时应降低行进速度,避免急转弯,以防压倒作物或损坏机器。

7) 停车时应空转到所有作物全部排出后,再切断动力,使发动机停止工作。

（四）谷物联合收获机的安全生产

1) 机组人员应熟悉安全操作规程。

2) 联合收获机组起动前，变速杆要置空档。机组起步、转弯和倒车时要鸣喇叭，并观察机组周围情况，确保人、机安全。新车或大修的机器必须按说明书的规定进行磨合后，方可投入使用。

3) 清理、调整或检修机器时，必须在停止运转后进行。需在割台下工作时，应将割台支牢。

4) 严禁在高压线下停车或进行修理，不允许平行于高压线方向作业。

5) 地面不平时不得高速行驶，以免机器变形或损坏。运输时，割台应升起，有支承的应将支承锁定。

6) 在联合收获机工作时，不允许用手触摸各转动部件。在联合收获机停止工作后，应将变速杆放在空档位置。

7) 注意防火。不允许在联合收获机上和正在收割的地块吸烟，夜间工作严禁用明火照明。机器上应配备灭火器。

（五）新疆—2型谷物联合收获机主要部件的使用与调整

1. 收割台

用来切割并将割下的作物输送到脱粒装置。该部分主要由拨禾轮、切割器、喂入搅龙（割台螺旋推进器）、过桥（倾斜输送器）和摆环箱等组成。

（1）拨禾轮的调整

1) 拨禾轮弹齿倾角的调整（见图5-55）。调节时松开螺母，抽出紧固螺栓，然后转动调整板，使调整板相对拨禾轮轴偏转，同时带动弹齿偏转，待偏转到所需角度，将调整板和拨禾轮升降架固定板螺孔对准，用螺栓固定。

2) 拨禾轮前后位置的调整。拨禾轮的前后位置，靠移动拨禾轮调节机构（见图5-56）的轴承座7在升降架支臂5上的位置来调节。调节时应先逆时针方向扭转张紧轮架6，取下C2800型V带，再取下支臂上的固定插销11，然后移动拨禾轮。移动时左右两边应同步进行，并使两边固定孔位一致，插入插销。拨禾轮水平位置调好后，应装好原传动带，并重新调整弹簧1对挂接链条3的拉力，使C2800型V带张紧度适宜。

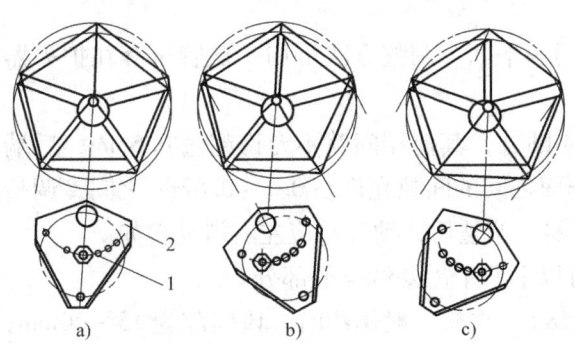

图5-55 拨禾轮弹齿倾角的调整
a) 弹齿垂直 b) 弹齿后倾 c) 弹齿前倾
1—螺母 2—调整板

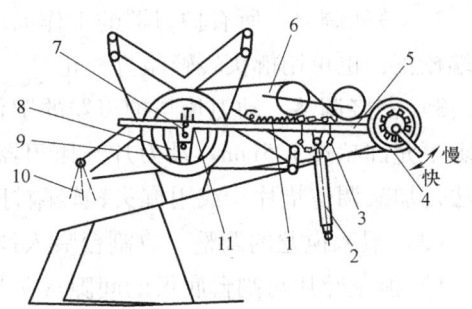

图5-56 拨禾轮的调节机构
1—弹簧 2—拨禾轮升降油缸 3—链条 4—变速轮
5—支臂 6—张紧轮架 7—轴承座 8—偏心调节板
9—定位螺钉 10—弹齿 11—固定插销

3）拨禾轮高低位置的调整。由驾驶台上拨禾轮液压操纵手柄控制。当拨禾轮放到最低位置和最后位置时，弹齿距喂入搅龙和切割器的距离不得小于20mm，如图5-57所示。

4）拨禾轮转速的调整。当机器前进速度变化时，拨禾轮转速也应做相应调整，以使拨禾轮圆周速度比前进速度略高。调整拨禾轮转速时，必须在拨禾轮运转中通过转动变速轮调速手柄改变变速轮直径（见图5-56中的4）才能调速。顺时针转动时，拨禾轮转速加快；逆时针转动时，转速减慢。

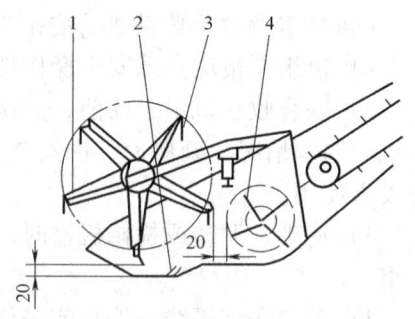

图5-57　拨禾轮最低、最后位置
1—拨禾轮　2—护刃器　3—弹齿
4—螺旋推进器

联合收获机在田间作业时，拨禾轮应按以下情况调整。

收获直立作物时，弹齿倾角应调至垂直位置；拨禾轮轴前后位置一般调整到距护刃器前梁垂线250～300mm处，高低位置一般以弹齿轴拨到已割作物高度的2/3处为宜。

收获倒伏作物时，弹齿倾角应向后偏转；拨禾轮轴前后位置应是顺倒伏方向收割时尽可能靠前，逆倒伏方向收割时应靠近护刃器位置，高低位置放至最低。

收获高秆大密度作物时，弹齿倾角应略向前偏转；拨禾轮轴前后位置应适当前调，高低位置一般以弹齿轴拨在已割谷物的2/3处为宜。

收获稀矮作物时，弹齿倾角应向前偏转；拨禾轮轴前后位置应尽可能后移接近喂入搅龙，高低位置应尽可能下调接近护刃器。

拨禾轮的转速通常应使拨禾轮的圆周速度略高于机器的前进速度，但收获高秆谷物时，应使拨禾轮的圆周速度略低于机器的前进速度。

（2）切割器的调整

1）对中调整。动刀片处于两端极限位置时，动刀片中心线应与护刃器中心线重合，其偏差不大于5mm。调整方法是移动刀头与弹片之间的位置，使摆环箱的摆臂也处于相应的极限位置。

2）整列调整。所有护刃器的工作面应在同一平面。调整方法可用一截管子套在护刃器尖端校正，也可用榔头轻轻敲打校正。

3）密接调整。动刀片与护刃器的工作面应贴合，其前端间隙不允许超过0.5mm，后端间隙不允许超过1.5mm。动刀片与压刃器工作面之间的间隙允许在0.1～0.5mm之间，调整方法是加减调整垫片，或用榔头轻轻敲打压刃器。调整后，动刀片应左右滑动自如。

（3）喂入搅龙的调整　收割台喂入搅龙有以下两个需要调整的部分。

1）搅龙叶片与割台底板的间隙（见图5-58）。收获一般作物时，该间隙为15～20mm；收获稀矮作物时，该间隙为10～15mm；收获高大稠密作物（包括固定作业）时，该间隙为20～30mm。调整方法是：松开喂入搅龙传动链张紧轮，然后将割台两侧壁上的螺母2和6松开，再将右侧的伸缩扒指调节手柄螺母松开，拧转调节螺母1使喂入搅龙升起或降落，调节所需要的搅龙叶片与底板的间隙，使间隙在割台全长上一致，并测量伸缩扒指与割台底板的间隙是否合适（一般为 10~15mm）。最后，检查并调整喂入搅龙链条的张紧度，拧紧两侧壁上的所有螺母。

2）伸缩扒指与割台底板的间隙。收获一般作物时，该间隙应调整为 10~15mm；收获稀矮作物时，可调整为不低于 6mm；收获高粗秆稠密作物时，应使伸缩扒指前方伸出量加大，以利于抓取作物，避免缠挂。调整方法（见图 5-58）是：松开螺母 4，转动伸缩扒指调节手柄 5，即可改变伸缩扒指与底板的间隙。手柄往上转，间隙减小；手柄往下转，间隙变大。调整完后，将螺母 4 牢固拧紧，避免脱落打坏机体。

（4）倾斜输送器的调整　倾斜输送器如图 5-59 所示，主要由主动轴（装有主动滚筒）、被动轴（装有被动滚筒）、链耙、上盖、底板和调整部件等组成。链耙的张紧度以用手在链耙中部能上提 20~35mm 为宜。不符合时可通过拧动调整螺母，改变链耙被动轴的位置来进行调整。需要调紧时，先松开螺母 4，然后拧紧螺母 5，直到张紧度合适，再拧紧螺母 4；需要调松时，先松开螺母 5，然后拧紧螺母 4，待张紧度合适后再拧紧螺母 5。调整后的链耙必须保证左右高低一致，两根链条的张紧度一致，同时要检查被动轴是否浮动自如。

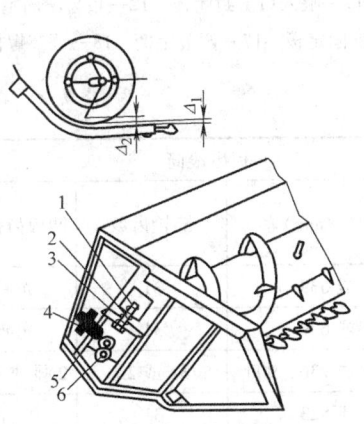

图 5-58　收割台喂入搅龙调整
1、2、4、6—螺母
3—调节螺栓　5—伸缩扒指调节手柄
Δ_1—割台搅龙叶片与底板的间隙
Δ_2—伸缩扒指与底板的间隙

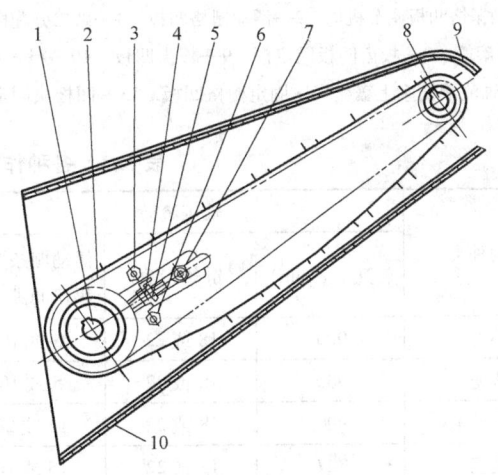

图 5-59　倾斜输送器
1—被动轴　2—链耙　3—上限位销　4、5—螺母
6—下限位销　7—活动臂螺栓轴　8—主动轴
9—上盖　10—底板

2. 脱粒部分

如图 5-60 所示，脱粒部分主要由板齿滚筒 7、板齿凹板 9、轴流滚筒 4、活动栅格凹板 2、固定栅格凹板 14、活动栅格凹板调节机构 1、第一分配搅龙 5、第二分配搅龙 3 等部件组成，完成脱粒、分离和抛送工作。

影响脱粒质量的主要因素有滚筒转速、板齿凹板正反面配置和活动栅格凹板出口间隙。即使同一种作物，由于品种差异、成熟度不同、干湿度不同，所需的滚筒转速、板齿凹板配置和活动栅格凹板出口间隙也是不一样的。各类作物收获时的滚筒转速、凹板配置和凹板间隙参考数据见表 5-3。

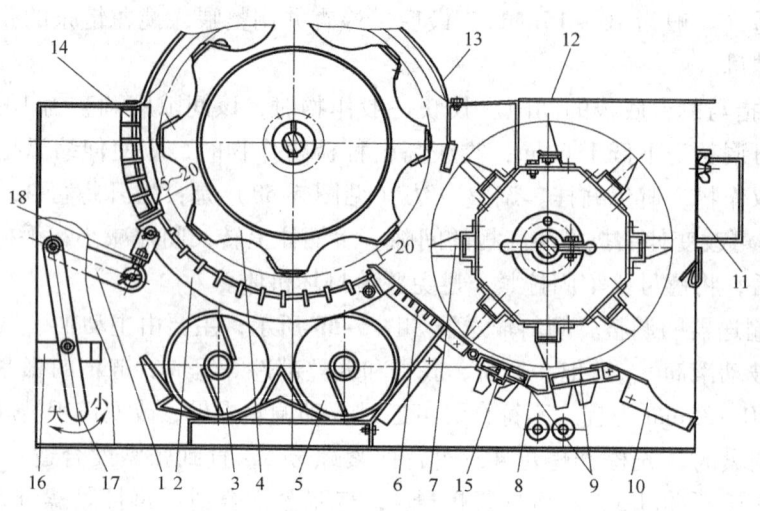

图 5-60 脱粒部分

1—活动栅格凹板调节机构 2—活动栅格凹板 3—第二分配搅龙 4—轴流滚筒 5—第一分配搅龙 6—板齿凹板过渡板 7—板齿滚筒 8—板齿凹板固定框 9—板齿凹板 10—喂入口过渡板焊合 11—喂入口上封闭板 12—板齿滚筒室上盖 13—轴流滚筒室上盖 14—固定栅格凹板 15—凹板块固定螺栓 16—手柄固定板 17—调节手柄 18—调节螺杆

表 5-3 各种作物脱粒参数表

谷物种类	轴流滚筒			板齿滚筒		
	转速/(r/min)	链轮齿数	活动栅条凹板出口间隙/mm	转速/(r/min)	链轮齿数	凹板齿排放
小麦	900	18 或 22	5 或 10	522 或 639	31	光面
燕麦	900	18 或 22	5 或 10	522 或 639	31	光面
水稻	900	18 或 22	15 或 20	522,639 或 736,900	31 或 22	2 排或 4 排
大豆	727	18 或 22	15 或 20	427 或 523	31	光面

（1）滚筒转速的调整　板齿滚筒和轴流滚筒之间是采用链传动，可以对两滚筒实现不同的链轮配置而获得 4 种不同的板齿滚筒速度；还可将中间轴带轮和轴流滚筒带轮互换，又可增加 4 种变速，以满足不同作物的脱粒要求。其配组方法如下：

中间轴（$D_0 290$）→轴流滚筒（$D_0 265$）$\begin{cases} 18\text{ 齿链轮}\rightarrow\text{板齿滚筒}\begin{cases} 31\text{ 齿链轮（522r/min）} \\ 22\text{ 齿链轮}\rightarrow\text{板齿滚筒} \end{cases} \\ 22\text{ 齿链轮（736r/min）}\begin{cases} 31\text{ 齿链轮（639r/min）} \\ 22\text{ 齿链轮（900r/min）} \end{cases} \end{cases}$

中间轴（$D_0 265$）→轴流滚筒（$D_0 290$）$\begin{cases} 18\text{ 齿链轮}\rightarrow\text{板齿滚筒}\begin{cases} 31\text{ 齿链轮（427r/min）} \\ 22\text{ 齿链轮（602r/min）} \end{cases} \\ 22\text{ 齿链轮}\rightarrow\text{板齿滚筒}\begin{cases} 31\text{ 齿链轮（522r/min）} \\ 22\text{ 齿链轮（727r/min）} \end{cases} \end{cases}$

组配好链轮后，应配以相应链节数的链条。通常遇到难脱的品种、成熟度差、湿度大的作物时，宜选用较高的转速；反之，则选用较低的转速。

(2) 板齿滚筒板齿凹板的调整　板齿凹板有两个工作面,一面带齿,另一面为光面。共有两块活动凹板,每块带齿一面有两排齿,分别嵌在凹板固定框中用螺栓固定。收水稻时用带齿面,视难脱程度可用两排齿或四排齿,在确保规定的质量指标前提下尽量采用少排齿,以降低破碎和功耗;收其他谷物时,一般用光面作工作面。出厂时以光面作工作面安装。若收水稻需要翻面使用时,首先应打开喂入口上封闭板11(见图5-60),然后拧下板齿凹板固定框左右各一个固定螺栓,并将板齿凹板总成向后下方转动放下,拧下每块板齿凹板上的左右两个固定螺栓,将其翻转,按拆卸的相反过程安装即可。安装板齿凹板时应注意以下两点。

1) 板齿应向后倾斜,以对物料流动有良好的导向作用,降低阻力。

2) 安装完毕后应转动板齿滚筒,从喂入口观察有无因侧隙过小而碰齿现象,如有,可用撬棒校正,以保证板齿滚筒转动自如,最后装好喂入口、上封闭板。

(3) 轴流滚筒栅格凹板出口间隙的调整　轴流滚筒栅格凹板出口间隙是指滚筒纹杆段纹杆齿面与活动栅格凹板出口处的间隙,该间隙有5mm、10mm、15mm、20mm四档,分别由栅格凹板调整机构手柄固定板16(见图5-60)上的4个螺孔定位调整。调整时,松开调节手柄17(见图5-60)的固定螺栓,然后将该手柄长孔对准所需间隙对应的螺孔,拧紧固定螺栓。向前转动手柄,间隙变小;向后转动手柄,间隙变大。

作业时,在保证有高的脱净率和草中谷粒夹带少的前提下,应优先选用较低的板齿滚筒转速、板齿凹板光面和较大栅格凹板间隙进行工作。间隙检查需推开观察孔盖进行。

3. 清选部分

其主要由筛箱、驱动机构和风扇等组成。

(1) 筛片开度的调整　该机型上下筛均为鱼鳞筛,分别由两个调节手柄调节筛片开度,调节范围是0°~45°。上筛用24片鱼鳞筛片构成粗筛,由两个手柄分别控制前段和后段筛片开度。下筛由39片小鱼鳞片构成籽粒筛,后6片为中鱼鳞片构成杂余筛,分别由两个调节手柄控制开度。鱼鳞筛片开度是指筛片尖端至相邻筛片间的垂直距离。

筛片开度应与风扇调整相配合,以达到籽粒损失少、粮箱籽粒清洁率高的目的,基本调整原则如下。

上筛:在粮箱籽粒清洁率不小于98%的前提下,开度应尽可能大一些。收获大粒或杂草多的潮湿谷物时,应全开;收其他谷物时开度不应小于2/3,并使前段开度略小于后段开度。

下筛:为保证清选质量,一般以较小开度为宜,如果上筛全开,下筛可开2/3。下筛应随上筛开度相应减小,但杂余筛开度应尽可能大些。若因谷物杂草过多,使复脱器易堵塞时,应适当将开度关小。

作业时要及时清理上下筛的堵塞,每班作业后,应对上下筛进行彻底清理,清除筛片间麦芒及茎秆杂物,以保证有足够的筛面面积和气流通道。清理时可用钩子轻轻去除杂物或将筛子抽出清理,切勿碰伤筛子。

(2) 风量的调整　该机型采用离心式风扇,通常用两片调风板调节左右进风口开度,调节进气量。收获水稻等轻质籽粒作物时,应装上备用的两片风板,供进行较大范围的风量调节。风量大小是否适中,可由粮箱中籽粒的清洁率和颖壳中含有的籽粒多少来检验:粮中糠多,应加大风量;糠中粮多,应减小风量。风量的调节要与筛片开度相匹配。

4. 普通 V 带和变速 V 带的使用

在小麦联合收获机上，传动系统用了较多的 V 带传动，为了延长 V 带的使用寿命，在使用中应注意以下几个问题。

1）装卸 V 带时应将张紧轮固定螺栓松开，或将无级变速带轮张紧螺栓和栓轴螺母松开，不得硬将传动带撬下或逼上。必要时，可以转动带轮将传动带逐步盘下或盘上，但不要太勉强，以免破坏传动带内部结构或拉坏轴。

2）安装带轮时，同一回路中的带轮轮槽对称中心面（对于无级变速轮，动轮应处于对称中心面位置）位置度偏差不大于中心距的 0.3%（一般短中心距允许偏差为 2~3mm，中心距长的允许偏差为 3~4mm）。

3）要经常检查传动带的张紧程度，过松或过紧都会缩短其使用寿命，对此，可参考机器使用说明书中的值进行调整。三根脱谷传动带属于配组带，同组传动带内周长之差不允许超过 8mm，更换时应成组更换。

4）机器长期不使用时，传动带应放松。

5）传动带上不要弄上油污，沾有油污时应及时用肥皂水进行清洗。

6）注意传动带的工作温度不能过高，一般不超过 50℃（手能长时间触摸）。

7）V 带以两侧面工作，如果传动带底与带轮槽底接触、摩擦，说明传动带或带轮已磨损，需更换。

8）要经常清理带轮槽中的杂物，防止锈蚀，以减少传动带与带轮的磨损。

9）带轮转动时，不许有大的摆动现象，以免缩短传动带的使用寿命。

10）带轮缘有缺口或变形张口时，应及时修理更换，以免啃坏传动带。

11）长期不用时，应将传动带拆下，保存在阴凉干燥的地方，挂放时，应尽量避免打卷。

5. 链条的使用

在小麦联合收获机上，传动系统用了较多的链传动，为了延长链条的使用寿命，在使用中应注意以下几个问题。

1）在同一传动回路中的链轮应安装在同一平面内，其轮齿对称中心面位置度偏差不大于中心距的 0.2%（一般短中心距允许偏差为 1.2~2mm，中心距较长的允许偏差 1.8~2.5mm）。

2）链条的张紧度应合适，按规定值进行调整。

3）安装链条时，可将链端绕到链轮上，便于连接链节。联结链节应从链条内侧向外穿，以便从外侧装连接板和锁紧固件。

4）链条使用伸长后，如张紧装置调整量不足，可拆去两个链节继续使用。如链条在工作中经常出现爬齿或跳齿现象，说明节距已伸长到不能继续使用，应更换新链条。

5）拆卸链节冲打链条的销轴时，应轮流打链节的两个销轴，销轴头如已在使用中撞击变毛时，应先磨去毛边。冲打时，链节下应垫物，以免打弯链板。

6）链条应按时润滑，以提高使用寿命，但润滑油必须加到销轴与套筒的配合面上。因此应定期卸下润滑。卸下后先用煤油清洗干净，待干后放到润滑油中或加有润滑脂的润滑油中加热浸煮 20~30min，冷却后取出链条，滴干多余的油并将表面擦净，以免在工作中粘附尘土，加速链传动件磨损。如不热煮，可在润滑油中浸泡一夜。

7）链轮齿磨损后可以反过来使用，但必须保证传动面安装精度。

8）新旧链节不要在同一链条中混用，以免因新旧节距的误差而产生冲击，拉断链条。

9）磨损严重的链轮不可配用新链条，以免因传动副节距差，使新链条加速磨损。

10）机器存放时，应卸下链条，清洗涂油后再装回原处，或者最好用纸把涂油链条包起来，以免粘尘土，并存放在干燥处。链轮表面清理干净后，应涂抹油脂防止锈蚀。

6. 轮胎的使用

自走式联合收获机多采用橡胶充气轮胎，为了延长轮胎的使用寿命，应注意轮胎的气压、维护等事项。

1）每天在联合收割机工作前，要按规定检查轮胎的气压，轮胎气压与规定不符时禁止工作。测试轮胎气压应在轮胎冷状态时进行。

2）轮胎不准沾染油污和油漆。

3）联合收割机每天工作后要检查轮胎，特别要清理胎面内侧粘积的泥土（以免撞挤变速箱输入带轮和半轴固定轴承密封圈），检查轮胎有无夹杂物，如铁钉、玻璃、石块等。

4）夏季作业因外胎受高温影响，气压易升高，此时禁止降低发热轮胎气压。

5）当左右轮胎磨损不匀时，可将左右轮胎对调使用。

6）安装轮胎时，应在干净的地面上进行。安装前，应把外胎的内面和内胎的外面清理干净，并撒上一薄层滑石粉，然后将内胎装入轮胎内，要注意避免折叠。将气门嘴放入压条孔内之后，再把压条放在外胎与内胎之间，装入轮辋内。

7）机器长期存放时，必须将轮胎架空并放气至 0.05MPa。

（六）谷物联合收获机的技术维护与保管

1. 班维护

1）发动机的班维护按相应机型的使用说明书进行。

2）彻底清除机器各部分的缠草、颖糠、麦芒、碎秆等堵塞物。特别要注意清除拨禾轮、切割器、喂入搅龙、滚筒和凹板、阶梯板、清选筛、逐稿轮和逐稿器内的堵塞物。

3）检查切割器有无损坏、松动，以及切割间隙是否正常。

4）检查脱粒元件的固定及磨损情况。

5）检查各链条和传动带的张紧度及轮轴的固定情况。

6）检查各紧固件的紧固情况。

7）检查液压油箱的油位及各接头的连接紧固情况。

8）检查各处的密封情况，不得有漏粮现象。

9）按规定润滑各部位。加注润滑油的工具要保持洁净，注油时应擦净油嘴、加油盖及其周围地方，防止尘土入内。

2. 联合收获机的保管

收获季节结束后，应对机器进行全面的维护并妥善保管，以延长机器使用寿命。保管工作要注意以下内容。

1）停机前用大、中油门使收获机空运转 5min，排除尘土和杂物。

2）彻底清扫机器内外尘土和杂物。

3）按使用说明书要求，润滑各润滑点。

4）对磨去漆层的外露部件经除锈后要重新油漆，对摩擦金属表面如各调节螺纹，要涂油防锈。

5）放松安全离合器弹簧和割台搅龙浮动弹簧等。

6)取下全部传动带,对能使用的传动带应擦去污物,涂上滑石粉,系上标签,妥善保管。

7)卸下链条,放在柴油或煤油中洗净,晾干后再放入润滑油中浸 15~20min,装回原处,或系上标签装箱保管。

8)卸下割刀并涂抹润滑脂,然后吊挂存放。将收割台降下,放到垫木上,放松平衡弹簧,使活塞杆完全缩入油缸,以免锈蚀。把前后桥用千斤顶顶起,垫上木块,使机器平稳安放。轮胎离开地面并放气至 0.05MPa,防止日晒雨淋。

9)卸下蓄电池,进行检查和保管。

10)发动机按《柴油机使用说明书》中的说明进行保管。

11)联合收割机应存放在干燥、无灰尘、地面平坦、有水泥或铺砖地面的室内,室内的昼夜温差尽可能小,不要露天存放。若不得已在棚子内存放时,则应选干燥、通风良好处,地面应铺砖。支起联合收割机的前后桥,让轮胎离地,将轮胎放气至 0.05MPa,并防止日晒雨淋。

(七)谷物联合收获机常见故障

以新疆—2型联合收获机为例,谷物联合收获机常见故障见表 5-4~表 5-6。

表 5-4 收割台故障及排除方法

常见故障现象	故障原因	排除方法
割刀堵塞	1. 遇到石块、木棍、钢丝等硬物 2. 动、定刀片切割间隙过大引起切割夹草 3. 刀片或护刃器损坏 4. 因作物茎秆低而引起割茬低而割刀上壅土	1. 立即停车排除硬物 2. 调整刀片间隙 3. 更换刀片和修磨护刃,或更换护刃器 4. 提高割茬和清理积土
收割台前堆积作物	1. 割台搅龙与割台底间隙过大 2. 茎秆短,拨禾轮太高或太偏前 3. 拨禾轮转速太低 4. 作物短而稀	1. 按要求调整间隙 2. 下降或后移拨禾轮,尽可能降低割茬 3. 提高拨禾轮转速 4. 提高机器前进速度
作物在割台搅龙上架空、喂入不畅	1. 机器前进速度偏高 2. 拨齿伸出位置不对 3. 拨禾轮离喂入搅龙太远	1. 降低机器前进速度 2. 向前上方调整伸缩位置 3. 后移拨禾轮
拨禾轮打落籽粒太多	1. 拨禾轮转速太高,打击次数多 2. 拨禾轮位置偏前,打击强度高 3. 拨禾轮位置偏高,打击穗头	1. 降低拨禾轮转速 2. 后移拨禾轮位置 3. 降低拨禾轮高度
拨禾轮翻草	1. 拨禾轮位置太低 2. 拨禾轮弹齿后倾偏大 3. 拨禾轮位置偏后	1. 提高拨禾轮位置 2. 按要求调整拨禾轮弹齿角度 3. 拨禾轮位置前移
拨禾轮轴缠草	1. 作物长势蓬乱 2. 作物茎秆过高、过湿	1. 停车及时排除缠草 2. 适当升高拨禾轮位置
被割作物向前倾倒	1. 机器前进速度偏高 2. 拨禾轮转速太低 3. 切割器上壅土 4. 动刀切割速度太低	1. 降低机器前进速度 2. 提高拨禾轮转速 3. 清理切割器壅土 4. 检查调整摆环箱传动带张紧度

表 5-5 脱谷部分的故障及排除方法

常见故障现象	故障原因	排除方法
滚筒堵塞	1. 板齿滚筒转速偏低或滚筒带、联组带张紧度偏小 2. 喂入量偏大 3. 作物潮湿 4. 作物倒伏方向紊乱 5. 作业时发动机油门不到额定位置	1. 关闭发动机。将活动凹板放到最低位置，打开滚筒室周围各检视孔盖和前封闭板，盘动滚筒带，将堵塞物清除干净。适当提高板齿滚筒转速，或调整传动带张紧度 2. 降低机器前进速度或提高割茬 3. 适当延期收获，或降低喂入量 4. 降低喂入量 5. 将油门调到位
滚筒脱粒不净偏高	1. 板齿滚筒转速偏低 2. 活动凹板间隙偏大 3. 作物过于潮湿而用凹板光面工作 4. 喂入量偏大或不均匀 5. 纹杆磨损或凹板栅格变形	1. 提高板齿滚筒转速 2. 减小活动凹板出口间隙 3. 将板齿凹板齿面翻到工作位置 4. 降低机器前进速度 5. 更换或修复
谷粒破碎太多	1. 板齿滚筒转速过高，或板齿凹板参与脱粒 2. 板齿凹板间隙偏小 3. 作物过熟，或霜后收获 4. 籽粒进入杂余搅龙太多 5. 复脱器揉搓作用太强	1. 降低板齿滚筒转速，或将板齿凹板翻转用光面工作 2. 适当放大活动凹板出口间隙 3. 适当提早收获 4. 适当减小风扇进风量，开大筛前段开度 5. 适当减少复脱器搓板数
谷粒脱不尽而破碎多	1. 活动凹板扭曲变形，两端间隙不一致 2. 板齿滚筒转速偏高，而板齿凹板齿面未参与工作 3. 板齿凹板齿面参与工作，板齿滚筒转速较低 4. 活动凹板间隙偏大，板齿滚筒转速偏高 5. 活动凹板间隙偏小，板齿滚筒转速偏低 6. 轴流滚筒转速偏高	1. 校正活动凹板 2. 降低板齿滚筒工作转速，将板齿凹板齿面翻到工作位置 3. 将板齿凹板光面作工作面，适当提高板齿滚筒转速 4. 适当缩小间隙和降低转速 5. 适当放大活动凹板间隙和提高转速 6. 降低轴流滚筒转速
滚筒转速失稳或有异常声音	1. 脱谷室物流不畅 2. 滚筒室有异物 3. 螺栓松动或脱落或纹杆损坏 4. 滚筒不平衡或变形 5. 滚筒轴向窜动与侧壁摩擦 6. 轴承损坏	1. 适当放大活动凹板间隙，提高板齿滚筒转速，校正排草板变形 2. 排除滚筒室异物 3. 拧紧螺栓，更换纹杆 4. 重新调整平衡，修复变形或更换滚筒 5. 调整并紧固牢靠 6. 更换轴承

表 5-6　脱谷分离和清选部分故障及排除方法

常见故障现象	故障原因	排除方法
排草中夹带籽粒偏高	1. 发动机未达到额定转速，或联组带、脱谷带未张紧 2. 板齿滚筒转速过低或栅格凹板前后"死区"堵塞，分离面积减小 3. 喂入量偏大	1. 检查油门是否到位，或张紧联组带、脱谷带 2. 提高板齿滚筒转速，清理栅格凹板前后"死区"堵塞 3. 降低机器前进速度或提高割茬
排糠中籽粒偏高	1. 筛片开度偏小 2. 风量偏大籽粒吹出 3. 喂入量偏大 4. 茎秆含水量太低，茎秆易碎 5. 板齿滚筒转速太高，板齿凹板齿面参与工作，清选负荷加大 6. 风量偏小，籽粒在糠中吹不散	1. 适当提高筛片开度 2. 关小调风板开度，必要时将备用一对调风板投入使用；或拆卸两片风扇叶片 3. 降低机器前进速度或提高割茬 4. 提早收获期 5. 降低滚筒转速，用板齿凹板光面工作 6. 增大调风板开度
粮中含杂率偏高	1. 上筛前段筛片开度偏大 2. 风量偏小	1. 适当降低该筛片开度 2. 适当增大调风板开度
杂余中颖糠偏高	1. 风量偏小 2. 下筛后段筛片开度偏大	1. 适当增大调风板开度 2. 下筛后段筛片开度适当减小
粮中穗头偏高	1. 上筛前段开度偏大 2. 风量偏小 3. 板齿滚筒转速偏低，且凹板齿面参与工作 4. 复脱器未装搓板	1. 适当减小该段筛片开度 2. 适当开大调风板开度 3. 提高板齿滚筒转速，用板齿凹板光面工作 4. 复脱器内装上搓板，开大杂余筛片开度
复脱器堵塞	1. 清选带张紧度偏小 2. 作物潮湿或品种口较紧，进入复脱器杂余量大 3. 安全离合器弹簧预紧转矩不足	1. 提高清选带张紧度 2. 提高板齿滚筒转速，加大调风板开度，增加复脱器搓板 3. 停止工作，排除堵塞，检查安全离合器预紧转矩是否符合规定

四、玉米收获机的使用

（一）玉米收获机的试运转

收获机在正式作业前，要进行试运转，以检查机器各部分技术状态是否正常，并使各摩擦面得到磨合。玉米收获机的试运转包括空载试运转和作业试运转。玉米收获机就地空运转时间应不少于 3h，行驶空试时间不少于 1h。作业试运转时，在最初工作的 30h 内，建议收获机的速度比正常的工作速度低 20% ~ 25%，正常的作业速度可按各型号说明书中推荐的工作速度进行，表 5-7 为 4YZ—3 型自走式玉米收获机的作业速度。

表 5-7　4YZ—3 型自走式玉米收获机的作业速度

项　　目	参　　数						
玉米穗收获量/（kg/hm²）	3000	4950	7500	9975	12450	15000	19950
玉米收获机行驶速度/（km/h）	9	6.5	5.5	4.4	4	3.5	3

当试运转结束后，要彻底检查各部件的装配紧固程度、总成调整的正确性及电气设备的工作状况，更换所有减速器和闭合齿轮传动箱中的润滑油。

（二）作业区准备

作业区地块应平坦，坡度要符合机器安全作业要求。在大地块作业时，可先分成几个作业区域，确定机器行走的正确路线。

（三）玉米收获机使用要点

1）玉米收获机在作业前应平稳结合工作部件离合器，油门由小逐渐加大，待到额定转速后（大油门），方可开始收获作业。

2）作业中要依据作物产量情况正确选择前进速度。可按使用说明书的推荐速度并结合实际作业情况确定前进速度。作业速度过高或过低，将导致作业质量差或效率低。

3）在玉米收获机进行长时间收获作业时，应使玉米收获机停驶 1～2min，让工作部件空运转，以便从工作部件中排除掉所有果穗、籽粒等余留物。当工作部件堵塞时，应及时停机清除堵塞物。

4）作业中要定期检查切割粉碎质量和留茬高度，根据情况随时调整割台高度。根据抛落到地上的籽粒数量来检查摘穗装置的工作情况，当籽粒损失量超过玉米籽粒总收获量的 0.5% 时，应检查摘穗板之间的工作间隙是否正确。

5）玉米收获机转弯或沿玉米行作业遇有水洼时，应把割台升高到运输位置。在有水沟的田间作业时，收获机只能沿着水沟方向作业。

6）注意液压系统的连接密封性，不允许漏油。

7）注意发动机的油压表、水温表和电流表的读数，出现异常及时停机排除。当起动发动机时，持续工作时间不得超过 15s，再一次起动时需经过 1～1.5min 后。3～4 次起动不成功时，应查明原因，予以排除。当发动机不工作时，应把总电源开关切断。

（四）玉米收获机工作部件的常见故障及排除方法

以 4YZ—3 型玉米收获机为例，工作部件的常见故障及排除方法见表 5-8。

表 5-8　4YZ—3 型玉米收获机工作部件常见故障与排除方法

故障现象	故障原因	排除方法
粉碎装置被茎秆缠绕	1. 粉碎装置传动带松 2. 动、定刀的间隙大 3. 刀被磨钝	1. 张紧传动带 2. 调小动、定刀的间隙 3. 磨锐刀刃
茎秆导槽的工作间隙被茎秆堵塞	1. 摘穗板之间的工作间隙宽度不够 2. 摘穗板之间的工作间隙宽度前部比后部大或相等	1. 增大间隙 2. 把前部宽度比后部宽度调小 3mm
茎秆导槽拉辊被茎秆缠绕	拉辊与清除器之间的间隙过大	把拉辊最外缘与清除器之间的间隙调到 1.5～2mm

（续）

故障现象	故障原因	排除方法
喂入链从被动轮上脱落	1. 链条张紧度不够 2. 主动和被动链轮不在同一平面内 3. 被动链轮在机架上的定位板凹槽中活动性变坏 4. 链条变形或磨损	1. 调整链条张紧度 2. 矫正机架上的定位板，使主、被动链轮在同一平面内相差小于1.5mm 3. 清除定位板上油漆，必要时在导向链轮与导向辊之间加0.2~0.5mm的垫片 4. 更换链条
升运器堵塞	1. 料仓满，堵塞出口 2. 茎秆多，造成堵塞 3. 刮板变形	1. 卸掉料仓内的果穗 2. 调整割台工作间隙 3. 更换新刮板

思 考 题

1. 调查当地收割机、脱粒机、联合收获机的类型和型号。
2. 说明常用的收割机、脱粒机、联合收获机的结构与工作过程。
3. 说明当地使用的收割机、脱粒机、联合收获机的调整项目和方法。
4. 说明当地使用的收割机、脱粒机、联合收获机的操作方法。
5. 当地使用的收割机、脱粒机、联合收获机的常见故障现象是什么？如何排除？
6. 说明收割机、脱粒机、联合收获机的维护项目及内容有哪些？

学习单元六 谷物清选与干燥机械

【学习目标】
1. 了解清选机械的种类、结构与工作过程。
2. 了解干燥机械的种类、结构与工作过程。
3. 掌握清选机的使用方法。
4. 掌握干燥设备的使用方法。
5. 掌握清选机械的维护方法及常见故障排除方法。
6. 掌握干燥设备的维护方法及常见故障排除方法。

第一节 概 述

收获后的谷粒中通常混有机械损伤、破碎和不成熟的谷粒,此外还包含有许多异物,如草籽、泥沙、断穗、颖壳等。因此,无论将谷物留做种子或有其他用途,均需对其进行清选。

利用谷粒和杂质间的不同特性进行分离清选的机械统称为清选机,其中仅能粗略分离杂物的称为初选机或清选机;既能清选又能分级的,称为复式清选机或精选机。

谷粒经过清选以后,质量和清洁度提高,尺寸均匀,有利于运输、储存和后续加工。精选后的种子均匀饱满,播种后发芽率高、长势好,一般能增产5%~10%,还可以减少播种量。由于已清除掉种子中大部分的病虫害和草籽,减少了田间感染和杂草含量,作物生长整齐,成熟一致,有利于机械化作业。清除出的小粒、破碎粒还可作为粮食或饲料。

一、谷粒清选和分级中利用的物理特性

谷粒和夹杂物之间物理特性上有较明显的差异,可以利用这种特性进行分选。机械清选最常利用的物理特性如下。

1. 谷粒尺寸

谷粒的尺寸用长、宽、厚三个方向的尺寸表达(见图6-1)。长度 a 最大,宽度 b 次之,厚度 c 最小。

根据谷粒和夹杂物的尺寸特性差异,可以用圆孔筛、长孔筛和窝眼筒等工作部件分别按谷粒宽度、厚度和长度来进行分离。

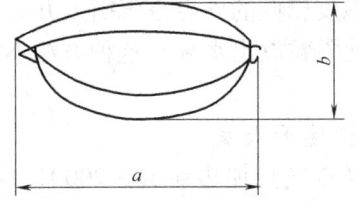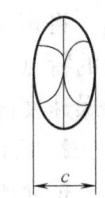

图6-1 谷粒的尺寸

2. 谷粒密度

由于谷粒本身组成物质状态(水分、成熟度和受虫害损伤的程度等)以及结构成分的不同,其密度也不一样。密度可用下式表示:

$$\rho = \frac{Q}{V}$$

式中　ρ——密度（g/cm^3）；
　　　Q——谷粒质量（g）；
　　　V——谷粒体积（cm^3）。

利用谷物中各籽粒密度的不同，可以采用液选或比重式清选机来分离。

3. 谷粒的空气动力学特性

利用谷粒与混杂物在气流中受到的力不同，可进行清选和分级。常用的方法有垂直气流、倾斜气流和将籽粒混合物进行抛扔。

二、谷物干燥方法与设备

谷物收获后其水分含量一般高于可以安全储藏的水分，导致储存过程中容易发霉变质。因此需要通过自然或机械设备的方法进行干燥。常见的自然方法包括自然通风、摊晾、曝晒等。由于我国许多地区谷物收获季节常遇阴雨天气，无法及时晾晒，因此采用机械设备干燥显得非常必要。

谷物干燥机械化技术除了能有效地防止连绵阴雨等灾害性天气所造成的损失，确保农业增产增收外，与自然干燥相比，还具有明显的优势：一是减轻劳动强度，改善劳动条件，提高劳动生产率；二是提高了稻谷的质量、储存性和加工性。谷物机械干燥时间短，干燥过程中不会发芽和霉变；干燥温度适宜，干燥均匀，干燥过程中可控制其基本不产生碎裂。

谷物干燥是降低谷物中的含水量，谷物干燥过程就是为使谷物水分不断向外表面扩散和表面水分不断蒸发创造条件。在干燥过程中，不仅要去除多余的水分，达到安全储藏的标准，而且要保持谷物的品质不降低并尽量得到改善。谷物中水分的排除需要依靠汽化，干燥的过程就是为谷物中水分的汽化创造条件的过程。

现有的干燥方式一般是利用一种介质与谷物接触。常用的干燥介质有空气、加热空气等。介质在同谷物接触时能带走多少水分，主要取决于它的温度、相对湿度、速度以及介质通过谷物时的状态。谷物的干燥过程是一个复杂的传热传质过程，同时伴随着谷物本身的生物化学品质变化。

谷物干燥方法和设备有以下类型。

（一）按介质温度和干燥速度分类

1. 低温慢速通风干燥法（即不加温干燥法）

将相对湿度较低的外界空气引入并穿过谷层，利用空气相对湿度低时能降低谷粒平衡湿度的特点，使谷粒放出水分。这种方法不需要复杂的设备，不用燃料，成本低，无污染，但干燥速度慢。

2. 高温快速干燥法

把介质（空气）加热到50～200℃，再使之与谷粒接触，提高了谷粒温度，从而达到快速干燥的目的。

谷物加温干燥过程通常分为四个阶段。

1）谷粒预热：这个阶段是谷粒和介质接触后，热量主要用来加温，水分的汽化开始很微小，后来逐渐加大。

2）水分汽化：谷粒加热到一定温度后，再增加的热量全部用来汽化。随着谷粒表面水分不断汽化，内部的水分要向表面转移。开始属等速干燥，此时谷温保持不变，干燥速度也不变；但谷粒含水量随干燥时间的延长呈直线减少趋势，谷粒水分自内向外转移的速度小于表面汽化的速度，于是谷粒开始降速干燥。

3) 缓苏：谷粒经过高温快速干燥后，为了减少内外温差，消除内应力，让水分自内向外移动，此时谷温有所下降，干燥速度缓慢，谷物含水量稍有降低。此阶段对干燥水稻至为重要，如无此过程，将易发生爆腰和谷粒损伤等质量问题。

4) 冷却：将温度下降到常温，此阶段也会减少一点水分。

(二) 按热传递方式分类

1. 热量对流干燥

利用加热的空气或烟道气直接和谷粒接触，热量以对流的方式传递给谷物，使水分汽化，然后气体介质再把排出的水分带走。

2. 热量传导干燥

使谷粒和被加热物体的表面直接接触，热量以传导方式传给谷粒使水分汽化，从而达到干燥的目的。

3. 辐射干燥

利用太阳能和远红外线照射到谷粒上，它们的辐射能被吸收后，转换成热能，而使谷粒加热、干燥。

4. 高频电场干燥

将谷物置于高频电场中，谷物内部的分子受电场的作用而振动，振动的分子间产生摩擦，从而使谷物加热，水分蒸发，达到干燥目的。这类干燥机有高频谷物干燥机（频率1～10MHz）、微波干燥机（频率300MHz）等。

(三) 按谷物运动状态分类

1. 固定床干燥机

谷物在干燥过程中处于静止不动状态，如自然通风仓。

2. 移动床谷物干燥机

谷物在干燥机内缓慢地由入口向出口移动，在移动的过程中，进行干燥。这种类型的干燥机应用最广。

3. 流化床谷物干燥机

在这种干燥机中，干燥介质的运动速度比在移动床干燥机中大，干燥介质穿过谷物颗粒时使谷粒间摩擦力降低，甚至消失，这时谷粒具有类似流体的性质，在气流的配合下可沿斜面（2°～5°）翻转流动。

4. 沸腾床谷物干燥机

干燥介质的速度继续增大，使谷粒稍被吹起，剧烈地跳动翻转，好似水沸腾的状态。

5. 喷动床谷物干燥机

干燥介质的速度再继续增大，使谷粒在机内向上像喷泉状喷起，然后向周围落下。

(四) 按谷物运动方向分类

(1) 交流式干燥机　谷粒的流向与介质的流向互相交叉。

(2) 并流式干燥机　谷粒的流向与介质的流向相同。

(3) 逆流式干燥机　谷粒的流向与介质的流向相反。

此外，根据谷物流出干燥机的方式不同，可分为间歇式（分批）和连续式两种干燥机。

谷粒干燥的方法很多，因而干燥机的种类也很多，在生产中应根据干燥机的生产率、能源、使用技术等进行选用。

第二节　常用清选机的结构与工作

一、筛选

使混合物在筛上运动，由于混合物中各种成分的尺寸和形状不同，可以分成通过筛孔和通不过筛孔两部分，以达到清选目的。

目前机器上常用的筛子有编织筛、鱼鳞筛和冲孔筛，这三种筛子各有优缺点，应根据工作要求来选用。

1. 编织筛

它是用铁丝编织而成（见图6-2），对气流阻力小，有效面积大，生产率高，一般适宜作为上筛。但其孔形不准确，且不能调节，主要用于清理脱出物中较大的混杂物。

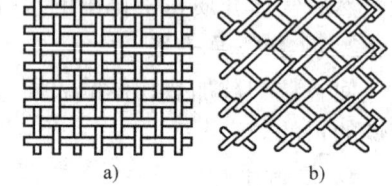

图6-2　编织筛
a）织筛　b）编筛

2. 鱼鳞筛

它是由冲压的鱼鳞形条片组合而成（见图6-3）。筛孔尺寸是可调的，使用时不需要更换筛子，调整筛孔就能满足不同作为物清选的需要。

另一种是在一块铁皮上冲出鱼鳞孔，因而筛孔尺寸不能变。

利用鱼鳞筛分离谷物的精确度和编织筛相仿，也适用于作为清选机的上筛。

3. 冲孔筛

它是在薄铁板上冲制孔眼而成（见图6-4），常用的有长方形筛孔和圆形筛孔两种。冲孔筛孔眼尺寸一致，分离谷粒较精确。因谷粒和混杂物都有长、宽、厚三个基本尺寸。最大尺寸为长，其次为宽，最小为厚。同一种作物，各个谷粒的尺寸并非完全一致，而是在一定范围内变动。利用谷物和混杂物在某一尺寸方面存在的差异就可以进行清选。

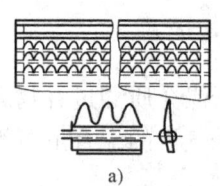  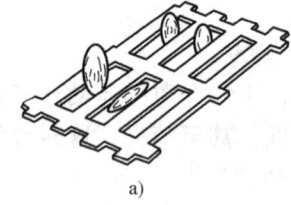 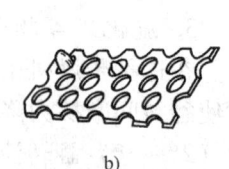

图6-3　鱼鳞筛　　　　　　　　图6-4　冲孔筛
a）条片组合式　b）整片冲压式　　a）长方形孔筛　b）圆形孔筛

如按籽粒的厚度来分离时，采用长方形筛孔的筛子。长方形筛孔的筛子不是按籽粒长度来分离的，因为虽然籽粒的长度很长，但当它竖立起来，只要厚度小于筛孔，也能从这些筛孔通过。同样道理，长方形筛孔也不能根据种子的宽度来分离，这是由于只要籽粒的厚度小于筛孔，虽然宽度方面不能通过筛孔，但如籽粒侧转过来，它就能按自己的厚度从这些筛孔漏出。因此，长方形筛孔只能按照籽粒的厚度来分离。如籽粒和混合物间可以按宽度来分离时，可以采用圆形筛孔。籽粒通过筛子时，必须是竖立的，所以圆形孔筛不宜以籽粒的长度和厚度来分离，这是由于籽粒的宽度大于筛孔直径时，虽其厚度比筛孔直径小，仍然不能通过。

冲孔筛的筛片坚固、耐用、不易变形，但有效面积小、生产率稍低、不适于负荷大的分离工作。一般作为下筛比较合适。

用筛选方法清选时，必须保证被筛物能在筛面上移动，使谷粒有更多的机会由筛孔通过，而被阻留于筛面上的大杂物沿筛面流出。为了达到这一目的，筛体常用四根吊杆悬起或支起，并有一个倾斜度，借曲柄连杆机构使它作往复运动。

二、窝眼筒清选

窝眼筒是按籽粒长度来分离的，当两种谷物长度上有区别，则不能用筛子而要用窝眼筒来分离。

窝眼筒是在金属板上密集冲压口径一致的窝眼，然后卷成圆筒（见图6-5），或弯成120°、180°的窝眼弧板搭拼成圆筒。

工作时，将谷粒混合物装入窝眼筒内，使窝眼筒回转，长度小的谷粒或杂物即进入窝内并随窝上升，到相当高度后落入短料槽内被推运器运走。长度大的谷粒或杂物完全横在窝外，即使部分进入窝眼，当窝眼转到较高位置时即滑下，然后再重复上述动作并沿窝眼筒轴线方向逐步移动，最后由窝眼筒的低端流出。短料

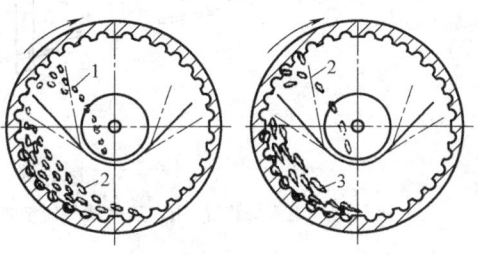

图6-5　窝眼筒清选
1—长度小的谷粒或杂物　2—正常谷粒
3—长度大的谷粒或杂物

槽边缘位置可以调整，以便于长短物料完全分离。槽缘位置越高，长谷粒进入短料槽的可能性越小。窝眼直径大小应按所要分离的混合物长短尺寸来确定。提高分离能力的关键在于增加物料接触窝眼的机会。

三、气流清选

气流清选系统可以是风筛式清选机的一个组成部分，也可以是一个独立的机器。它的任务是从谷粒混合物中分离轻杂物、瘪谷和碎粒。常用的方法有以下三种。

（一）利用垂直气流进行清选

谷物清选机的垂直气流清选装置包括喂料装置、垂直气道、风机和沉降室等（见图6-6）。

工作时谷粒混合物被喂料辊送至垂直吸气道下部的网面上，由于受到气流的作用，悬浮速度低于气流速度的轻杂物被吸向上方，当吸至断面较大的部位时，由于气流速度降低，一部分籽粒和混杂物开始落入沉降室内，被搅龙输送到机外，最轻的杂质被风吹出。

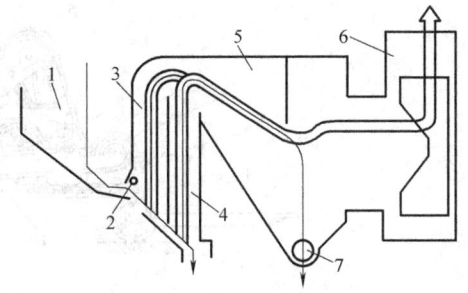

图6-6　垂直气流清选装置
1—喂料装置　2—喂料辊　3、4—垂直气道
5—沉降室　6—风机　7—搅龙

气流速度可以用阀门进行调节，有些机型用改变风机转速的方法调节垂直气道内的气流速度。谷物清选机的气流清选系统可以分为压气式和吸气式两种，按垂直气道的数目又可分为单气道和双气道式（见图6-7）。

通过对各种清选机的试验研究证明，为了清选谷粒混合物，压气式垂直气道分离混合物

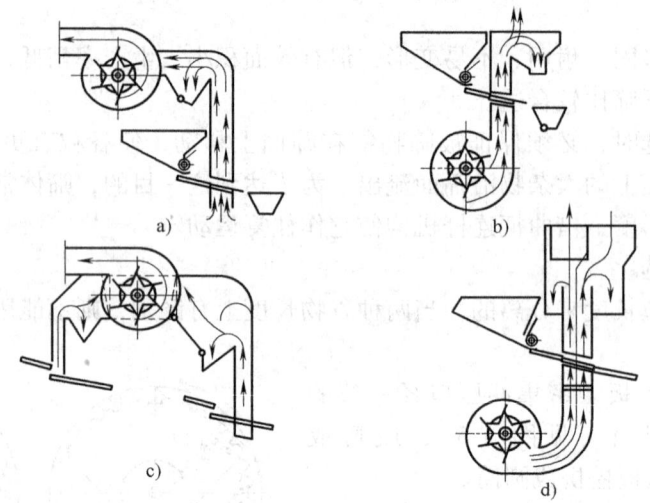

图 6-7 垂直气流清选装置

a) 吸气式气流清选装置 b) 压气式气流清选装置 c) 双吸气道式清选装置 d) 双压气道式清选装置

质量较好。

（二）利用倾斜气流进行清选

图 6-8 所示是利用谷粒和夹杂物在气流中的不同运动轨迹来进行清选的。被吹物体依其飘浮特性被风吹至不同的距离，依其距离远近来进行分离，籽粒越轻则被吹送越远，它可以一次分成多级。

（三）利用不同空气阻力进行分离

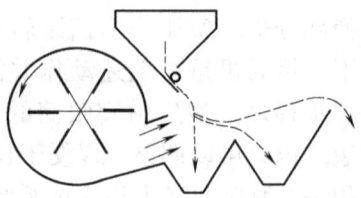

图 6-8 倾斜气流清选装置

将谷粒混合物以一定速度并与水平方向成一定角度抛入空中，依空气对各种物料阻力的不同，其抛掷距离亦不相同，从而进行分离。带式扬场机（见图 6-9）就是利用这种原理工作的。

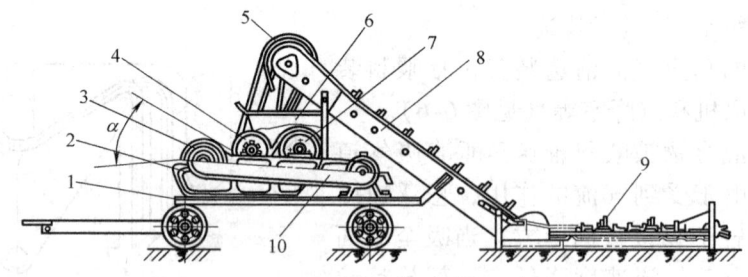

图 6-9 扬场机

1—底盘 2—机架 3—第一滚筒 4—第二滚筒 5—大传动带罩 6—漏斗
7—第三滚筒 8—升运机构 9—输送链 10—小传动带罩

扬场机在我国应用广泛，可对谷物进行初步清选和风干，生产率高。扬场机由斗式或刮板式升运器、喂入斗、滚筒、宽橡胶带及机架等组成，主动和被动滚筒相距 70~100cm，其上套有宽橡皮带，带的上方用压紧滚筒压紧，可将谷物抛离扬场机 13~15m 处，生产率为 1~3t/h，大型可达 8~10t/h。

这种装置是利用空气阻力和谷粒重量来分离。当用联合收割机进行收割时，在某些地区湿度较大或谷粒中混有杂草，有使谷粒增加水分的可能时，收后可立即用它进行清粮，不仅可使谷粒清洁，且可使谷粒中水分减少。其抛掷部分胶带与水平倾斜30°～35°，速度为15～18m/s。饱满的谷粒抛出距离可达10m，轻的杂物则由于空气阻力落于6m以内，扬场机的清选过程如图6-10所示。

此外，也可以利用气流和旋转叶轮的离心力作用进行清选，如旋轮式气流清选机，其构造如图6-11所示。

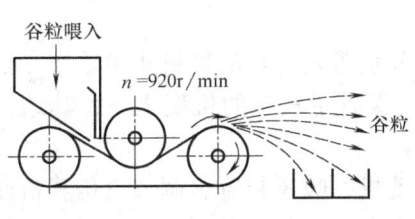

图6-10 扬场机的清选原理

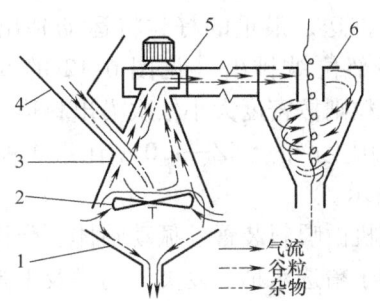

图6-11 旋轮式气流清选机
1—集料斗 2—叶轮 3—锥形风道
4—喂料斗 5—风机 6—旋风除尘器

工作过程如下：电动机带动风机5旋转，从锥形风道3下端吸入空气，排向旋风除尘器6。当喂料斗的物料流入锥形风道后，在下落过程中，轻杂质立即被气流吸走，籽粒及短茎秆落向旋转叶轮的中心，在倾斜叶片的轴向抖动和上升气流的联合作用下，处于半悬浮状态，较重的籽粒处于下层，短碎茎秆和杂质浮在上层，并被叶轮带动旋转向四周抛撒开，上层短碎茎秆等杂质，因处于横卧位置，正好以最大迎风面与从锥形风道下端口进入的向上气流相遇，因而被带动上升，而较重的籽粒则落向集料斗底端集中排出。由于籽粒与杂质原来就处于上下分层状态，因而避免了它们在气流中运动方向不同而可能产生的相互干扰现象。

短茎秆在气流场中的方位是变化的，当其离开倾斜叶片升起后，有可能纵轴转向而垂直下落混入籽粒中，但锥形风道中的短小茎秆浮起后能很快被向上的气流带走，从而避免了谷杂相混。

四、比重式清选机

比重式清选机对尺寸相同而密度不同的物料分选效果明显。因此，一般比重式清选机都要在其他精选及尺寸清选后进行。在种子加工作业线上，通常把它摆在清选的最后一道工序。

比重式清选机综合应用了气流和振动的原理，按密度进行分离，有吸气式（负压式）和吹气式（正压式）两种。

比重式清选机的主要工作部件是一个双向倾斜的振动筛面（见图6-12），α角称为纵向倾角，β角为横向倾角。此台面由曲柄连杆机构（或振动电动机）驱动，产生纵向振动，振动方向角ε大于筛面的纵向倾角α。台面具有孔眼，气流从台面下方沿一定方向吹出。气流速度应使轻的籽粒处于半悬浮状态，而重的籽粒处于下层并沿筛面向上移动。物料从A处喂入台面以后，在纵向振动和上升气流的联合作用下，一方面按密度和粒径大小在垂直方向产生分层，同时在纵向振动和横向倾角作用下做层间交错运动，从而使密度不同的物料沿出料边形成有规律的分布。轻的籽粒受气流作用浮在上面，在筛面倾角和气流作用下，沿出料边的低部位排出（见图6-12的1）；重的籽粒由于处于下层，受到纵向振动台面的作用而被向上推送，最重的籽粒将运动到出料边的高部位被排出（见图6-12的5）；其余籽粒则按密度大小依次沿出料边4、3、2排出，分别落入各自的接料斗中。

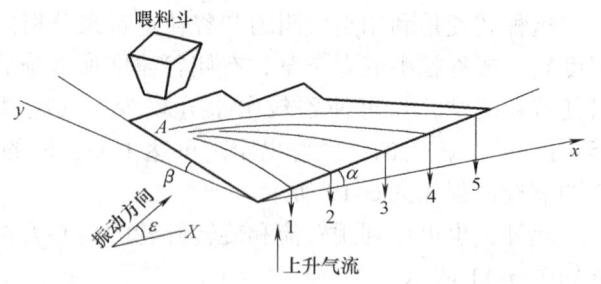

图6-12 比重式清选机工作台面

我国生产的5XZ—1.0型比重式种子清选机是国内保有量较多的机型之一，其结构如图6-13所示。

该机由喂料装置、振动筛体、弹性支承、振动电动机、吸风装置、调节机构和机座等组成。用于精选水稻、麦类、高粱及玉米等种子。其工作台面近似三角形，重物料在台面上移动路径长，对含重杂较多的物料效果更好。其风机将气流穿过台面向上吸，属负压式。当生产率大时，台面随之增大后，对上罩强度和台面风速均匀性有一定影响，故大型比重式清选机大都采用矩形台面，在其下方可安排几台风机或几个风机出口，以保证清选质量。

5XZ—1.0型比重式种子清选机工作如图6-14所示。

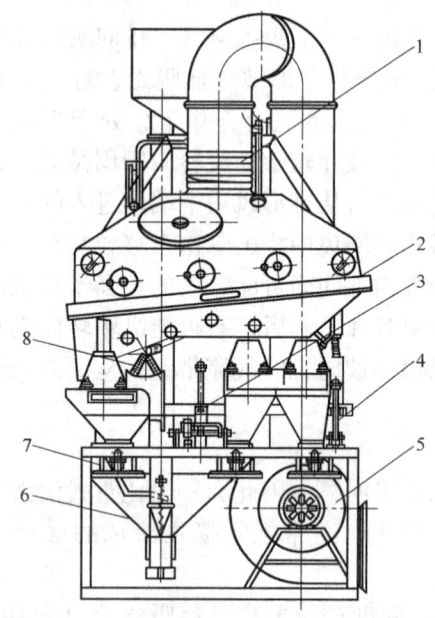

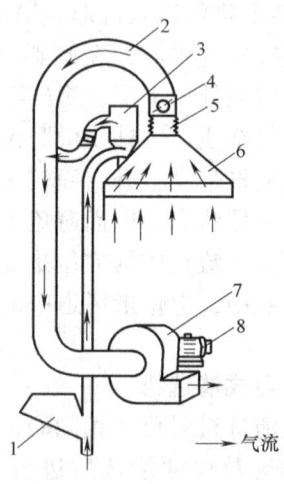

图6-13 5XZ—1.0型比重式种子清选机
1—吸风管 2—振动筛体 3—横向倾角调节装置
4—纵向倾角调节杆 5—风机 6—进料斗
7—出料口 8—弹簧

图6-14 5XZ—1.0型比重式种子清选机工作示意图
1—进料斗 2—弯管 3—进料装置
4—吸风门 5—人造革套 6—玻璃钢罩及振动筛
7—风机 8—电动机

振动筛安装在纵横向调整梁的6个弹簧上。振动电动机通过橡胶制成的减振套与振动筛的横轴连接。进料装置安装在振动筛玻璃钢罩上。振动筛的振源是装在振动筛横轴上的电动机。该电动机的两端轴头各装两块偏心块（其中一块可以任意调节角度），当电动机转动时，由于偏心块离心力的作用，使电动机摆动，其摆动力传递给振动筛。

当风机运转时，上料系统便产生负压。将种子倒入进料斗，打开进料闸门，种子便在管内负压作用下，随空气流进入进料装置，种子重量超过活门拉紧弹簧的拉力后，种子经分料槽流向筛面。由于振动筛的振动，使种子均匀地布满筛面。由于玻璃罩子内也是负压，空气从筛网下面小孔进入罩子内，形成一股均匀分布于整个筛面的向上气流。这股气流使筛面上的种子呈沸腾状态，在向上气流和振动作用下，轻质谷物悬浮在最上层，甚至不与振动筛面接触，类似流体，在自身重力作用下，朝着筛面最低端移动，自出口流出；重质谷粒在垂直方向处于最低层，与筛面接触，在筛面振动力作用下，推逐到筛面高端出口处流出。密度居中的物料处在中层，依密度不同分别从各出口流出，分成几级。

比重式清选机对密度差别较大的物料，精选效果较明显；而对于密度居中的物料划分不太严格，因而在机器上常设有中间物料返回装置，以便将某些中间物料自动返回分级筛面，重复分离过程。

另外还有利用不同密度的颗粒在水中受到的浮力及下降阻力的差异大于在气流中的差异而进行分选。密度小于水的颗粒及杂物上浮而被分离，密度大于水的颗粒下沉，按沉降速度的不同可将不同密度的颗粒分开，如图6-15所示的去石洗麦甩干机。

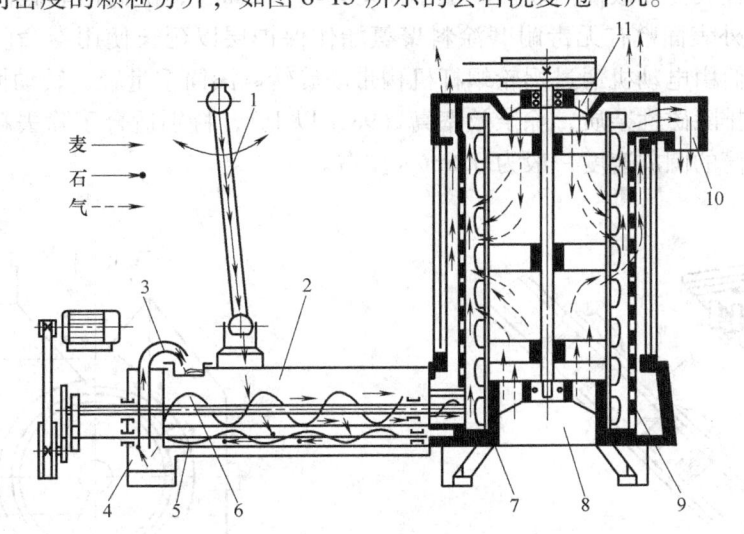

图6-15 去石洗麦甩干机
1—进麦口 2—洗槽 3—喷砂管 4—集石斗 5—去石螺旋推运器
6—洗麦螺旋推运器 7—甩料叶板 8—机座 9—筛板圆筒 10—出麦口 11—上帽

由图6-15可知，麦粒从进麦口1落入洗槽2。进麦口可沿槽左右移动，用以调节麦粒在洗涤槽内的停留时间。洗涤槽内上方装有直径较大的洗麦螺旋推运器6，下方装有较小的去石螺旋推运器5，两螺旋的输送方向相反。上、下螺旋轴不在同一铅垂面上，以减少石子及麦粒下沉时的相互干扰。麦粒进入洗槽后受到上螺旋的搅动而不易下沉，在上螺旋的推运下进入甩干机；石子等杂质密度较大，迅速沉到下螺旋内，并被下螺旋从右向左送到集石斗4。甩干机由筛板圆筒9和搅拌器组成。在搅拌器上装有多片具有向上输送角的可旋转的甩料叶板7。进入筒内的小麦由搅拌器向上输送，洗涤水从圆筒上的孔中流出。被搅拌器加速后的小麦在离心力的作用下甩掉附着在表面的水,从上部的出麦口 10 排出。

洗涤污水可部分回收再利用,用水量一般为原料的 1.5~2.0 倍。值得注意的是,该设备使用中有时会出现麸皮、胚芽脱落甚至损伤小麦等问题。

五、磁选设备

磁选设备可以分离出谷物中的铁、镍等磁性金属物质。谷物在加工前必须经过严格的磁选,除去金属杂物,以保护机械设备和人身的安全。磁选设备的主要工作部件是磁体。磁体分永久磁体和电磁体,粮食清理多采用永久磁体。磁选设备分永磁溜管和永磁滚筒。

永磁溜管是在一段倾斜溜管上方配置若干个(一般为 2~3 个)固定有磁铁的盖板,如图 6-16 所示。每个盖板上装有两组前后错开的磁铁。工作时,物料从溜管上端流下,磁性物体被磁铁吸住。永磁溜管可连续地进行磁选。这种设备结构简单,占用空间小,需要定期取下盖板除去磁性杂质。为了保证磁选效果,物料通过磁极表面的速度不宜过快,一般应控制在 0.15~0.25m/s。当设备停止使用时,人工取下被吸住的铁性杂质,再用铁板将两个磁极盖住,以保存磁性。

永磁滚筒主要由进料装置、滚筒、磁心、机壳和传动装置等部分组成,如图 6-17 所示。磁心由永久磁铁和铁隔板按一定顺序排列成圆弧形,安装在固定的轴上,形成多极头开放磁路。磁心扇形圆柱表面与滚筒内表面间隙小而均匀(<2mm),滚筒由非磁性材料(一般为不锈钢)制成,外表面敷有无毒耐磨涂料聚氨酯作保护层以延长使用寿命。工作时,磁心固定不动,而滚筒由电动机通过蜗轮蜗杆机构带动旋转。滚筒重量轻,转动惯量小。永磁滚筒能自动地连续排除磁性杂质,除杂效率高(98% 以上),特别适合于除去粒状物料中的磁性杂质,永磁滚筒的圆周速度一般为 0.6m/s 左右。

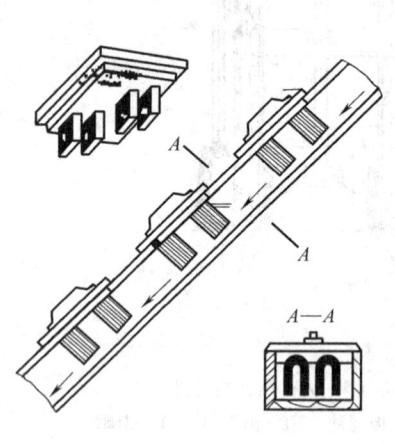

图 6-16 永磁溜管

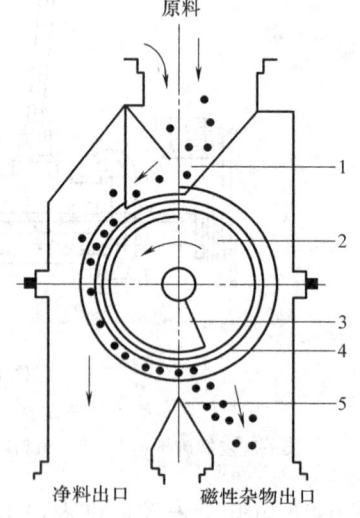

图 6-17 永磁滚筒
1—挡板 2—磁性滚筒 3—磁心 4—隔板 5—刮刷

六、复式清选机

为了在同一机器上完成更全面的清选任务,人们设计了各种复式清选机,凡是集三种或三种以上分选原理于一体的清选机,均称复式清选机。绝大多数复式清选机是将气流清选、筛选和窝眼选按一定的工艺流程组合在一台机器上,按几种主要特性同时进行清选,一次通过就可获得质量较高的种子,下面以5XF—1.3A型复式清选机为例,图6-18为该机结构示意图。

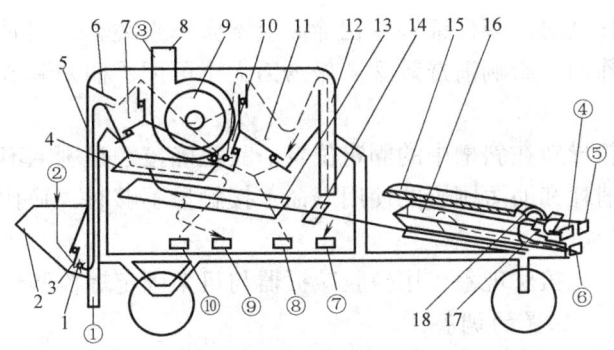

图6-18　5XF—1.3A型复式清选机
1—八角橡胶辊　2—喂料斗　3—闸门　4—上筛　5—前后风道　6—反射板　7—前沉积室
8—出风口　9—风扇　10—中沉积室　11—后沉积室　12—后吸风道　13—下筛　14—后筛
15—窝眼筒　16—V形盛种槽　17—排料槽　18—出料叶轮
①—重杂质　②—种子　③—轻杂质　④、⑤、⑦—录选种子　⑥—破碎种子和轻杂质
⑧—较重、轻杂质和不成熟谷粒　⑨—小杂质　⑩—大杂质

（一）工作过程

其工作过程如下：装入喂料斗中的谷粒，经闸门和八角橡胶辊到前吸风道，同时在气流作用下被提升。提升的谷粒碰到反射板后折入前沉积室中，降到底部后，压开活门落到上筛上。轻杂质则随气流进入中间沉积室，其中部分稍重的杂物落到底部，并经活门到收集槽，然后经出口⑧排出。最轻的杂质随气流经风扇由管道排除机外。重杂质如石块等不能被提升，通过前吸风道进口落到地面。落到上筛筛面上的谷粒，小于筛孔尺寸的则通过筛孔落到下筛上。大于上筛筛孔的谷粒或大杂物，经收集槽由出口⑩排出。落到下筛面上的谷粒或杂质，小于筛孔尺寸的则通过筛孔落入筛箱底部，由收集槽经出口⑨排出。比较好的谷粒经筛面流至后筛，由于后筛与后吸风道的配合作用，再次对谷粒进行风选，后吸风道把瘪粒及虫蛀等较轻的不成熟谷粒和杂质吸入后沉积室，其中较重的落到室底，堆积一定数量后压开活门，经出口⑧排出。较轻者随气流排出机外。由后筛筛面流过的谷粒有两条去路：一是不需要进一步精选的谷粒，可由出口⑦排出；二是如需要进一步按长度精选，则可使谷粒进入窝眼筒，短小谷粒和杂物落入窝眼中，被带到一定高度后，落入V形盛种槽内，经出口⑥排出，合格谷粒则经叶轮和排料槽出口④、⑤排出。

（二）调整

1．风量调整

根据风选效果可判断风量是否合适。调整时，通过操纵手柄改变前或后吸风道闸门开度来改变进风量。

前吸风道风量调整的原则是：较重的杂质应从吸风道下口掉出，而谷粒等将被吸上去，同时分离出较轻的杂质。

后吸风道风量调整的原则是：观察后筛筛面，其上的谷粒应呈沸腾状态；从后沉积室的排出口观察，排出物中应没有饱满的谷粒；从后监视窗观察应无饱满的谷粒或仅有少量的饱满的谷粒在沉积室中飘浮。

在调整前、后吸风道的风量时,要注意它们之间的相互影响,其调整工作要相应进行。

2. 敲击锤调整

在调整锤的打击程度时,应保证谷粒在筛面上不做垂直跳动,同时筛孔又不被堵塞。敲击力过大谷粒会跃离筛面,影响清选效率。敲击力大小可用手柄来调节。

3. 筛刷调整

调节筛架两侧滚轮导轨在斜槽中的固定位置。其正确接触是刷毛不超过筛面1mm为宜。接触过紧会增加功率消耗和缩短刷子的使用寿命;接触量不够时,筛孔可能被堵塞。

4. 筛箱固定位置调整

要求筛箱在工作中无扭摆现象,用橡胶减振器与机架固定螺栓调整。

5. 盛种槽和导种板位置的调整

盛种槽的工作边缘位置决定着窝眼筒的工作质量。导种板的高低位置应适当,视具体情况通过固定螺栓调节。

6. 排料槽和盛种槽摆幅的调整

排料槽和盛种槽摆幅的大小,影响谷粒和杂物排出速度;如摆幅过小,谷物和杂质不易排出。摆幅大小可通过十字叉架的固定位置来调整。

7. 窝眼筒后边挡板位置的调整

在工作中以调整到谷粒不飞出筒外为原则。调整方法是直接改变固定位置。

第三节 谷物干燥机的结构与工作

谷物干燥机大多以热风为干燥介质,按处理方式是否连续可分为连续式干燥机和批式循环干燥机,按谷物流动和介质流动的相对方向分为固定床式、顺流式、逆流式、横流式和混流式等,按结构形式分为平床式、厢式、柱式、带式、滚筒式等。谷物干燥最常用的一般为柱式干燥机,在农村也有一些简易的固定床式干燥机。

一、仓式干燥机

(一) 仓内储存干燥机

仓内储存干燥机又名干储仓,由金属仓、透风板、抛撒器、风机、加热器、扫仓螺旋和卸粮螺旋组成,其结构如图6-19所示。湿谷装入干储仓后,立刻起动风机和加热器,将低温热风送入仓内,继续运转风机一直到粮食水分达到要求的含水率为止。随着收获作业的进展,湿谷不断地加入仓内,达到一定的谷床厚度后停止加粮,仓内的粮食量由干储仓的生产率和湿谷的水分确定,每一批谷物的干燥时间为12~24h不等。有些国家,如美国、加拿大也采用常温通风整仓干燥的方法,谷床厚度达4~5m,干燥周期较长,为2~5周,采用的风量较小,一般为 $1 \sim 3 m^3 / (min \cdot t)$。

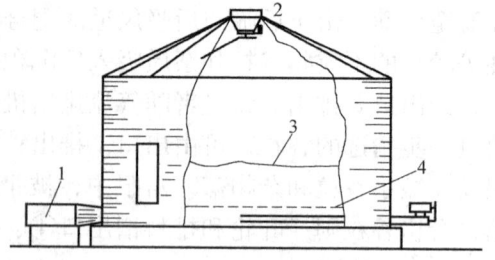

图6-19 仓内储存干燥机
1—风机和热源 2—抛撒器 3—粮食 4—透风板

(二) 循环流动式干燥仓

图6-20所示为一个循环流动式干燥仓,仓体为金属波纹结构,直径一般为4~12m,大

的可达 16m 以上。谷物从进料斗进入，经提升器、上输送搅龙，送到均布器均匀地撒到透风板面上，直到所要求的谷层厚度为止，然后开动风机，把经加热的空气压入热风室，热风从下而上穿过谷层，由排气窗排出室外。需要翻动谷物时，开动扫仓搅龙、下输送搅龙、提升器、上输送搅龙、均布器。下层的谷物由扫仓搅龙送到下输送搅龙，经提升器、上输送搅龙到均布器，均匀地抛撒在粮食表面上，依次不断地间歇翻动，使上下层谷物调换位置，达到干燥均匀的目的。此种类型的机械化程度较高，但设备投资大。

（三）顶仓式干燥仓

有些仓式干燥机在顶部下方 1m 处安装锥形透风板，加热器和风机即装在孔板下（见图 6-21）。当谷物被烘干后，利用绳索拉动活门，可使谷物落至下面的多孔底板上，在底部设有通风机用于冷却散落的热粮，与此同时顶部又装入新的湿粮进行干燥。此批烘干后又落到已冷却的干粮上，如此重复进行，直到仓内粮面到达加热器平面为止。此种干燥仓的优点是干燥冷却同时进行，卸粮不影响干燥，此外，粮食从顶部下落时对粮食有混合作用，可改善干燥的均匀性。

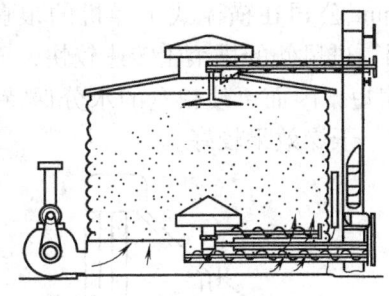

图 6-20　循环流动式干燥仓

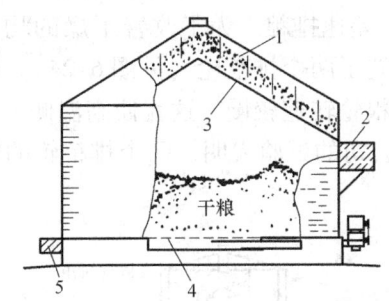

图 6-21　顶仓式干燥仓

1—湿粮　2—风机和热源　3、4—透风板　5—冷风板

（四）立式螺旋搅拌干燥仓

为了增加谷床厚度和保证干燥后粮食水分均匀，可在圆仓式干燥机中加装立式螺旋，对粮食进行搅拌（见图 6-22），搅拌螺旋用电动机驱动，螺旋除自转外还可绕圆仓中心公转，同时还可以沿半径方向移动。美国 Sukup 立式螺旋搅拌器直径为 38mm，叶片宽 6.35mm，厚度为 6mm，螺距为 44.5mm，螺旋转速 500~540r/min。立式螺旋搅拌器的优点是：疏松谷层，增加孔隙率，减少谷粒对气流的阻力，因而增大了风量；使上下层的粮食混合，减少干燥不均匀性；提高干燥速率，减少干燥时间。

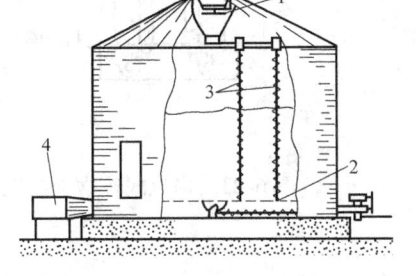

图 6-22　立式螺旋搅拌干燥仓

1—抛撒器　2—透风板　3—搅拌螺旋　4—风机和热源

二、横流式谷物干燥机

图 6-23 所示为一传统型横流式干燥机的示意图，湿谷物从储粮段靠重力向下流至干燥段，加热的空气由热风室受迫横向穿过粮柱，在冷却段则有冷风横向穿过粮层，粮柱的厚度一般为 0.25~0.45m，干燥段粮柱高度为 3~30m，冷却段高度为 1~10m。根据谷物类型和对品质的要求确定热风温度，食用谷物一般为 60~75℃，饲料粮可采用 80~110℃。横流式干燥机一般有热风机和冷风机两个风机，热风风量

为 15~30m³/(min·m²)，或 83~140m³/(min·t)，静压较低，为 0.5~1.2kPa。

粮食在干燥机内的滞留时间或谷物流速可以利用排粮轮或卸粮螺旋的转速进行控制，谷物流速主要取决于粮食的水分和介质温度。

横流式谷物干燥机具有结构简单，制造方便，成本低的优点，是目前应用较广泛的一种干燥机型。但存在干燥不均匀：进风侧的谷物过干，排气侧则干燥不足，导致水分差产生；以及单位能耗较高，热能没有充分利用的缺点。

对横流式谷物干燥机的改进措施如下。

1）谷物流换位。为了克服横流式干燥机的干燥不均匀性，可在横流式干燥机网柱中部安装谷物换流器，使网柱内侧的粮食流到外侧，外侧的粮食流到内侧。这样就能减少干后粮食水分不均匀性。美国 Thompson 的研究表明，采用谷物流换位，不仅可以大大减少粮食的水分梯度，而且可降低粮温。利用计算机模拟的方法可以得出：当谷物厚度为 310mm 时，在干燥段中间采用换流器使粮柱内外侧换位，可使水分差减小约一半，同时最终粮食温度可降低 10℃左右，但是热耗会略有增加。

2）差速排粮。为了改善干燥的均匀性，美国 Blount 公司在横流式干燥机的粮食出口处，设置了两个排粮轮（见图 6-24）。两轮的转速不同，进风侧的排粮轮转速较快，而排风侧的排粮轮转速较慢，这就使高温侧的粮食受热时间缩短，因而可使粮食的水分保持均匀。Blount 公司的试验表明，两个排粮轮的转速比为 4:1 时，干燥效果较好。

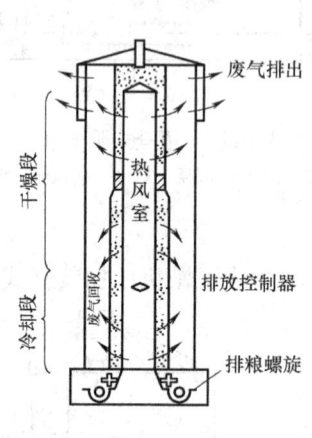

图 6-23　横流式谷物干燥机

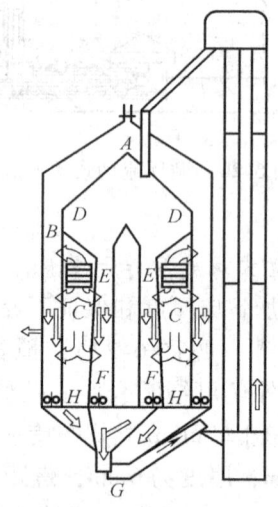

图 6-24　差速排粮式干燥机

A—湿粮入口　B—外粮粒　C—热风室　D—缓苏段
E—内粮粒　F—差速轮　G—排粮口　H—冷却段

3）热风换向。采用热风改变方向的方法，可使干燥均匀，即沿横流式干燥机网柱方向分成两段或多段，使热风先由内向外吹送，再从外向内吹送，粮食在向下流动的过程中受热比较均匀，干燥质量可以改善。

4）多级横流干燥。利用多级或多塔结构，采用不同的风温和风向，可以大大改善横流式干燥机的干燥不均匀性。

5）锥形粮柱。为了提高横流式干燥机的干燥效率，可采用不同厚度的粮柱，即上薄下厚的结构,这样可使上部较湿的粮食受到较大风量的高温气流,干燥效率提高。

三、顺流式谷物干燥机

图 6-25 所示为一个单级顺流式谷物干燥机,热风和谷物同向运动,干燥机内没有筛网,谷物依靠重力向下流动,谷床厚度一般为 0.6~0.9m,一个单级的顺流干燥机一般均有一个热风机和一个冷风机,废气直接排入大气,干燥段的风量一般为 30~45m³/(min·m²),冷却段的风量为 15~23m³/(min·m²),由于谷床较厚,气流阻力大,静压一般为 1.8~3.8kPa。

大多数商用顺流式干燥机设有二级或三级顺流干燥段和一个逆流冷却段,在两个干燥段之间设有缓苏段。图 6-26 为一个二级顺流式谷物干燥机的示意图。多级干燥机比单级顺流有许多优点:生产率高;由于设有缓苏段,故谷物品质有所改善;如果二级以后的排气能够循环利用,则单位能耗可以降低。顺流式干燥机缓苏段总长度可达 4~5.5m,谷物在缓苏段内的滞留时间为 0.75~1.5h。在这段时间可以使谷物内部的水分和温度均匀化以利于下一步的干燥。

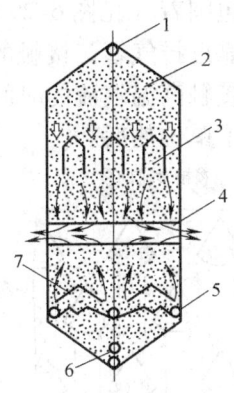

图 6-25 单级顺流式谷物干燥机
1—分布螺旋 2—湿粮 3—热风入口 4—废气出口
5—转轮 6—排粮螺旋 7—冷风入口

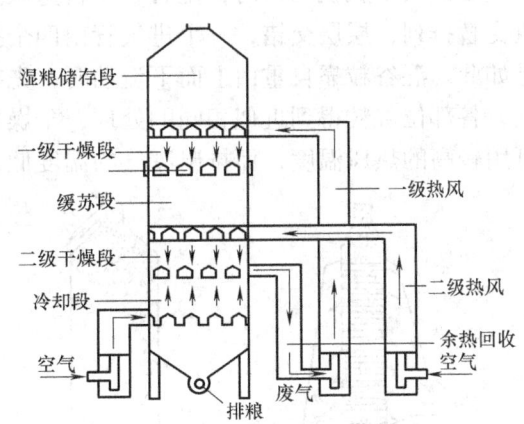

图 6-26 二级顺流式谷物干燥机

顺流式谷物干燥机可以使用很高的热风温度(如 200~285℃),而不使粮温过高,因此干燥速度快,单位热耗低,效率较高以及干燥均匀,适合于干燥高水分粮食。

四、逆流式谷物干燥机

在逆流式谷物干燥机中,热风和谷物的流动方向相反,最热的空气首先与最干的粮食接触,粮食的温度接近热风温度,故使用的热风温度不可太高。温度较低的湿空气则与低温潮湿的谷物接触,容易产生饱和现象。在烘干高水分粮食时谷层厚度有一个最佳值。由于谷物和热风平行流动,因此所有谷物在流动过程中受到相同的干燥。

逆流式谷物干燥机如图 6-27 所示,一般由一个圆仓和通孔底板组成,湿谷由仓顶连续或间断地喂入,底板上设有扫仓螺旋,螺旋除自转外还绕谷仓中心公转,将已烘干的谷物自仓底输送到中心卸出。高温热风利用风机从仓底穿过孔板进入粮层,进行干燥作业。

逆流式谷物干燥机具有热效率较高、粮食水分和温度比较均匀的优点,但粮食温度较高,接近热空气的温度,故使用的热风温度不能过高。

五、混流式谷物干燥机

混流式谷物干燥机干燥段交替布置着一排排的进气和排气角状盒，谷粒按照 S 形曲线向下流动，交替受到高温和低温气流的作用进行干燥。从热风和粮食的相对运动来看，混流干燥过程相当于顺流逆流交替作用。

混流式干燥机多为组合式结构，如图 6-28 所示，每个组合段为矩形，可根据用户不同的要求组合而成。横向开底的风管分层排列，每层风管由几条管道组成，进气层与排气层相互交替。在同一层所有管道向粮塔送入热空气，而该层管道的上下相邻的两层管道，都是排气的管道。

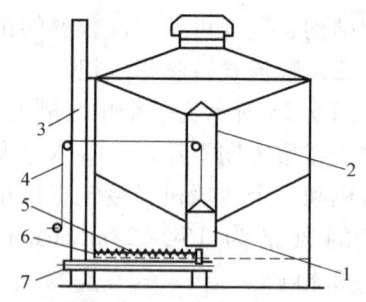

图 6-27　逆流式谷物干燥机
1—活塞　2—风筒　3—提升机　4—绳索
5—扫仓螺旋　6—透风板　7—输送螺旋

混流式干燥机工作时，湿谷物靠自重从上而下流动。由于热风的进入与湿空气排出的管道交替排列，层层交错，一个进气管由四个排气管等距离地包围着（见图 6-29），反过来也是如此。湿谷粒靠自重由上而下流动时，先靠近进气管，再靠近排气管，接触的温度由高到低，各部位谷粒得到近似相同的处理，干燥均匀。由于谷物接触高温气流的时间很短，因而可用较高的热风温度，而排出废气的温度低，湿度高，降低了单位热耗。

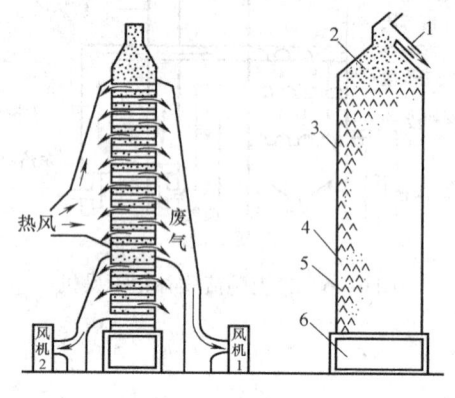

图 6-28　混流式干燥机
1—溢流管　2—预热段　3—干燥段
4—缓苏段　5—冷却段　6—机座

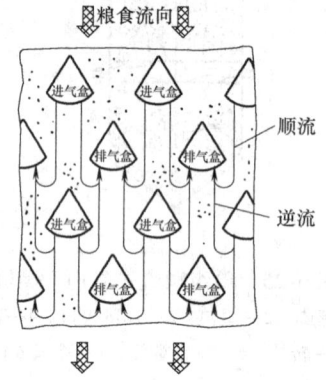

图 6-29　进排气角状盒排列图

在混流式干燥机中，谷物不是连续地暴露在高温气流中，而是受到高低温气流的交替作用，故粮食烘干后品质好，裂纹率和热损伤相对少一些。

六、循环式谷物干燥机

循环式谷物干燥机是比较先进的批式干燥机。作业时，先将一批待烘谷物全部装入烘干机内，然后起动烘干机进行烘干。谷物在干燥机内不断流动，流经干燥段时受热干燥，流经缓苏段时则使内部水分向外表扩散，以利于再次干燥。经多次循环后，全部干燥到要求的终了水分时，再卸出机外。

循环式干燥机干燥、缓苏同时进行。高温干燥后的谷物用立式螺旋送到上锥体上方，进行短时间的缓苏，便于谷粒内部水分向外扩散，符合粮食干燥的规律，有利于保证粮食品质。因干燥过程中粮食始终处于不断地混合与流动状态中，因此干燥均匀。烘干不受原粮水分影响，水分高时多循环一些时间。

根据循环提升装置的布置，循环式干燥机可分为内循环和外循环两种。

（一）圆筒内循环干燥机

GT—380 移动式烘干机是一种圆筒内循环干燥机，如图 6-30 所示，谷物通过中心螺旋升运器输送到上部，靠重力下移，经过干燥段时与热风接触蒸发水分，运动到底部时再由中心螺旋升运器输送上去，不断循环进行干燥。它设计为内外圆筒形，机器结构紧凑，占地面积小，热空气分布均匀，粮食受热一致，而且制造容易。由于采用谷物内循环省掉了提升装置，因此在相同的生产率和降水幅度条件下，机器的重量轻、体型小、节约钢材。这种烘干机可以移动，用 30kW 的拖拉机不仅可以牵引还可以传动。

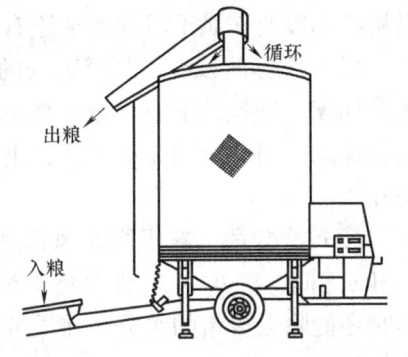

图 6-30 圆筒内循环干燥机

这种干燥机生产率较高，干燥速度快。一个直径 2.4m、高度 5m、质量 1.5t 的干燥机每小时可烘玉米 2t（减少水分 5%）。

圆筒内循环式干燥机谷物循环速度快，每 10~15min 完成一次循环，比混流式干燥机的谷物流速高 7 倍，比普通横流式快 3 倍，因此可以使用高的风温，而不致使粮温过高，且干燥均匀，混合好。并且由于利用较短的干燥段和谷物高速循环流动，代替高塔慢速流动，有利于大幅度降低机身高度。

（二）横流式外循环干燥机

横流式外循环干燥机是最常见的批式干燥机之一，其主机一般由干燥箱（缓苏段、干燥段）、排粮机构、上下纵向螺旋输送器、提升装置和热源组成，如图 6-31 所示。这种干燥机在日本、韩国和我国的台湾地区等稻米产地比较普及，20世纪 70 年代以后，在我国南方水稻产区也开始有所应用，近年来保有量逐步增加。它与内循环干燥机不同之处在于谷物是由排粮机构从干燥段下部排出，然后由下螺旋输送器推送到干燥机一侧，经外部的斗式提升器输送到干燥箱顶部的上螺旋输送器，再均匀地由上螺旋输送器散布到缓苏段内，经缓苏、干燥后，再进入下一循环。该类型干燥机采用较低风温（50~60℃）、大缓苏比（较短的受热烘干时间与较长的缓苏时间），对谷物进行干燥，降水速度较慢，干燥均匀，烘干后质量有保证，能提高稻米的食用品质，不影响发芽率。

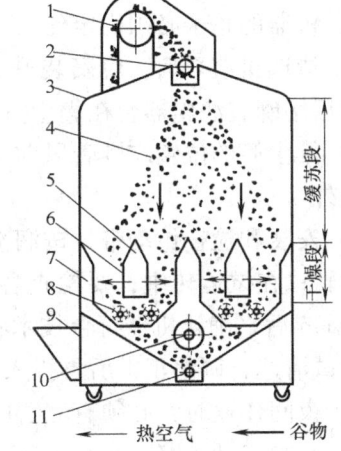

图 6-31 横流式外循环干燥机
1—提升机 2—均分搅龙 3—干燥箱 4—谷物
5—热风室 6—孔板 7—废气室 8—排粮轮
9—进粮斗 10—轴流风机 11—输送搅龙

七、干燥通风作业

干燥通风作业既包括干燥过程又包括通风过程，主要用于干燥玉米，其工艺过程是首先进行高温干燥，当玉米的水分高于要求的水分 2%

时，不经过冷却就从高温干燥机中取出，缓苏6~10h，再慢慢冷却。干燥通风作业的目的是降低能耗、改善品质。干燥通风作业包括高温干燥、缓苏、冷却三个阶段，每个阶段都有一定的要求。

(1) 高温干燥阶段　在干燥通风作业中，谷物不在干燥机内冷却，整个干燥过程都用热风对谷物进行连续不断地干燥。采用的介质温度比一般干燥作业使用的温度要高，可将干燥机冷却段改作烘干段或增加原有加热器的加热能力。

(2) 缓苏阶段　送到缓苏仓的玉米籽粒温度一般为48~60℃。在单个籽粒内会存在着水分梯度，籽粒的中心水分最高。缓苏过程的目的就是让籽粒内部的水分重新分布，以消除水分梯度。当此过程完成以后，由快速高温干燥过程所造成的玉米籽粒外层的一些应力得以消除。

(3) 冷却段　在干燥通风作业的冷却过程中，风量越高玉米冷却越快。风量在0.5~1L/kg之间，经6~12h即可将玉米冷却。由于缓苏后一部分水分迁移到籽粒表面，通风冷却时还能除去少量的水分。在缓苏仓内谷物的初始温度越高，则由某一给定风量所去除的水分也越多。

第四节　谷物清选与干燥设备的使用

一、清选机的使用

(一) 使用前做好机器的安装、固定与检查

1) 机器可安置在露天场所或厂房里进行工作。安置的地面要坚实、平坦，机器的纵横向都应保持水平；否则筛子、吸气道和窝眼筒如在歪斜状态下工作，负荷不均，会降低工作质量。

2) 机器的轮子必须固定住。一般复式清选机上都备有轮挡和闸钩，专用来固定轮子。

3) 清选机放妥后，应安装升运器、喂入斗，检查各部分的坚固程度，选择和安装筛子，然后用麻袋滤尘器套在集尘室的筒口处，并用绳子系紧。

4) 排尘筒的位置应顺着风向。它可以旋转并用木撑杆支住。如在室内工作，应把管口引向室外。

5) 安装和检查传动带，按润滑表进行注油。当确认机器为良好状态后，即可开动机器作试运转；在试运转中；要检查各机构的运动状态、连接的牢固性和可靠性。正常试运转15~30min后，确认机器符合技术状态，即可把麻布袋挂到各出口的麻袋夹持器上，然后喂入谷粒试清选，调整正常后再投入正式工作。

6) 夜间作业时，必须有完善的照明设备。

(二) 筛子的选择

筛子的选择参照说明书中各种种子的筛子选择表，用试验筛子作筛选试验，依试验结果来确定筛子的尺寸。粗筛无需试验。其余筛子应根据表中所列筛子尺寸，选出试验筛子。取100~200g没清选过的种子，按种子通过机器上各个筛子的顺序来进行选筛试验，直至合适为止。根据选定的合适筛子筛孔规格，选好筛子装上。按谷粒混杂情况，在复式清选机上确定清选谷物路线，看是否要经过全部清选过程，确定滑板的固定位置。

(三) 清选机的调整

将谷物装入喂入斗时，应先把闸门关闭，将吸风道操纵手柄放到"0"的位置，窝眼筒盛种槽工作边缘旋转到水平位置，然后开动电动机或发动机，待达到规定转速时，打开喂入斗闸门，使进谷量接近清选机的额定生产率。

吸风道的气流速度可通过操纵手柄调整，第一吸风道应能将谷粒中的灰尘、碎秆、颖壳和轻杂草籽吸走，第二吸风道应将谷粒中的全部轻杂物以及不成熟的谷粒吸走。

窝眼筒的工作质量决定于盛种槽工作边缘的位置：盛种槽边缘调整得高时，盛种槽内的谷粒比较纯净；调整得过低时，盛种槽谷粒中就会混有过多长杂质。

清洁用筛子应保证均匀和全面地与筛子下面的刷子接触，压得过紧会多消耗功率和缩短刷子寿命。

(四) 清选机中残留物的清除

清选机工作时，必须注意不得把滤尘器的麻袋填塞过满，否则会破坏气流清洁部分的工作。当麻袋滤尘器填满到它的总容积的 2/3 时，就应将其倒出。如谷粒中含有大量轻夹杂物时，可在滤尘器下面放一容器，解开滤尘器麻袋下端，使夹杂物直接进入容器。

机器工作后，要更换清选谷物的品种时，必须清除机器中残留的谷粒。此时必须关闭喂入斗闸门，翻转窝眼筒盛种槽，关闭第一、第二吸风道，然后使机器空转，等全部残留谷粒出来后，停车取出筛片，抽出第二吸风道网，打开各个出粮口，卸下窝眼筒后边的环形板。然后用扫帚或刷子仔细清扫机器各部分，倒净滤尘器内的夹杂物。再空转机器，直到残留物全部出来为止。停车后全机再清扫一遍，并清扫停放清选机的场地。清扫完毕后，再将卸下的部分全部装上。

二、热风干燥机使用注意事项

1) 进入干燥塔的原粮应干净，尽量少含壳屑、石块、秸秆等杂物。否则既浪费能量，又容易引起堵塞之类的事故。

2) 测量待烘干谷物的初始水分，应把初始水分相近的粮食合为一批进行烘干，根据每批粮食初始水分的情况，来合理安排烘干工艺，以保证烘干后的粮食含水量基本一致。

3) 在烘干作业前，应对运转部件及密封、紧固件进行一次全面的检查，并经过空载运转正常之后方可点火。

4) 在烘干过程中，必须保证烘干温度在工艺要求的范围内，如果温度低于规定温度范围，烘干效果差，生产率低；高于规定温度时，谷物会产生焦粒。如果温度高于规定温度时，应开启冷风调节器。

5) 作业过程中应经常检测排粮的含水率。如果含水率不符合要求，应及时调整排粮速度。

6) 注意检测粮食温度，若粮温过高，应加大冷却风量。

7) 给热风炉加煤时，应少加、勤加，使煤燃烧完全，加煤要均匀，以保证煤层燃烧一致。炉排下面的煤渣必须及时清理出去，否则会造成燃烧炉供风不足，甚至烧坏炉排和炉壁。

8) 全部物料烘干完毕或者要较长时间停工，应将炉火熄灭。如果机器突然停电时，也应将炉火迅速熄灭，否则会缩短热风炉的寿命。

9) 切记不允许炉子干烧，即只开引风机，不开主风机，以免烧坏热风炉。

10）为了避免机械故障，每隔 5~7 天应停机检修一次，首先将粮食排空，仔细检查设备各个部分，排除机内异物。并保证热风炉炉膛耐火砖和耐火泥砌成的炉衬密实无缝。

11）热风炉燃料燃烧时必须关闭加煤口，加煤口下方的清灰口又是引风机的进风口，此口不能封闭，否则由于热风炉引风机供风不足，会降低燃煤的热效率。更不允许封闭清灰口，加装鼓风机助燃，否则极易烧坏热风炉。

思 考 题

1. 调查当地清选机械与干燥机械的型号与性能参数。
2. 说明清选机械的结构与工作过程。
3. 说明干燥设备的结构与工作过程。
4. 说明清选机械的使用方法。
5. 说明干燥设备的使用方法。
6. 清选与干燥机械的维护方法是什么？
7. 清选机械的常见故障原因及排除方法是什么？
8. 干燥设备的常见故障原因与排除方法是什么？

学习单元七　设施农业机械

【学习目标】
1. 了解设施农业的概念与特点。
2. 了解设施农业机械、设备的特点。
3. 掌握微型耕整机、育苗播种机械、施肥灌溉设备、无土栽培设备的使用与维修方法。
4. 掌握设施内的植保机械、设备的使用与维修方法。
5. 掌握设施内的温度、湿度、光照、二氧化碳浓度的调节方法及其相应设备的使用与维修方法。

第一节　概　　述

一、设施农业的概念

设施农业是指具有一定的设施，能在局部范围改善或创造环境气象因素，为动植物的生长发育提供良好的环境条件，实现对生产要素进行控制的农业。

二、设施农业的类型

主要包括以下方面：

（1）设施栽培　如蔬菜、花卉、瓜果、蘑菇等的设施栽培，主要设施有各类塑料棚、温室、人工气候室及配套设备。

（2）设施养殖　如畜禽、水产品和特种动物的设施养殖，主要设施有各类保温、遮荫棚舍及配套设备。

三、设施农业的特点

1. 设施农业是一个综合系统

设施农业集生物工程、农业工程、环境工程为一体，是多学科综合的系统工程。通过选用恰当的动植物品种、合适的设施设备和管理技术，实现为动植物营造适宜的生长环境，达到适时成熟、高产、优质、高效的集约化生产方式。

2. 设施农业是资金、技术密集型产业

设施农业与常规农业相比，资金与技术的投入是较高的。因此，要通过适宜的品种、栽培技术和茬口衔接等，提高单位面积的产量与产值，实现高投入、高产出的目标。

设施栽培作业包括耕耘、育苗、定植、灌溉、施肥、病虫害防治、收获、产品包装等环节，作业项目多，劳动强度大，需要机械化技术做支撑。同时，设施内高温、高湿、通风不良的作业环境非常需要发展自动控制技术（包括机械化育苗技术、机器人移栽、自动喷滴灌与自动施肥技术等）。自动控制技术能充分发挥专家和工程技术人员的智慧，将人工智能、网络高新技术专家系统引入温室内，用于复杂的管理、决策及咨询，有效地提高设施内智能化、自动化、科学化管理水平。

计算机智能化调控装置是采用不同功能的传感器探测头，准确采集设施内室温、叶温、地温、室内湿度、土壤含水量、溶液浓度、二氧化碳浓度、风向、风速及作物生育状况等参数，通过数字电路转换后传回计算机，并对数据进行统计分析和智能化处理后显示出来，根据作物生长所需的最佳条件，由计算机智能系统发出指令，使有关系统、装置及设备有规律运作，将室内温、光、水、肥、气等诸因素综合协调到最佳状态，确保一切生产活动科学、有序、规范、持续地进行。计算机有记忆及查询功能、决策功能，可为种植者全天候24h提供帮助。采用智能化温室综合环境控制系统可使运作节能15%~50%，节水、节肥、节省农药，提高作物抗病性。

3. 设施农业可以克服不利于农业生产的自然环境

设施农业由于生产环境不受自然条件影响，可以在严寒、炎热、土质和水质不良等条件下进行农业生产，使得农产品实现工厂化的连续生产，成为植物工厂或动物工厂。这对农业资源贫乏、自然灾害频繁国家的食品生产有重要的战略意义。

设施农业已成为当今世界各国展示农业科技发展水平的重要标志，是农业发展中最具有活力的新兴产业之一，是向人类提供大量无污染绿色农产品最为理想的种植与养殖方式。

四、国外设施农业的基本情况

设施农业是高科技含量、高投入、高产出、高效益的集约化生产方式，国外发展速度很快。荷兰、日本、以色列、美国、韩国、西班牙、意大利、法国、加拿大等国设施农业十分发达，其设施的标准化程度、种苗技术及规范化栽培技术、植物保护及采后加工商品化技术、新型覆盖材料开发与应用技术、设施综合环境调控及农业机械化技术等有较高的水平。

荷兰是世界著名的设施园艺发达国家，该国大规模种植温室鲜花、蔬菜，温室运作全部由计算机控制操作。荷兰有5大温室制造公司，不仅在结构、机械化、自动化、产品采后处理方面设备技术水平高，而且在计算机智能化、温室环境调控方面也居世界领先地位，配套温室设施出口额占世界贸易额的80%。

日本、韩国根据资源短缺、从农人员减少、人口老龄化等现实，研究开发了多种小型、轻便、多功能、高性能的设施园艺耕作机具、播种育苗装置、灌水施肥装置、通风窗自动开闭装置、温湿度调节装置、二氧化碳施肥装置及自动嫁接装置等。

以色列利用温室冬季生产花卉、蔬菜，大量出口创汇，享有"冬季欧洲厨房"的美称。其温室结构先进，装有幕帘、天窗及遮阳网，可根据光照强度自动移动调节，温室温度、湿度、通风、施肥、灌水实行自动化、机械化控制。其开发的弥雾气候控制技术，使温室降温需能减小。

在国外，机器人的研究、开发应用已被广泛重视，并取得初步成果。日本、韩国研究开发了瓜类、茄果类蔬菜嫁接机器人。日本开发了育苗移栽机器人，有触觉和视觉，能将苗盘小苗孔中的幼苗移栽到大苗孔的苗盘中去，每1.2s移栽1株，辨别力很强，能把坏苗扔到一边。机器人能指挥灌溉，可根据光反射和折射原理准确测定出苗盘基质的含水量，根据需要适量灌溉，达到节水、防病、保持环境整洁的目的。日本研制了可行走的耕耘、施肥机器人，可完成多项作业的机器人，能在设施内完成各项作业的无人行走车，用于组织培养作业的机器人等。

植物工厂是在全封闭的设施内周年生产园艺作物的高度自动化控制生产体系，可分别称之为"蔬菜工厂"、"花卉工厂"、"苗木工厂"等。植物工厂内以采用营养液栽培（无土栽培）和自动化综合环境调控为重要标志，为使植物工厂内栽培环境达到高度自动化调控，设备建造及运转费用很高。植物工厂能免受外界不良环境影响，实现高技术密集型省力化作业，生菜、菠菜栽培期较露地缩短 1/4～1/2 时间，可一年多茬次连续生产。采用水栽培、立体栽培、多段化及移动床栽培可提高栽培面积效率 2～4 倍。灌水、施肥、温湿度管理自动化，播种、定植、采收作业全部由计算机控制，作业变得轻松舒适。

发达国家近些年无土栽培技术发展十分迅速，奥地利、丹麦、美国、英国、日本等国都先后建立了一批植物工厂，用于试验研究和示范，为工厂化农业的发展展现了美好前景。无土栽培不仅高产，而且可向人们提供健康、营养、无污染的有机食品，能够充分注意营养液循环利用、节省投资、保护生态环境。日本研究试验的无土栽培，单株番茄结果 12000 个、根茎粗达到 20cm，单株黄瓜结果 3300 条，单株甜瓜结瓜 90 个，表现了作物强大的生命力和巨大的增产潜力。

五、我国设施农业发展情况

20 世纪 70 年代，在我国的一些大城市郊区开始兴建规模化设施养殖场，80 年代初开始进行以地膜覆盖、塑料拱棚和日光温室为主体的设施化作物栽培。经过农业科技工作者多年的引进吸收、改进完善和自主创新，我国的设施农业科技水平稳步提高，面积不断扩大，适合各地特点的设施结构与品种不断涌现，且发展势头迅猛。由于设施农业的规模不断增加，目前设施农产品不但满足为国民周年提供新鲜的菜、果、蛋、奶、肉等的需求，有效缓解我国人均耕地少、自然灾害多等不利于农业生产的矛盾，还出口到其他国家。

六、设施农业机械的种类

设施农业机械主要指适合设施农业耕作、栽培、收获等农艺特点的农业机械。由于温室大棚作业空间狭小，土壤含水率高等原因，大田作业机具难以适应，因此设施农业机械必须具有小型轻便、作业性能稳定的特点。主要分为以下 6 大类。

（一）耕整地机械

目前我国土壤耕整机械主要有小型铧式犁、旋耕机、圆盘耙、开沟机、筑床机、筑埂器和多功能耕耘管理机等，用于翻碎土、起垄、除草和施药等多项作业。其中主要采用 2.5～4.5kW 动力驱动的小型耕作机械，配套主机为小型手扶拖拉机。

（二）播种机械

有条播机、蔬菜起垄穴播机、精量播种机等。使用时可根据作物特征选择适宜的机型。

（三）地膜覆盖及残膜回收机械

地膜覆盖机械按用途可分为单一地膜覆盖机、旋耕地膜覆盖机、播种铺膜联合作业机；按耕作方式可分为畦作地膜覆盖机、垄作地膜覆盖机。可根据覆膜作业幅宽、工作效率确定机型。而残膜回收机有利于降低劳动强度，提高生产率，保护设施内土质，使其符合环保要求。

（四）育苗机械

工厂化育苗是植物工厂栽培的重要方面，其秧苗成长迅速，秧期短，且秧苗素质较好，具有省力、省时、低成本、适于机械化等优点。主要机械可分为钵体制作机械和育苗播种机械。钵体制作机械包括带式床土输送机、营养土粉碎筛选机、床土搅拌机以及机动制钵机、人工压钵器、塑盘育苗营养基质铺土机等。育苗播种机械包括适宜平毯苗盘用的槽轮式播种机，适宜穴盘育苗的气吸式播种机等，可以实现精量播种。

（五）温室环境调节机具

主要有温室供暖热风炉、湿帘风机降温系统、温室气体调制机、卷帘机、补光灯等。

（六）施肥灌溉机具

温室大棚中若使用传统的沟灌、漫灌，不仅需水量大、劳动强度大，而且容易造成土壤养分的流失，增加棚内湿度，诱发病害。目前主要采用喷滴灌系统，它一般由供水泵、输水管网、滴灌带以及施肥、过滤和调控装置组成。棚室内追施肥又分施化肥和气肥。施化肥一般采用化肥深施枪，施气肥目前普遍应用二氧化碳发生器。

除上述机械外，近年来科技人员还研发了一些新机械，如蔬菜自动嫁接机，不仅可以降低劳动强度，还可以提高嫁接苗的成活率，改良蔬菜品质，提高设施农业效益；黄瓜、西红柿自动采摘机，可以减轻收获作业劳动强度；另外烘干机械、保鲜机械的推广使用，延长了农产品的保存期，提高了作物产品的附加值。

以上设施农业机械国外已有成熟的产品，其制造工艺考究，性能质量稳定，具有较好的生产效果，例如日本、意大利、丹麦、荷兰和西班牙等国家的产品已广泛地应用于设施内，作业项目包括旋耕、犁耕、培土、开沟、作畦、起垄、播种、施肥、铺膜、喷雾和收获等。

国内的设施机械有很多技术已成熟，并广泛应用于生产中，成为农业生产者的好帮手，还有一些机型正处于研制、试验、完善阶段。

第二节　多功能田园耕整机

针对温室、大棚等特殊的耕作环境，我国陆续引进和研制生产了多功能耕整机械，图7-1是北京多力多机械设备制造有限公司生产的系列多功能田园耕整机（又称微型耕整机，简称微耕机）的外观图。

微耕机多以小型柴油机或汽油机为动力，以传动带离合器或整体式变速齿轮箱作为传动。变速箱体多为整体式结构，其上为变速部分，其下为动力输出部分，动力输出轴部分与变速部分之间一般采用链传动。具有体积小，操作方便，易于维修，工作稳定可靠，生产效率高等特点。

图7-2是该公司DWG2.5—1和DWG2.5—1Q型多功能田园耕整机的结构简图，这两种型号的微耕机采用的动力机分别是柴油机和汽油机，其余部件的结构类似。

DWG2.5型、DWG2.5—1型、DWG2.5—2型微耕机主要性能参数见表7-1、表7-2、表7-3。该机可用于平原、山坡、果园、蔬菜大棚、园林等大、中型农机难以作业到的地块。

微耕机的结构包括机架、扶手、柴油机或汽油机以及驱动轮和耕作刀具。通过简单更换配件（见图7-3），可实现深耕、旋耕、除草、播种施肥、喷药、运输等作业。其操作扶手的高度能根据操作者的具体情况进行调整；操作扶手在水平方向左、右可作180°调整，以利于边角处作业。

风冷发动机外形美观（机体为铝压铸），拉绳（带恢复器）起动，但对燃油的品质和维护要求较高；水冷发动机外形稍大且显粗糙，摇把起动，但相对故障率低。柴油机动力强、经济；汽油机排放少，适合于棚内作业。

图 7-1 DWG2.5 系列多功能田园微耕机
a) DWG2.5 型微耕机 b) DWG2.5—1 型微耕机 c) DWG2.5—2 型微耕机
d) DWG2.5—3 型微耕机 e) DWG2.5—4 型微耕机

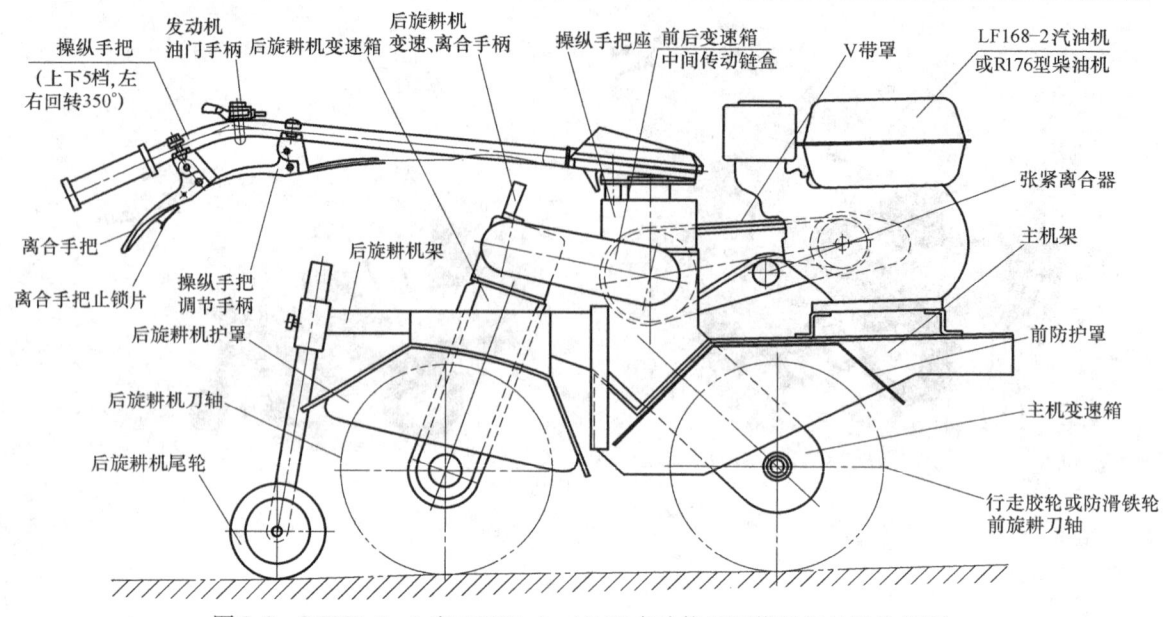

图 7-2 DWG2.5—1 和 DWG2.5—1Q 型多功能田园耕整机的结构简图

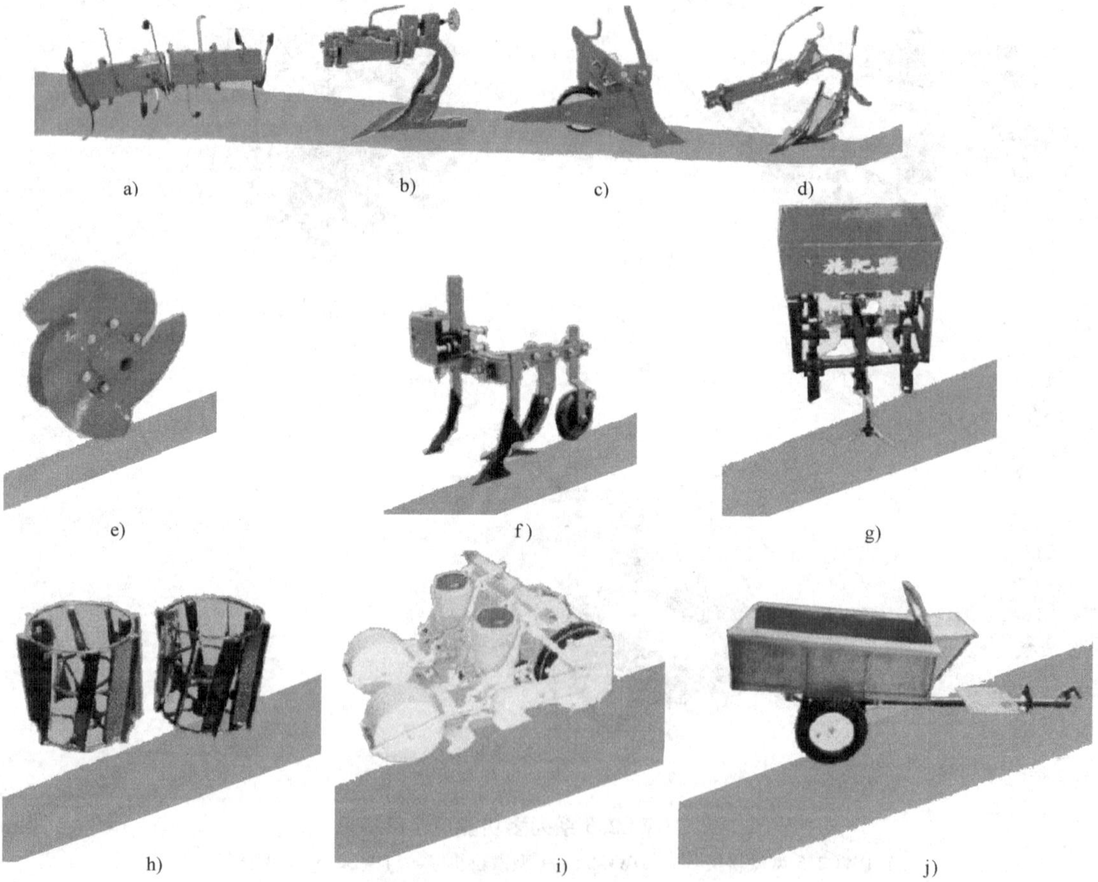

图 7-3 与 DWG2.5 系列微耕机配套的农具
a) 水田旋耕刀 b) 单铧犁 c) 培土器 d) 翻转犁 e) 叶片旋耕刀
f) 中耕犁 g) 施肥播种机 h) 除草刀 i) 播种机 j) 小挂车

一、主要技术性能参数

表 7-1 DWG2.5 型微耕机主要技术性能参数表

项 目		单位	设计要求	
主机	外形（长×宽×高）	mm×mm×mm	1365×610×950	
	质量	kg	62	
	传动方式		V 带 – 齿轮 – 滚子链	
	主离合器方式		传动带张紧式	
	转向方式		单轮式自由转向	
	档位及速度	km/h	前进档 2.4，后退档 1.5	
	主机与农具连接方式		销轴、螺栓	
配套发动机	型号		风冷汽油机	
	标定功率	kW	3.7~4.04	
	额定转速	r/min	3600	
	动力输出轴转速	r/min	1800	
	排气量	mL	273	
	点火		晶体磁电器	
	起动方式		反冲式手拉	
	主燃油消耗率	g/(kW·h)	313	
前旋耕	旋耕刀轴转速	r/min	260~450	
	最大回旋半径	mm	145	
	总安装刀数	把	18	
	耕深	cm	8~12	
	耕宽	cm	15.5，29，43	
	生产率	hm²/h	0.019~0.032	
主要配套农具（用户可任选）	名称	主要功能	质量/kg	连接方式
	叶片旋耕刀	开沟	3.5	销轴
	培土器	培土	5	销轴
	播种机	播种	13.7	销轴
	中耕机	松土、除草	8.8	销轴
	喷雾泵	喷洒农药和除草剂	8.2	专用泵架
	货车挂斗	运输	56.6	销轴

表 7-2　DWG2.5—1 型微耕机主要技术性能参数表

项目		单位	设计要求	
			DWG2.5—1Q	DWG2.5—1
主机	型号			
	外形（长×宽×高）	mm×mm×mm	1430×600×810	
	质量	kg	72	100
	传动方式		V带-齿轮-滚子链	
	主离合器方式		传动带张紧式	
	转向方式		人力操纵转向	
	档位及速度	km/h	前进2档 2.352, 6.306 后退2档 1.739, 4.661	
	主机与农具连接方式		销轴、螺栓	
	变速箱输入轴转速	r/min	1198	
配套发动机	型号		风冷汽油机	水冷柴油机
	标定功率	kW	4.04	4.2
	额定转速	r/min	3600	3000
	动力输出轴转速	r/min	1800	3000
	排气量	mL	196	295
	点火		晶体磁电器	
	起动方式		反冲式手拉	手摇增速
	主燃油消耗率	g/(kW·h)	394	315
前旋耕	旋耕刀轴转速	r/min	39, 104, 55	
	离合器形式		传动带张紧离合器	
	最大回旋半径	mm	160	
	总安装刀数	把	24	
	耕深	cm	8~14	
	耕宽	cm	60~90	
	生产率	hm²/h	0.2~0.3	
	燃油消耗量	kg/hm²	10.84	5.97
后旋耕	旋耕机质量	kg	24	
	旋耕刀轴转速	r/min	Ⅰ速354，Ⅱ速710	
	离合器形式		齿轮离合器	
	最大回旋半径	mm	160	
	总安装刀数	把	18	
	耕深	cm	8~12	
	耕宽	cm	15.5, 29, 43	
	生产率	hm²/h	0.0331/0.0664~0.0619/1.242~0.0918/1.842	

（续）

项　目		单位	设计要求	
	名称	主要功能	质量/kg	连接方式
主要配套农具（用户可任选）	叶片旋耕刀	开沟	3.5	销轴
	培土器	培土	5	销轴
	播种机	播种	13.7	销轴
	中耕机	松土、除草	11	销轴
	喷雾泵	喷洒农药和除草剂	8.2	专用泵架
	货车挂斗	运输	56.6	销轴
	防滑铁轮	开沟培土时用	4	销轴
	窄开沟刀	开深窄沟时用	5	销轴
	宽开沟刀	开深宽沟时用	4.5	销轴
	防陷轮	在很松软的土壤中用	3	销轴

表7-3　DWG2.5—2型微耕机主要技术性能参数表

项　目		单位	设计要求	
主机	型号		DWG2.5—2	DWG2.5—2Q
	外形（长×宽×高）	mm×mm×mm	1540×960×880	
	质量	kg	126.5	96
	传动方式		V带-齿轮-滚子链	
	主离合器方式		传动带张紧式	
	转向方式		滚珠离合式	
	档位及速度	km/h	前进3档1~9（三种不同的速度）后退3档0.5~5（三种不同的速度）	
	主机与农具连接方式		销轴、螺栓	
配套发动机	型号		水冷柴油机	风冷汽油机
	标定功率	kW	4.45	4.8
	额定转速	r/min	2600	3600
	动力输出轴转速	r/min	2600	1800
	排气量	mL	309	196
	点火		压燃	晶体磁电器
	起动方式		手摇增速	反冲式手拉
	主燃油消耗率	g/(kW·h)	≤281.5	313
前旋耕	旋耕刀轴转速	r/min	10~15（八种不同的转速）	
	离合器形式		传动带张紧离合器	
	最大回旋半径	mm	170	
	总安装刀数	把	24	
	耕深	cm	8~14	
	耕宽	cm	63/92	
	生产率	hm²/h	0.067~0.11	
	燃油消耗量	kg/hm²	11.4	13.7

(续)

项	目	单位	设计要求	
后旋耕	旋耕刀轴转速	r/min	Ⅰ速354，Ⅱ速710	
	离合器形式		犬牙离合器	
	最大回旋半径	mm	170	
	总安装刀数	把	20	
	相邻切削面间距	mm	56	
	耕深	cm	8~12	
	耕宽	cm	26~50	
	生产率	hm²/h	0.037~0.063	
主要配套农具（用户可任选）	名称	主要功能	质量/kg	连接方式
	叶片旋耕刀	开沟	3.6	销轴
	培土器	培土	5	销轴
	播种机	播种	13.7	销轴
	中耕机	松土、除草	8.8	销轴
	喷雾泵	喷洒农药和除草剂	8.2	专用泵架
	货车挂斗	运输	56.6	销轴
	除草机	除草、平地	9.6	销轴
	开沟机	铲沟、作垄	2.5	销轴
	大刨机	粗旋耕	20	销轴
	铺膜机	铺膜、培土	55.6	销轴
	施肥播种机	播种、施肥	22.4	销轴
	单铧犁	犁耕	13.2	销轴

二、微耕机在使用和维护上要注意的问题

微耕机以轻便、灵活、多功能及价格低廉成为各地种田者的得力帮手，保有量较大，但因使用和维护不当，造成故障率过高而降低其功效的问题时有发生，下面是需要注意的几点事项。

（一）新机或大修后的发动机和整机必须要磨合到位

新的或大修后的微耕机，必须严格按照说明书的要求进行必要的磨合。这是因为零件在加工过程中会遗留加工印痕，导致装配后零件的相互配合间隙不能处于最佳的状况，通过运转磨合，使发动机和传动部件在良好的润滑条件下，经过缓慢的增加负荷，逐步磨去零件配合表面的不平部分，以便为机器的正常使用和延长寿命打下良好的基础。磨合是一个循序渐进的过程，必须从小油门低转速、低档位、低负荷开始，逐步加大到高转速、高档位、大负荷。不能为节省时间而把应该磨合的工序省去。

1. 磨合试运转前的检查

1) 检查各零部件的紧固情况。

2) 根据使用说明书，检查各传动部位润滑油、燃油是否符合加注量要求。发动机油底壳的润滑油应处在机油尺上下刻度线之间。采用水冷发动机时，应检查冷却水量是否足够。

3）检查并调整 V 带的张紧程度及离合情况。

4）检查轮胎气压。

5）熟知各档位。

2. 磨合试运转规范

（1）空运转　将主离合器处于"分离"状态，起动发动机：主机为汽油机时，先缓缓拉出手拉绳（避免使拉绳在保护罩上摩擦，以免损坏绳子）直到有沉重感时，再猛然用力拉动起动绳。一次起动不着时，可稍停顿 1~2s 再拉动起动绳，直至起动为止，并尽快使拉绳手柄回位。主机采用水冷柴油机时，用摇把先把活塞摇到上止点，然后用右手握住摇把，左手打开减压开关，右手用力摇动摇把，摇起后快速放开减压阀，发动机即可起动。将变速器置于空档位置，接合主离合器，使发动机转速逐渐由低到高运转 15min。

（2）各档位试运转　要在空旷平地上进行。将发动机调整到中等转速，先将变速器变速手柄挂到 1 档（即最慢速）位置，然后缓慢接合主离合器，使微耕机向前试运转，时间不少于 30min；在运转正常的情况下，再依次进行 2 档、倒退 1 档、倒退 2 档的试运转，每档试运转时间不少于 30min。

（3）主机与旋耕机连接试运转　安装旋耕机，安装主机与旋耕机连接链盒，用手转动无受阻现象，即可调整旋耕机尾轮，使旋耕刀离开地面，并将旋耕机变速器处于"空档"位置，然后"接合"至"前进"位置再使主机一档行进，此时主机与旋耕机进行复合运转，时间不少于 30min。

（4）负荷试运转　在以上试运转正常情况下，即可进行田间旋耕作业。旋耕深度要逐渐加大，可按每隔 10min 加深 40mm 的进度，直到最大耕深。

（二）维护要到位

由于微耕机工作的环境较恶劣，维护就显得尤为重要。微耕机在工作中，由于零部件互相摩擦振动，以及油、泥、水的侵袭，不可避免地要造成零部件的磨损；加之连接松动、腐蚀老化等现象，从而使微耕机技术状态变坏，功率下降，油耗增加，磨损加快，故障不断出现。为了防止和延缓上述故障情况的发生，就必须严格执行"防重于治，养重于修"的维护制度。

维护必须严格按照使用说明书维护的周期和内容来进行。每班作业后，都要检查各连接部分有无松脱，油、水、气有无泄漏，发动机和齿轮箱的油耗与油质情况，并清理整机及附件上的污垢、杂草，对损坏的零部件要及时更换。然后将机器存放于库内，以避免风吹雨淋和曝晒。

例如，微耕机烧润滑油，起动困难，工作无力。经修理人员拆开机器检查后发现：发动机齿轮箱内的润滑油已成泥状，润滑困难；发动机的散热片通风孔全部堵塞，散热效果差；缸套、活塞严重磨损，动力不足。这是典型的维护不到位造成的故障。

还有一些错误的维护方法，如下所述。

（1）风冷机用水降温　有些驾驶人员看到风冷机温度较高，担心损坏机器，用浇水的方法帮助降温。这是非常错误的做法，因为用水骤然降温，缸套会突然收缩，容易发生拉缸、断环，甚至缸套破裂的严重故障。

（2）不重视班维护　有的驾驶人员认为几天做一次维护即可，其实，磨损是日积月累的过程，与维护同样重要。

（3）不重视燃油和润滑油的质量　燃油质量差，不仅使机器动力不够，而且加速了油泵和心套的磨损；润滑油的好坏，直接影响机器的起动性能和使用寿命，一定要按照说明书指定的牌号规格进行加油。

（4）发动机偏盖垫使用密封胶不当　偏盖垫使用密封胶后，多余的胶容易进入齿轮箱，由于长时间的工作和机油泵的吸力，密封胶很容易堵塞进油孔，使曲轴和连杆得不到有效的润滑。因此，不要过多涂密封胶。

（5）燃油箱盖漏油用薄膜纸封死　封死油箱以后，长时间工作就在油箱内产生负压，导致进油不足，使机器在工作时冒黑烟，动力不足。因此，不能用薄膜纸封住燃油箱盖。

（6）柴油雾化不良只换油嘴　柴油雾化不良除油嘴问题外，多是高压油泵磨损，压力小，油量少造成。

（7）乱紧机体上的螺钉　微耕机多配备的是铝合金箱体的发动机，铝合金的硬度不及球墨铸铁，因此所有安装在机体上的螺钉必须按照规定力矩用力，特别是缸盖螺钉，稍不注意就会"拉丝"。而且尽量不要在热机时紧固螺钉。

（8）乱拆风冷机的导风罩和挡风板　有的驾驶人员不知导风罩和挡风板的作用，以为是挡泥土的东西，可要可不要，任意拆卸，致使风扇的风无法集中，失去了降温的效果。

（三）操作方法要正确

起动发动机前，要检查燃油、润滑油是否够量，各连接部位是否紧固，各操作系统是否灵活。检查后，起动发动机，并使发动机在怠速下运转 2~3min，倾听运转声音有无异常，检查有无过热现象，确认正常后方可连接农具进行作业，具体按以下方法操作。

1. 正确的操作方法

1）起动发动机时，应先使离合器处于分离状态，并把变速杆放在空档位置。

2）在主离合器处于分离状态下先选择"前进"或"后退"档。

3）在运转过程中不允许加注燃油，以免引起火灾。

4）移动作业中，操作者应注意脚步稳定，并确保对操纵系统的控制能力。

5）在温室内使用时，应注意通风，以免废气滞留室内。

6）选择"倒退"档时，必须小节气门缓慢起车。否则容易造成个别齿轮超负荷冲击，损坏机件，同时操作者身后必须保证有足够的空间，并随时准备控制切断离合器和节气门供油，以免发生意外。

7）在回转耕作时，应掌控好机器，避免倾倒。

8）停机时先控制节气门位置，使发动机转速降低，再把离合器处于分离状态，变速杆放在空档位置，然后逐渐减小节气门，将发动机停火开关推至"关"的位置即可停车。主机为汽油机时，停车后使离合器接合，缓慢拉动起动器拉绳，使车停在有压缩感的地方，然后再将变速器档位放在空档位置。

2. 错误的操作方法

操作方法不对，很容易造成一些故障，以下是几种不正确的操作方法。

1）长时间超负荷作业。微耕机在水田和较硬的田块作业时，发现机器冒黑烟，就要及时降档。

2）发现异响要及时停机检修。排除故障后才能重新起动。

3）各种间隙没有及时调整正确。

4）起动方法不正确，容易损坏起动拉盘。要严格按照说明书的要求起动。

5）转向时不抬扶手，利用助力耕刀转弯，容易折断助力耕刀。

6）长时间翘头工作，容易使发动机润滑不良。

三、微耕机的存放

作业季节结束，微耕机需较长时间存放时，要进行以下操作。

1）趁热放出发动机底壳、变速器中的润滑油。放出发动机燃油箱里的燃油。

2）清洗机器外表的尘土、污垢，防止锈蚀。

3）检查各部件情况，有损坏的进行修理或更换。并注入新润滑油，然后起动发动润滑运转5min，使润滑油流到各部分。

4）在脱漆处涂上防锈油或补刷防锈漆。在外部易生锈及传动部位（车轴、旋耕机轴等）涂润滑油。

5）将传动带、链条放松，轮胎气压减低并支离地面。将消声器、空气滤清器口用塑料袋密闭包扎。

6）将机器存放于通风、干燥的机库里。

四、微耕机的常见故障

以汽油机做动力的微耕机为例进行说明，常见故障见表7-4。

表7-4 微耕机常见故障

故障现象	故障原因分析	排除方法
汽油发动机起动不着	1）无汽油或油路开关没打开、或阻风门开度不对 2）火花塞损坏，导致无火 3）气缸燃烧室内进机油或汽油进得过多，使火花塞不能点火	1）加入燃油，打开燃油箱开关，冷机起动时关闭阻风门开度的2/3，热机起动时全开阻风门 2）更换火花塞 3）拆下火花塞，关闭燃油箱开关，然后拉动起动盘，观察火花塞口有油排出，并判断是润滑油还是汽油；若是润滑油，则应更换活塞环或修理缸筒并配活塞；若是汽油，则应多拉几次起动盘以排出汽油，再等一段时间让汽油挥发掉，并适当调整浮子室的油面高度
工作时汽油机乏力，排气口冒黑烟	空气滤清器堵塞	清洗空气滤清器
工作时汽油机乏力，加油后无改变	1）化油器堵塞 2）阻风门未打开 3）燃烧室积炭过多，导致进排气门关闭不严，或进排气门座磨损严重	1）清洗油箱过滤器、清洗化油器 2）检查阻风门拉杆、弹簧是否脱落，保证阻风门开度准确 3）清除积炭，修理磨损的气门座
汽油机不能熄火	熄火线断或接触不良	进行修理
汽油机工作时出现过大噪声和振动	汽油机出现爆燃现象	1）适当调整点火提前角 2）检查加注的汽油牌号是否偏低，更换抗爆燃的高牌号的汽油

第三节 碎土与土肥搅拌机械

一、碎土机械

在蔬菜育苗生产过程中，需要将苗床或制钵用的土壤破碎、过筛，图 7-4 所示为一种由旋转碎土刀与振动筛配合的组合式机具。

发动机的动力经过传动带传动，使碎土滚筒旋转，同时通过曲柄摇杆机构带动筛子摆动。土壤经过喂料斗进入粉碎室，在高速旋转的滚筒碎土刀打击下，通过碎土刀与凹板的挤搓作用后，抛向碎土板上撞击破碎。破碎的土壤通过振动筛分离后，细碎的土壤通过筛网落在滑土板上滑出机外，而未被粉碎的大土块，则经筛面从大土块出口送出机外。该机器的生产率为 2~3t/h，所需动力为 2.2kW。

二、土壤肥料搅拌机械

土壤肥料搅拌机用于将土壤和肥料搅拌均匀，如图 7-5 所示。

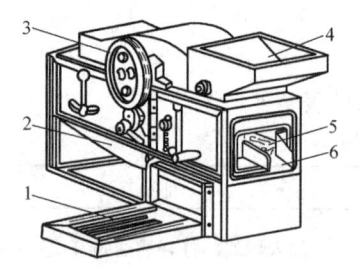

图 7-4 碎土筛土机
1—发动机底座 2—滑土板 3—碎土滚筒传动带轮
4—喂料斗 5—筛子 6—大杂质出口

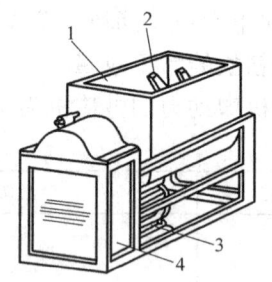

图 7-5 土壤肥料搅拌机
1—喂料斗 2—搅拌滚筒 3—电动机 4—传动箱

工作过程中，电动机通过传动箱内的传动带带动搅拌滚筒回转，搅拌滚筒轴上装有一定数量交错排列的钩形刀，滚筒在料斗内回转时，可进一步松碎土壤和肥料，并进行搅拌。混合均匀后，转动料斗将土壤肥料混合物倒出斗外。该机的生产率为 1.2~1.5t/h，配套电动机为 3kW。

第四节 蔬菜播种、育苗、嫁接与采摘机械

一、蔬菜播种机

蔬菜播种常采用通用的条播机、单体播种机和蔬菜专用播种机。目前，蔬菜播种正向着精密播种方向发展，各种气动播种机应用比较多。由于蔬菜种子多为不规则形状，为了保证精密播种，通常用包衣材料把蔬菜种子处理成丸粒，还有将种子制成饼片状的。为了播种发芽缓慢的小粒蔬菜种子，英国发明了液体播种催芽种子的新方法，已有相应的成套设备。

我国研制了一些蔬菜播种机，可播种白菜、萝卜、菠菜、油菜和豆类等，能满足农业技术要求。

蔬菜精密播种可以节省种子，减少间苗用工量，出苗齐，群体结构合理，成熟期一致，便于一次收获，提高蔬菜产量和质量。目前，国外实现精密播种的有：莴苣、番茄、洋葱、

圆白菜、花椰菜、芹菜、大白菜、萝卜和黄瓜等。

由于蔬菜种子尺寸差别大，重量轻，形状复杂，有些种子如胡萝卜、番茄等，表面粗糙，带有绒毛，要精确地分成单粒比较困难；有些种子存在高温休眠和低温休眠的问题，要求在理想条件下发芽后才能播种。为此，精密播种前需将种子预先进行清选、分级、包衣等处理。清选分级处理多用于球形种子和丸粒化种子，其目的在于提高种子纯度并使其尺寸一致，以便于播种。

常用的精密播种机有以下几种。

(一) 饼片播种机

包衣处理的种子可分为球型丸粒种子和圆片形饼片种子等。一般包衣材料与种子的质量之比为50:1，微量包衣为10:1。种子包衣后粒度可达到 2.5~4.5mm，形成有利于机械化播种的形状。饼片种是将种子压在包衣材料中间，呈扁平圆柱状，直径19mm，厚度为6mm。因播种后饼片直立于土壤中，上边缘裸露于地表，故播深比较容易控制，还可以防止地表板结对出苗的影响。

饼片播种机的结构如图7-6所示，其定向锥7由两个截锥体及槽底组成。槽底与左侧锥体装成一体，靠地轮转动，其转速为右侧锥体的两倍。

工作时，种子箱底部提供的饼片靠这种转速差扭转而平行于种槽，进而被带动落入单排的饼片滑道中。播种轮由播种盘和倾斜限深环组成，播种轮转动，饼片由滑道落入播种盘的缺口内，倾斜的限深环挤压土壤使饼片保持在压入的位置上。

还有一种饼片播种机称冲穴播种机，如图7-7所示。

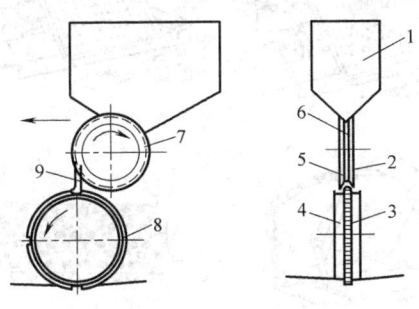
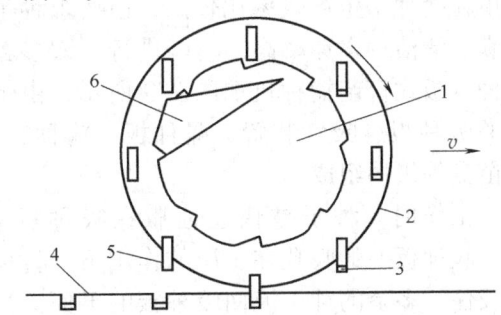

图 7-6 饼片播种机
1—种子箱 2—右锥体 3—播种盘 4—限深环
5—左锥体 6—饼片槽 7—定向锥 8—饼片槽口 9—饼片滑道

图 7-7 冲穴播种机
1—排种轮 2—冲穴轮 3—饼片种子
4—地面 5—磁性冲头 6—种子箱

在排种轮的圆周上开有用于捡拾种子的缺口，当缺口通过种子箱时，拾起一粒种子。圆柱形冲头装在冲穴轮上，冲穴轮紧靠排种轮安装在传动轴上，利用一个偏心盘使冲头与地面保持垂直。当冲头运动到带有一粒种子的排种轮缺口时，含有 Fe_3O_4 成分的包衣种片被磁性冲头吸引，冲头带着种子压入土中，冲头退回时，种子靠周围土壤的附着力来克服冲头吸引力，使其可保留在冲穴内，播后不覆盖土壤，以利于出苗。

(二) 吸嘴式气力播种机

吸嘴式气力播种机适用于营养钵育苗单粒点播。图7-8所示是一种制钵播种联合作业机的播种装置，它由吸嘴、压板、排种板、盛种盘和吸气装置等组成。吸嘴为吸种部件，它的内部有孔道与吸气道相通，端部有吸气口，用以吸附种子，里边装一个顶针，平时顶针吸入吸气口内,当压板下压顶针时,顶针由吸气口伸出将种子排出。

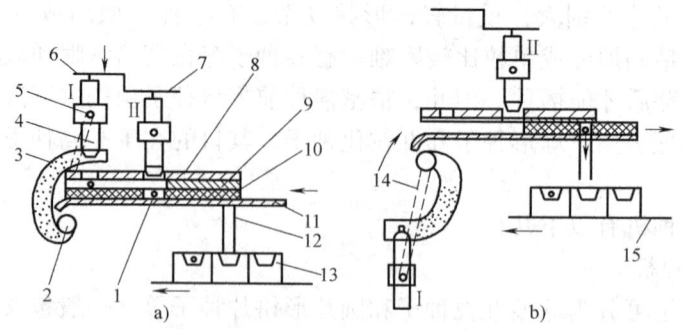

图7-8 吸嘴式育苗播种装置工作原理
1—种子 2—吸气管 3—盛种盘 4—吸嘴 5—吸气管 6—压板 7—顶针 8—带孔铁板
9—斜槽板 10—电木板 11—下挡板 12—排种管 13—营养钵块 14—吸气道 15—输送带

工作过程：吸嘴Ⅰ和Ⅱ直立时（见图7-8a），压板6压下，顶针7由吸种口伸出，吸嘴Ⅰ吸附的种子落到电木板10上，种子以自重落入营养钵块13的种穴内。在电木板右移（见图7-8b）时吸嘴Ⅱ将种子吸附，转入下方的吸嘴Ⅰ自盛种管内又吸附一粒种子。当再转到上方直立位置时，又重复上述工作过程。

（三）板式育苗播种机

板式育苗播种机适用于营养钵和育苗盘的单粒播种，生产效率比较高，但要求种子饱满、清洁、发芽率高，不能进行一穴多粒播种。板式育苗播种机如图7-9所示，由带孔的吸种板、吸气装置、漏种板、输种管、育苗盘等机构组成。

工作时，种子被快速地撒在吸种板2上，吸种板上的吸孔在负压的作用下，将种子吸住，多余的种子流回吸种板的下面。当吸种板转动到漏种板4处时，通过控制装置，切断真空吸力，种子自吸种板的孔落下并通过漏种板孔和下方的输种管，落入育苗盘上相对应的营养钵块上，然后覆土和灌水，将种盘送入催芽室。

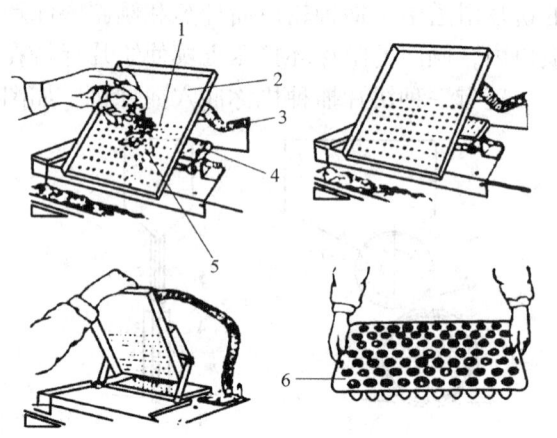

图7-9 板式育苗播种机
1—吸孔 2—吸种板 3—吸气管
4—漏种板 5—种子 6—育苗盘

该装置可配置各种尺寸的吸种板，以适应各种类型的种子和育苗盘。

（四）蔬菜液体播种机

蔬菜液体播种机是将已催芽的种子悬浮于液体凝胶中，再播入土壤中的机具。此法可用于菠菜、胡萝卜、茼蒿、番茄、芹菜、莴苣等苗床播种。

英国在20世纪60年代初期开始研究液体播种法，应用于胡萝卜、莴苣和芹菜等蔬菜的栽培，取得了良好的效果。1977年液体播种的机械化设备开始投入市场。目前，液体播种法已经推广到西欧、美国和日本等十几个国家。我国尚未应用此项技术。

液体播种法的主要技术设备有种子催芽设备、催芽种子的储存设备、凝胶介质的选择、发芽种子与未发芽种子的分离及液体播种机等。因此，应用液体播种要有相应的全套设备。图 7-10 所示为一种液体播种机。

如图 7-10 所示，把催芽的种子均匀地悬浮在凝胶中以后，种子在凝胶中处于静止状态，只要均匀地排除凝胶，就能实现精密播种。为了排出含有催芽种子的凝胶，液体播种机采用了特殊的排种机构——蠕动泵。蠕动泵主要由软导管 1 和滚子 2 组成，滚子在转动时周期性地挤压软导管，从而不断地排出含有催芽种子的凝胶，改变滚子的转速，以调节液体播种机的播种量，转速越高，播种量越大。改变凝胶与种子的混合比也可以调节液体播种机的播种量，但种子的比例不能太高，否则凝胶就不能流动。

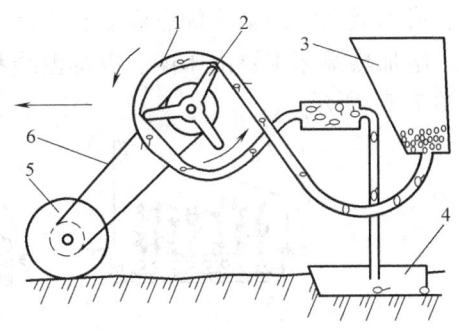

图 7-10 液体播种机
1—软导管 2—滚子 3—种子箱
4—开沟器 5—地轮 6—链条

液体播种机多为条播机，有人力手推的液体播种机，也有与小型拖拉机相配套的多行液体播种机。

液体播种机的特点是：种子的发芽条件好，播种后出苗率高。播种前，种子在催芽设备内集中催芽，可为种子发芽提供最好的温度、水分、光照和通气条件，并能克服种子的休眠问题；出苗迅速一致，增加了蔬菜有价值的生育天数，能提高产量；对种子尺寸要求不严，能播种大小不同、形状各异的种子。

二、蔬菜工厂化育苗设备

蔬菜工厂化育苗是指从种子处理、播种、催芽出苗、幼苗绿化、花芽分化、幼苗发育生长、移苗囤苗，到提供保护地或露地栽培用苗的过程中，根据蔬菜生长发育的要求，用一定的技术措施和集约管理的方法，成批生产规格齐全的优质壮苗的过程。与这个过程相关联的设施、机具、仪器等构成了蔬菜工厂化育苗设备。

工厂化育苗技术不仅能够显著提高蔬菜的产量，而且还可以大幅度地减少育苗用工量，做到提前上市和延长供应期，经济效益高。

荷兰、韩国等国家 20 世纪 50 年代开始进行蔬菜工厂化育苗的试验研究；日本于 20 世纪 60 年代初期开始进行这方面的研究。他们比较全面地掌握了温度、湿度、光照、肥料、气体等因子的自动控制技术，进而在播种、分苗、移栽等环节的机械化、自动化等方面取得了显著成绩。在这些国家中，先进的设施装备、现代化的工程技术、规模化的生产方式、企业化的经营管理方法，实现了秧苗的工厂化生产和商品化供应，创造了很高的经济和社会效益。

工厂化育苗对蔬菜生产的意义在于：缩短在定植田中的生育期，提高土地利用率，从而增加单位面积产量；节省种子，提早成熟，提高经济效益；在控制条件下育苗，提高秧苗质量；在盐碱地采用育苗栽培方法，可以克服立苗难、幼苗生长缓慢等问题；可实现集约化生产、降低生产成本和育苗风险，保证秧苗质量；有利于推动传统农业向现代农业转变。

工厂化育苗的主要特点是：育苗设施的现代化和智能化，生产技术的标准化和工艺过程的规范化，以及生产管理的科学化。

（一）电加热温床的制作及构成

在蔬菜育苗过程中，有时因为环境温度低而需要对苗床加温。

目前苗床加温常见的方法主要有电加热和燃料加热等。其中电加热，因具有低温容易控制、成本低和无污染等优点而受到广泛重视。

电加热温床主要由床体、电加温线和电器控制设备等组成。电加热温床的主要结构形式如图 7-11 所示。

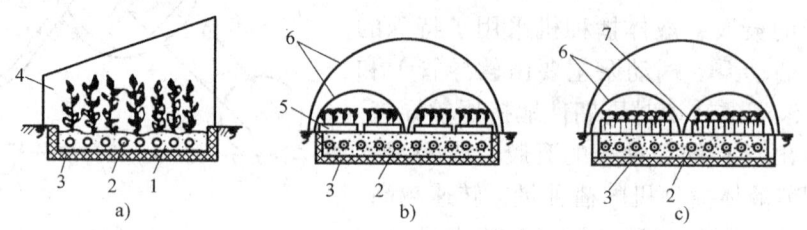

图 7-11　电加热温床的主要结构形式

a）温床直接播种　b）床面放置育苗盘　c）床面放置营养钵

1—床土　2—电加温线　3—隔热层　4—玻璃　5—育苗盘　6—塑料薄膜　7—营养钵

温床育苗一般是在温室内进行的，制作温床时，按照如下工序进行：按要求挖出温床断面的床土──平整床底──铺 5~10cm 的隔热材料（稻草、谷糠等）──在隔热层上面铺 3~5cm 的床土或细砂子──整平土面──按要求布置电加温线──覆盖培养土。最后根据需要可以在制作好的苗床上直接播种，也可以在苗床上放置育苗盘或营养钵等，进行育苗。

（二）电加热温床的温度控制原理

图 7-12 为一种电加热温床的温度自动控制原理示意图，它与家用的电热毯类似。使用中苗床的温度由温度调节器和电磁继电器相互配合，进行温度的自动控制。首先通过温度调节器上的调节装置，设定需要的苗床温度，然后将温度调节器埋入床土中。接通电源后电加温线开始给苗床加温，当苗床土的温度尚未达到设定的温度时，温度调节器的触点闭合，使电加温线继续加温。当苗床土的温度 t 略超过设定温度 t_0，即温度控制误差 Δt 等于控制允许温度上限时，温度调节器触点受热断开，继电器磁力线圈电流中断，磁力消失，继电器开关也随之断开，电源停止向电加温线供电。由于苗床温度高于环境温度，所以会逐渐向周围散热，而使自身温度逐渐下降。当苗床温度 t 下降到一定数值，即略低于设定温度 t_0，即温度控制误差 Δt 等于控制允许温度下限时，温度调节器的触点会自动闭合，进而使继电器开关闭合，电加热线圈通电，为苗床加温。

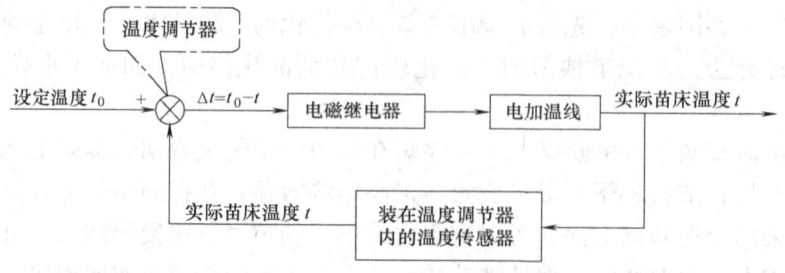

图 7-12　温度自动控制原理示意图

(三) 全自动育苗设备

全自动播种育苗生产线从基质原料的破碎、不同基质的混合到基质自动填盘、精量播种、覆料淋水,都实现了机械化,极大地降低了劳动强度,提高了播种质量。

1. ZXB—400 型精量播种生产线

图 7-13 所示为 ZXB—400 型精量播种生产线,是农业部规划设计研究院和中国农业大学等单位联合研制的。它包括基质筛选、基质搅拌、基质提升、基质填充、基质刷平、基质镇压、精量播种、穴盘覆土、基质刷平和喷水等作业过程。整个播种生产线外形尺寸长×宽×高为4100mm×700mm×1450mm,传送带高度为780mm,总重量500kg,功率消耗0.5kW,该生产线可对72穴、128穴、288穴和392穴等标准穴盘进行精量播种,播种精度高于95%。

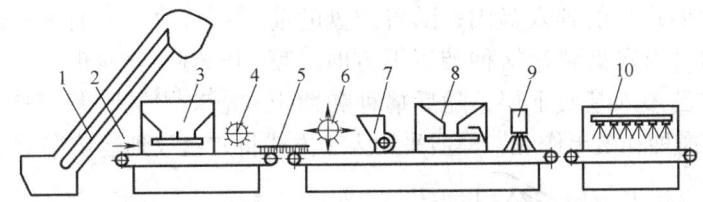

图 7-13　ZXB—400 型精量播种生产线示意图
1—基质提升　2—穴盘供给　3—基质填充　4—基质刷平　5—穴盘　6—基质镇压
7—精量播种　8—穴盘覆土　9—基质刷平　10—喷水

该机可播种粒径为 4~4.5mm 的丸化大粒种子和 2mm 左右的小粒种子或圆形自然种子,并可播种除黄瓜以外的各种蔬菜、花卉和某些经济作物。其净工作时间生产率为 8.8 盘/min。

该生产线工作过程为:操作人员连续地将穴盘摆放到生产线传送带上,穴盘在生产线传送带的带动下行进。行至基质填充装置下,基质填充装置将基质铺撒到穴盘穴内,旋转的转轮毛刷将穴盘内多余的基质清除掉;基质镇压装置采用圆筒式镇压结构将穴盘穴内基质压出浅坑,同时把基质压实;播种器采用滚筒式播种装置,利用光电控制,精确地在每个穴的浅坑中点播一粒种子,接着再覆盖薄薄一层轻基质(如蛭石)盖住种子,为种子遮挡阳光,利于种子的生长发育,最后把穴盘表面多余的基质刮平并喷水。

ZXB—400 型精量播种生产线采用滚筒式播种装置进行播种作业。滚筒式播种装置可播种大多数蔬菜种子,应用于大型育苗场;播种效率高,播种速度可达 500~1200 盘/h;可对穴盘和平盘进行播种,也可对装在平底托盘上的营养钵播种;通过更换滚筒可实现对不同种子和穴盘播种;对于某些发芽率较低的种子,还可选用双粒、三粒或多粒播种功能。

滚筒式播种器工作过程如图 7-14 所示,主要由滚筒、种箱、吸气机构、封闭增压泵和电动机等组成。滚筒内部是一个全封闭的真空负压腔,滚筒表面精确地开设有吸孔(吸孔直径根据种子大小确定),吸孔与穴盘穴孔相对应,且与真空室相通。吸气机构抽出滚筒内腔的空气,内腔产生负压,使吸孔内外产生压差,滚筒绕固定轴转动,当经过种箱时,种子在压差作用下被吸附在吸孔上,并随滚筒一起转动,当滚筒上吸孔与滚筒正下方由同步传送装置送来的穴盘穴孔对正瞬间,吸孔内端到达增压室处,负压被切断并处于增压状态,吸孔上种子在自重及正压作用下落入穴盘穴内。随后滚筒上的吸孔立即被一阵高压气流冲洗干净,清除吸孔上的杂质,防止堵塞。滚筒转动和穴盘在同步传送装置带动下步进,实现滚筒上的吸孔与穴盘穴孔一一对应,滚筒连续转动,穴盘连续步进,实现连续播种。

2. 2BSP—360型蔬菜精量播种生产线

2BSP—360型蔬菜精量播种生产线如图7-15所示。2BSP—360型蔬菜精量播种生产线主要由机架、基质填充装置、播种装置、喷水装置、传动装置及辅助设备等六部分组成。

其工作过程为：当穴盘通过基质填充装置下方时，填充装置通过平输送带均匀地向穴盘穴内填土，接着在喷水装置下方进行喷水作业；喷水装置的水泵从机架旁边的水箱中抽水，水通过管道进入喷水管，喷水装置将水以水帘的形式喷射到穴盘内；随着穴盘的前进，水渗入基质内，当穴盘到达播种装置下方时，喷淋到基质表面的水已渗入基质下层，随后播种和覆土装置依次进行精量播种和覆土作业；最后采用人工方式将穴盘放到运苗车上，送至温室。

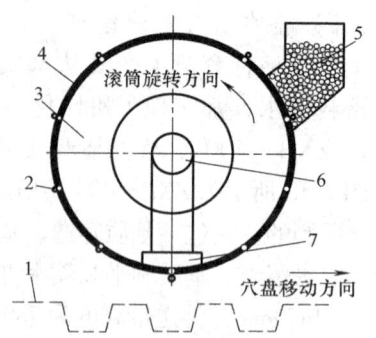

图7-14 滚筒式播种机工作过程示意图
1—穴盘 2—吸孔 3—真空负压室 4—滚筒
5—种箱 6—抽气机构 7—封闭增压泵

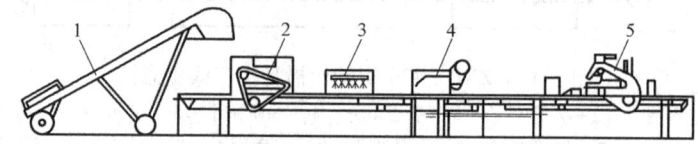

图7-15 2BSP—360型蔬菜精量播种生产线示意图
1—基质提升装置 2—基质填充装置 3—喷水装置 4—播种装置 5—覆土装置

3. 日本洋马YVMP130型精量播种生产线

日本洋马YVMP130型精量播种生产线如图7-16所示，可自动完成穴盘供给、基质填充、喷水、播种、覆土和喷水等作业，适用于丸化的蔬菜种子和裸种子。可实现精量播种，穴盘每穴可播种一粒或两粒种子。

图7-16 日本洋马YVMP130型精量播种生产线

洋马YVMP130型精量播种生产线的性能参数见表7-5。

该生产线工作过程为：穴盘供给装置定时分发穴盘，穴盘被传送带运送到基质填充装置下方，基质均匀地铺撒到穴盘穴内，穴盘上多余的基质由摆动的刮种板刮掉，并由基质回收装置回收；基质填充完毕后，喷水装置将基质浇匀浇透；接着基质镇压装置对穴盘穴内基质进行压实作业，目的是在穴内压出浅坑，使种子落入其中，利于后期种子出芽整齐，便于管理；然后进行播种，播种装置采用真空针式播种装置作业，可根据种子大小和形状不同更换

表 7-5 日本洋马 YVMP130 型精量播种生产线性能参数

	型 号	YVMP130
外形尺寸	长/mm	5000
	宽/mm	1040
	高/mm	2315
机体重量/kg		500
适用种子		丸化蔬菜种子和裸种子
播种方式		真空吸附式
适用穴盘		洋马标准穴盘
针式吸嘴孔径/mm		0.4、0.6、1.2
生产率/（盘/h）		130～150

不同孔径型号的针式吸嘴，每完成一次播种，对吸嘴加高压清洗；播种完毕，覆土装置在穴盘上覆盖薄薄一层蛭石，最后再进行喷水作业。

洋马 YVMP130 型精量播种生产线，采用真空针式播种装置进行播种作业。真空针式播种装置主要由真空气泵、针式吸嘴、落种导管和种盒等部分组成，其工作过程如图 7-17 所示。其工作原理为：针式吸嘴从落种导管正上方平移到种盒上方，在此过程中，吸嘴内部处于正压状态，随着压力进一步增加，吸嘴内的杂物被清除，为下次播种作业做准备；随后在气泵的作用下，吸嘴内部转为负压状态，吸嘴向下移到种盒内的种子上方，振动种盒使盒内种子达到沸腾状态，这样有利于种子的吸附，通过吸嘴内外压差吸附种子，然后，吸嘴向上运动，离开种盒并平移到落种导管上方，这时在气泵的作用下，吸嘴内部的压力从负压状态转为正压状态，种子在吸嘴正压和重力作用下沿落种导管落入穴盘穴内，完成一次播种过程。

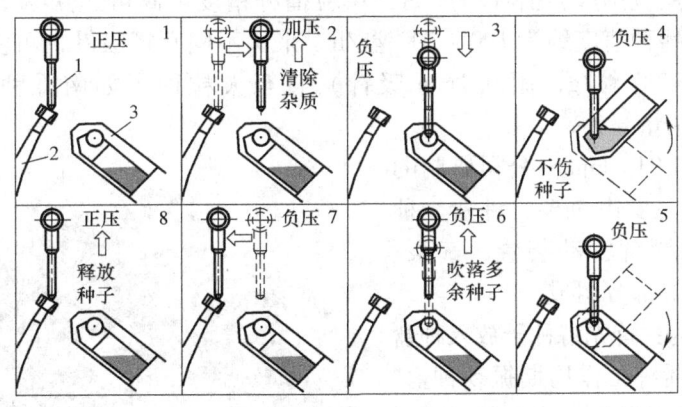

图 7-17 针式播种装置工作原理示意图
1—针式吸嘴 2—落种导管 3—种盒

4. 荷兰 Eco Combi 型精量播种生产线

Eco Combi 型播种生产线由荷兰飞梭国际贸易与工程公司（简称飞梭国际）生产，能够实现基质填充、基质镇压、精量播种、覆土和喷水等作业，如图 7-18 所示。

Eco Combi 型精量播种生产线由基质提升装置、穴盘供给装置、针式播种装置、基质镇压装置（采用平板式镇压结构）、覆土装置和喷水装置等部分组成。播种生产线由中央微机全自动化控制，播种速度为 25 步/分。整机质量为 980kg，外形尺寸长×宽×高为 5300mm×900mm×1850mm。

图 7-18 Eco Combi 型精量播种生产线示意图

该播种生产线工作过程为：首先穴盘供给装置定时分发穴盘，穴盘通过链条传送带到达基质填充装置下方，基质填充装置将由基质提升装置运送来的基质铺撒到穴盘上，穴盘上多余的基质由旋转的刮土板刮掉，并由基质回收装置回收，运回基质提升装置料箱；穴盘基质填充完毕，采用平板式镇压机构对基质进行压实作业，平板式镇压机构最多可布置 24 个镇压脚，根据穴盘穴数不同进行更换；随后进行播种作业，采用针式播种装置进行播种，针式吸嘴孔径有 0.1mm、0.3mm、0.4mm 等型号，根据蔬菜种子尺寸和形状的不同进行更换；覆土装置在穴盘穴内铺上一层蛭石，最后进行喷水作业。

（四）精量播种机

1. 针式播种机

针式播种机应用范围广，播种精度高，单粒播种精度最高可达 99%，根据驱动方式的不同，针式播种机播种速度约为 100～200 盘/h。采用不同孔径吸针，可实现对尺寸极小种子如海棠种子（65000 粒/g，用 0.1mm 吸针）直至大粒种子如南瓜种子（10 粒/g，用 1.15mm 吸针）的精量播种。

图 7-19 为美国 Blackmore 公司研制的针式自动播种机，主要由机架、种盒、种盒振动器、吸针、摆臂驱动装置、气泵、气体管路和调压阀等部分组成。

该机工作原理为：首先将种子放入种盒内，气体振动器按播种工作周期振动种盒，使种盒内种子处于"沸腾"状态，便于吸针单粒吸种；摆臂气缸通过固定在机架上的摆臂凸轮，实现吸针前摆吸种和吸针后摆投种作业。摆臂凸轮驱动吸针前摆时，吸针气路

图 7-19 针式播种机

与真空发生器相连，吸针内外产生压力差，实现吸针在种盒内吸种，吸种完毕后，摆臂凸轮驱动吸针后摆，此时切断真空发生器气路，吸针内外压差消失，吸针吸附的种子在重力作用下经落种导管滑落到穴盘穴内，气泵对吸针加正压，清洗吸针，完成一次播种作业。

2. 日本洋马 YVR100A 型精量播种机

图 7-20 所示为日本洋马气吸式蔬菜播种机，型号为 YVR100A，主要由机架、吸种板、气室、摇摆翻转装置、气体管路和气泵等部分组成。吸种板表面吸孔大小和数量分别根据所播蔬菜种子

大小和类型确定，不同类型的蔬菜种子吸种板型号不同，播种机主要性能参数见表7-6。

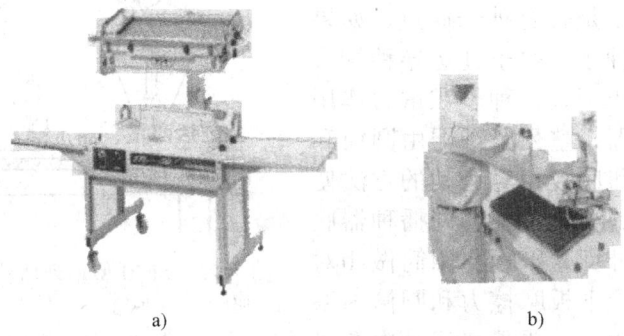

图 7-20　日本洋马气吸式蔬菜播种机
a) 日本洋马 YVR100A 型精量播种机　b) 日本洋马 YVR100A 型精量播种机

表 7-6　日本洋马 YVR100A 型精量播种机性能参数

型　号	YVR100A
长/mm	1810
宽/mm	755
高/mm	1070
重量/kg	63
适用种子	丸化蔬菜种子、裸种子
适用穴盘	洋马标准穴盘
吸种板型号	128 穴（孔径 0.8mm）、200 穴（孔径为 1.4mm）
生产率（盘/h）	100

该机工作原理是：将种子撒在吸种板表面，打开气泵开关，抽出气室气体，气室内形成真空，吸种板吸孔内外产生压差；手动操作使播种器绕轴做前后和左右方向的摆动，种子在播种器吸种表面滑动，由于吸种板吸孔处存在负压，吸孔便会吸附种子；当每个吸孔吸上种子后，播种器绕轴上下翻转（见图 7-20b），播种器吸种板吸孔与穴盘穴孔对正，这时气室内压力消失，种子在重力作用下，落入穴盘穴内，完成一次播种过程。

3. 大粒种子精量播种装置

日本洋马农机株式会社于 2001 年生产出了 SF70 型大粒种子精量播种机，可实现嫁接育苗用大粒种子的自动精量播种作业，如图 7-21 所示。该机外形尺寸长 × 宽 × 高 为 1640mm × 650mm × 1200mm，质量为 80kg，生产率为 70 盘/h（128 孔穴盘）。

SF70 型大粒种子精量播种机主要由种箱、吸嘴、欠粒传感器、一次基质镇压器、整列播种器、二次基质镇压器等

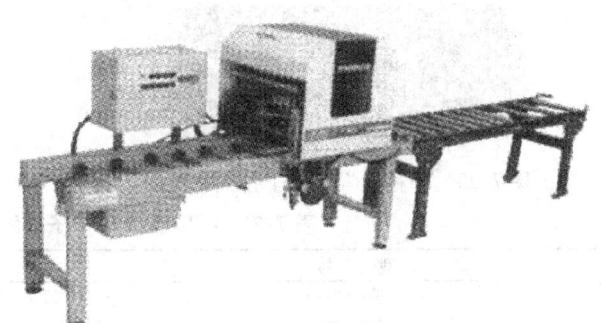

图 7-21　SF70 型大粒种子精量播种机

部分组成。该机每列吸嘴数量与穴盘短边一列穴数相同，最多能同时播种 10 穴。

工作过程如图 7-22 所示，首先打开气泵开关，导种管内形成负压，吸嘴内外产生压差，播种机吸嘴从种箱底部吸附种子，吸嘴孔径大小正好能容纳一粒种子顺畅通过，这与一般播种装置播种器从种箱上部接近种子并且吸附的作业方式不同。种子从吸嘴进入导种管，

因为导种管中处于负压状态，种子沿导种管上升，经欠粒传感器确定是否有种子通过，如果没有，吸嘴重新吸附种子。种子到达导种管最高点后，导种管内负压消失，种子在重力作用下，滑落到整列播种器，整列播种器由圆筒和底板组成，采用圆筒和底板相对运动的方法使排列无序的种子有序。种子落在整列播种器底板上，圆筒罩在种子外面，平板与圆筒做相对往复平移运动，种子受平板摩擦力和圆筒内壁推力两个方向力的作用，只要平移运动次数足够多，种子就会达到与平动相对静止状态，这

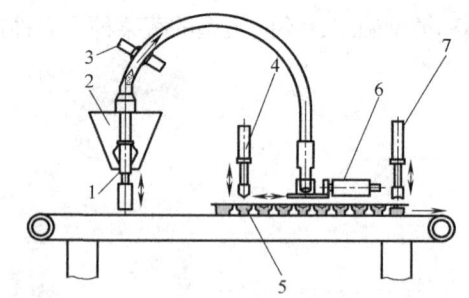

图 7-22　SF70 型整列播种机工作过程示意图
1—吸嘴　2—种箱　3—欠粒传感器　4——次镇压器
5—穴盘　6—整列播种器　7—二次镇压器

时种子方向确定，如图 7-23 所示。种子排列方向有序后，底板相对于圆筒移开，种子在重力作用下，落入穴盘穴内，如果穴内基质表面是平面，由于不确定因素可能改变种子原来排序方向，经一次镇压器将基质表面压成 V 形槽后（见图 7-24），种子就会落入 V 形槽内仍保持原来的排序方向，实现整列有序播种（见图 7-25），最后由二次镇压器进行覆土镇压作业，经 SF70 型整列播种机播种后培育出的秧苗生长状况如图 7-26 所示。该大粒种子精量播种机的主要性能参数见表 7-7。

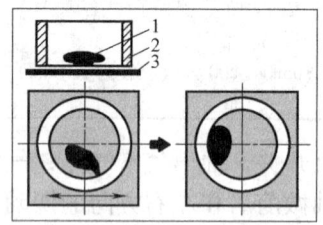

图 7-23　种子排列原理示意图
1—种子　2—圆筒　3—底板

图 7-24　穴盘单穴端面图

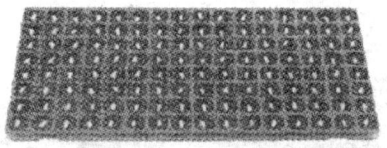

图 7-25　播种后穴内种子排列状况

图 7-26　有序播种秧苗生长状况

表 7-7　SF70 型大粒种子播种机的主要性能参数

型　号	SF70
长/mm	1660
宽/mm	705
高/mm	1170
重量/kg	107
播种方式	真空
种子排列方式	圆筒与平板相对平动
适用种子	黄瓜、南瓜等
适用穴盘	72、128、200 穴
作业效率/（粒/h）	5000
播种精度（%）	>95

4. 播种板

播种板采用错位原理，手动操作方式播种。该播种器主要由定板、动板、导向螺杆、复位弹簧和种盒等部分组成，如图 7-27 所示。定板与动板开有通孔，分别称为定板孔与动板孔。定板孔与动板孔孔数与所用穴盘穴数相同，动板孔大小正好能使一粒待播种子通过，实现精量播种。为了使种子从动板经定板顺畅地落入穴盘穴内，定板孔直径略大于动板孔直径。

其工作原理为：首先动板孔与定板孔错位，将种子撒在动板表面，手动摇摆播种器，使每个动板孔内填充一粒种子，然后推动动板，动板沿导向螺杆压缩复位弹簧，直到动板孔与定板孔上下重叠，动板被限位，此时种子沿动板孔经定板孔落入穴盘穴内，最后动板在复位弹簧作用下回到初始位置，完成一次播种过程。

此外韩国研制出一种导管式播种板，如图 7-28 所示。该播种板主要由种盒、动板、定板、落种导管和支架等部分组成。该导管式播种板工作原理与上述播种板基本相同，不同点在于种子从定板落下不是直接进入穴盘穴内，而是沿着落种导管进入穴盘穴内。

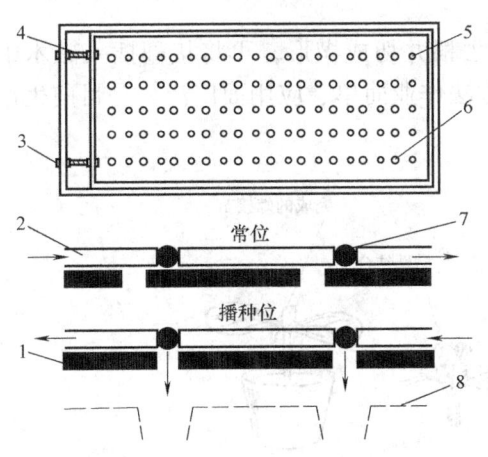

图 7-27 播种板工作原理示意图
1—定板 2—动板 3—导向螺杆 4—复位弹簧
5—定板孔 6—动板孔 7—种子 8—穴盘

图 7-28 导管式播种板

三、嫁接机械

在人类栽培史上，嫁接方法的采用已经有几百年的历史。

嫁接是植物的人工营养繁殖方法，即将一种植物的枝或芽嫁接到另一种植物的茎或根上，使接在一起的两部分长成一个完整的植株。接上去的枝或芽叫做接穗，被接的植物体叫做砧木或台木。接穗一般选用具有 2～4 个芽的幼苗，嫁接后成为植物体的上部或顶部，砧木嫁接后成为植物体的根系部分。

嫁接对植物的品种改良、抗病害和耐低温、提高产量、改善品质等方面都起着重要作用，目前广泛用于黄瓜、西瓜、甜瓜、茄子、西红柿等的栽培。

影响嫁接成活的主要因素首先是接穗和砧木的亲和力，其次是嫁接的技术和嫁接后的管理。所谓亲和力，就是接穗和砧木在内部组织结构上、生理和遗传上，彼此相同或相近，从而能互相结合在一起的能力。亲和力高，嫁接成活率则高。反之，则嫁接成活率低。一般来说，植物亲缘关系越近，则亲和力越高。

（一）蔬菜嫁接方法

靠接法是在砧木和接穗的胚轴上对应切成舌形，将两切口相互插靠到一起，再用嫁接夹固定，待伤口愈合后去掉嫁接夹，并断掉接穗的根，此法由于愈合期保留接穗的根，成活率高，但是作业繁琐（见图7-29）。

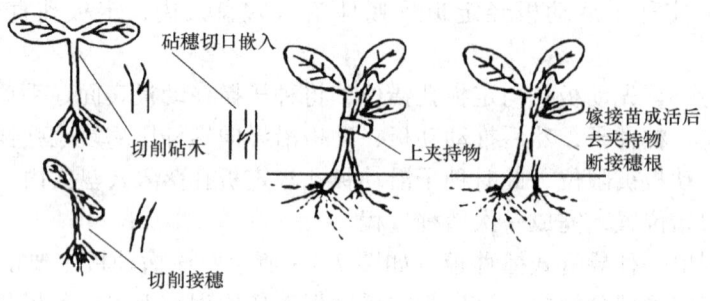

图7-29　靠接法示意图

插接法是在砧木上用打孔签打孔，将接穗去根并切成楔形，再将接穗插入砧木中，对于熟练的嫁接人员不需夹持物固定嫁接苗，该方法作业简单、应用面广泛，是目前生产上最为常用的嫁接方法（见图7-30）。

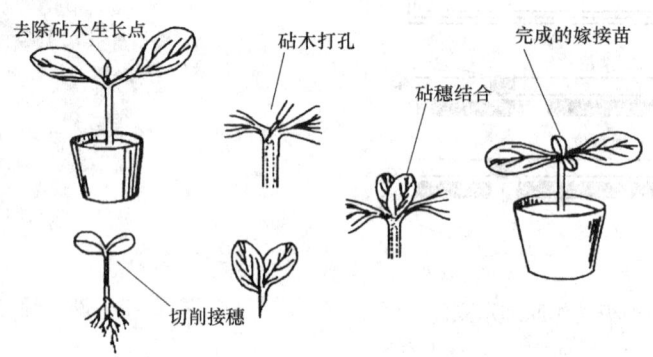

图7-30　插接法示意图

贴接法是将砧木和接穗都削成斜面，然后将两个斜面贴靠在一起，再用嫁接夹固定，此方法作业较简单，是机械嫁接机采用最多的方式（见图7-31）。

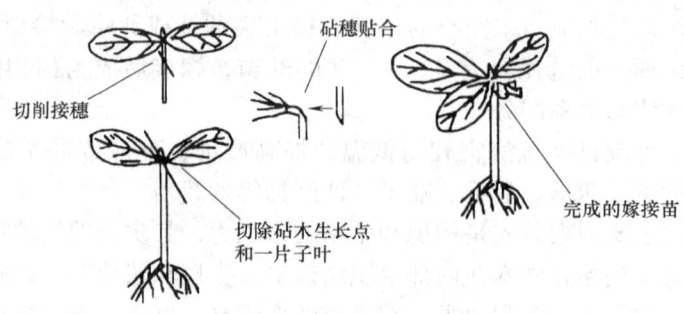

图7-31　贴接法示意图

劈接法是在砧木上开楔形槽，将接穗切削成相应的楔形插入砧木的槽中，用嫁接夹固定，由于需要在砧木上开通槽，瓜科砧木都有髓腔而不适用，此法一般用于茄科蔬菜（见图7-32）。

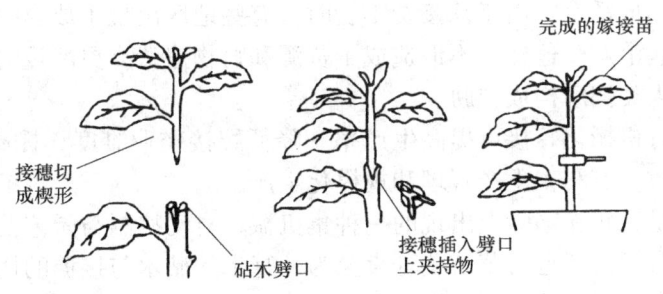

图7-32　劈接法示意图

套管法是在贴接法的基础上演变而成的，该法将嫁接夹改为塑料套管，并且砧木和接穗的接触面也可切削成V形（见图7-33）。

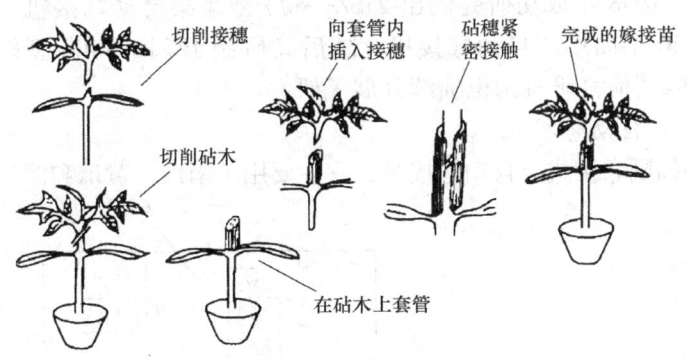

图7-33　套管法示意图

平接法主要用在自动化嫁接机上，该法将砧木和接穗平切，固定物不是可重复利用的嫁接夹或套管，而是喷涂一种生物胶粘合砧木和接穗，嫁接苗成活后不需去除，这种方法作业速度快，但生物固定胶成本较高。

针接法是对夹持物进行了改进，采用针形物固定对接在一起的砧木和接穗，嫁接苗成活后不去除针形物，该法作业速度快，但针形物不重复使用，与嫁接夹相比成本较高（见图7-34）。

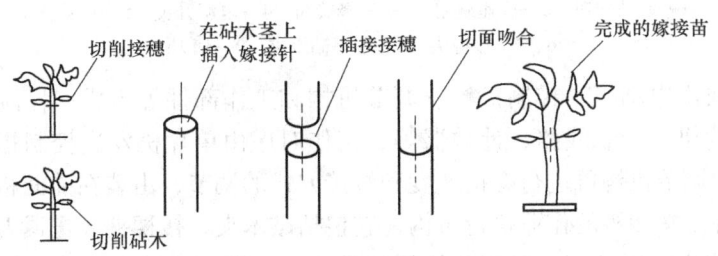

图7-34　针接法示意图

(二) 嫁接机械

嫁接用的砧木苗直径和接穗苗直径都较小，仅几毫米，并且幼苗脆嫩细弱，所以手工嫁接很耗费精力，而且，每个人所掌握的嫁接技术要领、手法及熟练程度不同，难以保证较高的嫁接质量和较高的成活率。由于嫁接费工费时，有些地区出现了放弃嫁接栽培的现象，而靠大量施用农药防病治病。这样，不但造成了资源和财物浪费，更严重的是污染了蔬菜，破坏了生态环境，对人类健康构成威胁。

采用嫁接机进行机械化嫁接可提高生产率、降低嫁接作业难度、提高嫁接苗的成活率、保证嫁接苗生长一致，有利于生产管理和规模化生产。

机械嫁接技术是近年在国际上出现的一种集机械、自动控制与园艺技术于一体的高新技术。它可在极短的时间内，把蔬菜苗茎秆直径为几毫米的砧木与接穗的切口嫁接为一体，使嫁接速度大幅度提高；同时由于砧、穗接合迅速，避免了切口长时间氧化和苗内液体的流失，从而大大提高嫁接成活率。

日本从20世纪80年代开始研发嫁接机，1994年以后陆续推出多款半自动和全自动蔬菜嫁接机。韩国继日本之后也研制出蔬菜嫁接机。中国农业大学张铁中教授率先在国内开展蔬菜嫁接机的研究，1998年成功研究制出2JSZ—600型蔬菜自动嫁接机，2005年东北农业大学研制出2JC—350型插接式自动嫁接机，随后又研制出2JC—400型嫁接机和2JC—500型旋转嫁接机，国内其他科研机构也陆续开展了研发。

1. 韩国靠接式半自动嫁接机

图7-35是一种韩国靠接式半自动嫁接机，它主要用于南瓜、黄瓜和西瓜等瓜菜苗的嫁接。

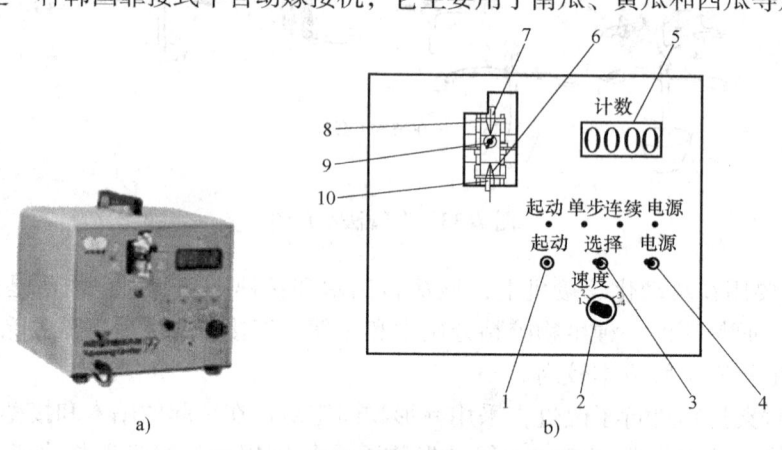

图7-35 韩国靠接式半自动嫁接机
a) 外观图 b) 示意图
1—起动按钮 2—调速旋钮 3—选择旋钮 4—电源开关 5—计数器
6、7—接穗夹 8、10—砧木夹 9—切刀

该嫁接机主要由电动机、控制机构、调节机构和工作部件等组成。控制机构是嫁接机的核心，它包括单片机、控制线路、计数器等，工作时序由单片机发出控制指令控制电动机转速和转向来实现。调节机构可进行嫁接速度和嫁接方式的调节，由装在前面板上的旋钮和开关等组成。工作部件是嫁接机的作业执行机构，它包括砧木夹、接穗夹、进退刀杆和刀片等。

该装置由单片机实现控制，采用凸轮传递动力，分别完成砧木夹持、接穗夹持、砧木接穗切削和对插4个动作。首先，砧木夹张开，上砧木，砧木夹在复位弹簧的作用下闭合，夹紧砧木；紧接着接穗夹张开，上接穗，接穗夹在复位弹簧的作用下闭合，夹紧接穗，然后，接穗夹带动接穗上提；同时切刀伸出，在接穗与砧木的茎秆上分别切一斜口，但并不将茎秆切断；然后，接穗夹在回位弹簧的作用下向下复位，将接穗的斜切口插入砧木的斜切口内；用嫁接夹夹住切口，最后接穗夹和砧木夹同时张开，取下嫁接苗，完成一次嫁接作业循环。

该机可根据需要进行连续或断续作业，调节作业速度，并有电子显示计数等功能，最高生产率为 310 株/h，嫁接成功率为 90%。

由于结构简单，操作容易，成本低廉，不仅在韩国，而且在日本和我国也有一定销量，但是，由于采用靠接法嫁接，推广使用受到限制。

2. 2JSZ—600 型贴接法全自动蔬菜嫁接机

如图 7-36 所示，该机外形尺寸（长 × 宽 × 高）为 750mm × 600mm × 1030mm，对砧木、穗木适应性强，嫁接性能可靠，砧木可直接带营养钵上机嫁接。生产率为 600 株/h，嫁接成功率高达 95%，可进行黄瓜、西瓜、甜瓜等瓜菜苗的自动化嫁接作业。

该嫁接机采用单子叶贴接法，用计算机控制，嫁接时，操作者只需把砧木和穗木放到相应的供苗台上即可，其他嫁接作业，如砧木生长点切除、穗木切苗、砧木穗木的接合、固定、排苗均由机器自动完成。

图 7-36　2JSZ—600 型贴接法全自动自动蔬菜嫁接机

3. 2JC—350 型插接式嫁接机

2JC—350 型插接式自动嫁接机的结构如图 7-37 所示。

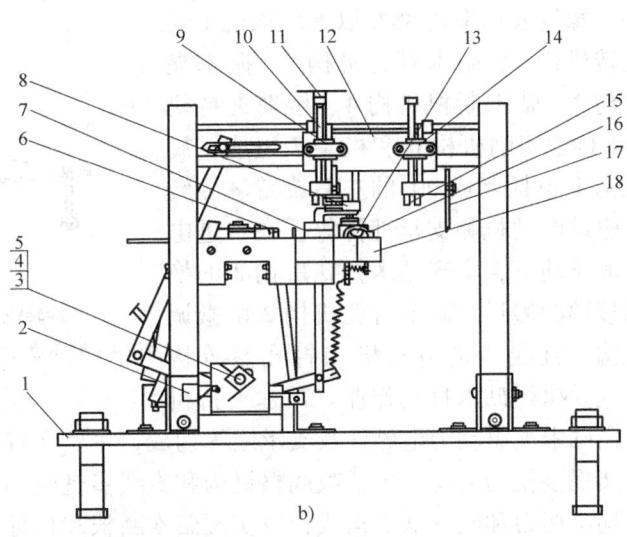

图 7-37　2JC—350 型插接式自动嫁接机
a）外观图　b）结构示意图

1—底座　2—位移开关　3—凸轮轴　4—凸轮组　5—电动机　6—接穗切刀　7—对位座　8—接穗夹　9—接穗夹滑块　10—双柱导向杆　11—压杆　12—主滑动块　13—砧木切刀　14—插签滑块　15—对位销　16—压苗片　17—插签　18—砧木夹

2JC—350型插接式嫁接机是东北农业大学以普通菜农和中小型育苗中心为使用对象开发研制的半自动嫁接机。

该机采用人工上砧木、接穗苗和卸取嫁接苗,通过机械式凸轮传递动力,可完成砧木夹持、砧木生长点切除、砧木打孔、接穗夹持、接穗切削以及接穗和砧木对接动作。该机结构简单、成本低,操作方便,生产率为350株/h。经改进目前生产率已达500株/h。以瓜科蔬菜(黄瓜、西瓜和甜瓜)为嫁接对象,嫁接成功率达93%。

该机主要工作部件包括:
1)砧木夹和压苗片等组成的砧木夹持机构。
2)砧木切刀等组成的砧木切削机构。
3)插签等组成的砧木打孔机构。
4)接穗夹等组成的接穗夹持机构。
5)接穗切刀等组成的接穗切削机构。
6)主滑动块、下压总成、插签滑块和接穗夹滑块组成的滑动机构。
7)分别固定安装在接穗夹滑块和插签滑块上的对位销和对位座组成的对位机构。
8)电动机、凸轮组和传动杆组组成的动力传动机构。

2JC—350型插接式自动嫁接机的工作原理是:通过凸轮组控制工作时序,实现一系列的嫁接作业流程。首先,砧木夹将砧木夹紧,压苗片联动下压将砧木子叶压平,砧木切刀切除砧木生长点,主滑动块左行到达左工作位置,压杆下压带动插签滑块下行打孔后上行;接穗夹和接穗切刀同时动作完成夹持和切削接穗,主滑动块右行到达右工作位置,压杆下压带动接穗夹滑块下行插接,打开接穗夹后上行退苗,完成一个工作循环。

东北农业大学研制的2JC—500型旋转嫁接机如图7-38所示,生产率为450株/h,嫁接成功率达88%以上。该机主要由旋转机构1、砧木打孔机构2、砧木夹持机构3、砧木断根机构4、接穗夹持机构5、接穗切削机构6和机架7组成。旋转机构1包括互成90°的左右旋臂、旋转轴、驱动电动机和支承部件等,在步进电动机的驱动下,实现砧木打孔机构2的换位和接穗的搬运。砧木打孔机构2由微调整机构、直线步进电动机和打孔签等组成,主要执行砧木打孔作业。砧木夹持机

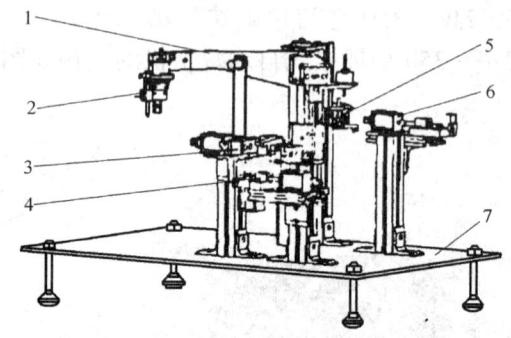

图7-38 2JC—500型旋转嫁接机
1—旋转机构 2—砧木打孔机构 3—砧木夹持机构
4—砧木断根机构 5—接穗夹持机构 6—接穗切削机构
7—机架

构3由砧木夹、动力电磁铁及支承座等构成,主要实现砧木夹持。接穗夹持机构5是通过接穗夹实现接穗的夹持,包括微调整机构和直线步进电动机等。砧木断根机构4和接穗切削机构6均由切刀和电磁铁等构成,以实现砧木断根和接穗切削。

2JC—500型旋转嫁接机的工作过程:采用循环作业方式,按下起动按钮后开始工作。首先砧木夹打开,在砧木夹持机构和接穗切削机构分别上砧木苗和接穗苗,3s后砧木夹闭合,左右旋臂在步进电动机的驱动下逆时针旋转,左旋臂旋转到中位,感应到霍尔开关,旋转停止,左旋臂上的打孔机构进行砧木打孔,同时右旋臂上接穗夹持机构执行接穗夹持作

业。此间,砧木切削机构和接穗切削机构分别完成砧木断根和接穗切削,而后悬臂顺时针旋转,一直右旋到中位,旋转停止后,接穗夹持机构下行实现插接,继而接穗夹、砧木夹先后打开,取下嫁接苗完成一轮嫁接作业。在砧木苗子叶开角大于45°、接穗苗胚轴平直无曲度、子叶对称于胚轴(不弯头)的情况下,能获得高的嫁接成功率。该种嫁接机作业过程中共有4人参与,包括2人操作嫁接机,1人上砧木,1人上接穗并下嫁接苗;还需要回栽嫁接苗和辅助搬运各1人。完成嫁接的嫁接苗采用人工回栽到营养钵中,放置到小拱棚中愈合直至生根成活。

4. 简易嫁接器

1999年日本大阪府立农林技术中心针对菜农开发出手工作业用的简易嫁接器TK—WH,该简易嫁接器具采用劈接法,适用于茄子、番茄等蔬菜的嫁接作业,该器具由砧木切削器和接穗切削器两个独立部分构成(见图7-39)。

完成切削的砧木和接穗用嫁接夹将其固定在一起。这种简易器具实际上只是砧木和接穗切削器,切削后还需人工对插和上嫁接夹。

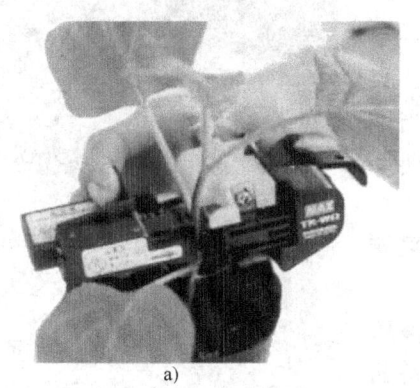 

a) b)

图7-39 日本TK—WH简易嫁接器
a)砧木切削器 b)接穗切削器

(1)砧木切削器 砧木切削器的主要构成包括十字切刀(横刃和纵刃)、胚轴V形槽、胚轴V形板、胚轴压板、切刀固定材料等。

砧木切削作业过程(见图7-40)为:首先将砧木要切断的胚轴部位放置在胚轴V形槽内,用拇指按动压板,使胚轴压板与砧木胚轴接触并压紧,然后向前推动十字切刀,直至切刀横刃切断砧木胚轴,这时切刀横刃进入胚轴V形板与胚轴V形槽的缝隙中,继续推动十字切刀,纵刃对胚轴的纵向进行切削,切出一道缝隙,然后退刀完成一次切削过程。

(2)接穗切断器 接穗切断器主要功能是将接穗在需要的位置切削出一定角度的楔形,接穗切断装置由切断刃、切断刃固定材料、导向板、导向材料构成。

接穗切断器工作原理如图7-41所示。首先将接穗苗放入V形刀,V形刀由两片刀组成,当接穗苗下移时切刀对接穗有一定的加紧力,然后横向拉动接穗苗进行切削,直至将接穗苗切断,完成一次切削过程。

两个切刀片的夹角要满足接穗苗劈接法要求的楔角。

使用这种切削器可以保证切削的精度。

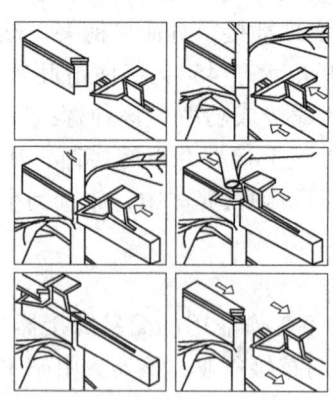

图 7-40　切削砧木的过程

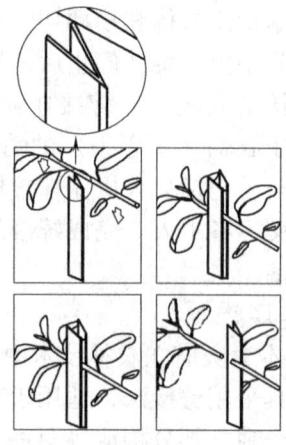

图 7-41　切削接穗的过程

四、液压升降采摘车

在果实采摘的环节，原始的人工采摘方法是一手提着菜篮子，一手采摘果实，对于一些高杆作物，只好利用梯子爬上采摘，在狭窄的通道里操作相当困难。这种常规的采摘方法既费时又费力，迫切需要一种自动化程度高，省时省力的采收辅助装备。

北京市农业机械研究所研制了电动液压升降采摘车，如图 7-42 所示。

该采摘车依靠电力驱动运行，工作台可实现液压升降，同时能够实现遥控操作。适合温室设施内番茄等高杆作物的果实采收，使用方便，可提高作业效率。采摘车可通过安装在主立杆上的控制开关或手持遥控器操作，能在较窄（60cm 左右）的通道上实现自动行走、停止，同时还设计有液压驱动升降平台，可对不同高度的果实进行采摘作业，满足温室种植业的特殊环境下的作业。

1. 技术参数

1）采摘车纵向行驶实现无级调速，车速范围：0～30m/min。

2）升降平台采用液压系统驱动，实现平稳连续垂直升降，平台举升高度为 2～2.5m，可采摘 3～3.5m 处的采摘对象（按人高 1.6m）。

3）采摘车的控制操作开关部件设置于平台上，操作人员还可遥控纵向行走、垂直升降等操作控制。

4）采摘车载质量为 150kg。

2. 特点

1）可实现自动行走，在温室中快捷地完成采摘工作。

图 7-42　液压升降采摘车

2)采摘平台升降采用液压调节,无需由工作平台下来,可通过重新插销轴的方式改变工作台高度,大大降低了采摘工人采收和操作的劳动强度。

3)液压油缸采取双铰接结构,工作平台的升降行程可达到液压缸行程的两倍以上,使机构紧凑。

4)配备遥控装置,使操作简单灵活。

五、自动采摘机器人

采摘机器人的信息感知是利用机器人的多传感器融合功能,对采摘对象进行信息获取、成熟度判别,并确定采摘对象的空间位置,实现机器人末端执行器的控制与操作。非结构环境下的信息获取技术是农业机器人领域最难的问题之一。主要表现为:一是农业机器人工作在非结构环境中,由于受自然光照、生物多样性等不稳定因素影响,目标与背景成多元信息叠加,果实与茎叶颜色的相近性,都成为果实特征信息提取的难点;二是采摘对象空间位置确定决定了采摘机器人末端执行器位置的控制精度。

由中国农业大学研发的黄瓜采摘机器人样机如图7-43所示。

该采摘机器人系统由采摘信息获取系统、机械臂装置和机器人移动平台三大部分组成。其特征在于机器人本体在非结构环境下自主导航,利用近红外双目视觉传感器和末端彩色视觉传感器获取、识别、定位采摘对象,并最终控制机械手完成准确的黄瓜采摘。

图7-44所示为机械手夹持黄瓜。

图7-43 黄瓜采摘机器人样机

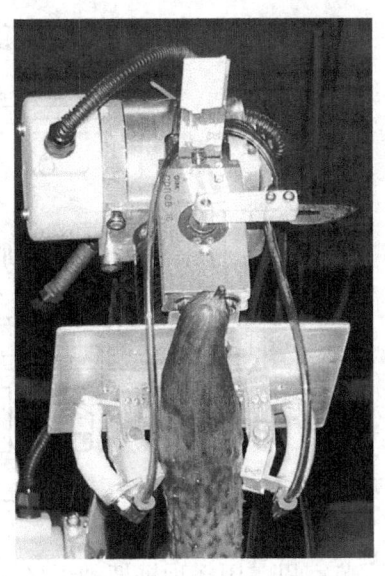

图7-44 机械手夹持黄瓜

黄瓜果实表皮组织柔软、易损伤,且其形状复杂,生长发育程度不一,相互差异较大,由此决定了采摘机器人的末端执行器(即机械手)应具有较好的柔软性。

该机械手由两个动作机构组成:一是对采摘目标的夹持机构,二是对果实的切割机构。末端执行器的抓持部分由两个弯曲关节组成,对称分布在执行器底板的两侧,当黄瓜靠近末端执行器时,黄瓜会压迫微动开关,使其闭合,开关信号传回工控机,再从工控机发出信号使得继电器通路,电磁阀打开,弯曲关节充气,抓持黄瓜,最后由旋转气缸带动刀片将果柄切断。

夹持机构采用柔性弯曲关节指，使其具有充分的弹性和柔顺性，接触面积小、动作轻柔、对果实不构成损伤。并配套有一个切割执行器，该执行器与夹持部分有良好的动作一致性，使得切割位置准确、动作快。

第五节　无土栽培设备

无土栽培是利用无机营养液向植物提供生长发育必需的营养元素，代替由土壤和有机质向植物提供营养的栽培方式。无土栽培以人为调控的方式提供作物根系生长发育最佳的生态环境为主导，使作物在满足的状态下发挥最大的生产潜能。无土栽培亦称为营养液栽培、蔬菜工厂，它是在一个全封闭式的人工气候室里，用人工控制环境条件，使蔬菜生产不受自然条件的影响，按计划均衡地、定时定量地生产蔬菜的过程。它使蔬菜生产实现了工厂化、车间化。

图 7-45 为蔬菜工厂示意图，它由栽培室、育苗室、营养液制备与供给系统、温室温度控制系统、湿度控制系统、光照控制系统和二氧化碳浓度控制系统等几大部分组成。

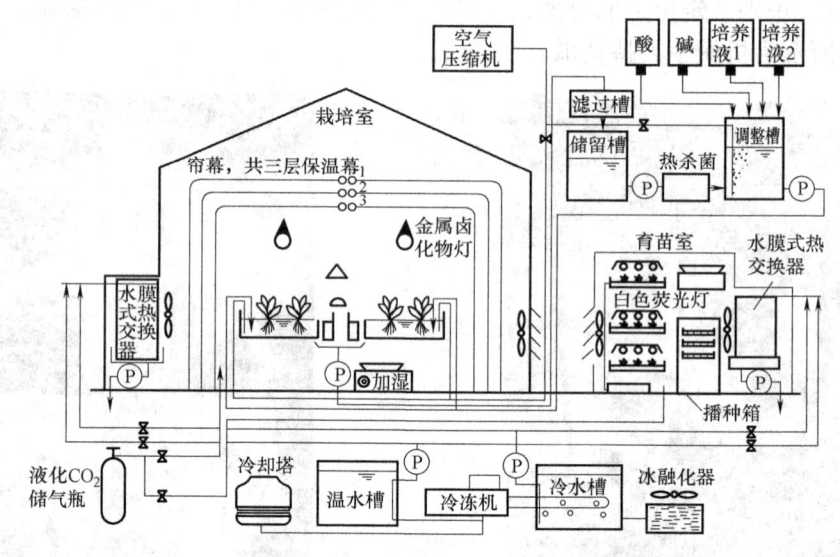

图 7-45　蔬菜工厂示意图

在育苗室里，用播种机把种子播入塑料盘中，培育 20 天左右，再转入栽培室。在栽培室里用营养液对作物进行无土栽培，一般采用 2~3 层主体配置。使用厚塑料带子固定蔬菜，在塑料带子上按一定间隔安装上下边带有开口、稍有锥度的小钵体。当带子通过营养槽时，把秧苗放入钵体内，在整个带子放满秧苗后，带子停止运转。由于钵底开口，可使蔬菜根系生长并伸入钵体内，在蔬菜成熟后，移动带子通过自动收获器，将收获后的蔬菜由输送带送到包装室内。在控制室内装有计算机等设备，用来对生产过程和环境条件等进行自动控制。

营养液栽培有水栽培、固体栽培、空气栽培等三种，目前使用最多的是固体栽培法和水栽培法。图 7-46 为一种固体栽培设备的工作示意图，由栽培床、储液罐、液泵和管道等设备组成。栽培设备用沙砾作基质支持蔬菜，补液设备安装在栽培床排液设备的相反位置，用循环营养液方式补充营养液和营养液中的氧气。可以用于栽培各种蔬菜。

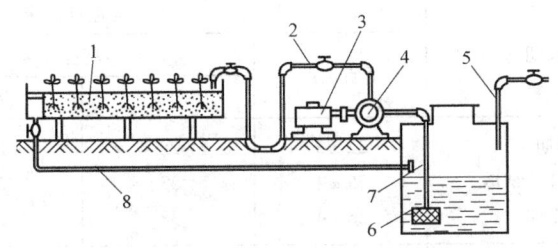

图 7-46 营养液栽培工艺原理
1—栽培床 2—供液管 3—电动机 4—液泵 5—加液管
6—储液罐 7—吸液管 8—回液管

第六节 温室环境控制

温室内作物生长的好坏，产量和质量的高低，关键在于温度、水分、光照、空气成分、肥料等条件是否满足作物生长发育的需要。除了进行温室结构的优化设计外，在生产过程中还应经常对与作物生长密切相关的各种环境因素进行必要的调节，以确保高产、高效、优质、低消耗。

温室环境的自动化控制技术可根据作物及其不同生长阶段对环境条件的需要，及时调节温度、湿度、光照、空气成分等因素，以创造出适合作物生长的最佳环境条件。

荷兰是温室生产现代化最早的国家，其温室大多数为屋脊型、玻璃覆盖、天然气供暖、90%以上实现了自动控制。日本的温室现代化也很发达，1974 年就建成了 $600m^2$ 的计算机控制温室，并注意利用太阳能解决温室加温问题。美国是温室自动化控制的又一大国，1969 年建成了当时世界上规模最大的人工气候温室，并有专门的温室自动控制软件出售。此外，以色列、罗马尼亚、意大利、保加利亚等国的温室自动化程度也很高。

我国的温室环境控制正逐渐由人工控制、半自动化控制向全自动化控制方向发展。

一、温度控制

温度是影响作物生长发育的最敏感因子，作物的光合作用、呼吸作用等各种生理活动都需要适宜的温度条件才能顺利进行。呼吸作用是一种消费，光合作用是生产，真正的生产量是两者之差，所以对温度的适当管理是增加产量的一个重要途径。不同作物或同样一种作物的不同品种，在各个生长阶段都有适宜温度范围。

在适宜的温度范围内，作物才能正常生长发育。离开适宜温度越远，生命活动越弱，超越一定限度（临界温度）就会丧失经济栽培价值，甚至死亡。

作物对温度条件的反映相当敏感，当作物的叶温高于周围气温时，光合作用会受到抑制，叶片上将出现气斑，叶绿素受到破坏，导致叶色失绿变褐、变黄、老化、落花、落果、果实畸形、遗传性变等。几种作物在不同生长期内需要的最适宜的温度（气温）见表 7-8。

表 7-8　几种蔬菜作物在保护地栽培中的适宜温度　　　　（单位：℃）

蔬菜种类	生长期	对温度要求			
		适宜温度	最高温度		最低温度
			白天	夜间	
黄瓜	苗期	22±3	28	22	15
	苗期—开始结瓜	25±4	33	22	15
	结瓜期	26±4	38	24	15
茄子	苗期	22±4	28	22	15
	苗期—开始结瓜	25±4	33	22	15
	结瓜期	26±4	38	22	12
番茄、辣椒	苗期	18±3	26	18	10
	苗期—开始结瓜	22±3	28	20	10
	结瓜期	22±4	30	22	6
甘蓝	全生长期	12±5	20	10	2

温室的温度控制主要有保温、加温和降温三种。

（一）温室保温

日光温室在寒冷季节必须在透明物上覆盖保温材料，通常用草帘、保温被等。根据作物对温度的需要，在日照比较强的时候，还必须及时将保温帘卷起。由于卷帘工作时间性强，劳动强度大，棚上作业还有一定的危险性，故很有必要实现机械化。常见的卷帘机有人力和电动两种形式。

图 7-47 为人力卷帘机。它在保温被的下端横向固定一根铁管作为卷帘轴，在轴的两端安装卷帘机构。通过摇转绕线轮，钢索牵引卷帘轮转动，即可实现卷帘作业。铺放时放松在保温被内的放帘线，即可实现放帘。

电动卷帘机的形式较多，图 7-48 所示是其中的一种。它在棚顶上固定安装卷帘机构，该机构由电动机、减速机构和卷帘轴等组成。在屋面上横向固定安装一根卷帘轴。在保温帘的下端横向固定一根与帘宽相等的钢管，在保温被下纵向铺放几根拉绳，绳的一端固定在后

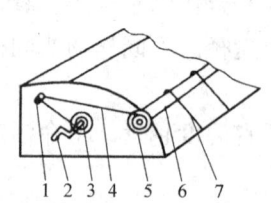

图 7-47　人力卷帘机
1—滑轮　2—摇把　3—绕线轮　4—牵引索
5—卷帘轮　6—卷帘　7—放帘线

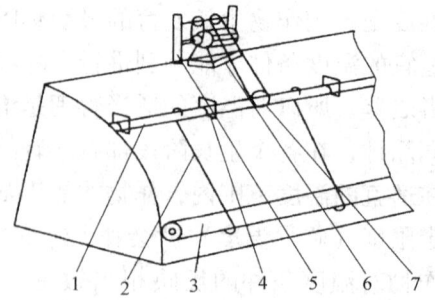

图 7-48　电动卷帘机
1—卷帘轴　2—拉绳　3—保温被　4—固定套
5—固定架　6—电动机和减速机　7—链轮

屋面上，另一端固定在卷帘轴上，并缠绕在保温被上。当需要卷帘时，起动电动机使卷帘轴转动，拉绳在卷帘轴上缠绕，牵引保温帘上升，完成卷帘动作。

（二）温室加温

温室的加温方法主要有：酿热加温、明火加温、电热加温、水暖加温、汽暖加温和热风加温等。

酿热加温是利用秸秆、草、垃圾厩肥等有机物，加入适量的水分，使其在发酵的过程中产生热量，提高地温，此法比较经济实用，但不易实现自动控制。

热风加温机主要由燃烧室、换热器、风机、电控箱、热风管等组成，燃烧室内燃油燃烧产生的热量通过介质管传递到换热部件，与换热风机送入的新鲜空气进行交换，并将热风通过热风管均匀地送入室内。

（三）温室降温

温室的降温方法主要有：自然换气降温和人工降温。自然换气降温通过开启温室气窗的方法进行。人工降温主要通过起动温室换气风扇、洒水、喷雾或湿帘等方法来实现。湿帘降温系统由湿帘箱、储水箱、水循环系统、风机和电动卷膜机构等组成，当湿帘箱上的覆盖膜卷起时，风机抽出室内空气，使之产生负压，室外空气经过多孔湿润的湿帘表面，使进入室内的空气温度降低，达到降温和加湿的目的。

二、湿度控制

水是植物进行光合作用的主要原料，也是植物细胞的主要组成部分，植物体内含有充足的水分才能保证各种生理活动的正常进行。水分供应不足，植株的生长就会受到抑制，发生萎蔫，甚至枯干死亡；水分过剩，植株易徒长，易引起病害、根系生长不良，甚至发生沤根，造成死亡。

温室里的空气相对湿度与外界有很大不同，由于空间小，气候比较稳定，温度较高，蒸发量比较大，不易和外界对流，特别是覆盖材料通常不透气，呈高湿状态。这种高湿环境几乎对所有蔬菜作物生长发育都是不适宜的，甚至是有害的。

正确管理湿度也是调节植株营养增长的一个手段。比如，番茄、黄瓜等蔬菜作物在开花前有一个"蹲苗"过程，其方法就是适当控制给水，以降低空气和土壤的湿度，提高地温，促进根系向纵深发展，增强吸水、呼吸能力，进而增强地上部分的同化能力，增加干物质的积累，为开花、结实及丰满果实准备物质条件。

各种蔬菜对土壤湿度和空气湿度都有要求，表 7-9 为几种蔬菜对空气湿度的需求。

表 7-9　蔬菜对空气湿度的需求

作 物 种 类	相对湿度
甜瓜、西瓜、南瓜、胡萝卜、葱蒜类	45%～55%
番茄、辣椒、茄子、菜豆、红豆	55%～65%
萝卜、香椿、豌豆、蚕豆、马铃薯、丝瓜、苦瓜、冬瓜、蛇瓜	70%～80%
黄瓜、芹菜、白菜、甘蓝、韭黄	85%～90%

温室内的湿度调节主要有：降湿和加湿两种作业。当温室内的湿度太大时，需要降湿；当温室内的湿度太小时，需要加湿。降湿的方法主要有换气和加温两种，加湿的方法主要有灌水（喷灌、滴灌、渗灌等）和湿帘加湿等。

图 7-49 所示为北京京鹏环球科技股份有限公司研制生产的双臂自走式智能型喷灌机，是专为温室设计的，它悬挂在温室桁架上的双轨道管上，利用可编程逻辑模块控制喷灌机的自动行走、灌水位置、灌水重复次数。有三种流量不同的喷嘴可供用户选择（有雾化喷嘴），配有优质叠片过滤器，不易堵塞。喷杆采用铝合金喷杆，高低可调，供水管路接头均采用不锈钢制造，耐农药、肥料腐蚀，避免了锈蚀、堵塞的发生。该机可以对重复灌溉次数、灌水间隔时间进行设定，使用户的使用更灵活方便。此外，该喷灌机还有遥控操纵及碰撞语音报警的功能，方便用户操作，提高了整机的安全性。

该喷灌机前进及返回的速度可以设定成不同，且能随时调整。工作时利用轨道上的磁性贴控制灌水位置，当喷灌机达到磁性贴的位置时可自动停止浇水，到达下一磁性贴时又重新起动，可以越过温室走道不浇水，保持其清洁并节约用水，利用此功能，可自动实现对喷灌机运行方向上任一地块进行选择灌溉（只灌溉那些需要灌溉的地段）。喷灌机双臂上每个喷头内含 3 种不同流量和雾化程度的喷嘴，轻轻转动该喷头可选择合适的喷嘴或关闭该喷头；还可进行单臂灌溉。

该喷灌机可设计成在温室各跨之间转移，一台喷灌机可以控制几跨温室以降低投资。

图 7-49 双臂自走式智能型喷灌机

该喷灌机的技术参数如下。

1）喷灌机最大控制宽度 15m，最大行程 64m（端部供水）。

2）喷灌机配有 250W 可变速交流电动机，运行速度 1.5～20m/min，电源为 220V/50Hz。

3）喷灌机额定工作压力 0.28MPa，最大允许流量为 5000L/h。

4）喷头中 3 种喷嘴的流量分别为 136L/h、90L/h、45L/h，喷头标准间距 355mm。

三、施肥系统

（一）京鹏国产施肥机

北京京鹏环球温室工程有限公司生产的 JPF—1 型施肥机，是参照国外先进技术并结合我国国情和设施农业的具体特点，自主开发的产品，如图 7-50 所示。该系统配置模块化，能够按照用户任意设置的灌溉施肥程序，进行灌水施肥及对电导率（γ）、酸碱度（pH）的实时监控。

施肥泵系统与灌溉设备配套使用，用于对作物进行液肥的施用，系统含注肥泵、过滤设备以及其他附件等，可以在灌溉的同时进行施肥，提高了工作效率，减低了劳动强度，节约了劳动时间。

该施肥泵的特点是：安装在供水管道上，不用电驱动，以水压作动力；肥料汇合不受主水管流量和压力变化的影响，配比精确。

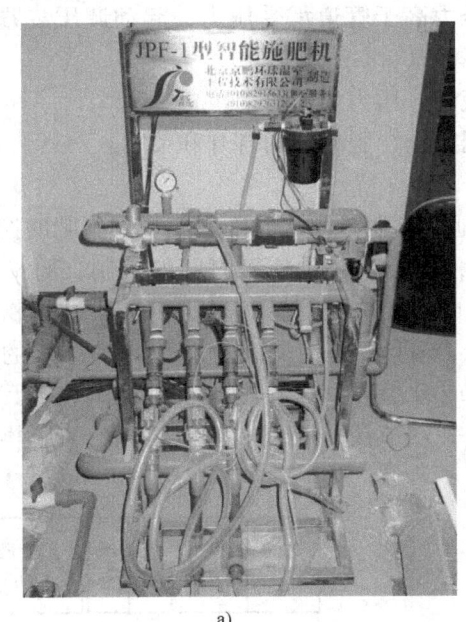
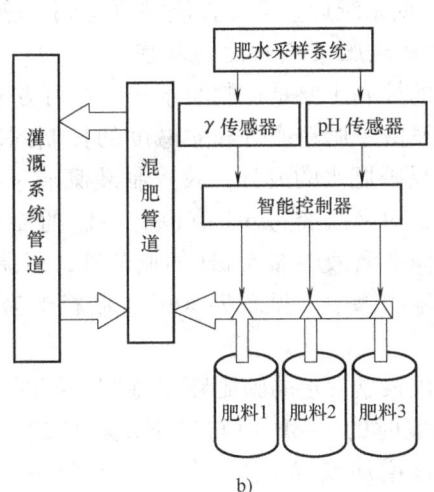

图 7-50 JPF—1 型智能施肥机
a）施肥机外观图 b）施肥机的结构示意图

1. 结构组成

JPF—1 型精密施肥机主要由灌溉首部、自动控制装置、施肥装置和不锈钢框架等部分组成。

灌溉首部包括主水阀、流量计、单向阀、压力计、过滤器及各种配套装配件。

自动控制装置包括进口的电导率（γ）和酸碱度（pH）采样监控单元。

施肥装置包括文丘里肥料泵及流量调节器、专用电动水泵。

不锈钢框架：自动灌溉施肥机上所有的部件都按模块化方式紧凑地装配在不锈钢框架上，具有安装容易、运移方便、不易被腐蚀等特点。

该施肥机上还配有营养液桶和输水管道及各种附件。

2. 工作过程

JPF 型精密施肥机的工作原理是通过一套文丘里泵（注：利用文丘里原理进行流体泵送的装置称为文丘里泵，其显著优点是有较大流量，负压产生快，消耗动力小）将肥料养分注入灌溉水，提高水肥的耦合效应及利用率。用户可以通过控制器键盘直接进行灌溉施肥程序的设计，施肥机按制订的程序能够按比例均衡施肥，在施肥的过程中实现γ&pH的实时监控，并具有数据记录功能。

1）需要灌溉时，控制灌溉阀的打开和关闭，以便按照用户要求的灌溉方式和灌溉量实现给作物的灌水。

2）需要施肥时，施肥控制阀按照系统设定的施肥频率将肥液混入灌溉管道，同时系统实时检测混肥管道中肥水的γ、pH值，并与用户设定的适合植物生长的γ、pH值比较，根据比较状况调整施肥频率，以达到调整肥水的γ、pH值的目的，使之适合作物生长要求。

3）通过压力计实时检测管道压力，如果压力高于管道承受压力，起动调压装置，调节压力，并能进行高压报警。

4）检测施肥管道的流量，并将γ、pH、流量、压力值发给上位机显示。

5）根据系统运行需要控制灌溉总阀、施肥总阀、肥料泵的打开和关闭。

3. 灌溉施肥系统的控制原理

灌溉的控制主要是控制灌水量，这可方便地通过调节灌水时间来实现。施肥的控制为施肥量、灌溉液中肥料成分和酸碱度的控制问题，施肥量还是施肥时间的控制，而γ值（即电导率）反映肥水的成分，故控制灌溉液γ值即可控制肥料浓度。另外，不同作物在不同生长阶段，对灌溉液的pH值也有一定的要求，为了将其控制在有利于作物生长的范围之内，还需向灌溉液中加入pH值调节液，以调节pH值在适合作物生长的范围内。其中施肥机的三个施肥罐中（见图7-50b），肥料1为碱性调节液，肥料2为肥料原液，肥料3为酸性调节液。

施肥机根据设定的施肥频率施肥，同时系统根据实时的γ/pH值与设定范围比较，确定是否该增加或减少进入管道的肥料量，即调整施肥频率（肥料进入灌溉管道的阀门开闭的频率）。施肥频率调整主要是调整施肥阀的动作频率，即给施肥阀的方波信号的频率，调整的是高电平信号的持续时间，低电平信号时间不变。图7-51为施肥机控制系统图。

γ值控制：施肥阀2（见图7-51）控制施肥罐2的肥料原液进入灌溉系统中，当检测的γ值高于某个设定范围的最大值时减小施肥阀2的打开时间，而电磁阀关闭的时间是一定的，即增大开关频率。当低于设定范围的最小值时，增大电磁阀的打开时间，即减小施肥阀2的开关频率。γ值在设定范围内时，不改变施肥阀的开关频率。

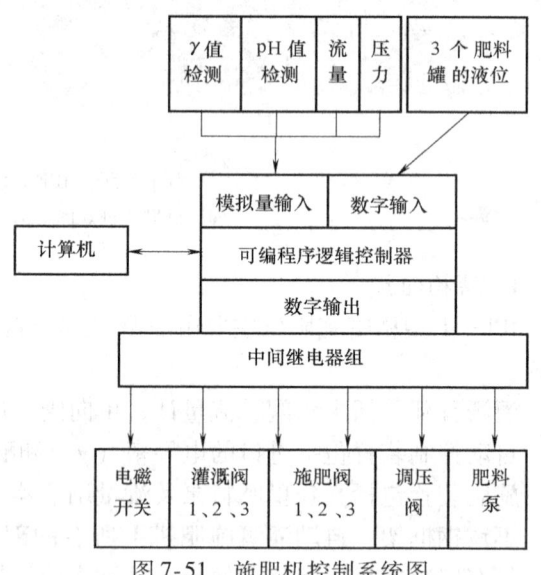

图7-51 施肥机控制系统图

pH值控制：施肥阀1、3（见图7-51）控制施肥罐1、3（见图7-50 b）的碱性、酸性调节液进入灌溉系统中，当pH值高于设定的最大值的时候，按一定的开关频率打开施肥阀3，当pH值低于设定最小值的时候按一定的开关频率打开施肥阀1。当pH值符合要求时，施肥阀1、3闭合。

4. 技术参数

1）施肥机的最大流量：$6m^3/h$。

2）控制器供电电源：220V/50Hz，偏差不超过±7%。

3）灌溉系统的压力：0.2~0.5MPa。

4）控制器的输入/输出数量：根据需要进行配置。

5. 功能特性

1）用户可以通过控制器键盘直接进行灌溉施肥程序的设计，设计的灌溉施肥程序可根据需要无限增多，施肥机按设定程序能够自动执行不同的定量或定时设置的灌溉施肥过程。

2）具有灌溉施肥程序的手动选项。当用户需要临时执行某一灌溉过程而不想修改灌溉程序时，该选项为用户提供了方便。

3）能精确按比例均衡施肥，实现 γ&pH 的实时监控。

4）施肥机具有较广的灌溉流量和灌溉压力适应范围。

5）装有灌溉施肥自动报警系统。

6）灌溉系统错误或故障解决后，能够自动恢复运行。

7）该机器具有数据记录功能，能进行灌水时间、施肥时间、灌水压力等数据记录。

8）施肥机可与环境气候控制系统相结合，共同组成一个可由中央计算机控制的网络，能够通过软件的设置，实现数据采集、数据处理以及相应装置的控制，从而方便地完成各种任务序列。

9）该施肥机不仅应用于温室，还可用于果园、露天作物的灌水与施肥。

（二）爱尔达灌溉施肥系统

1. 概况

爱尔达自动施肥机是以色列最大的农业计算机自动控制系统 Eldar-Shany 公司研制、生产的高科技产品。此系统设计独特，操作简单，配置模块化，能够按照用户任意设置的灌溉施肥程序，进行灌水施肥及 γ/pH 的实时监控，是一种应用广泛的开放式系统。工作原理是通过一套文丘里泵将肥料养分注入灌溉水，提高水肥的耦合效应及利用率。另外系统配备可编程序控制器，能精确控制灌溉时间、灌溉频率以及灌溉量等，因此作物能及时准确地得到水分和养分的供应。

2. 技术参数

1）控制器供电电源：220V/50Hz（或115V/60Hz），偏差不超过±7%。

2）灌溉系统的压力：0.2~0.5MPa。

3）控制器的输入/输出数量：根据需要进行配置。

3. 基本组成

1）灌溉首部：包括液压水表阀门、可调式压力调节阀、水压继电器、压力计、过滤器及各种配套装配件。

2）自动控制装置：包括 γ&pH 采样监控单元、Galileo 可编程序控制器、控制面板。

3）施肥部分：包括一套文丘里肥料泵及流量调节器、专用电动水泵。

4）不锈钢框架：自动灌溉施肥机上所有的部件都按模块化方式紧凑地装配在不锈钢框架上。

5）营养液桶和输水管道及各种附件。

4. 功能特性

1）用户可以通过控制器键盘直接进行灌溉施肥程序的设计，设计的灌溉程序多达 100 个，施肥程序多达 20 个，通过这 100 个独立的灌溉程序和 20 个施肥程序能够自动执行不同的定量或定时设置的灌溉施肥过程。

2）能精确按比例均衡施肥，实现 γ&pH 的实时监控。

3）此系统具有较广的灌溉流量和灌溉压力适应范围。

4）装有灌溉施肥自动报警系统。

5）灌溉系统错误或故障解决后，能够自动恢复运行。

6）当发生断电或电源故障时，内置的高能锂电池可支持可编程序控制器的内存及时备份所有的控制程序和数据信息。

7）两个过滤器的反冲洗操作程序分 2 组控制，最多可控制 10 个过滤器。

8）能够执行 20 个定时或条件控制的雾喷程序。

9）施肥机可与环境气候控制系统相结合，共同组成一个可由中央计算机控制的网络，能够通过软件的设置，实现数据采集、数据处理以及相应装置的控制，从而方便地完成各种任务序列。

四、光照调节

光照是温室作物进行光合作用的能源，所有作物都是靠太阳能通过光合作用生成碳水化合物而进行自身的生长和发育的。光照条件不仅对作物的光合作用和呼吸作用有很大的影响，而且还影响作物的开花、结实、产量和品质。多数作物需要比较强的光照，如光照不足则不能进行旺盛的光合作用，蒸腾作用减退、叶片同化能力减退、叶片大而薄、颜色淡、茎秆细长、植株徒长、瘦弱不抗病、影响茄果类蔬菜的受粉，容易发生落花现象，直接影响作物的产量与质量；如光照过强，容易发生灼烧现象，严重时叶片被灼伤。

因覆盖材料的作用和温室结构的影响，温室内的光照度一般只有露地的 50% ~60%。实验表明，当光照度减少到正常值的 1/2 时，产量降低到 50%；光照度减少到 1/3 时，产量则减少到 13%。不同的农作物对光照度的需求也不同，如番茄、西瓜的光照饱和点为 60~70klx，光补偿点为 1.5~2.0klx，属强光性作物；茄子、黄瓜的光饱和点 30~45klx，光补偿点为 1.5~2.0klx，属中强光性作物；生菜的光饱和点为 10klx，属弱光性作物，光照太强反而不利于其生长。

几种作物要求的光照度见表 7-10。

表 7-10 光照强度与蔬菜的同化特性

	光饱和点/lx	最大同化程度 [mg/ $(dm^2 \cdot h)$，CO_2]	光补偿点/lx
番茄	7000	31700	
茄子	4000	17000	2000
辣椒	3000	15000	1500
南瓜	45000	17000	1500
西瓜	80000	21000	4000
豌豆	40000	12800	2000
甘蓝	40000	11300	2000
白菜	40000	11000	15000
黄瓜	55000	24000	
芹菜	45000	13000	2000

一般植物的光合作用主要吸收波长为 0.4～0.7μm 的蓝、紫、红光。温室主要靠自然采光，因此温室一般采用透光性能高的覆盖材料，保证室内获得足够的光照度。有时室内也配置人工补光设备和遮光设备，调节室内光照强度和光周期，满足作物栽培需要。目前，作为人工补光的光源主要有白炽灯、卤钨灯、高压水银荧光灯、高压钠灯、低压钠灯及金属卤化物灯等。这些灯的发光光谱和效率各不相同。如农用生物补光钠灯是一种设计用于园艺市场的高强度钠气灯，它可以提供与植物生长需求相吻合的光谱分布，不论是针对光合作用，还是为自然植物的生长创立了准确的"蓝"和"红"的能量平衡，光谱分布的改善使作物生长的环境更好控制，并且使作物生长得更好和质量更高。其特点有：具有专业防潮设计，使用寿命长；发光效率高，达到 138lm/W，比普通钠灯高 10% 的光输出量可以提高温度，加快作物的生长；对光谱的调整使蓝光部分增加了 30%，为植物生长创立了其生长所需要的红波能量和蓝波能量的平衡；平衡的光谱分布和高光输出量的理想结合，使作物的生长周期缩短 25%，产量提高 20%，水果、蔬菜的颜色更加润泽，形态更加优雅；为了更好地利用钠灯的高光效性和特殊的光谱分布，有专门为其配套设计的镇流器，触发器和灯具。

其主要技术参数为：

1）电源电压：220V。
2）光通量：55000lm。
3）光源光谱：400～700nm。
4）功率：400W。
5）平均寿命：16000h。

用于温室遮光的材料主要有草帘、白布、遮阳幕、遮阳网、遮阳膜等。遮阳幕的控制系统一般可以用手动控制、时间控制、光控制和智能控制等方法。所谓智能控制是由计算机系统综合分析作物不同品种、不同生长期所需要的光照条件，根据自然光照度和作物所需要的光照度之间的偏差，自动调整最佳的补光或遮阳动作过程。

五、CO_2 浓度的调节

CO_2 是绿色植物进行光合作用的碳素来源，没有它，绿色植物就不能进行光合作用、制造有机物质。实验表明植物中有 45% 以上的干物质是由碳素构成的，这些碳素绝大部分是绿色植物从空气中获得的。在一定范围内，CO_2 浓度与植物光合作用强度呈正相关，空气中 CO_2 浓度从 0.03% 提高到 0.1%，光合效率可增加一倍以上；如把其浓度降到 0.005%，光合作用几乎停止，持续时间长了则造成植物"饥饿"死亡。在温室的密封条件下，作物白天进行光合作用呼吸温室内的 CO_2，如得不到补充，则其浓度将很低，进而影响光合作用。对一般温室植物而言，温室内 CO_2 含量在 300～1 500μL/L 为宜。另一方面，当 CO_2 的浓度超过一定限度时，作物还会"中毒"。一般情况下，降低 CO_2 浓度的方法是通风。而增加其浓度的方法通常有：化学反应法、燃煤法、燃油法等。

煤炭是含碳元素丰富又比较廉价的燃料，燃煤法利用煤燃烧时生成的 CO_2 来提高温室内的 CO_2 浓度，一般 1kg 的煤燃烧后可产生 2～4 kg 的 CO_2，成本较低，但由于煤在燃烧时还产生其他对作物生长有害的气体，需要清除才能使用。近年来，国内研制了用普通炉具燃烧煤炭，并对燃烧生成的气体进行净化的 CO_2 发生器。

图 7-52 是燃煤法温室 CO_2 增施装置，由反应室、普通煤炉、烟筒、过滤器、气泵等组成。该装置将煤的燃气经过滤器引入反应室底部，经爆气管分解为微小气泡，在药液中进行

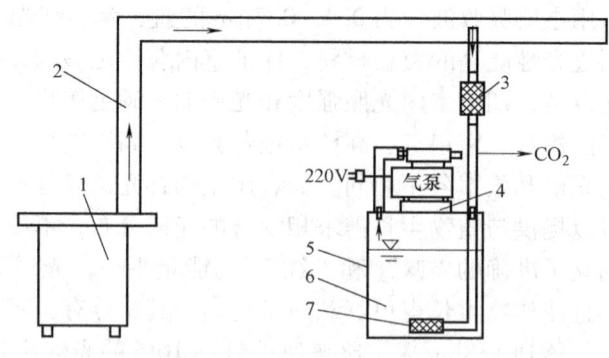

图 7-52　燃煤法生产 CO_2 原理图

1—普通煤炉　2—烟筒　3—过滤器　4—反应室盖子　5—反应室　6—药液　7—曝气管

气液两相化学反应，吸收其中的二氧化硫、粉尘、煤焦油等有害成分，经过泵的作用输出纯净的 CO_2。

燃油法也可为蔬菜生产供给 CO_2。图 7-53 所示是一种利用燃油法生产 CO_2 的装置，它主要由燃油炉、集气罩、输气管、过滤器等组成。燃油在炉内燃烧产生气源，由输气管输送到过滤器内，经过多级过滤装置除掉有害气体，输出纯净的 CO_2。

化学反应法是利用农用碳酸氢铵和工业用稀硫酸反应制取 CO_2。

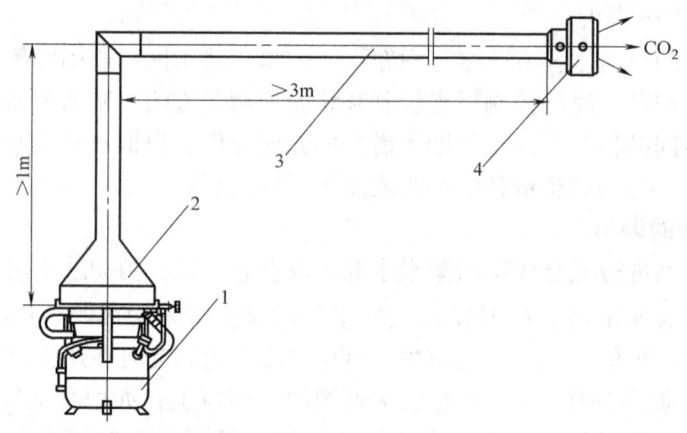

图 7-53　燃油法生产 CO_2 原理图

1—燃油炉　2—集气罩　3—输气管　4—过滤器

六、温室自动控制原理分析

随着信息技术、计算机技术和自动控制技术的进步与发展，现已能将各种信息准确地通过传感器检测出来并方便地转换成电量，进而通过计算机实行智能化控制。温室计算机控制系统可分为温室气候控制和温室灌溉控制两个部分。温室内的温度、湿度、光照强度、气体成分（二氧化碳浓度）等环境因子构成了温室小气候，温室气候控制就是要通过调节这些环境因子，创造作物生长的良好条件。具体的气候控制将涉及温室的加热系统、降温系统、喷雾系统、遮阳系统、保温系统、通风系统（如天窗、侧窗、通风机）及二氧化碳浓度调节等系统。温室的灌溉控制包括灌溉和施肥控制两部分，主要控制灌溉水量和肥料品质

(γ/pH 值）。具体的灌溉控制将涉及温室的滴灌、微喷、营养液、弥雾等系统。

温室自动控制的具体方法有多种，但其基本原理相似，图 7-54 是系统的控制原理图。

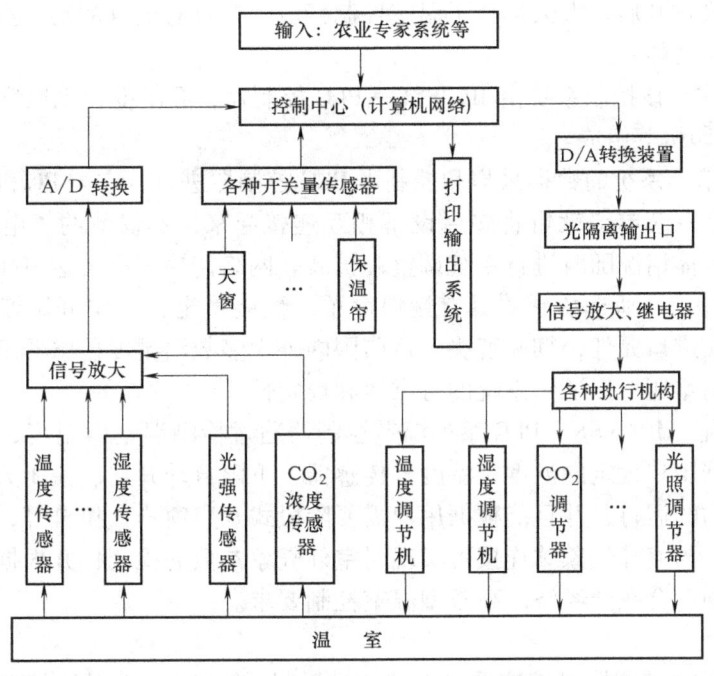

图 7-54　温室控制系统的工作原理图

此系统主要用于对温室内的温度、湿度、光照和 CO_2 浓度等环境参数进行自动控制与调整，它是人工控制思维的自动化实现方式。在整个控制系统中，传感器好比人的神经感觉器官，用以感知温室内温度、湿度、光照和 CO_2 浓度等参数的大小，此信号经过预处理放大后，再进行模数转换（A/D），把模拟量转换成数字量，以便于计算机分析处理。中央控制室的计算机网络相当于人的大脑，它收集来自传感器的信号，进行分析、判断，然后根据实测值（由传感器反馈回来的信息）与设定值（人为输入的专家系统设定值）的偏差对系统发出调整信息。该调整信息经过 D/A 转换后变成模拟量，再经过放大处理后控制各种执行机构，消除偏差以保证控制精度。这就是该系统的工作原理。

专家系统根据不同作物在不同时期的生理需要，在作物生长的不同时期设定温度、湿度、光照和二氧化碳浓度的最佳值域。当温室内的温度超过设定的上限时，计算机发出调节指令，执行机构打开通风降温系统，如天窗、侧窗等，当它们全开后仍不能满足需要的时候，系统自动打开强制制冷设施；如温室内温度低于设定温度下限时，系统发出指令点燃加温系统。当湿度超过设定的上限时，计算机发出指令打开通风换气系统；当湿度低于设定的下限时，计算机发出指令打开喷水加湿系统。同样道理，CO_2 浓度的高低调节采用通风换气和起动 CO_2 发生器来进行；光照的强弱可通过控制遮阳网和补光灯来进行。

下面以北京京鹏环球科技股份有限公司开发生产的温室环境计算机控制系统为例加以说明。

1. 系统简介

JP/WSK 全自动智能温室控制系统，综合运用了计算机网络技术，使用上位机通信技术加测控站，实现了分散采集控制、集中操作管理。该系统能自动检测温室的温度、湿度、光照度及室外气象参数，并根据实际需要输入每一个电气设备的开启条件值，每一个电气设备均能根据需要阶段式开启，大大提高了温室控制精度，并且有逼真的动画显示、完善的数据查询和声音报警等功能。

(1) 系统组成　该控制系统由 JP/WSK—PLC 控制器，温湿度、光照度传感器，室外气象站，PC 机和打印机等组成。

(2) 网络技术　系统的数据采集和控制由 PLC 控制器进行，它与 PC 机和其他设备间采用串口通信，只需双芯电缆就可将多台设备相互连接起来，不仅节约了电缆数量和布线难度，而且可根据具体情况随时进行系统调整和扩展。网络传输距离可达 1000m。

(3) 传感器特点　所选传感器具有接口简单、性能稳定、工作可靠等优点。其中温湿度传感器选用优质进口元件，彻底解决了目前国内外大多数温湿度传感器不耐高温，在温室环境中极易失效的难题，保证了系统的可靠性和稳定性。

(4) 系统功能　JP/WSK–PLC 系列温室控制器通过检测温室内温度、湿度、光照度等环境系数，并根据用户设定的温度、湿度等传感器上下限自动开启、关闭天窗、遮阴幕、湿帘风机等执行机构的运行，并且能根据用户需要阶段式开启窗户、拉幕等，大大提高了温室控制精度；同时，与室外气象站连接可实现对室外气象参数的检测，并根据控制要求控制各种执行结构。特别适合我国经济、高效型温室控制要求。

2. 技术参数

(1) 输入　每个控制器可直接采集 4~8 路模拟量输入。模拟量可接温度、湿度、光照度、风速、风向、雨雪等传感器。

(2) 输出　每个控制器最多有 8~14 路继电器控制输出。可控制温室内开窗机、遮阴幕、风机、湿帘水泵、卷膜电动机、充气泵、加温电磁阀、灌溉电磁阀等设备。

3. 中心计算机控制软件

本软件由于采用组态软件开发而成，因此具有很好的人机界面。其程序主要功能为将传感器数量、传感器测试时间间隔、各传感测试数据的上下报警和控制输出通道等数据写入"数据采集"中，程序再对这些数据进行整理、逻辑分析，从而按要求控制相应的外部设备，并能以各种曲线和报表的形式显示和打印。

4. 控制流程

为了适应对多个温室的监控与管理，研发的温室环境智能化控制系统，采用当今世界最流行的 DCS（分布式）控制方案，综合运用计算机网络技术，应用上位机通信技术加测控站，对各生产区内的 PLC 智能控制器统一管理，在元件使用上选用世界顶级生产厂家的产品，确保系统的可靠性和使用的灵活性。控制器主板根据室内外信息结合农艺技术规程参数，驱动执行机构等相应的外部设备来完成对温室内温度、湿度、光照、灌溉的智能控制。系统拟采用组态王软件与欧姆龙进口智能控制器进行控制，与单板机相比，具有控制方式灵活、易于扩展、性能稳定、故障率低、开发快、易于进行程序检查等特点，控制路径如图7-55 所示。

通常，温室计算机控制系统由以下三部分组成：信息检测系统、智能控制单元与执行驱动系统。三者相互联系，有机结合。

温室环境控制系统要对生产过程进行自动检测、信息处理和实时控制；对系统运行的重

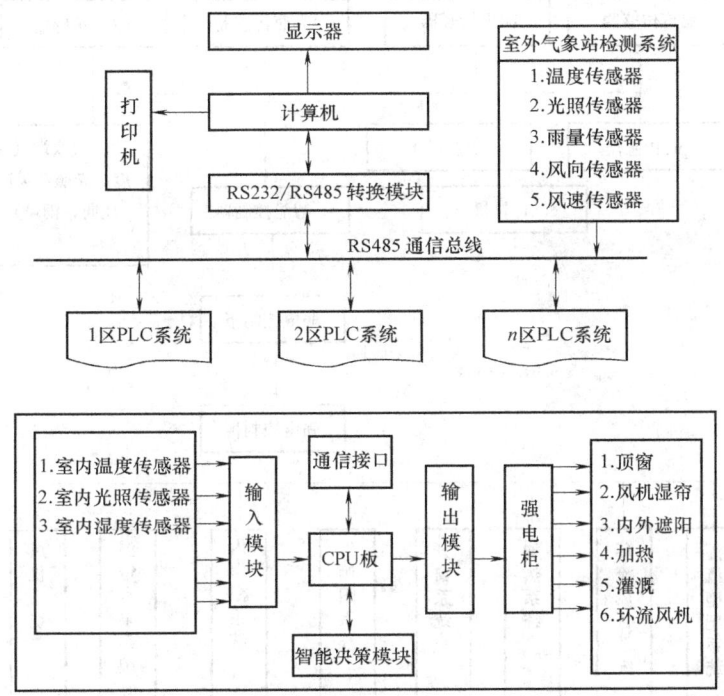

图 7-55 京鹏温室环境智能化控制系统原理图

要参数进行直观的显示和其他处理；操作人员可随时对生产过程进行干预，实现生产过程的在线操作。为了提高系统的性价比和降低成本，并便于进行管理和提高系统的可靠性，本调控系统采用低成本的小型集散控制系统的结构。系统由上位计算机、小区控制器（PLC）、通信网络、检测装置（包括各种传感器室外气象站）和执行机构组成，采用二级控制结构：第一级为直接控制级即现场控制站，第二级为过程管理级，在设计中将过程管理级中的工程师站和操作员站合并，用一台通用 PC 机就完全可以满足系统对数据处理、运行速度的要求。小区控制器部分以 PLC 为核心，外接数据采集输入电路、输出电路、状态监测电路、弱电控制柜、强电控制柜和各种环境执行机构等部分。具体结构组成如图 7-56 所示。

智能温室控制主要是根据外界环境的温度、湿度、光照以及风速、风向、雨量等气候因子，基于温室专家系统和用户参数设定，通过一些控制措施来调节温室内的温度、湿度、通风、光照等环境因子，创造出适合作物生长的合适温室生态环境（该环境是按不同作物生长的要求进行统筹优化后制定的），即根据作物不同生长阶段的需求制定出控制标准，通过对温室环境的实时检测，将测得参数进行比较后自动调整温室各个控制设备状态，以使各项环境因子符合既定要求。

控制系统由四个部分组成。

（1）信号采集输入部分　包括温度、湿度、CO_2、光照、风速、风向、雨量等环境因子的检测。

（2）信号转换与处理部分　将采集的信号转换为计算机和操作人员可识别的量，并由计算机进行相关处理。

（3）输出及控制部分　通过弱电及强电控制柜控制风机、湿帘水泵、遮阳网、窗的开

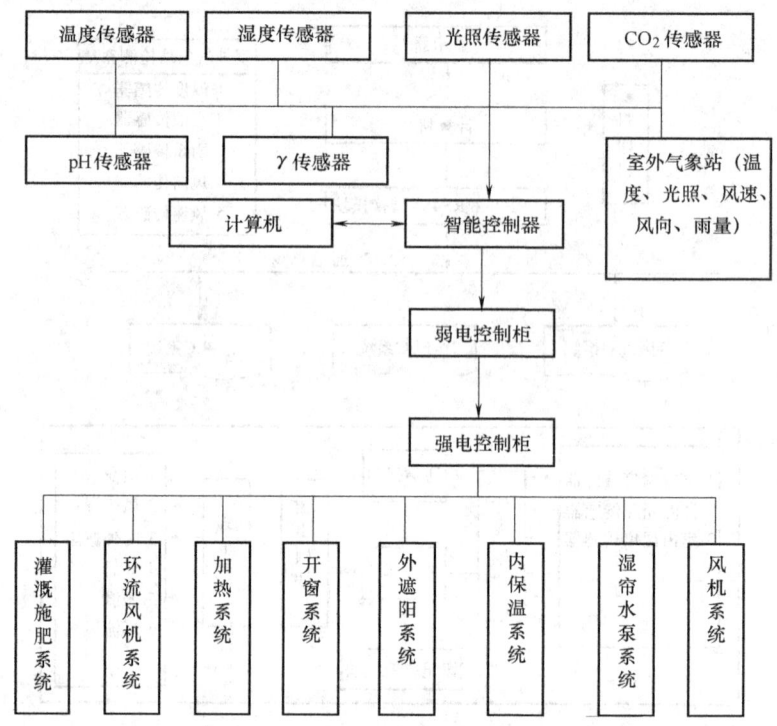

图 7-56 京鹏智能化控制系统组成图

关等系统。

(4) 灌溉控制 包括定时灌溉，时间由上位机调整制定，并可根据实际情况，进行手动控制灌溉。

5. 控制方案

温室环境控制策略的流程分为夏秋季和春冬季两个阶段进行。

(1) 夏秋季温室环境设备的控制策略

1) 温度控制。当温度高于设定温度上限时，降温设施的起动顺序为：

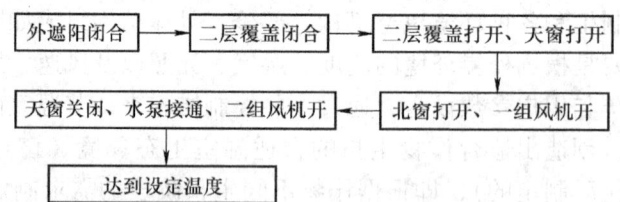

2) 湿度控制。当湿度高于设定上限时，除湿设施起动顺序（优先保证温度的控制）：

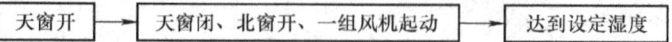

3) 光照控制。当光照高于设定上限时，遮阳设备起动顺序（优先保证温度的控制）：

(2) 春冬季温室环境设备的控制策略

1) 温度控制。当温度低于设定下限时：

① 白天：起动热水阀门，进行热水补温。

② 夜间：

2）湿度控制。当湿度低于设定下限时（优先保证温度控制）起动喷灌电磁阀。当湿度高于设定上限时（优先保证温度控制）：

打开天窗 → 关闭天窗、打开北窗、起动一组风机

（3）灌溉控制　软件上应有灌溉设定控制功能，可以控制电磁阀，灌溉方式由计算机自动控制，按照天数、每天灌溉时间、间隔时间来控制。

上述研制的系统控制精度如下（经现场运行试验，能满足作物生长的需要）：

1）空气温度：$0 \sim 50$℃，精度 ± 0.5℃。

2）空气湿度：$10\% \sim 95\%$，精度 $\pm 5\%$。

3）光照度：不低于 3000lx，精度 $\pm 8\%$ lx。

4）CO_2 浓度：不低于 300×10^{-6}，精度 $\pm 50 \times 10^{-6}$。

思 考 题

1. 调查当地温室内使用的机械、设备型号是什么。性能参数如何。

2. 调查当地温室内部的环境控制（温度、湿度、光照、气体成分）是如何实现的。并画出控制流程图。

3. 温室内的机械、设备维护的项目有哪些？

4. 温室内的机械、设备、设施的常见故障有哪些？如何排除？

附　　录

附录 A　农用水泵新旧型号对照表

	新型号	旧型号	说　明
单级单吸离心泵	IB50—32—125	3/2BA—6、3/2B17	①新泵平均提高效率4.2% ②型号说明示例 IB50—32—125 50 为水泵进口直径（mm） 32 为水泵出口直径（mm） 125 为叶轮名义直径（mm）
	IB65—50—125	2BA—9、2B19	
	IB65—50—160	2BA—6、2B31	
	IB80—65—125	3BA—13、3B19	
	IB80—65—160	3BA—9、3B33	
	IB80—50—200	3BA—6、3B57	
	IB100—80—125	4BA—18、4B20	
	IB100—80—160	4BA—12、4B35	
	IB100—65—200	4BA—8、4B54	
	IB100—65—250	4BA—6、4B91	
	IB150—125—250	6BA—12、6B20	
	IB150—125—315	6BA—8、6B33	
	IB200—150—250	8BA—18、8B18	
	IB200—150—315	8BA—12、8B29	
单级双吸离心泵	150S—78	6SH—6	①新泵平均提高效率2.63% ②型号说明示例：150S—75 150 为水泵进水口直径（mm） S 为单级双吸卧式离心泵 75 为最佳工况时扬程（m）
	150S—50	6SH—9	
	200S—95	8SH—6	
	200S—63	8SH—9	
	200S—42	8SH—13	
	250S—65	10SH—6	
	250S—39	10SH—9	
	250S—24	10SH—13	
	250S—14	10SH—19	
	300S—90	12SH—6	
	300S—58	12SH—9	
	300S—32	12SH—13	
	300S—19	12SH—19	
	300S—12	12SH—28	
	350S—125	14SH—6	
	350S—75	14SH—9	
	350S—44	14SH—13	
	350S—26	14SH—19	
	350S—16	14SH—28	
	500S—98	20SH—6	
	500S—59	20SH—9	
	500S—35	20SH—13	
	500S—22	20SH—19	
	500S—13	20SH—28	
轴流泵	350ZLB—7.4	14ZLB—70	①新泵平均提高效率2.35% ②型号说明示例 350ZLB—7.4 350 为出水口径（mm），Z 为轴流泵， L 为立式，B 为叶片可半调节，7.4 为 扬程（m）
	500ZLB——7.4	20ZLB—70	
	700ZLB—7.5	28ZLB—70	
	900ZLQ—7.6	36ZLB—70	

(续)

	新型号	旧型号	说　明
混流泵	100HW—5 100HW—12 150HW—8 150HW—5 200HW—5 200HW—8 250HW—5 250HW—8 250HW—12 300HW—8 300HW—12 400HW—5 400HW—8 400HW—12 500HW—7 700HW—11	4HB—35 5B10 WH6—7 6HB—25 8HB—50 WN8—7 10HB—35 10HB30 WN10—9 12HBC—40 WN12—12 16HB—50 16HB—40 16HB—35 200HB—40 24HB—50	① 新泵平均提高效率3.47% ② 型号说明示例：100HW—5 100 为泵的进口直径（mm） HW 为蜗壳式混流泵 5 为扬程（m）
长轴深井泵	100JC10—3.8 (10～28) 150JC30—9.5 (2～21) 150JC50—8.5 (2～11) 200JC80—16 (2～6) 250JC130—8 (4～12) 300JC210—10.5 (2～9) 350JC340—14 (2～16) 400JC550—17 (2～15)	4JD10 6JD36 6JD56 8JD80 10JD140 12JD230 14JD370 16JD490	① 新泵平均提高效率4.4% ② 型号说明示例：100JC10—3.8 (10～28) 100 为适用最小井径（mm） JC 为长轴离心深井泵 10 为流量（m³/h） 3.8 为单级扬程（m） 10～28 为叶轮级数
潜水电泵	150QJ5（14～42） 150QJ10（7～35） 200QJ20（3～18） 200QJ32（2～18） 200QJ50（2～12） 250QJ50（1～15） 250QJ180（1～12） QY15×26—2.2 QY15×18—2.2 QY65×7—2.2 QY100×5—2.2	150NQ6 150NQ10 200NQ200 200NQ36 8NQ50 10NQ50 10NQ80 QY—25 QY—15 QY—7 QY—3.5	① 新泵平均提高效率5.3%～5.8% ② 型号说明示例：150QJ5（14～42） 150 为适应最小井径（mm） QJ 为井用潜水电泵 5 为流量（m³/h） 14～42 为叶轮级数 QY25×15—2.5 QY 为充油式上泵型潜水电泵 25 为额定流量（m³/h） 15 为额定扬程（m） 2.5 为电动机功率（kW）

附录 B　常用离心泵性能参数表

型号	流量/(m³/h)	扬程/m	转速/(r/min)	配用功率/kW	吸上高度/m
200S42	280	42	2950	45	5
200S63	280	63	2950	75	5
200S95	280	95	2950	112	5
250S14	480	14	1450	300	6.2
250S39A	468	30.5	1450	55	6.2
250S65	485	65	1450	132	6.2
300S12	790	12	1450	37	5.2
300S19	790	19	1450	55	5.2
300S32	790	32	1450	90	5.2
300S58	790	58	1450	190	5.2
300S90	790	90	1450	320	5.2
350S16	1260	16	1450	75	4.5
350S26	1260	26	1450	112	4.5
350S75	1260	75	1450	360	4.5
350S125	1260	125	1450	680	4.5
500S13	2020	13	970	110	5
500S22	2020	22	970	185	5
500S35	2020	35	970	280	6
500S59	2020	59	970	450	6
500S98	2020	98	970	800	6
IB80—50—315	50	125	2900	45	7.5
	25	32	1450	5.5	7.7
IB100—65—250	100	80	2900	37	6.7
	50	20	1450	5.5	7.7
IB150—125—400	200	50	1450	55	7
IB200—150—315	400	32	1450	55	6.5
IB80—65—160	50	32	2900	7.5	7.6

附录 C　常用轴流泵性能参数表

型号	流量/(L/s)	扬程/m	转速/(r/min)	配用功率/kW
350ZLB—4.2	330	4.21	1450	22
350ZLB—7	324	7.05	1450	30
500ZLB—2.6	707	2.56	980	30
500ZLB—3.5	790	3.5	960	45
500ZLB—5.7	669	5.74	980	80

(续)

型 号	流量/(L/s)	扬程/m	转速/(r/min)	配用功率/kW
600ZLB—2.4	800	2.36	580	30
600ZLB—3.6	1020	3.59	730	55
700ZLB—2.8	1350	2.78	730	55
700ZLB—10.3	1480	10.28	730	130
900ZLB—4	2460	4	485	155
1200ZLB—5.2	3420	5.22	490	280
1300ZLB—2	4250	2	300	130
1300ZLB—3.5	5030	3.5	370	280

附录 D 常用混流泵性能参数表

型 号	流量/(m³/h)	扬程/m	转速/(r/min)	配用功率/kW	临界汽蚀余量/m
100HW—5	25	5.0	2900	2.2	4.0
100HW—8	25	8.0	2900	3.0	4.0
100HW—12	25	12.5	2900	5.5	4.0
125HW—8	45	8	2900	7.5	5
125HW—10	50	10	2900	7.5	5
150HW—5	50	5	1450	4	2.7
150HW—8	50	8	1450	5.5	2.7
150HW—12	50	12.5	2900	11	6.0
200HW—8	100	8.0	1450	11	4.0
200HW—12	100	12.5	1450	18.5	4.0
250HW—5	113	5.5	1450	11	5.0
250HW—12	150	12.5	1180	30	4.0
300HW—5	220	5.0	970	18.5	4.0
300HW—8	220	8.0	970	22	4.0
300HW—12	220	12.5	970	37	4.0
400HW—8	400	8	730	45	4.0
400HW—12	400	12.5	730	75	4.0
500HW—6	550	6.2	580	55	5.5
500HW—7	650	7.0	730	75	5.5
500HW—11	650	11.0	730	100	5.5
700HW—7	1015	7.0	580	100	5.5
700HW—12	1015	11.0	580	140	5.5

附录E 常用潜水电泵性能参数表

型号	流量 /（m³/h）	扬程 /m	转速 /（r/min）	配用功率 /kW
100QJ2—5（8—40）	2	40—200	2850	0.55—3
100QJ5—4（4—24）	5	16—96	2850	0.55—3
100QJ8—3.5（4—18）	8	14—63	2850	0.75—3
150QJ10—7（6—42）	10	42—300	2850	2.2—15
150QJ20—6.5（4—24）	20	26—150	2850	3—15
150QJ32—6（3—18）	32	18—108	2850	3—18.5
175QJ20—13（2—19）	20	26—247	2850	3—25
175QJ25—13（2—16）	25	26—208	2850	3—25
175QJ40—12（2—11）	40	24—132	2850	5.5—25
175QJ50—12（2—8）	50	24—96	2850	5.5—22
200QJ20—13.5（3—33）	20	40—450	2850	4—45
200QJ40—13（2—11）	40	26—143	2850	5.5—30
200QJ80—11（1—11）	80	11—121	2850	4—45
250QJ80—20（1—15）	80	20—300	2875	7.5—110
250QJ125—16（1—12）	125	16—192	2875	7.5—110
300QJ200—20（1—12）	200	20—240	2900	18.5—220
350QJ200—12（2—16）	200	24—192	1450	22—160
400QJ500—15（1—5）	500	15—75	1450	30—160
350QJ320—11（2—10）	320	22—110	1450	30—160

附录F 常用长轴井泵性能参数表

型号	流量 /（m³/h）	扬程 /m	转速 /（r/min）	扬水管放入井中最大长度/m	安装扬水管最多根数/根	效率 （%）	配用功率 /kW
100JC10—3.8×8	10	30		25.9	12	60	
×12		45		38.4	17		
×16		60		53.4	23		
×19		72		60.9	26		
×23		87		75.9	32		
×28		106		90.9	38		7.5

(续)

型 号	流量 /(m³/h)	扬程 /m	转速 /(r/min)	扬水管放入井中最大长度/m	安装扬水管最多根数/根	效率 (%)	配用功率 /kW
150JC18—10.5 ×4	18	42	2940	33.4	15	65.5	5.5
×6		63		50.9	22		7.5
×7		84		68.4	29		11
×10		105		83.4	35		
×12		126		100.9	42		15
×14		147		118.4	49		
150JC30—9.5 ×5	30	47		40.9	18	68	11
×6		57		48.4	21		
×7		66		55.9	24		
×8		76		65.9	28		
×9		85		73.4	31		15
×12		114		98.4	41		18.5
×15		142		120.9	50		22
150JC50—8.5 ×4	50	34		30.9	14	70.5	11
×6		51		45.9	20		
×8		68		58.4	25		18.5
×9		76.5		65.9	28		
×11		93.5		83.4	35		22
200JC50—18 ×2	50	36		30.9	14	71.5	11
×3		54		45.9	20		15
×4		72		60.9	26		18.5
×5		90		78.4	33		22
×6		108		93.4	39		
200JC80—16 ×2	80	32		28.4	13	73.5	18.5
×3		48		40.9	18		
×4		64		55.9	24		22
×5		808		68.4	29		30
×6		96		83.4	35		37
250JC130—8 ×3	130	24	2940	20.9	10	75	18.5
×4		32		28.4	13		
×6		48		40.9	18		30
×8		64		55.9	24		37
×9		72		60.4	26		
×11		88		75.9	32		45

(续)

型号	流量/(m³/h)	扬程/m	转速/(r/min)	扬水管放入井中最大长度/m	安装扬水管最多根数/根	效率(%)	配用功率/kW
300JC130—10.5 ×3	210	31.5	1460	23.4	11	76.3	37
×4		42		38.4	17		
×6		63		53.4	23		55
×8		84		73.4	31		75
350JC3400—14 ×3	340	42		35.9	16	77.7	55
×4		56		40.4	21		75
×5		70		60.9	26		90
×6		84		70.2	30		110
400JC550—17 ×2	550	34		30.9	14	78	75
×3		51		43.4	19		110

参 考 文 献

[1] 李宝筏. 农业机械学 [M]. 北京：中国农业出版社，2006.
[2] 辜松. 蔬菜工厂化嫁接育苗生产装备与技术 [M]. 北京：中国农业出版社，2006.
[3] 宋建农. 农业机械与设备 [M]. 北京：中国农业出版社，2006.
[4] 李问盈，李洪文. 保护性耕作技术 [M]. 哈尔滨：黑龙江科学技术出版社，2009.
[5] 宫元娟. 常用农业机械使用与维修 [M]. 北京：金盾出版社，2009.
[6] 刘景泉. 农机实用手册 [M]. 北京：人民交通出版社，1998.